普通高等学校机械基础课程规划教材

工程力学

主　编　李剑敏
副主编　王汝贵 俞亚新

U0431597

华中科技大学出版社
中国·武汉

内容简介

本书为高等学校工科专业中等学时的工程力学教材。教材精选理论力学和材料力学的主要部分，采用了理论力学部分和材料力学部分混合编排的形式。除绪论外，全书分为静结构分析（第1～8章）和动结构分析（第9～12章）两部分。其中，静结构分析包含工程力学的基本概念（第1章）、力系的平衡（第2章）、结构的基本变形（第3、4、5章）、应力状态分析与强度理论（第6章）、组合变形（第7章）、压杆稳定性（第8章）等内容，动结构分析主要包括点与刚体的运动分析（第9章）、动能定理（第10章）、达朗贝尔原理（第11章）、动载荷与疲劳强度（第12章）。学完本教材需要64～72学时，可以满足一般工科专业工程力学的教学要求。如果仅选择静结构分析部分，需要48～56学时，可以满足少学时的工程力学教学要求。

工程力学是一门具有较强逻辑演绎与运算的课程，因此，学习工程力学需要大量的习题进行练习。本书配有一定量的习题以供读者练习、演算。

本教材可供高等院校工科各专业工程力学课程选用，也可供从事机电、动力、能源、工程管理等专业的实际工作者作为参考之用。

图书在版编目(CIP)数据

工程力学/李剑敏 主编. —武汉：华中科技大学出版社，2011.1(2024.11重印)
ISBN 978-7-5609-6686-1

Ⅰ.工… Ⅱ.李… Ⅲ.工程力学 Ⅳ.TB12

中国版本图书馆CIP数据核字(2010)第207070号

工程力学 李剑敏 主编

责任编辑：姚同梅
封面设计：刘 卉
责任校对：周 娟
责任监印：朱 玢
出版发行：华中科技大学出版社(中国·武汉) 电话：(027)81321913
武汉市东湖新技术开发区华工科技园 邮编：430223
录 排：华中科技大学惠友文印中心
印 刷：武汉邮科印务有限公司
开 本：710mm×1000mm 1/16
印 张：20
字 数：426千字
版 次：2024年11月第1版第18次印刷
定 价：64.80元

前　　言

工程力学是工科大学生的一门必修课程，也是学生在大学阶段比较系统地接触实际工程问题的第一门课程，在对学生的大学四年的培养中起着承上启下的过渡作用。工程力学中的理论力学部分，其严谨的理论体系以及分析过程延续了数学、物理的理性思维，有助于学生科学分析能力的培养；工程力学中的材料力学部分，则通过"实验—假设—分析—结论"的过程，强调了实验以及在实验基础上的归纳与合理的假设方法对研究的作用，体现了实用的概念。因此，通过工程力学的学习，可以很好地培养学生的力学意识，有助于其建立工程概念，为以后的工作打下良好的基础。

在工科类型的高校中开设工程力学课程的专业比较多，各专业的教学要求也各不相同，基本上，所要求的学时量有 48 学时以下的少学时（如工业工程、轻化等专业），也有 80 以上的多学时（如机电、建筑等专业），更多的是安排 60～70 的中学时（如材料、纺织等专业）。本教材是一本中等学时的工程力学教材，适用于材料、纺织、能源、动力等一般工科专业，在适当删减一些教学内容后也可以作为少学时课程的工程力学教材使用。

工程力学主要由理论力学和材料力学两部分组成。本教材在理论力学部分，除了静力学外，对运动学和动力学进行了压缩，其中运动学为一章，包含了点和刚体的运动，动力学部分只介绍了动能定理和达朗贝尔原理。在材料力学部分，考虑到部分近机类专业的需要，基本保留了材料力学的主体部分，但不考虑能量法，主要介绍了结构的基本变形、应力状态分析、组合变形、动载荷与疲劳等内容。这些教学内容已经可以满足一般工程专业对力学课程的要求。

理论力学和材料力学都是研究力对物体的效应的，只不过理论力学主要研究力的外效应，而材料力学主要研究力的内效应，但对真实物体，力的外效应和内效应是不可分的。同样，工程力学的理论力学部分和材料力学部分也密切相关，不能截然分开。本教材在内容编排上考虑到这一因素，采取了理论力学部分与材料力学部分混编的方法。第 1 章介绍了工程力学（包含理论力学和材料力学部分）的基本概念，是全书的基础；第 2 章介绍力系的平衡；第 3～8 章属于静材料力学，包括基本变形、应力状态分析、组合变形、压杆稳定；第 9～11 章分别介绍点与刚体的运动分析、动能定理和达朗贝尔原理，构成了理论力学的后半部分教学内容，也是第 12 章的应用基础；第 12 章介绍动载荷与疲劳强度，其属于动材料力学的内容。总之，全书第 1～8 章为静力学部分（包括静刚体力学和静变形体力学），第 9～12 章为动力学部分（动刚体力学和动变形体力学）。这样的编排方式，使学生能够抓住"力的效应"这条主线，有助于学生理解工程力学的两个部分的关系，掌握工程实际问题力学模型的建立方法。

本教材由李剑敏(浙江理工大学)担任主编,王汝贵(广西大学)、俞亚新(浙江理工大学)担任副主编,参加教材编写的还有聂永芳(河南科技学院)、马燕红(浙江财经学院)、苏勇(沈阳化工大学)、周迅(浙江理工大学)。具体编写分工情况如下:李剑敏编写绪论和第 11 章,聂永芳编写第 1 章和第 2 章,王汝贵编写第 3 章和第 4 章,马燕红编写第 5 章和第 6 章,苏勇编写第 7 章和第 8 章,俞亚新编写第 9 章和第 10 章,周迅编写第 12 章。全书由李剑敏统稿。

由于我们水平所限,考虑不周,书中难免存在一些错漏之处,望各位读者指正,不胜感谢!

编　者

杭州嘉绿苑

目　　录

第0章　绪　　论

0.1　工程力学的任务与内容

工程力学是大学工科学生所需学习的一门工程基础课。工程力学的研究对象是各种工程中的结构(或结构的力学模型),研究的是这些结构模型在力的作用下所表现出的行为与结果,主要包括以下两个方面的内容。

(1) 工程结构受到力的作用后所表现出来的整体的运动与平衡效应,以及维持这种运动与平衡所需要的力之间的联系与规律,这种效应称为力对物体的外效应。外效应可能使受力物体发生整体的运动(平衡)。

(2) 力引起物体的变形以及由变形所引起的物体内部应力、应变等力学参量的变化,这种效应称为力对物体的内效应。内效应可能使物体被破坏或失效。

综上所述,工程力学是研究物体在力的作用下所产生的效应(外效应和内效应)的一般规律的学科。工程力学一般包含两个主要的模块:主要研究外效应的刚体力学模块(理论力学部分)和主要研究内效应的变形体力学模块(材料力学部分)。但对于大多数结构,力作用下结构的外效应和内效应同时存在,并且耦合在一起,从而给结构的力学分析带来了很大的困难。对此,人们通常采用对两种效应分别进行讨论、分析的方法。

首先,工程力学从一般的结构固体特征中抽象出了“刚性”这一特点,认为结构在力的作用下不发生变形(真实情况是能够发生变形,但变形极其微小,可以忽略),从而专注于研究物体在力作用下的外效应。在这一研究中,所涉及的研究对象都是刚体,也就是刚体力学模块。整个刚体力学模块主要包含静力学、运动学、动力学三大部分。

静力学主要研究刚体平衡时刚体所受到的力(主动力与约束力)之间所需满足的关系(称为平衡方程)。静力学是整个工程力学的基础,在工程实践中也得到了广泛的应用。如建筑工程中对各种梁、柱等结构进行的分析就是静力学分析,通过建立起静力学平衡方程可以得到这些结构的内力。同样的情况也发生在机械工程领域,机床主轴等结构的内力也需要由静力学平衡方程确定。静力学还常被用来对约束进行分析与计算。工程结构不可能自由地漂浮在空中,它们需要以某种方式与地面连接在一起,同时,工程结构内部的各零、部件(功能模块)之间也是通过一些特殊方式连接在一起,从而构成一个有机整体的。这些发挥了各种作用的连接就是约束。约束是物体间的一种作用,这种作用通过约束力来实现。约束分析的目的就是通过对约束物体的静力学分析而得到约束力，这也是静力学分析的一个重要任务。

运动学主要从数学角度研究刚体运动时所需要满足的几何学上的规律。运动学研究的对象是质点和刚体，研究的内容是运动的几何规律。研究运动学，一方面可以为动力学的学习及研究打下基础，另一方面也可以直接在工程中应用运动学原理解决很多的实际问题。利用运动学原理可以解决机械结构的很多运动问题，如：机械钟表利用齿轮使时针、分针、秒针按照时间关系正常转动；发动机利用曲柄-滑块系统完成从汽缸活塞的直线运动到连杆的平面运动再到曲柄的定轴转动的运动传递，实现从直线运动到转动的转换。运动学还是机械原理课程的重要基础，在机械原理课程中将学习用数学分析的方法建立机构部件的运动学方程，而这些分析方法的基础就是运动学所建立的合成运动、刚体平面运动的概念和方法。

动力学是在对静力学方法和刚体的运动规律的研究的基础上，研究刚体的运动与其所受到的力之间的关系。静力学研究刚体的平衡规律，但实际工程中大多数的结构并不处于平衡状态；运动学研究物体的运动规律，但这种研究是基于数学的，并没有涉及物体运动的物理本质，也不能解决机构运动时的力学问题。动力学通过动量定理（质心运动定理）、动量矩定理和动能定理这三大定理建立了刚体动力学基本方程，这些方程可以用来解决刚体进行平面运动时的动力学问题，例如，轮轴在斜面上的运动、齿轮系统在驱动力矩作用下的运动等。

其次，工程力学除了研究物体在力作用下的外效应外，还需要研究物体在力作用下的内效应，这属于材料力学的范畴。材料力学研究的内效应主要指固体材料在力作用下所引起的变形，以及由变形所造成的破坏与失效。材料的破坏与失效将使得结构不能正常工作，因此，在工程中对所设计的结构部件除了要考虑其运动学与动力学要求外，还必须保证不造成破坏与失效，以使之正常工作。结构件正常工作，通常需要满足强度、刚度、稳定性这三项要求。

强度是指结构在工作中不发生断裂或不可恢复的变形等形式的失效的能力。固体构件在工作时需要承受一定的载荷作用，在外载荷作用下，构件将发生一定程度的变形。但这种变形是有限制的，不能随着载荷的增加而持续增加。当载荷达到一特定值时，一些材料（如铸铁）的构件将断裂，即构件发生破坏，这种破坏称为断裂破坏；另一些材料（如低碳钢）的构件在载荷过大时其变形不能随着载荷的撤销而恢复，发生永久性的变形（称为塑性变形），这时构件也不能正常工作，这种破坏称为塑性失效。结构应具有一定强度，以抵御断裂和塑性失效的发生。

刚度是指结构在载荷作用下抵抗弹性变形的能力。构件在受到载荷作用后将发生一定的变形，但在实际工程中，要对构件的变形予以限制，过大的变形也将使构件不能正常工作。如钻床的立柱发生变形，将影响到钻头在工件上定位的精度，当立柱的变形达到一定的程度时，钻头定位的误差也超过了设计给定的标准，加工出来的零件就会报废。又如，当行车在大梁上行走时，行车及起吊物重量的作用会使大梁发生弯曲。如果大梁比较结实，也就是刚度较大，其变形很小，对行车的行走以及起吊基本上不会发生影响;如果大梁的刚度较小,变形就会较大,将导致行车行走时有明显的爬坡效应,对行车的行走产生不利影响。再如主轴上的齿轮系统,如果主轴的刚度不够,主轴发生变形,将导致安装在轴上的齿轮发生移位和倾斜,从而破坏齿轮间的啮合,造成齿轮的磨损,产生振动噪声。因此,构件应具有较好的刚度,以抵御过大的变形。

稳定性是指受压构件具有的保持原有平衡形式的能力。受压构件在压力作用下平衡时,构件可能从一个位置偏移到另一个位置,从而带来结构的稳定性问题。如直杆在重压下被压弯而变成弯杆,并进一步造成破坏的过程,就属于典型的稳定性问题的范畴。具有较好稳定性的直杆能够抵抗重物的压力保持挺直而不发生弯曲。工程中常见的施工脚手架就是受压的杆件结构,稳定性问题是脚手架结构的主要问题。每年全国各地都会发生不少的脚手架倒塌事故,造成人员和财产的重大损失,这些事故的发生都与脚手架的稳定性有关。与脚手架类似的还有矿井巷道的支撑架、自卸卡车的顶杆、房屋的柱子等,这些结构都承受压力的作用。稳定性仅在结构承受压力时需要考虑,当结构受到拉力时是没有稳定性问题的。不仅是受到压力的杆件结构存在稳定性问题,其他形式的结构只要在其中的某些方向上受到压力作用,也存在稳定性问题。如:拱形梁在受到表面压力后会失稳变形;潜水艇在深海潜行时,其圆柱外壳受到较大的海水压力,也可能发生失稳,从而使得圆柱形壳体变为椭圆形;饮料易拉罐是一个圆柱薄壳,在罐体两端分别用手相对拧动,罐在与罐体轴线成45°角的方向上受到压力,在这一方向上罐体将出现弯曲的凹槽,表明在该方向上罐处于局部失稳状态。像这样面内压应力失稳的情况比较复杂,在工程力学课程中一般不予讨论。工程力学的稳定性仅以直杆为分析对象。当受压杆件失稳时,其所承受的压力(临界压力,与杆的材料、长度、粗细、约束等情况有关)远比正常的拉伸(压缩)时相应的失效载荷要小,同样大小的载荷,对拉杆和比较粗短状的受压杆件可能不会造成失效破坏,但若施加在细长状的杆件上却很有可能发生稳定性失效,从而造成事故,导致生命财产的损失。因此,受到压力作用的杆件,必须具有一定的稳定性。

工程力学主要解决工程中的结构部件的力学计算问题,为工程设计提供计算方法与理论依据。工程力学的计算与分析贯穿于结构部件的整个设计过程。例如,在某项目中,需要设计一套曲柄-连杆系统作为传动系统。首先要分析系统所需要达到的传动要求和条件,如位移、速度和加速度的大小和变化,这些属于运动学分析;其次,需要对曲柄-连杆系统的连接方式等进行分析,也就是对约束进行分析,属于静力学范畴;考虑到运动的加速度效应,进行分析计算,得到系统的内力和约束力随时间的变化过程,这是动力学分析;接下来要找出杆件所受到的最大的力,并讨论杆件在受到力作用后,在其强度和刚度得到满足的条件下,杆件所需要的几何尺寸;如果考虑曲柄-连杆系统中载荷的循环,杆件要承受压力的作用,则还需要对杆进行稳定性计算,从而要对杆的几何尺寸进行修改;再接下去,考虑到系统的载荷循环是连续重复的过程,而且是长期持续的,杆件还可能发生疲劳破坏,因此,对设计的曲柄-连杆系统还要进行疲劳分析，或者按照抗疲劳要求进行设计，再次对杆件的几何尺寸进行修改。

0.2 工程力学的应用

工程力学能够为工程实际提供力学问题的解决方法。在人类社会的发展以及现代化进程中，工程力学都具有非常重要的作用。回顾一下工程力学的发展历史，可以更好地了解工程力学的内涵，从而树立起学习工程力学的信心。

1. 古代社会的工程力学应用

这里所说的古代社会是指欧洲牛顿力学之前的历史，在那时尽管还没有建立系统的工程力学科学体系，但由于人类社会发展的必然需求，工程力学得到了一些初步的研究和发展，主要是在建筑、机械等领域得到了应用，这些应用工程力学的成果，即使在今天这样高度发达的社会，也令人叹为观止。例如：在距今约 7 000 年的中国河姆渡文化中，古人用木材构建的栏杆式建筑，合理地利用了木材的力学性能，具有高超的建筑技巧；在古埃及的法老时代，作为法老陵墓的金字塔更是凝聚了众多建筑师的毕生才智，也蕴涵了丰富的力学原理；欧洲文艺复兴之前，由于当时技术发展的限制，力学的应用主要体现在建筑上，如古罗马斗兽场（见图 0-1）、恺撒引水工程（见图 0-2）等，还有遍布欧洲各地的罗马式、哥特式教堂等。而在中国，也产生了一些蕴涵着丰富的力学原理的奇妙之作。例如，利用差速齿轮原理的指南车（见图 0-3），三国时期诸葛亮设计并使用的木牛流马等。但总的来说，无论中世纪的欧洲还是古代的中国，都不具备产生系统的工程力学理论的科学基础，而只有工程力学在某些领域的应用。

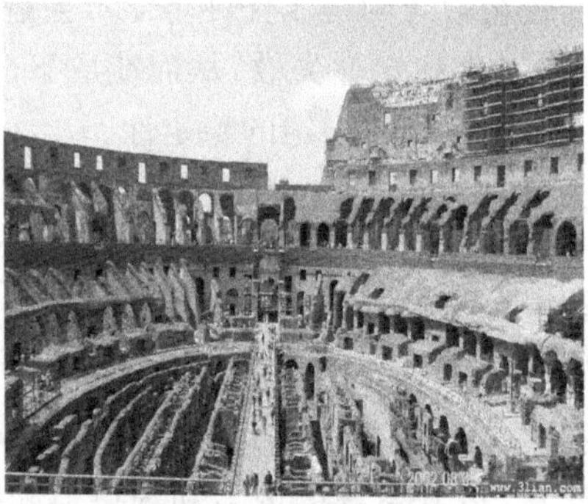

图 0-1

图 0-2

2. 运动学与机械传动

以文艺复兴为开端、以牛顿定律为代表，开始建立了经典力学体系，人类也从此进入了机械时代。机械的使用、机械传动机构的制造与设计使得运动学研究得到了最广泛的应用。刚体的运动分析在机械传动中得到了大量的应用。例如，一般由原

图 0-3

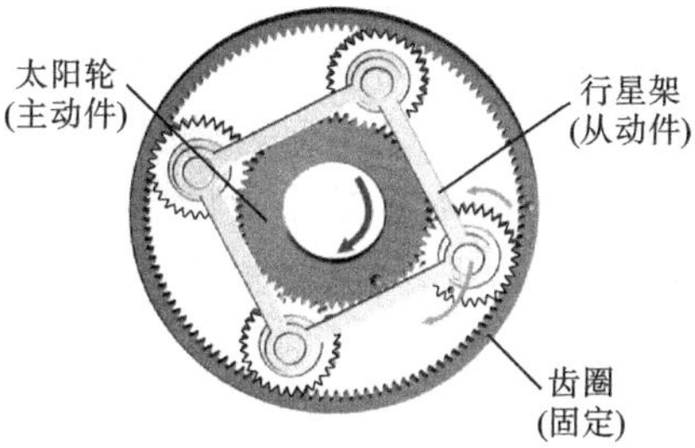

图 0-4

动机输出的运动速度并不一定能够满足工作机械的需要，通常要对转速进行适当的调整。在车辆里，变速器就起到了改变轴的转动速度的作用。如图 0-4 所示，位于减速器中心的齿轮(称为太阳轮)以一定的转速转动，与其啮合的行星轮位于固定齿圈和太阳轮中间，行星轮以固定齿圈为瞬心做平面运动，太阳轮做定轴转动，由于齿轮的尺寸不同，使得变速器可以得到所需要的减速比。

利用齿轮组的啮合传递运动时，可以通过调整齿轮的齿的个数来实现精确的传动比。齿轮组的这一特性很早就被人们掌握，并用在钟表机械中(见图 0-5)。因为一天有 24 h，每小时是 60 min，每分钟是 60 s，钟表指示时间时必须严格保持这样的比例，才能走时正确，故而常常采用齿轮啮合传动的方式。在机械钟表中，转动发条，使得发条卷曲变形从而储存一定的弹性势能。在钟表工作时，所储存的势能慢慢地释放出来，驱动主动轮转动。与主动轮啮合的从动轮，保持传动比为恰当的比例，使得时针、分针和秒针的走时关系得以保持。

图 0-5

用齿轮进行传动，固然有传动比精确、传递的力(力矩)较大的优点，但当原动机和工作机的距离较远时，用齿轮就不太适宜了。在这种情况下，一般采用带传动的方式，也就是将带轮和皮带组合在一起。假设皮带在传动过程中不会被拉长，皮带上的点的速度是相同的，又由于皮带在传动过程中不允许有相对滑动(俗称打滑)，所以两个带轮边缘点的速度相同，也能够得到同齿轮一样的传动比。带传动在机械设备中有着较为广泛的应用，如常见的缝纫机中的带传动等。带传动能够实现较长距离的传动，但由于其传递的力矩是通过皮带与轮的摩擦实现的，因此，其传动效果取决于摩擦力。一般采用 V 形的截面形式，以取得尽可能大的摩擦力。现在更多的是采用同步带，以保证传动效率。

除了齿轮传动、带传动等传动系统外，曲柄-连杆机构也是常见的传动系统。如图 0-6 所示，活塞在汽缸里往复运动，通过与活塞相连接的连杆带动曲柄转动，并使得主轴也随之旋转。通过曲柄-连杆机构，活塞的直线平移变成了曲柄的转动，实现运动的传递。反过来，如果曲柄做定轴转动，通过连杆的带动，也能够使活塞做直线运动。因此，曲柄-连杆机构不仅能够实现运动的传递，而且能够使运动的性质发生变化，既可以从平移到转动，又可以从转动到平移。

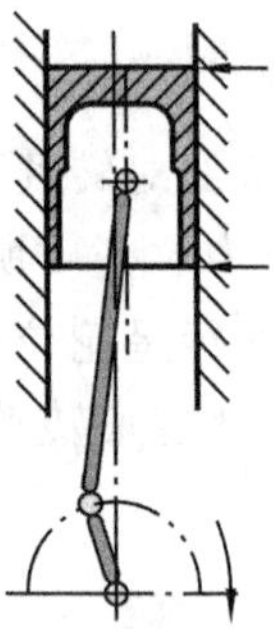

图 0-6

图 0-7

3. 动力学与火箭

火箭其实是一个仿生品。在海洋中有一些古老的生物，如鱿鱼、墨鱼等，这些圆圆的软体动物，漂浮在海水中，没有鳍和桨状的尾部，因此，不能像大多数海洋生物那样通过划水来获得前进的动力。那么，它们是如何行动的呢？通过观察，人们发现，当它们需要运动时，就从头部喷出水来，整个身体飞快地向着相反的方向前进。这种生物现象的力学原理就是动力学中的动量定理。动量定理在生活中应用的典型例子就是爆竹。将火药包裹在爆竹内，点燃引线后，火药燃烧，产生大量的气体。这些高温气体从爆竹下部的喷口高速喷出，根据动量定理，爆竹获得一个向上的推力，由此向上腾空飞起。只要火药保持燃烧，气体持续喷出，爆竹就一直向上飞行。其实，这也就是火箭的原理。大约在宋朝（公元 960—1127 年），中国就已经有了爆竹，因此，有人说中国宋朝的爆竹是火箭的源头，也是有一定道理的。当然，爆竹只是反映出了火箭飞行的基本原理而已，由于中国在明朝以后科技发展缓慢，现代意义的火箭并没有诞生在中国。真正投入战争的最早的实用火箭是第二次世界大战期间纳粹德国的 V-1、V-2 火箭（见图 0-7）。德国利用这些火箭从法国越过英吉利海峡轰炸了英国的伦敦等地。

在火箭航天领域最早作出贡献的是俄国科学家齐奥尔科夫斯基（1857—1935），他应用动量守恒原理，对火箭以及火箭喷出的高速气体进行分析，在忽略空气阻力和地球重力的前提下得到了单级火箭能达到的最大飞行速度为

$$v = v_r \ln \frac{M_0}{M_k}$$

式中　v 为火箭所能够达到的最大速度(这时火箭燃料完全燃烧完毕);v_r 为气体从喷口喷出时相对于火箭的相对速度;M_0 为火箭发动机点火时的总质量;M_k 为火箭发动机燃烧结束时的质量,即火箭总质量减去火箭消耗掉的燃料质量后的剩余质量。

齐奥尔科夫斯基早在1911年就预言,用单级火箭难以达到第一宇宙速度。他提出,在火箭飞行中,必须不断地将壳体在空中丢弃掉,即应采用多级火箭的方法,达到发射人造卫星、探索太空的目的。按照目前技术水平下气体喷口速度计算,三级火箭的最终速度可以达到9.90～14.85 km/s,大于发射卫星需要的速度,人类的太空梦想因此也得以实现。

4. 大型液压机械的强度问题

液压机是根据力学中的帕斯卡原理制成的。依据帕斯卡原理,不可压缩静止流体中任意一点受外力产生的压强增值可瞬时传至静止流体各点,所以利用液压机可以把较小的输入力转换成较大的输出力。液压机尤其是超高压液压机,是完成冷锻、板料成形、超硬材料合成和粉末压制等不可缺少的大型机械。

在工作过程中,液压机的立柱和工作缸往往处于较大脉动循环应力作用之下,很容易发生疲劳破坏,于是在液压机的设计过程中,往往对主要构件采取预应力设计。

预应力设计的原理并不复杂:在承载前,对结构施加某种载荷(预紧载荷),使其特定部位产生的预应力与工作载荷引起的应力异号,从而抵消大部分或全部工作载荷引起的应力,以达到提高结构承载能力的目的。预应力结构包括两个部分:预应力施加件(预紧件)和承受预应力的基本构件(被预紧件)。前者一般用抗拉强度极高的材料制成,后者则要求具有较高的抗压强度。

在液压机的机架结构设计中,立柱往往是薄弱环节,它不但要承受轴向拉力,还要承受偏心载荷引起的弯矩。特别是在立柱与横梁的连接部位,由于截面形状的突然变化形成的应力集中,容易导致疲劳破坏。

近年来,在锻造液压机中开始采用预应力拉紧杆组合机架,其结构简图如图0-8所示。其立柱由两部分组成:外面的空心柱套位于上、下横梁之间,在预紧时主要承受压力;中间的拉紧杆穿过上、下横梁和柱套,用预紧力把它们紧紧连成一个整体。拉紧杆的数量及布置方式应根据机架整体受力分析来确定。这种结构的特点在于,把在偏心载荷下承受拉、弯联合作用而处于复杂受力状况的立柱分解为拉紧杆与柱套,拉紧杆只承受拉力,可用高强度材料制成,而空心柱

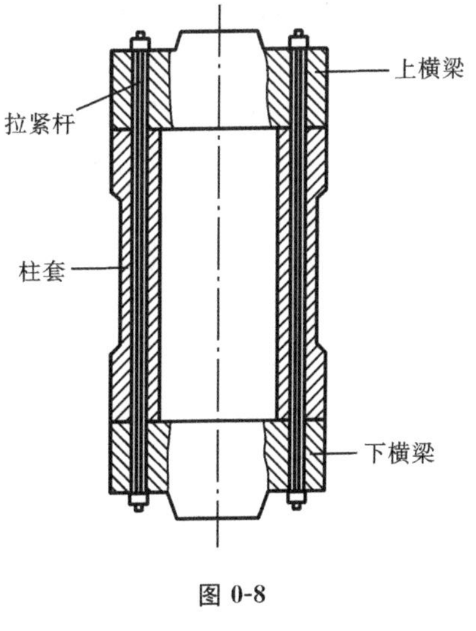

图 0-8

套主要承受弯矩及轴向压力，始终处于压应力状态。对拉紧杆而言，虽然其在预紧状态及合成状态均承受较高的拉应力，但在循环载荷作用之下，应力波动幅度很小，杆的截面形状也没有急剧变化，因此抗疲劳性能很好；对柱套而言，其抗弯刚度很大，又始终处于压应力状态，因此，也具有良好的抗疲劳性能。每根立柱所需的总预紧力可以通过力学计算获得。

针对液压缸经常出现的疲劳破坏，对它实行预应力设计十分必要。对于较长的液压缸，在其远离缸底和法兰的中间部分，是一个等厚度承受均匀内压的厚壁圆筒。通过弹性力学的精确计算，可以知道筒中径向应力均为压应力，而周向应力均为拉应力，内壁处最大，外壁处最小。压力越高、液压缸的内径越大，筒中的应力就越大。

随着锻压工艺的发展，对液压机的液压缸和挤压筒的工作内压和内径提出了越来越高的要求，预应力筒体是唯一可取的。对工作筒体进行预紧，较为简单的方法是采用过盈配合的预应力组合筒，以提高筒体承受内压的能力和部分消除切向拉应力。压装预应力筒体时，由于制造工艺上的困难，对直径和长度较大的筒体，采用预应力钢丝缠绕结构（见图 0-9）可以方便而有效地将芯筒预紧，保证芯筒在额定工作内压下不出现拉应力，从而使芯筒具有更高的抗疲劳强度。即使芯筒破裂，内压泄漏，也不会引起爆炸。国外有些原来放置在防爆墙中工作的超高压容器，由于采用了钢丝缠绕结构而取消了防爆墙。缠绕筒体的显著优点是大大提高了结构的安全性。

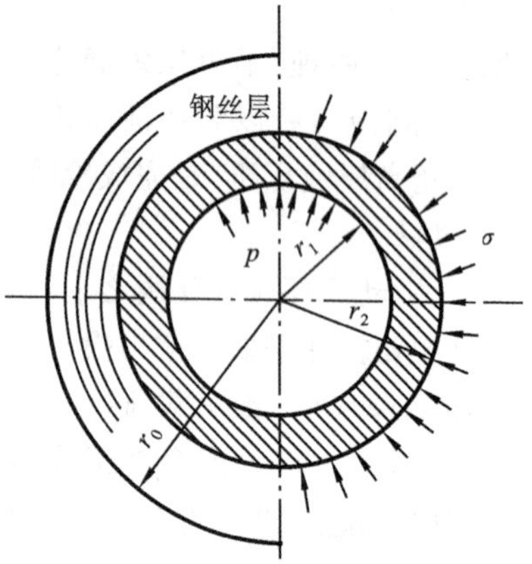

图 0-9

经典的工程力学（如本教材的工程力学）主要是研究刚体力学的理论力学部分和变形体力学的材料力学部分，这样构成了狭义的工程力学，但从更加广泛的意义上说，工程力学也可以理解为工程中的力学，如果这样，凡是在工程中出现的力学问题都可以归属为工程力学。例如，在现代机器人、航天结构等领域得到很多应用的多体系统力学、与大型设备运行可靠相关的振动与控制、与航空工业相关的空气动力学、与航运相关的流体力学、与人的健康有关的生物力学，以及与现代各种力学分支均相关联的计算力学等。这些力学学科的研究与发展，均离不开理论力学与材料力学，或者说，以理论力学和材料力学为主体的工程力学是现代力学的基础。

第 1 章　工程力学的基本概念

1.1　力 与 力 系

1. 力的概念

力是物体之间的相互作用。这种作用能使物体的运动状态发生改变，称为力的外效应；这种作用也可使物体发生变形，称为力的内效应。工程力学研究力的外效应和内效应。

力是矢量，力的大小、方向和作用点为力的三要素。力的国际单位是 N 或 kN。

物体之间的相互作用力有分布力和集中力两种。集中作用于物体上一点的力称为集中力，如图 1-1 所示。作用力分布在有限的线段、面积或体积上时，称为分布力。分布力中，连续作用于物体的某一面积上的力称为表面力，连续作用于物体的某一体积内的力称为体积力。例如，建筑物外墙所受的风压力是表面力，物体所受的重力是体积力。

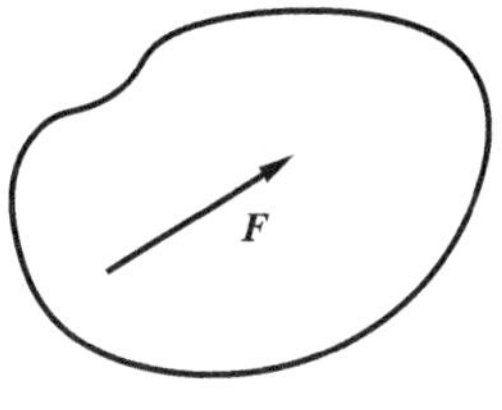

图 1-1

注意：实际上，集中作用于物体上一点的纯粹意义上的集中力并不存在。真实力都作用在一定的区域内，如作用区域远小于研究所涉及的物体的几何尺度，则可以把该力看做集中力，否则把该力看做分布力。集中力是分布力在一定条件下的理想化模型。

在力的作用下，形状和大小都不改变的物体，其内部任意两点间的距离均保持不变，这样的物体称为刚体，它是一个抽象的理想力学模型。由于实际物体在力的作用下都会产生程度不同的形变，因此绝对的刚体是不存在的。

2. 静力学基本公理

静力学基本公理概括了静力学中的一些基本性质，经过实践的反复检验，证明是符合客观实际普遍规律的，是静力学理论的基础。

公理 1　力的平行四边形法则

作用在同一点的两个力可合成为合力，合力也作用在该点，其大小和方向由以两分力为邻边构成的平行四边形的对角线确定，即合力矢等于两个分力矢的矢量和，如图 1-2 所示。其矢量表达式为

$$\boldsymbol{F}_R = \boldsymbol{F}_1 + \boldsymbol{F}_2 \tag{1-1}$$

应用此公理求两个力的合力大小和方向（即合力矢）时，由任一点 O 起作平行四边形的一半，即三角形即可，如图 1-3(a)、(b)所示。力三角形的两个边分别为力矢

$\boldsymbol{F}_1$ 和 $\boldsymbol{F}_2$，第三边代表合力矢 $\boldsymbol{F}_R$，而合力的作用点仍在汇交点 O 。

这个公理表明了最简单力系的简化规律，它是复杂力系简化的基础。

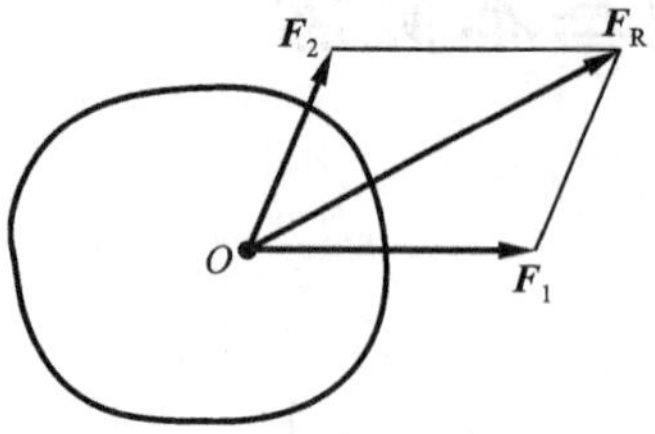

图 1-2

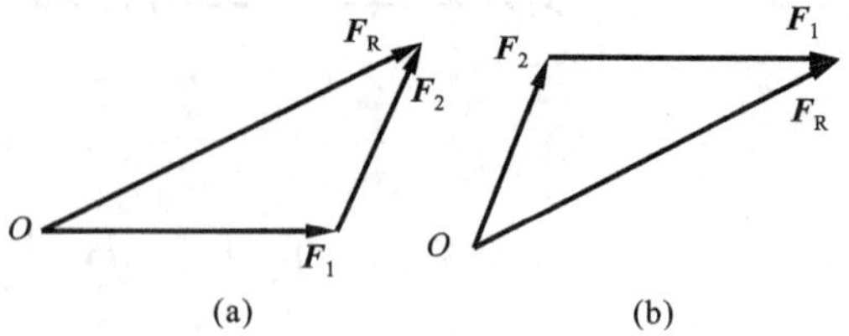

图 1-3

推论 1　力的多边形法则

作用在物体上同一点的多个力，可以合成为一个合力，合力作用在该汇交点上，其大小和方向等于诸力的矢量和，如图 1-4 所示。其矢量表达式为

$$\boldsymbol{F}_R=\boldsymbol{F}_1+\boldsymbol{F}_2+\cdots+\boldsymbol{F}_n=\sum \boldsymbol{F}_i \tag{1-2}$$

对该推论的证明可以依次采用力的三角形法则。选一起始点 a，利用力的三角形法则，将这些力依次两两合成，最后作一矢量从起始点 a 指向终点 e，便得到合力 $\boldsymbol{F}_R$（见图 1-5(a)），合力的作用线通过汇交点 a 。实际上，只需将力矢按任意顺序首尾相接，连接第一个力矢的起始点与最后一个力矢的终点的矢量就是合力矢 $\boldsymbol{F}_R$（见图 1-5(b)）。

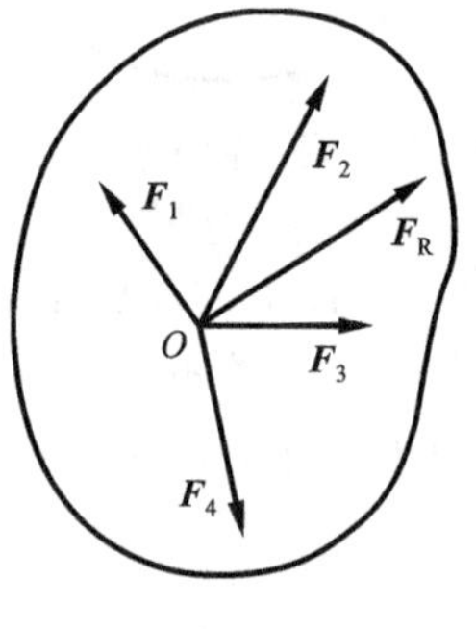

图 1-4

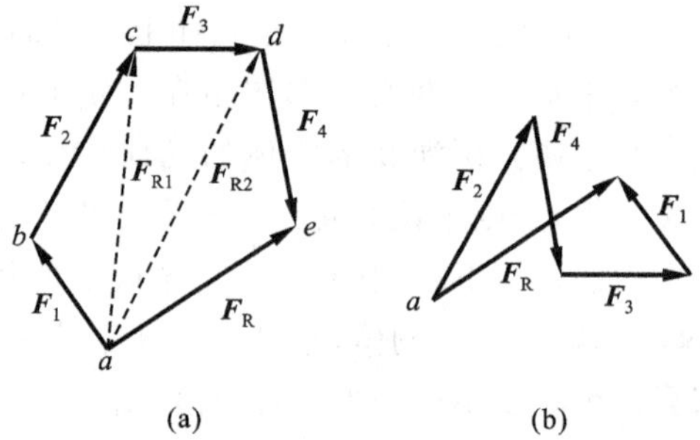

图 1-5

公理 2　二力平衡公理

作用在刚体上的两个力，使刚体保持平衡的必要和充分条件是这两个力的大小相等、方向相反，且作用在同一直线上，如图 1-6 所示，即

$$\boldsymbol{F}_1=-\boldsymbol{F}_2 \tag{1-3}$$

注意：二力平衡公理只适用于刚体，是刚体平衡的必要与充分条件，对于非刚体，二力平衡条件只是必要的，而非充分的。

二力平衡公理是平衡力系的基础。在建筑结构和机械中有很多杆件受二力平衡的情况，如钢筋受拉平衡、柱子受压平衡等。将受两个力而处于平衡的构件（直杆或

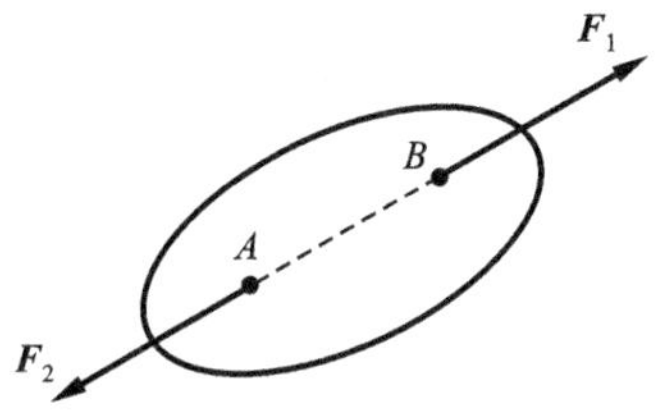

图 1-6

曲杆均可)称为二力构件。二力构件的受力特点是,所受二力必沿作用点的连线,如图 1-7(a)、(b)所示。

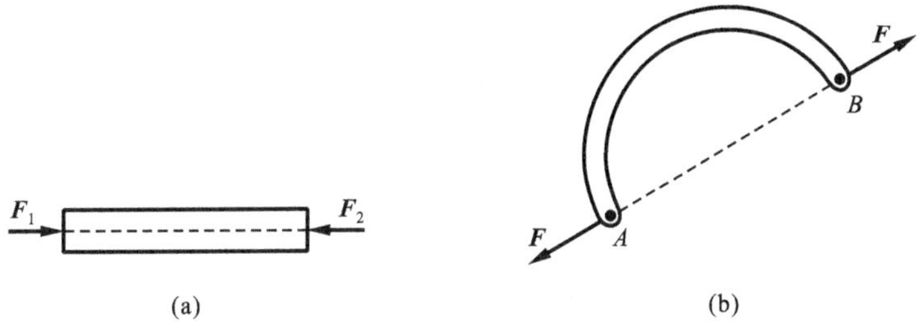

图 1-7

公理 3　加减平衡力系公理

在已知力系上加上或减去任意的平衡力系,并不改变原力系对刚体的作用。也就是说,如果两个力系只相差一个或几个平衡力系,则它们对刚体的作用是相同的,因此可以进行等效替换。

这个公理是研究力系等效变换的重要依据,但也只适用于刚体。对变形体来说,增加或减去一组平衡力系,改变了其各处的受力状态,将引起其内、外效应的变化。

根据上述公理可以导出下列推论。

推论 2　力的可传递性

作用于刚体上某点的力,可以沿着它的作用线平移到线上任意一点,并不改变该力对刚体的作用。

证明　设有力 $\boldsymbol{F}$ 作用在刚体上的点 A 处,如图 1-8(a)所示。根据加减平衡力系原理,可在力的作用线上任取一点 B ,并加上两个相互平衡的力 $\boldsymbol{F}_1$ 和 $\boldsymbol{F}_2$,使 $F=F_2=-F_1$,如图 1-8(b)所示。由于力 $\boldsymbol{F}$ 和 $\boldsymbol{F}_1$ 也是平衡力系,故可除去,这样只剩下力 $\boldsymbol{F}_2$,如图 1-8(c)所示。于是,原来的这个力 $\boldsymbol{F}$ 与力系($\boldsymbol{F}$、$\boldsymbol{F}_1$、$\boldsymbol{F}_2$)以及力 $\boldsymbol{F}_2$ 均等效,即原来的力 $\boldsymbol{F}$ 沿其作用线移到了点 B 。

由此可见,对于刚体来说,力的作用点已不是决定力的作用效应的要素,它已被作用线代替。因此,作用于刚体上的力的三要素是:力的大小、方向和作用线。由于作用于刚体上的力可以沿着作用线移动,因此称其为滑动矢量。

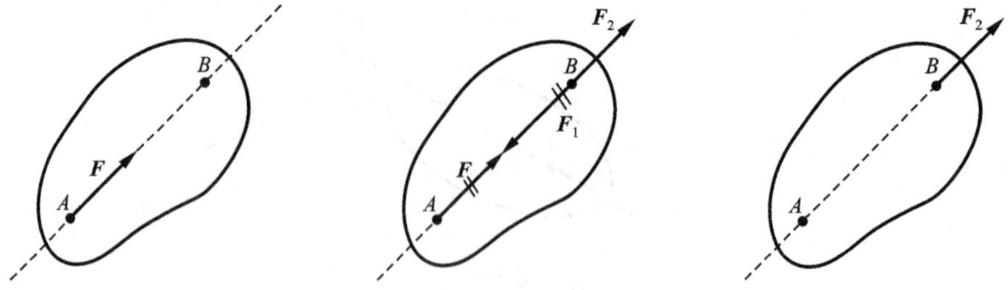

图 1-8

推论 3 三力平衡汇交定理

刚体在三个力作用下平衡，若其中两个力的作用线汇交于平面内一点，则第三个力的作用线也通过该汇交点，且三个力在同一平面内。

证明 如图 1-9 所示，在刚体的 A、B、C 三点上，分别作用着力 $\boldsymbol{F}_1$、$\boldsymbol{F}_2$、$\boldsymbol{F}_3$。根据力的可传递性，将力 $\boldsymbol{F}_1$ 和 $\boldsymbol{F}_2$ 移到其汇交点 O，然后根据力的平行四边形规则，得合力 $\boldsymbol{F}_{12}$，则力 $\boldsymbol{F}_{12}$ 应与 $\boldsymbol{F}_3$ 平衡。由于两个力若平衡则必须共线，所以力 $\boldsymbol{F}_3$ 必定与力 $\boldsymbol{F}_1$ 和 $\boldsymbol{F}_2$ 共面，也就是 $\boldsymbol{F}_1$、$\boldsymbol{F}_2$、$\boldsymbol{F}_3$ 在同一平面，且通过力 $\boldsymbol{F}_1$ 与 $\boldsymbol{F}_2$ 的交点 O。

公理 4 作用和反作用公理

作用力和反作用力总是同时存在，且二者的大小相等、方向相反，沿着同一条直线，分别作用在两个相互作用的物体上。

这个公理概括了物体间相互作用的关系，表明作用力和反作用力总是成对出现的。要注意公理 4 与公理 2 的区别：前者中的两个力分别作用在两个相互作用的物体上，后者中的两个力则作用在同一个物体上。

公理 5 刚化原理

如果变形体在某一力系作用下处于平衡状态，则可将此变形体视为刚体，其平衡状态也不改变。

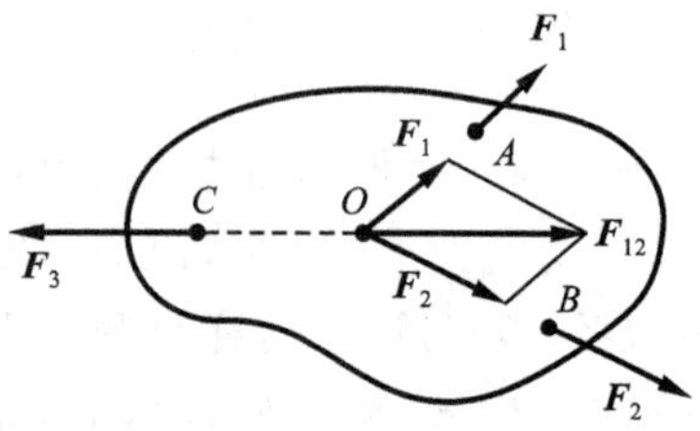

图 1-9

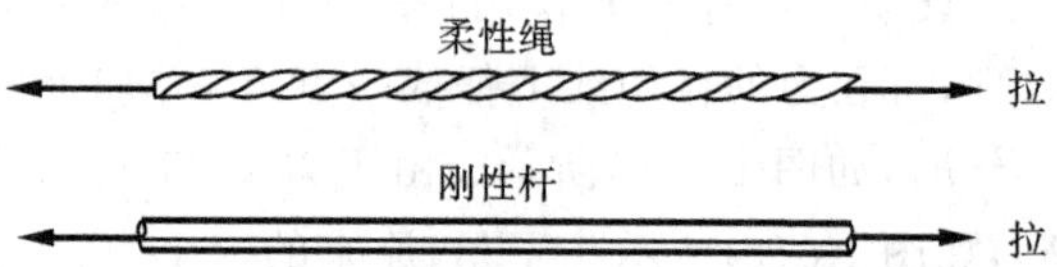

图 1-10

这个公理提供了把变形体看做刚体模型的条件。如图 1-10 所示，绳索在等值、反向、共线的两个拉力作用下处于平衡状态，如将绳索刚化成刚体，其平衡状态保持不变。绳索在两个等值、反向、共线的压力作用下并不能平衡，但刚体在上述两种力系的作用下都是平衡的。由此可见，刚体的平衡条件是变形体平衡的必要条件，而非充分条件。

3. 力的投影

在空间有一个力 $\boldsymbol{F}$,其与 x 、y 、z 轴的夹角分别是 α 、β 和 γ 。根据直接投影的原理,力 $\boldsymbol{F}$ 在空间直角坐标系的投影为

$$\left.\begin{aligned} F_x &= F\cos\alpha \\ F_y &= F\cos\beta \\ F_z &= F\cos\gamma \end{aligned}\right\} \tag{1-4}$$

由式(1-4)可求出力 $\boldsymbol{F}$ 的大小和方向余弦

$$\left.\begin{aligned} &F = \sqrt{F_x^2 + F_y^2 + F_z^2} \\ &\cos\alpha = \frac{F_x}{F}, \quad \cos\beta = \frac{F_y}{F}, \quad \cos\gamma = \frac{F_z}{F} \end{aligned}\right\} \tag{1-5}$$

若已知 γ 和 φ (见图 1-11),也可以采用间接投影方法,称为二次投影法,即先求力 $\boldsymbol{F}$ 在 z 轴上的投影 F_z 及在 Oxy 平面上的投影矢量 $\boldsymbol{F}_{xy}$,然后将 $\boldsymbol{F}_{xy}$ 向 x 轴和 y 轴上投影,则力 $\boldsymbol{F}$ 在三个坐标轴上的投影为

$$\left.\begin{aligned} F_x &= F\sin\gamma\cos\varphi \\ F_y &= F\sin\gamma\sin\varphi \\ F_z &= F\cos\gamma \end{aligned}\right\} \tag{1-6}$$

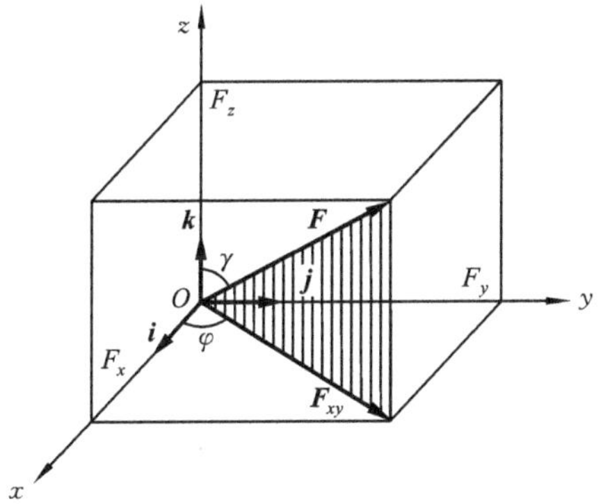

图 1-11

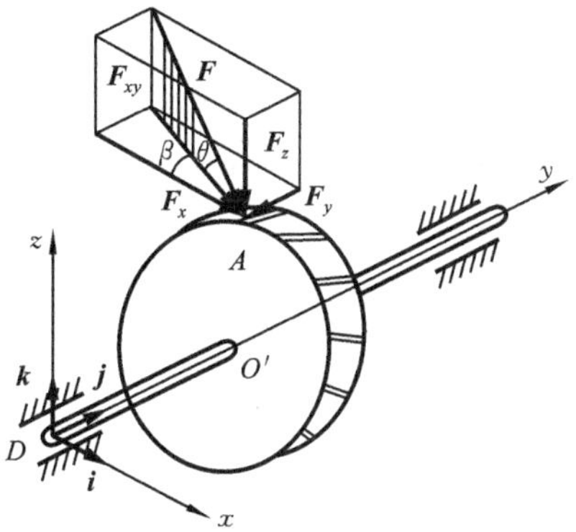

图 1-12

例 1-1　如图 1-12 所示的圆柱斜齿轮,其上受啮合力 $\boldsymbol{F}$ 的作用。已知斜齿轮的齿倾角(螺旋角) β 和压力角 θ ,试求力 $\boldsymbol{F}$ 在 x 、y 、z 轴上的投影。

解　先将力 $\boldsymbol{F}$ 向 z 轴和 Oxy 平面投影,得

$$F_z = -F\sin\theta, \quad F_{xy} = F\cos\theta$$

再将力 $\boldsymbol{F}_{xy}$ 向 x 、y 轴投影,得

$$F_x = F_{xy}\cos\beta = F\cos\theta\cos\beta$$

$$F_y = -F_{xy}\sin\beta = -F\cos\theta\sin\beta$$

4. 力系的概念

所谓力系，是指作用于物体上的一群力。如果一个力系作用于物体上而不改变物体的原有运动状态，则称该力系为平衡力系。如果两个力系对同一物体的作用效应完全相同，则称这两个力系为等效力系。如果一个力对物体的作用效应和一个力系对同一物体的作用效应完全相同，则该力称为力系的合力，力系中的每一个力称为该合力的分力。求力系的合力的过程，称为力系的简化。

力系有各种不同的类型，它们的合成结果和平衡条件也各不相同。按照力系中各力作用线是否在同一平面内来分，力系可分为平面力系和空间力系两类；按照力系中各力是否相交来分，力系又可分为汇交力系、平行力系和任意力系。

1.2 力矩与力偶

1. 力矩

力可以使物体产生移动和转动的作用效应。力的转动效应是用力矩来度量的。

如图 1-13 所示，力 $\boldsymbol{F}$ 与点 O 在同一平面上，点 O 称为矩心，从矩心 O 到 $\boldsymbol{F}$ 的垂直距离为 h ，称为力臂。力使物体转动的作用效果取决于力与力臂的乘积以及力使物体转动的方向。所以，在平面上力对点的矩是一个代数量。力矩的大小等于力的大小与力臂的乘积。其正负号规定：力使物体绕矩心逆时针转时为正，反之为负。力矩常用符号 $M_O(\boldsymbol{F})$ 表示，即

$$M_O(\boldsymbol{F}) = \pm Fh \tag{1-7}$$

力矩常用的单位为 N · m 或 kN · m。

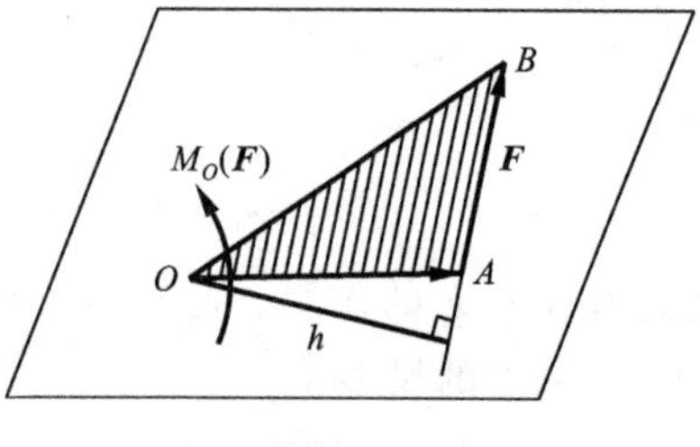

图 1-13

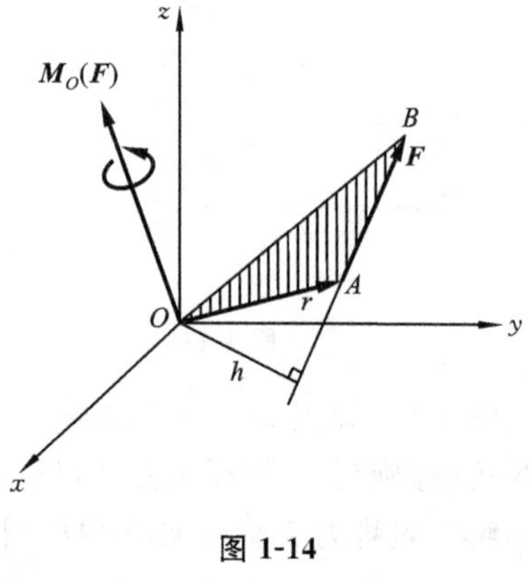

图 1-14

力对空间一点的矩，除了由力矩值的大小和转向决定外，还取决于力的作用线和矩心所组成的平面的方位，因为空间中的一点（矩心）和一直线（力的作用线）确定一个平面，该平面即为空间力矩的作用平面。因此力对空间一点的矩必须用一个矢量来表示，如图 1-14 所示，这个矢量垂直于矩心 O 和力 $\boldsymbol{F}$ 的作用线所确定的平面，其指

向按右手螺旋法则判定，且应画在矩心 O 上，用 $\boldsymbol{M}_O(\boldsymbol{F})$ 表示，其大小和方向都与矩心的位置有关。令 $\boldsymbol{r}$ 为点 A 的矢径，则

$$\boldsymbol{M}_O(\boldsymbol{F})=\boldsymbol{r}\times\boldsymbol{F} \tag{1-8}$$

$\boldsymbol{M}_O(\boldsymbol{F})$ 的大小为

$$|\boldsymbol{M}_O(\boldsymbol{F})|=F\cdot h=2A_{\triangle OAB} \tag{1-9}$$

若以矩心 O 为原点，作空间直角坐标系 $Oxyz$，设力的作用点 A 的坐标为(x,y,z)，力在三个坐标轴上的投影分别为 F_x、F_y、F_z，则矢径 $\boldsymbol{r}$ 和力 $\boldsymbol{F}$ 分别为

$$\boldsymbol{r}=x\boldsymbol{i}+y\boldsymbol{j}+z\boldsymbol{k} \tag{1-10}$$

$$\boldsymbol{F}=F_x\boldsymbol{i}+F_y\boldsymbol{j}+F_z\boldsymbol{k} \tag{1-11}$$

代入式(1-8)中，得

$$\boldsymbol{M}_O(\boldsymbol{F})=\boldsymbol{r}\times\boldsymbol{F}=\begin{vmatrix}\boldsymbol{i} & \boldsymbol{j} & \boldsymbol{k}\\ x & y & z\\ F_x & F_y & F_z\end{vmatrix}=(yF_z-zF_y)\boldsymbol{i}+(zF_x-xF_z)\boldsymbol{j}+(xF_y-yF_x)\boldsymbol{k} \tag{1-12}$$

用$[\boldsymbol{M}_O(\boldsymbol{F})]_x$、$[\boldsymbol{M}_O(\boldsymbol{F})]_y$、$[\boldsymbol{M}_O(\boldsymbol{F})]_z$ 分别表示力矩矢 $\boldsymbol{M}_O(\boldsymbol{F})$ 在 x、y、z 轴上的投影，即

$$\left.\begin{aligned}[\boldsymbol{M}_O(\boldsymbol{F})]_x&=yF_z-zF_y\\ [\boldsymbol{M}_O(\boldsymbol{F})]_y&=zF_x-xF_z\\ [\boldsymbol{M}_O(\boldsymbol{F})]_z&=xF_y-yF_x\end{aligned}\right\} \tag{1-13}$$

由此可见，力对空间任一点的矩等于矩心到该力作用点的矢径与该力的矢积。此力矩矢全面地反映了力对绕某定点(或矩心)转动刚体的转动效应。

2. 力对轴的矩

在实际工程中，经常遇到物体绕固定轴转动的情况。以推门为例，实践证明，力 $\boldsymbol{F}$ 使门转动的效应，不仅取决于力 $\boldsymbol{F}$ 的大小和方向，而且与力 $\boldsymbol{F}$ 作用的位置有关。若力 $\boldsymbol{F}$ 的作用线与门的转轴平行或相交，则无论力多大，都不能推开门。只有作用垂直于门轴方向，且不通过门轴的力 $\boldsymbol{F}$ 时，才能把门推开，并且力越大，或其作用线与门轴间的垂直距离越大，转动效果越显著。

力对轴之矩是力使物体绕轴的转动效应的量度，它等于力在垂直于矩轴的平面上的投影矢量对矩轴与平面的交点之矩。即由于平行于 z 轴的分力 $\boldsymbol{F}_z$ 不能使刚体产生转动效应(见图 1-15(a))，所以力 $\boldsymbol{F}$ 使刚体绕 z 轴的转动效应应由力在垂直于 z 轴的 α 平面上的分力 $\boldsymbol{F}_{xy}$ 对 O 之矩来度量(见图 1-15(b))。

力 $\boldsymbol{F}$ 对 z 轴的矩为

$$M_z(\boldsymbol{F})=M_O(\boldsymbol{F}_{xy})=\pm F_{xy}h=\pm 2A_{\triangle OAB}$$

由力对轴之矩的定义可知：力与轴共面(力与轴平行或力与轴相交)时，力对轴之矩等于零。力对轴之矩为代数量，其正负号按右手螺旋法则确定(见图 1-15(c))：以右手四指的指向符合力矩转向而握拳时，大拇指伸出的方向与矩轴的正向一致时取

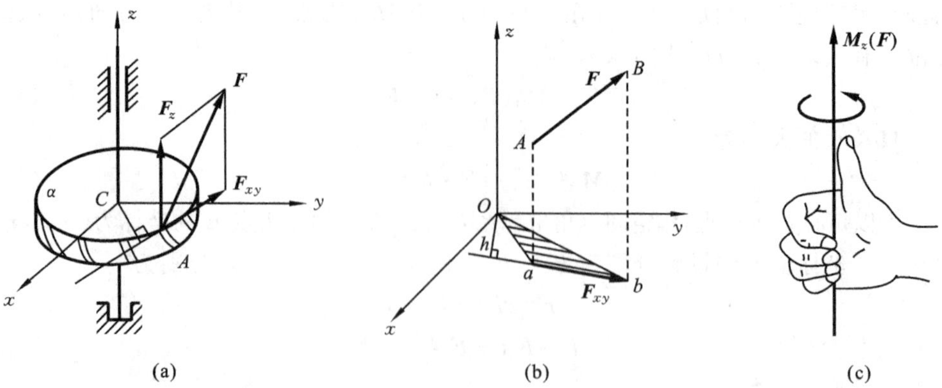

图 1-15

正号，反之则取负号。

设力 $\boldsymbol{F}$ 在三个坐标轴上的投影分别为 F_x、F_y、F_z，力作用点 A 的坐标为(x, y, z)，如图 1-16 所示，根据式(1-12)得

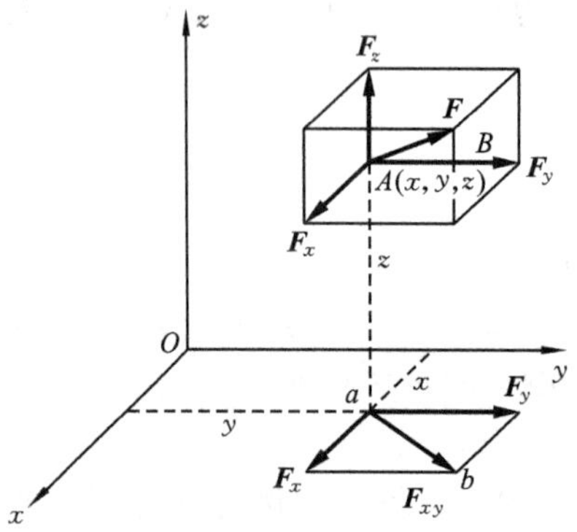

图 1-16

$$M_z(\boldsymbol{F}) = M_O(\boldsymbol{F}_{xy}) = M_O(F_x) + M_O(F_y)$$

即

$$M_z(\boldsymbol{F}) = xF_y - yF_x$$

同理可得 $M_x(\boldsymbol{F})$ 和 $M_y(\boldsymbol{F})$，故有

$$\left.\begin{aligned} M_x(\boldsymbol{F}) &= yF_z - zF_y \\ M_y(\boldsymbol{F}) &= zF_x - xF_z \\ M_z(\boldsymbol{F}) &= xF_y - yF_x \end{aligned}\right\} \tag{1-14}$$

以上三式是计算力对轴之矩的解析式。比较式(1-13)和式(1-14)，发现它们完全是一样的。因此，可以得到结论：力对某点的力矩在坐标轴上的投影等于力对该坐标轴的力矩。因此，把力对点的矩与力对轴的矩联系了起来。如果考虑到这里坐标轴的任意性，可以得到如下的重要结论：力对某轴的矩等于力对该轴上某点的矩对该轴的投影，即

$$\boldsymbol{M}_l(\boldsymbol{F}) = \boldsymbol{M}_O(\boldsymbol{F}) \cdot \boldsymbol{n}_l \tag{1-15}$$

式中　$\boldsymbol{n}_l$ 为轴 l 的方向矢量。

应该指出：力对轴之矩的概念是从绕定轴转动物体引出的，但力对轴之矩的概念具有普遍意义。在具体应用时，可对任意直线(轴)取矩，并不要求一定是转动轴。

3. 合力矩定理

若力系存在合力，由力系的合成与分解原理不难得出：合力对某一点之矩，等于力系中所有力对同一点之矩的矢量和。这就是合力矩定理，即

$$\boldsymbol{M}_O(\boldsymbol{F}) = \sum_{i=1}^{n} \boldsymbol{M}_O(\boldsymbol{F}_i) \tag{1-16}$$

其中

$$\boldsymbol{F} = \sum_{i=1}^{n} \boldsymbol{F}_i$$

需要指出的是，对于力对轴之矩，合力矩定理可理解为：合力对某一轴之矩等于力系中所有力对同一轴之矩的代数和。

4. 力偶

1）力偶的概念

作用在同一刚体上的一对等值、反向、作用线平行且不重合的力所组成的力系称为力偶，用($\boldsymbol{F},\boldsymbol{F}'$)表示。司机对方向盘的操作(见图 1-17(a))、钳工用丝锥攻螺纹时的操作(见图 1-17(b))等都构成了力偶对物体的作用。力偶对物体的作用是使物体的转动状态发生改变。力偶不可能与某一个力等效，也不可能合成为某个合力，力偶是基本力学量。

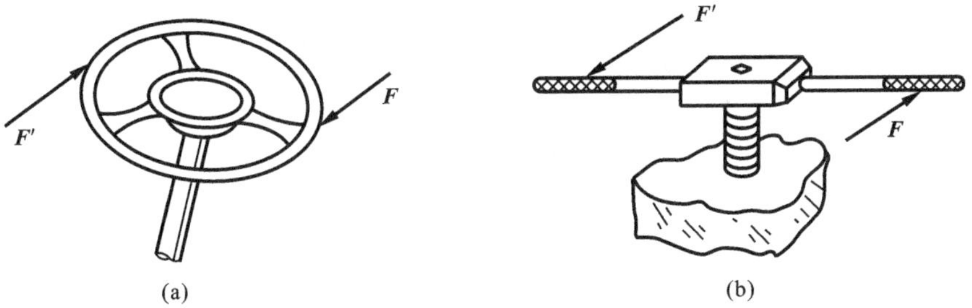

图 1-17

2）力偶的表示

力偶($\boldsymbol{F},\boldsymbol{F}'$)所在的平面称为力偶的作用面，力偶的两个力之间的垂直距离 d 称为力偶臂，如图 1-18 所示。

常用图 1-19 所示的符号表示力偶。

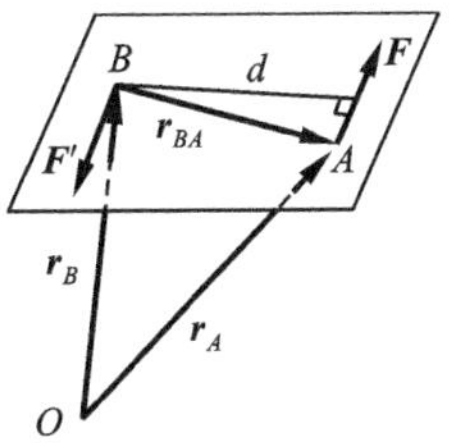

图 1-18

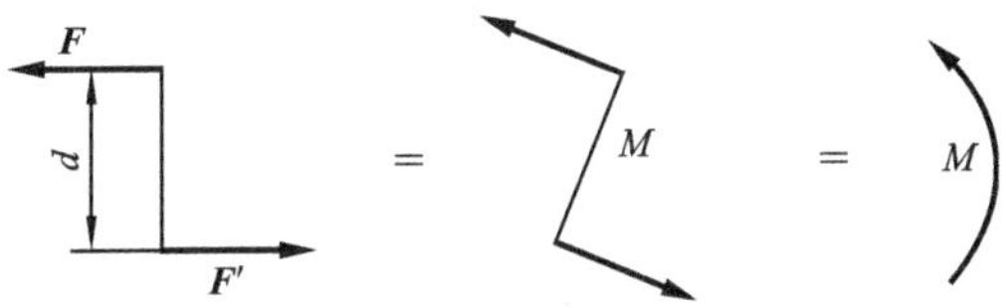

图 1-19

在平面问题中，由于力偶的作用面正是所研究力系所在的平面，因此力偶对物体的作用效果取决于两个因素：一是力偶矩的大小；二是力偶在作用面内的转动方向。平面力偶矩可以用一个代数量 M 表示，其正负号规定为：力偶使物体逆时针转动时取正，反之取负。

$$M = \pm Fd = 2A_{\triangle ABC} \tag{1-17}$$

在空间问题中，力偶对物体的作用效果取决于三个因素：一是力偶作用面在空间的方位；二是力偶矩的大小；三是力偶使物体转动的方向。因此空间力偶的作用效应必须用矢量来度量，该矢量称为力偶矩矢，用 $\boldsymbol{M}$ 表示（见图 1-20(a)）。力偶矩矢的方位垂直于力偶的作用面，指向按右手螺旋法则确定，如图 1-20(b)所示，其矢量表达式为

$$\boldsymbol{M}=\boldsymbol{r}_{BA}\times\boldsymbol{F} \tag{1-18}$$

力偶矩矢的大小为 $M=Fd$

力偶矩的单位是 N · m。

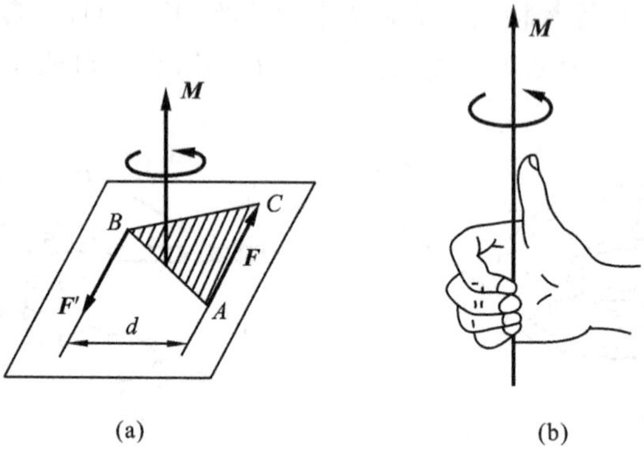

图 1-20

3）力偶的性质

性质 1 组成力偶的两个力对空间任意点之矩的和与矩心的选择无关（即无矩心），恒等于力偶矩矢量，故力偶矩矢用 $\boldsymbol{M}$ 表示，而不必用下脚标标出矩心。由于力偶矩矢 $\boldsymbol{M}$ 没有具体的作用点，因此称其为自由矢量。

证明 如图 1-21 所示，$\boldsymbol{r}_{AB}$ 表示点 B 相对于点 A 的矢径，$\boldsymbol{r}_A$ 为点 A 相对于点 O 的矢径，$\boldsymbol{r}_B$ 为点 B 相对于点 O 的矢径。若取点 O 为空间力偶的矩心，则力偶矩矢为

$$\begin{aligned}\boldsymbol{M}&=\boldsymbol{M}_O(\boldsymbol{F})+\boldsymbol{M}_O(\boldsymbol{F}')=\boldsymbol{r}_A\times\boldsymbol{F}'+\boldsymbol{r}_B\times\boldsymbol{F}\\&=-\boldsymbol{r}_A\times\boldsymbol{F}+\boldsymbol{r}_B\times\boldsymbol{F}=(\boldsymbol{r}_B-\boldsymbol{r}_A)\times\boldsymbol{F}=\boldsymbol{r}_{BA}\times\boldsymbol{F}\end{aligned}$$

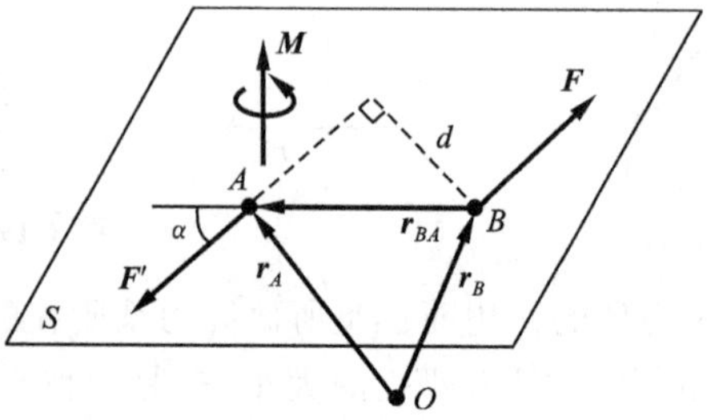

图 1-21

因此空间力偶对物体的转动效应完全取决于力偶矩矢，平面力偶对物体的转动效应完全取决于力偶矩。如果空间（平面）两个力偶的力偶矩矢（力偶矩）相等，则它

们是互等力偶，或称为等效力偶。这就是力偶的等效性。

性质2　作用在刚体上的力偶，只要保持其转向及力偶矩的大小不变，就可在其力偶作用面内任意转移位置。

由于力偶在其作用面内任意移动时，其力偶矩的大小和转向始终不变，故对刚体的转动效应也不变。

性质3　作用在刚体上的力偶，可以转移到与其作用面相平行的任何平面上而不改变原力偶的作用效应。

设有($\boldsymbol{F},\boldsymbol{F}'$)作用在平面 P 上，现在要将它转移到与平面 P 相平行的平面 Q 上去，而不改变它的作用效应。作法如下(见图1-22)：在两平行平面间作一平行四边形 AA_1B_1B，其对角线的交点为 O，在点 A_1、B_1 处分别加两对平行于 $\boldsymbol{F}$ 的平衡力 $\boldsymbol{F}_1$、$\boldsymbol{F}_1'$、$\boldsymbol{F}_2$、$\boldsymbol{F}_2'$，并使 $F_1=F_2=F$(由加减平衡力系公理可知，这样不影响原力系对刚体的作用效果)，将 $\boldsymbol{F}$、$\boldsymbol{F}_1'$ 和 $\boldsymbol{F}'$、$\boldsymbol{F}_2'$ 分别向点 O 简化为 $\boldsymbol{F}_R$ 和 $\boldsymbol{F}_R'$，显然 $\boldsymbol{F}_R$ 和 $\boldsymbol{F}_R'$ 共线、反向、等值，它们组成一对平衡力，可以从力系中除去，不影响对刚体的作用效果，剩余 $\boldsymbol{F}_1$ 和 $\boldsymbol{F}_2$ 组成一个新的力偶，与原力偶等效，它作用在平面 Q 上。

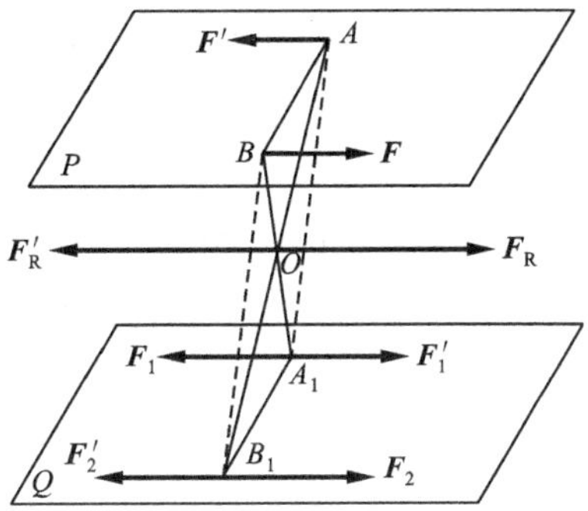

图 1-22

性质4　力偶不能与一个力相平衡，力偶只能用力偶来平衡。

力偶的作用效应是仅使刚体发生转动，而一个力除了使刚体转动外，还能使刚体移动，二者的作用效果不可能相等。

性质5　在保持力偶矩大小和方向不变的条件下，可以任意改变力偶中力的大小和力偶臂的长短，而不改变它对刚体的转动效应。

由于力偶矩的大小等于力和力偶臂的乘积，因此只要保持 M 的大小不变，力偶对刚体的转动效应就不变，例如可以增加(或减小)力偶中力的大小，同时减小(增加)力偶臂的长度。

4) 平面力偶系的合成

在物体上同一平面内作用着两个或两个以上的力偶，就构成平面力偶系。力偶系的合成，就是求力偶系的合力偶矩。

如图1-23所示，设作用在物体上同一平面的两个力偶的矩分别为 M_1、M_2。根据力偶的性质，矩为 M_1 的力偶可以与通过 A、B 两点的一对力 $\boldsymbol{F}_1$、$\boldsymbol{F}_1'$ 等效；同样，矩为 M_2 的力偶可以与通过 A、B 两点的一对力 $\boldsymbol{F}_2$、$\boldsymbol{F}_2'$ 等效。如果 A、B 两点的垂直距离为 d，则有 $M_1=F_1d$，$M_2=F_2d$。过点 A 作 $\boldsymbol{F}_1$、$\boldsymbol{F}_2$ 的合力 $\boldsymbol{F}_R$，过点 B 作 $\boldsymbol{F}_1'$、$\boldsymbol{F}_2'$ 的合力 $\boldsymbol{F}_R'$，$\boldsymbol{F}_R$ 和 $\boldsymbol{F}_R'$ 组成新的力偶，力偶矩 M 为

$$M=F_Rd=F_1d+F_2d=M_1+M_2$$

上述结论可以推广到两个以上的平面力偶的情形，即在同一平面内任意个力偶

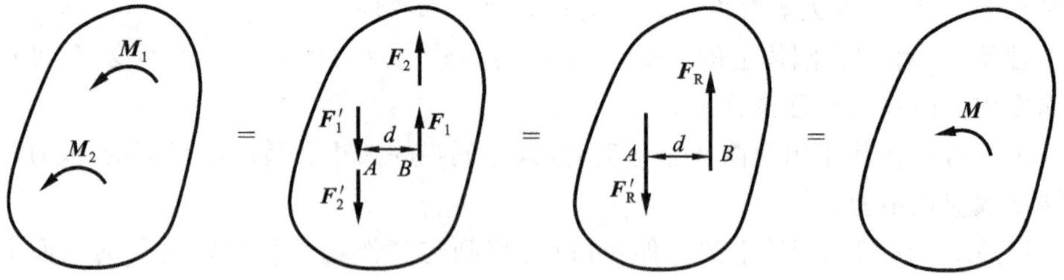

图 1-23

可以合成一个合力偶，合力偶矩等于各力偶矩的代数和，即

$$M = M_1 + M_2 + \cdots + M_n = \sum_{i=1}^{n} M_i \tag{1-19}$$

例 1-2　用多轴钻床在水平放置的工件上同时钻四个直径相同的孔，如图 1-24 所示。每个钻头的主切削力在水平面内组成一力偶，各力偶矩的大小为 $M_1 = M_2 = M_3 = M_4 = 15\ \text{N} \cdot \text{m}$，转向如图所示。工件受到的总切削力偶矩为多大？

解　作用于工件的力偶有四个，且同在一平面上，根据式(1-19)可求出其合力偶矩为

$$M = M_1 + M_2 + M_3 + M_4 = 4 \times 15\ \text{N} \cdot \text{m} = 60\ \text{N} \cdot \text{m}$$

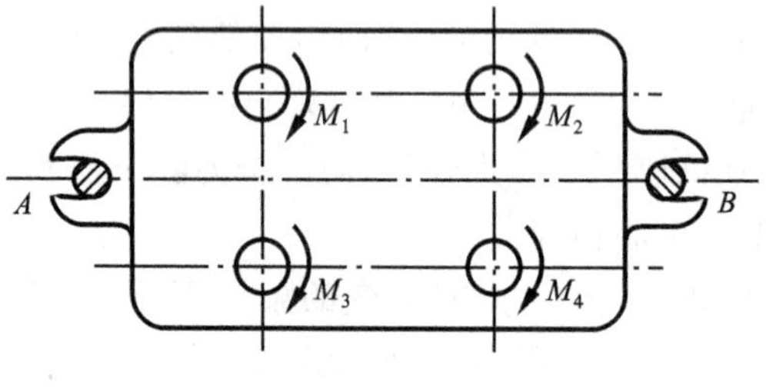

图 1-24

5）空间力偶系的合成

由于空间力偶系的作用效果由力偶矩矢决定，根据矢量合成法则，空间力偶系也可以合成为合力偶矩矢 $\boldsymbol{M}$，$\boldsymbol{M}$ 等于该力偶系中各分力偶矩矢的矢量和，即

$$\boldsymbol{M} = \boldsymbol{M}_1 + \boldsymbol{M}_2 + \cdots + \boldsymbol{M}_n = \sum_{i=1}^{n} \boldsymbol{M}_i \tag{1-20}$$

合力偶矩矢 $\boldsymbol{M}$ 也可以在直角坐标系 $Oxyz$ 中进行投影，有

$$\left.\begin{aligned} M_x &= M_{1x} + M_{2x} + \cdots + M_{nx} = \sum_{i=1}^{n} M_{ix} \\ M_y &= M_{1y} + M_{2y} + \cdots + M_{ny} = \sum_{i=1}^{n} M_{iy} \\ M_z &= M_{1z} + M_{2z} + \cdots + M_{nz} = \sum_{i=1}^{n} M_{iz} \end{aligned}\right\} \tag{1-21}$$

由式(1-21)可进一步计算合力偶矩矢的大小和方向余弦。

例 1-3　如图 1-25(a)所示，三棱柱箱体的 ABE 平面与 $BCDE$ 平面上作用着力偶，其矩分别为 $M_1=0.8\ \text{kN}\cdot\text{m}$，$M_2=1\ \text{kN}\cdot\text{m}$，转向如图所示。试求合力偶矩矢在 x、y、z 轴上的投影。

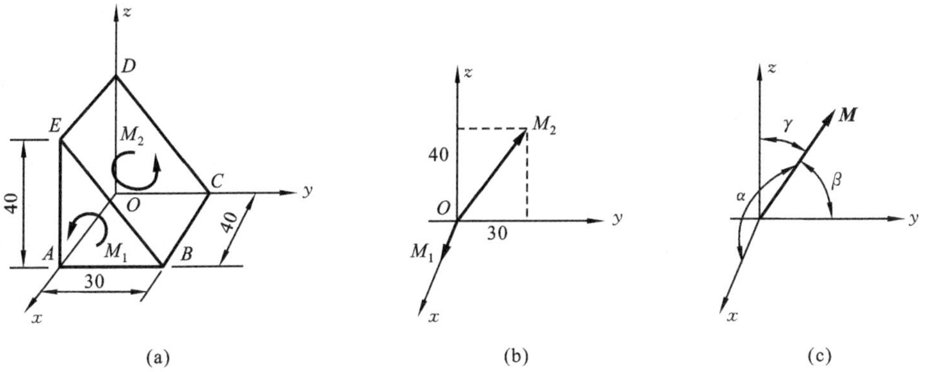

图 1-25

解　将作用在不同的两个面上的力偶用力偶矩矢量表示，并将它们平移到点 O（见图 1-25(b)），根据式(1-21)，合力偶矩矢 $\boldsymbol{M}$（见图 1-25(c)）在 x、y、z 轴上的投影分别为

$$M_x = M_1 = 0.8\ \text{kN}\cdot\text{m}$$

$$M_z = \frac{3}{5}M_2 = 0.6\times1\ \text{kN}\cdot\text{m} = 0.6\ \text{kN}\cdot\text{m}$$

$$M_y = \frac{4}{5}M_2 = 0.8\times1\ \text{kN}\cdot\text{m} = 0.8\ \text{kN}\cdot\text{m}$$

1.3　约束与约束力

在力学中通常把物体分为两类。一类是自由体，它们的位移不受任何限制，例如在天空中自由飞翔的鸟，在水中自由游动的鱼。另一类称为非自由体，它们的位移受到了预先给定条件的限制，例如：放在桌上的书，它的位移受到桌面的限制，因而只能在桌面上运动；吊在电线上的灯泡，它的位移受到电线的限制，因而离开灯座的距离不能超过电线的长度。如图 1-26 所示，冲压机冲头受到滑道的限制只能沿竖直方向平移，飞轮受到轴承的限制只能绕轴转动。在工程结构中每一个构件都根据工作的要求以一定的方式和周围其他构件相联系着，其运动受到周围构件的限制，这些限制就构成了约束。

1. 约束

对非自由体的某些位移起限制作用的物体称为约束，或者说，对某一构件的运动

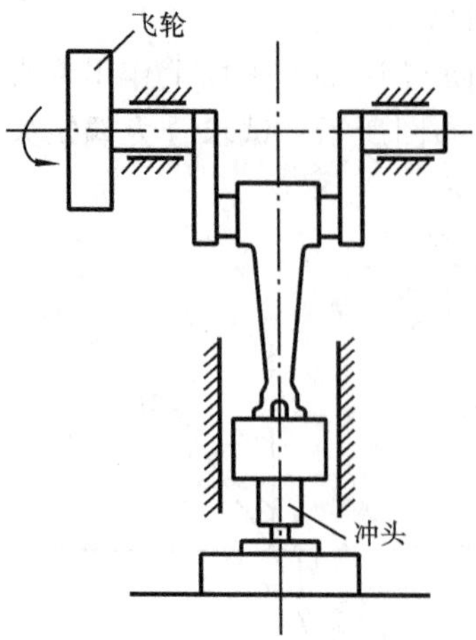

图 1-26

起限制作用的其他构件称为这一构件的约束。如前面提到的桌面、电线、滑道、轴承等就分别是书、灯泡、冲头、飞轮的约束。

2. 约束力

约束既然限制某一构件的运动，也就是说约束能够起到改变物体运动状态的作用，所以约束就必须承受物体对它的作用力。与此同时，它也给被约束物体以作用力，这种力称为约束力。

约束力是由于阻碍物体运动而引起的，所以属于被动力、未知力。确定约束力是静力学的一项重要任务。约束力的作用点在约束与被约束物体的接触点，它的方向总是与约束所能阻止的物体的位移方向相反。约束力的大小一般是未知的，要通过力系的平衡条件求出。

3. 常见约束

1）不可伸长柔性约束

不可伸长柔性约束由绳索、胶带或链条等柔软体构成，它们只能承受拉力而不能抗压和抗弯（忽略其自重和伸长），这种类型的约束称为柔性约束。柔性约束的约束力只能是拉力，其方向一定沿着柔性体的轴线背离受力体，常用 $\boldsymbol{F}_T$ 表示。如图 1-27(a)所示的物体，绳索给物体一个向上的约束力；图 1-27(b)所示的链条（或胶带）也都只能承受拉力，当它们绕在轮子上时，对轮子的约束力沿轮缘的切线方向。

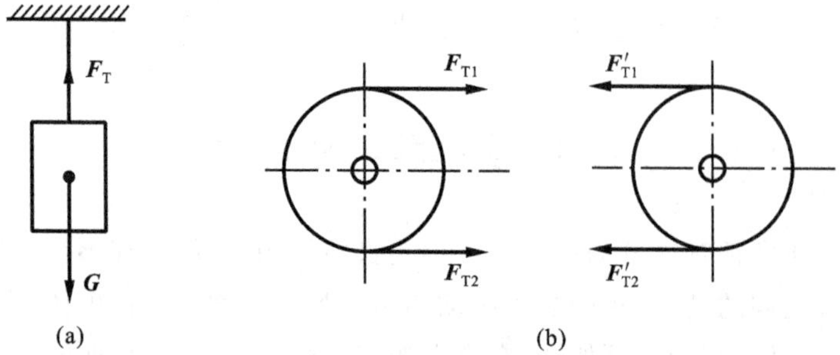

图 1-27

2）光滑接触面约束

光滑接触面指其摩擦可忽略不计的两物体的接触表面。光滑接触面约束的特点是：不论平面或曲面都不能阻碍物体沿接触面公切线方向的运动，而只能限制物体沿接触面公法线方向的运动，即物体可以自由地沿接触面滑动或沿接触面在接触点的切线方向脱离接触面，但不能沿公法线方向压入接触面，所以光滑接触面给被约束物体的约束力作用在接触点上，其作用线沿接触表面的公法线，并指向被约束物体，常

用字母 $\boldsymbol{F}_{\mathrm{N}}$ 表示。

如物体受到光滑接触面约束(见图 1-28(a)),约束力就沿接触面的公法线方向指向被约束的物体,接触点就是约束力的作用点。在齿轮传动时,相啮合的一对齿轮齿廓相互接触,约束力沿两轮齿廓表面的公法线方向,亦即垂直于两轮齿廓的公切线方向,如图 1-28(b)所示。若将直杆搁置在凹槽中(见图 1-28(c)),接触面光滑,则杆在点 A 、B 处所受的约束力 $\boldsymbol{F}_{\mathrm{N}A}$、$\boldsymbol{F}_{\mathrm{N}B}$ 均垂直于支撑表面指向杆件,在点 C 处所受的约束力 $\boldsymbol{F}_{\mathrm{N}C}$ 则垂直于直杆的表面并指向杆件,这里各约束力也都沿接触点的公法线方向。

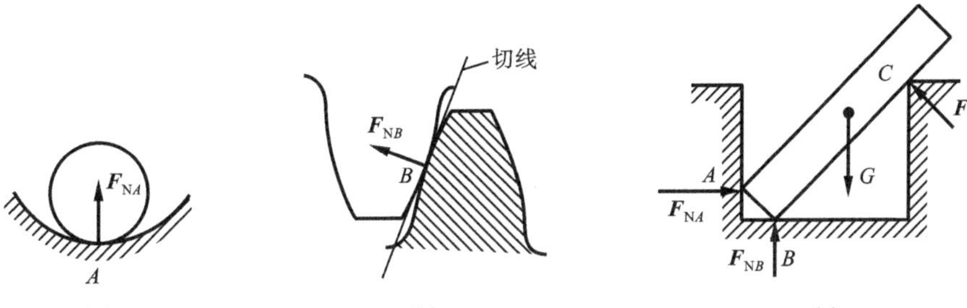

图 1-28

3) 光滑圆柱铰链与固定铰链支座

光滑圆柱铰链简称为铰链,在工程结构和机械设备中用以连接构件或零、部件。将两个零件用销钉连接起来,或用一个销钉将两个或更多个零件连接在一起,形成一个统一的关节,就构成圆柱形铰链,如图 1-29(a)所示。若销钉与零件间的接触是光滑的,则它只限制两零件的相对移动而不限制两零件的相对转动(见图 1-29(b))。销钉给零件的力 F_{R} 的方向沿圆柱面在接触点 D 处的公法线上,通过铰链中心 O ,指向被约束的物体,但销钉与零件的接触点位置是随作用力方向的改变而改变的,故其约束力 F_{R} 的方向不能预先定出,而只可以明确约束力是通过铰链的圆心的。在进行受力分析时将圆柱形销钉的约束力用两个互相垂直的分力 $\boldsymbol{F}_{Ox}$ 和 $\boldsymbol{F}_{Oy}$ 表示(见图 1-29(c))。由此可见,铰链约束力的大小、方向、作用线均是未知而待求的量。

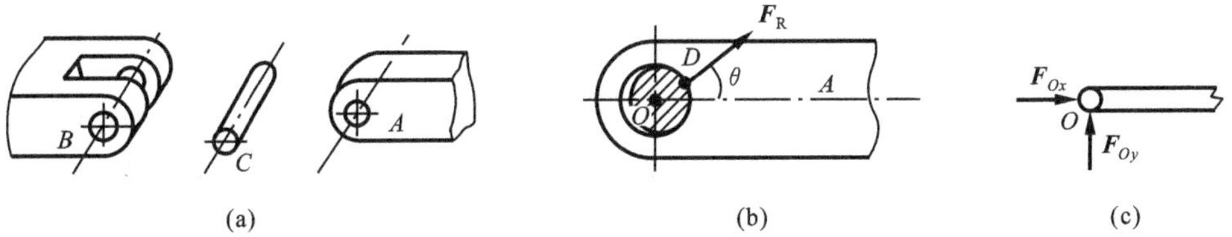

图 1-29

如图 1-30(a)所示,用铰链把零件、构件同支承面(固定平面或机架)连接起来,这种约束称为固定铰链支座,其简图如图 1-30(b)所示。其约束力与圆柱形铰链约束反力相同，也是用通过铰链中心 A 相互垂直的两个分力 $\boldsymbol{F}_{Ax}$ 和 $\boldsymbol{F}_{Ay}$ 来表示（见图 1-30(c)），该约束力的大小、方向和作用线均为待求量。

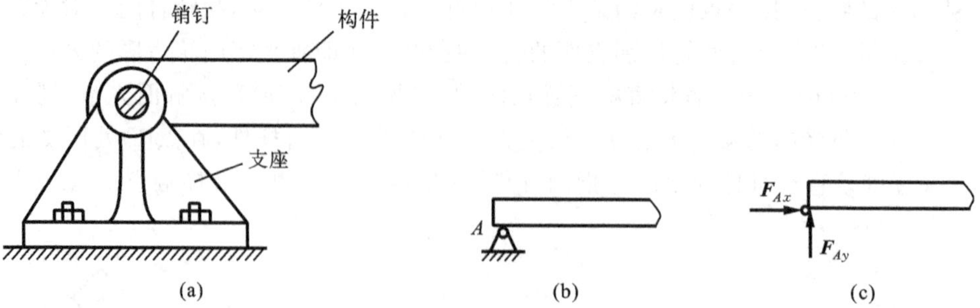

图 1-30

4）滚动铰链支座

在桥梁和其他工程结构中，经常采用滚动铰链支座（见图 1-31(a)），这种支座中有几个圆柱滚子，其能沿固定面滚动，当温度变化引起桥梁跨度伸长或缩短时，两支座间的距离可以有微小的变化。显然这种滚动支座的约束性质与光滑接触表面相同，其约束力 $\boldsymbol{F}_{\mathrm{N}}$ 必然垂直于固定面。其简图及约束力方向如图 1-31(b)、(c)所示。滚动铰链支座与光滑接触面之间的区别在于这种支座有特殊装置，能阻止支座沿离开接触面（支承面）的方向运动，所以活动铰支座可看做双向约束，反力方向有时也可能向下，与主动力的方向有关。

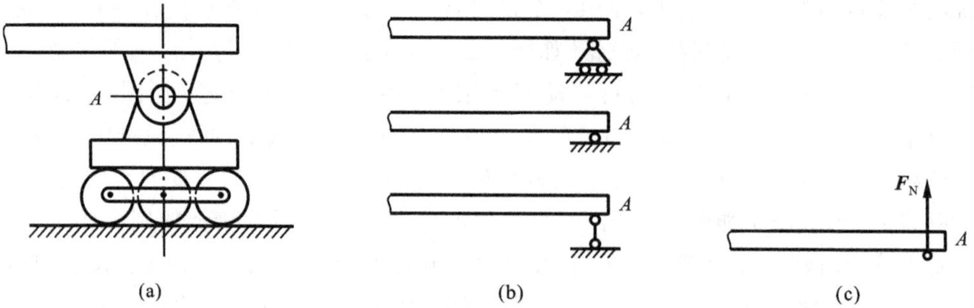

图 1-31

5）轴承约束

向心轴承约束（见图 1-32(a)）是机械中常见的一种约束。采用向心轴承时，轴可在孔内任意转动，也可沿孔的中心线移动，但是轴沿径向向外的移动会受到轴承的阻碍。当轴和轴承在某点光滑接触时，轴承对轴的约束力作用在接触点，且沿公法线指向轴心。但是，轴所受的主动力不同，轴和孔的接触点的位置也不同。所以，当主动力尚未确定时，约束力的方向不能确定。约束力的作用线一定垂直于轴线并通过轴心。在受力分析时将分解为两个互相垂直的分力 $\boldsymbol{F}_{Ax}$ 和 $\boldsymbol{F}_{Ay}$，其简图和约束力如图 1-32(b)、(c)所示。

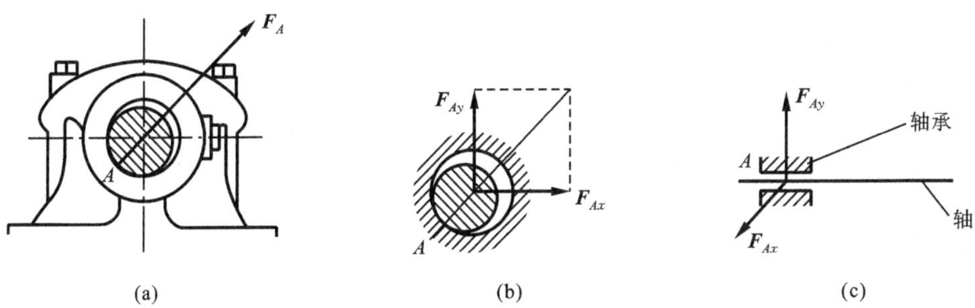

图 1-32

推力轴承与径向轴承不同，它除了能限制轴的径向位移外，还能限制轴沿轴向的位移，因此，它比径向轴承多一个沿轴向的约束力，即其约束力有 $\boldsymbol{F}_{Ax}$、$\boldsymbol{F}_{Ay}$、$\boldsymbol{F}_{Az}$ 三个。其结构简图及约束力如图 1-33 所示。

6）球形铰链约束

球形铰链约束的结构如图 1-34(a)所示。杆端为球形，它被约束在一个固定的球窝(简称球铰)中，球和球窝半径近似相等，球心是固定不动的，杆只能绕此点在空间任意转动。与圆柱铰链约束类似，球和球窝的接触点的位置不能由约束的性质决定，而取决于被约束物体上所受的力，但是可以确定的是，在光滑接触的情况下，约束力的作用线必通过球心。通常把约束力沿坐标轴分解为三个正交分力，用 $\boldsymbol{F}_{Ax}$、$\boldsymbol{F}_{Ay}$、$\boldsymbol{F}_{Az}$ 表示(见图 1-34(b))，因此求球形铰链的约束力时有三个未知量。

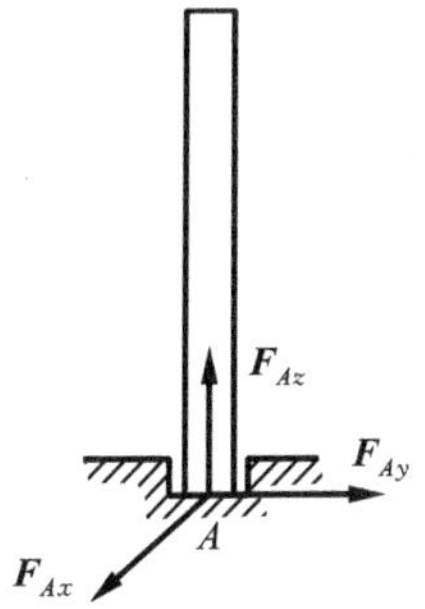

图 1-33

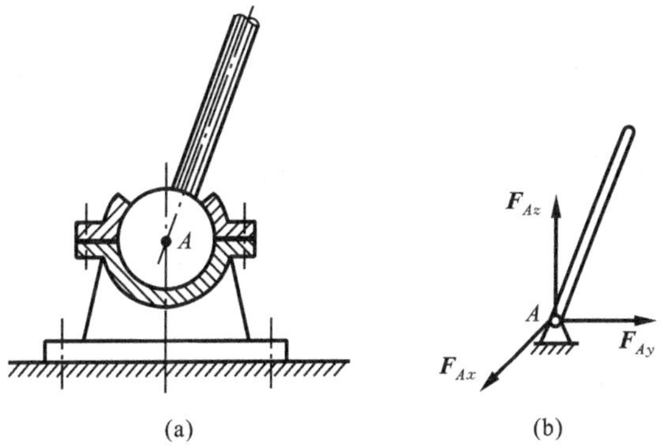

图 1-34

7）固定端约束

物体嵌固于另一物体的约束，称为固定端约束(见图 1-35(a))，如钉子钉入墙壁、电线杆埋入地中等均为固定端约束的实例。固定端约束既约束物体沿其任一方向的移动又约束其绕任一轴的转动，所以固定端约束力可用三个正交分力 $\boldsymbol{F}_{Ax}$、$\boldsymbol{F}_{Ay}$、$\boldsymbol{F}_{Az}$ 和矩分别为 M_{Ax}、M_{Ay}、M_{Az} 的三个分力偶表示(见图 1-35(b))。

对于平面固定端约束(见图 1-36(a))，其约束力如图 1-36(b)所示。即平面固定

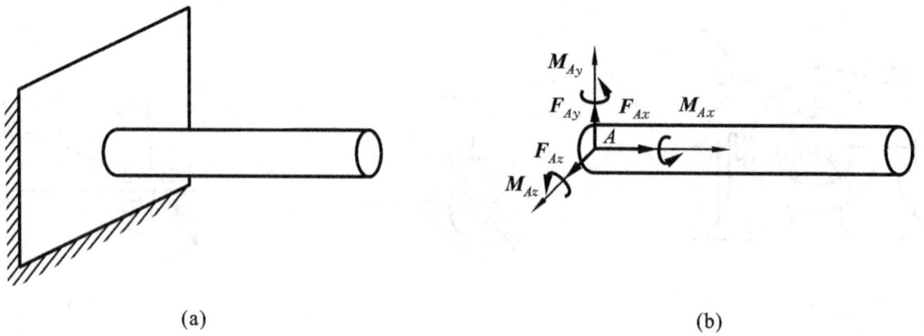

图 1-35

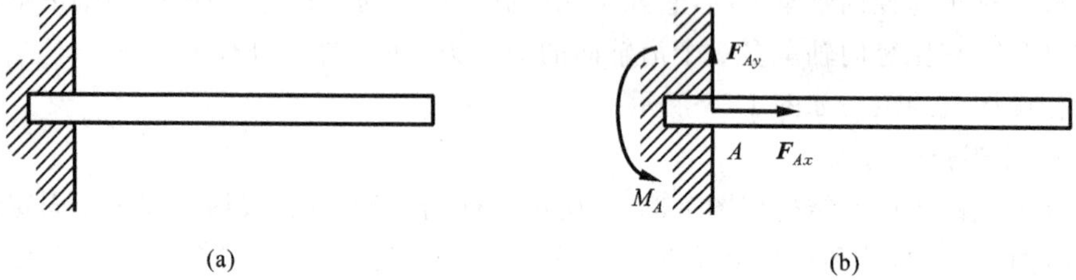

图 1-36

端约束的约束力为两个分力 $\boldsymbol{F}_{Ax}$、$\boldsymbol{F}_{Ay}$ 和一个矩为 M_A 的力偶。

需要指出的是：在很多约束里，只能知道约束力的作用线，而不能明确约束力指向。这时，在分析中可以任意假设其指向，根据求解的结果判断假设正确与否。

1.4 受力分析

为了研究力对物体的作用效应，首先要对所研究的物体进行受力分析。作用在物体上的力有主动力和被动力两类。主动力一般是已知的力，如重力、风力、气体压力等；被动力为未知的约束力。要根据约束类型判断约束力。

一个物体总是与周围的物体相联系着，在分析一个物体的受力时，必须把它从周围的物体中分离出来，单独画出它的简图，这个步骤称为取研究对象或分离体。然后，把施力物体对研究对象的作用力（含主动力和约束力）全部画出来。这种表明物体受力的简明图形，称为受力图。正确地画出物体的受力图，是分析、解决静力学问题的基础。

例 1-4 如图 1-37(a)所示，重量为 $\boldsymbol{G}$ 的球搁置在倾角为 α 的光滑斜面上，用不可伸长的绳索系于墙上，其中角 α、β 已知，试画出球的受力图。

解 取球为研究对象，画出其简图。分析受力，球所受的主动力为作用于球心的重力 $\boldsymbol{G}$。球在 B 处受到光滑面约束，约束力 $\boldsymbol{F}_N$ 沿点 B 处公法线方向指向球心。在点 A 处受到绳索约束力 $\boldsymbol{F}_T$，其为沿绳索背离球的拉力，如图 1-37(b)所示。

例 1-5 图 1-38(a)所示，两根梁在 B 处用铰链连接，A 为固定端，C 为滚动铰链

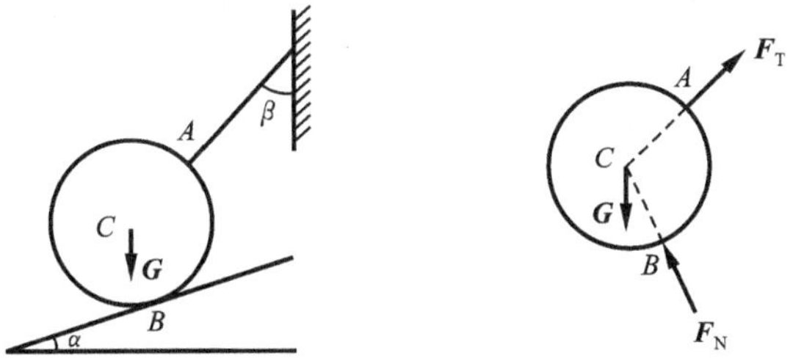

(a)　　(b)

图 1-37

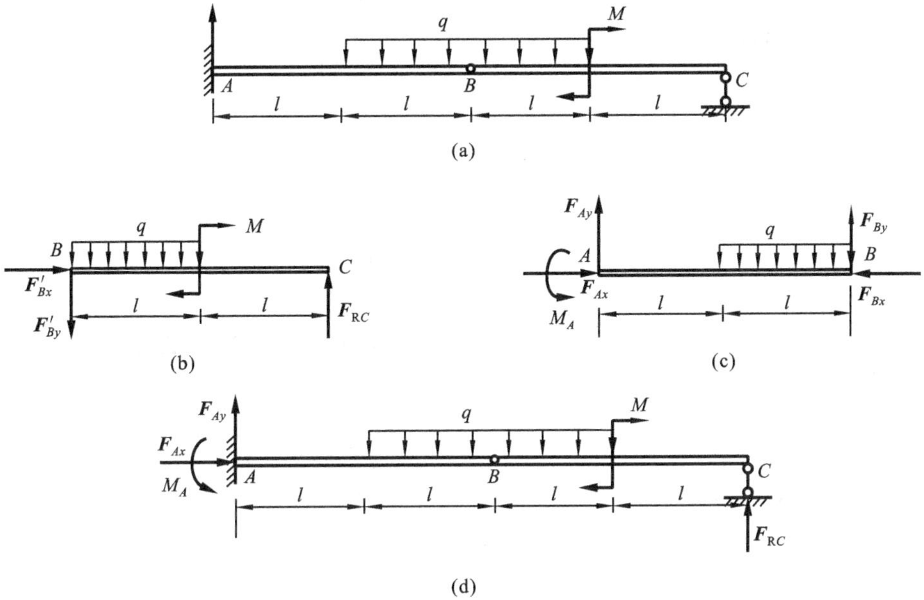

(a)

(b)　　(c)

(d)

图 1-38

支座约束。其上作用有矩为 M 的力偶和一段均布载荷,集度为 q 。试画出梁 AB 、BC 及整体的受力图。

解　(1) 取梁 BC 为研究对象,其上作用的主动力有矩为 M 的力偶和长度为 l 、集度为 q 的均布载荷。约束力为支座 C 施加的力 $\boldsymbol{F}_{RC}$ 和铰链 B 施加的力 $\boldsymbol{F}'_{Bx}$ 和 $\boldsymbol{F}'_{By}$,如图 1-38(b)所示。

(2) 取梁 AB 为研究对象,其上作用有一段长度为 l 、集度为 q 的均布载荷,铰链 B 施加的力 $\boldsymbol{F}_{Bx}$ 和 $\boldsymbol{F}_{By}$,固定端 A 施加的约束力 $\boldsymbol{F}_{Ax}$ 、$\boldsymbol{F}_{Ay}$ 和矩为 M_A 的力偶,如图 1-38(c)所示。

(3) 取整体为研究对象,其上作用有矩为 M 的主动力偶和集度为 q 的均布载荷。约束力为支座 C 施加的力 $\boldsymbol{F}_{RC}$,固定端 A 的约束力 $\boldsymbol{F}_{Ax}$ 、$\boldsymbol{F}_{Ay}$ 和矩为 M_A 的力偶,此时铰链 B 处没解除约束,故不需画出约束力,如图 1-38(d)所示。

例 1-6　图 1-39(a)所示的结构由杆 AC、CD 与滑轮 B 铰接组成。物体重 $\boldsymbol{G}$,用绳子挂在滑轮上。如杆、滑轮及绳子的自重不计,并忽略各处的摩擦,试分别画出滑轮 B(包括绳索)、杆 AC、CD 及整个系统的受力图。

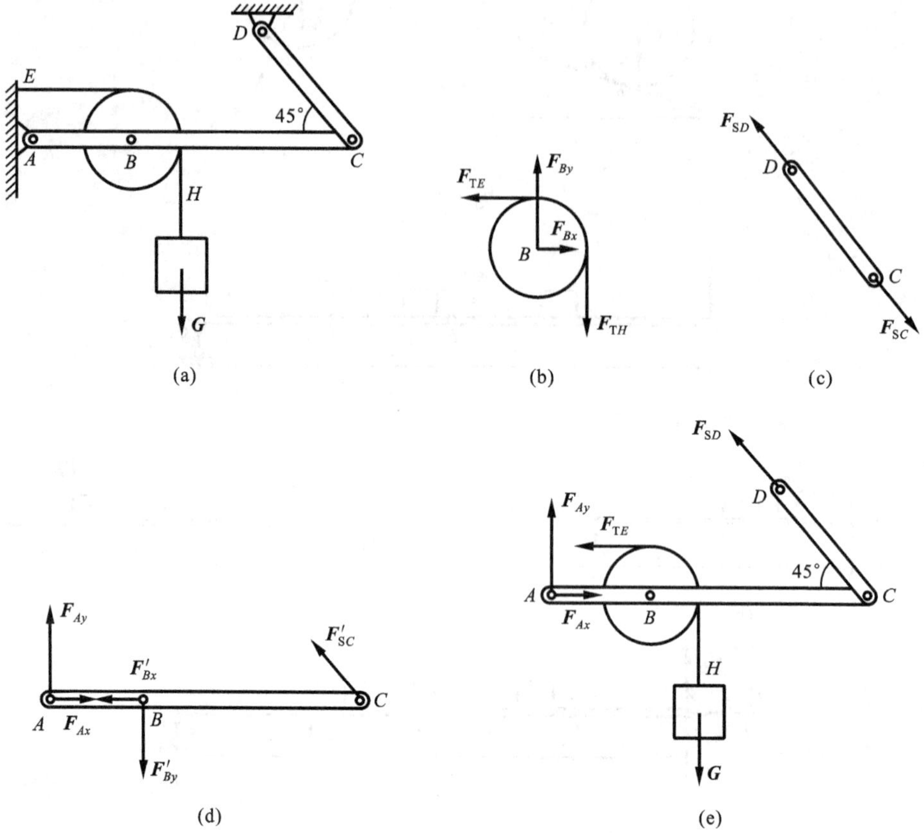

图 1-39

解　(1) 以滑轮及绳索为研究对象,画出分离体图。点 B 处为光滑铰链约束,杆 AC 上的销钉对轮孔的约束力为 $\boldsymbol{F}_{Bx}$、$\boldsymbol{F}_{By}$,绳索的拉力为 $\boldsymbol{F}_{TE}$、$\boldsymbol{F}_{TH}$,如图 1-39(b)所示。

(2) 以杆 CD 为研究对象,画出分离体图。设杆 CD 受拉,在 C、D 处画出拉力 $\boldsymbol{F}_{SC}$、$\boldsymbol{F}_{SD}$,且 $\boldsymbol{F}_{SC}=-\boldsymbol{F}_{SD}$,如图 1-39(c)所示。

(3) 以杆 AC 为研究对象,画出分离体图。点 A 处为固定铰支座,受的约束力为 $\boldsymbol{F}_{Ax}$、$\boldsymbol{F}_{Ay}$,在点 B 处画出反作用力 $\boldsymbol{F}'_{Bx}$、$\boldsymbol{F}'_{By}$,在点 C 处画出反作用力 $\boldsymbol{F}'_{SC}$,如图 1-39(d)所示。

(4) 以整体为研究对象,画出分离体图。此时点 B、C 两处的约束力成对出现,根据加减平衡力系,可减去,不必画出。系统受力如图 1-39(e)所示。

例 1-7　画出如图 1-40(a)所示构件 OA、AB 和 CD 及机构整体的受力图。各

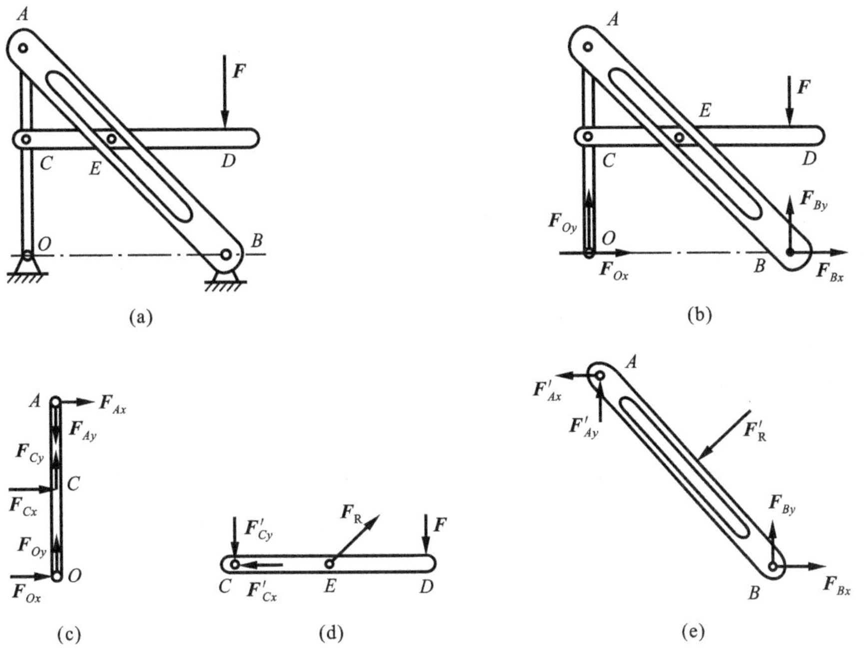

图 1-40

杆重力均不计，所有接触处均为光滑接触。

解　(1) 以整体为研究对象，画出分离体图。点 O、B 两处为固定铰链约束，各有一个水平的约束力和一个竖直约束力，假设约束力方向如图 1-40(b)所示；其余各处的约束力均为内力；D 处作用有主动力 $\boldsymbol{F}$。整体受力如图 1-40(b)所示。

(2) 以构件 OA 为研究对象，画出分离体图。其中：点 O 处受力与图 1-40(b)中相同；点 C、A 两处为中间活动铰链，约束力可以分解为两个力。其受力如图 1-40(c)所示。

(3) 以构件 CD 为研究对象，画出分离体图。其中：点 C 处受力与构件 OA 在点 C 处的受力互为作用力和反作用力；构件 CD 上所带销钉 E 处受到构件 AB 中斜槽光滑面约束力 $\boldsymbol{F}_{\mathrm{R}}$；$D$ 处作用有主动力 $\boldsymbol{F}$。其受力如图 1-40(d)所示。

(4) 以构件 AB 为研究对象，画出分离体图。其中：点 A 处受力与构件 OA 在 A 处的受力互为作用力和反作用力；点 E 处受力与构件 CD 在 E 处的受力互为作用力和反作用力；点 B 处的约束力用水平与竖直约束力表示。其受力如图 1-40(e)所示。

有时需要对由几个物体所组成的系统进行受力分析，这时必须注意区分内力和外力。系统内部各物体之间的相互作用力是系统的内力；外部物体对系统内物体的作用力是系统的外力。但是，必须指出，内力与外力的区分不是绝对的，在一定的条件下，内力与外力是可以相互转化的。例如，在例 1-5 中，在画梁 AB 的受力图时，铰链 B 的约束力 $\boldsymbol{F}_{Bx}$ 和 $\boldsymbol{F}_{By}$ 为外力，在画整体受力图时 $\boldsymbol{F}_{Bx}$ 和 $\boldsymbol{F}_{By}$ 就成为内力，故不再画出。

1.5　变形体的基本假设

如前所述，真实固体结构在受到力的作用时，必然发生变形，尽管变形可能非常微小。工程力学需要研究这些微小的变形对结构的影响。由于固体材料性质多种多样、十分复杂，工程力学只研究变形问题的主要方面，略去影响不大的次要因素。同时，为方便研究，对变形体的结构和力学性能提出几条基本假设，把它抽象成理想模型，作为工程材料力学研究的必要依据和前提。

1）连续性假设

连续性假设认为组成固体的物质毫无空隙地充满了固体的几何空间。从物质结构上来说，组成固体材料的粒子之间实际上并不连续，但它们之间所存在的空隙与构件的尺寸相比极其微小，可以忽略不计。这样就可以认为固体内部的物质，在其整个几何空间内是连续的。因此有关材料的一切物理量如密度、应力、变形、位移等也都是连续的。

实践证明，在工程中将构件抽象为连续的变形体，避免了数学分析上的困难，由此假定所作的力学分析被广泛的实验与工程实践证实是可行的。

2）均匀性假设

均匀性假设认为在固体内部，各部分的力学性能完全相同。就工程上使用最多的金属来说，其各个晶粒的力学性能实际上并不完全相同，但因在构件或构件的某一部分中包含的晶粒数目极多，而且它们是无规则地排列着，构件的力学性能是所有各晶粒的性能的统计平均值。所以可以认为构件内各部分的性能是均匀的，与其所在位置无关。按此假设，从构件内部任何部位所切取的微小单元体，都具有与构件完全相同的性能。同样，通过试件所测得的材料性能，也可用于材料内部的任何部位。

3）各向同性假设

各向同性假设认为固体在各个方向上的力学性能完全相同。各向同性是指物体在各个不同方向具有相同的力学性能，具备这种属性的材料称各向同性材料，例如玻璃就是典型的各向同性材料。至于工程中常用的金属，就其单个晶粒来说，属于各向异性体，但由于构件中所含晶粒极多，而且它们在构件中的排列又是极不规则的，所以，按统计学的观点，仍可将金属看成是各向同性材料。在今后的讨论中，一般都把固体假设为各向同性材料。

如果材料沿不同方向具有不同的力学性能，则称为各向异性材料。木材、复合材料是典型的各向异性材料。在工程力学中，主要研究处理各向同性材料，有时也涉及某些典型的各向异性材料。

4）小变形假设

小变形假设假定物体几何形状及尺寸的改变与其总尺寸比较起来是很微小的。

因为变形很小，所以在列静力平衡方程或进行其他分析时，可以不考虑外力作用点在物体变形时所产生的位移，这就大大简化了材料力学实际问题的计算。必须指出，在某些情况下，当外力作用后所产生的变形很大时，就不能使用小变形假设。

1.6　应力与应变的概念

1. 内力与截面法

物体在未受外力时，它的分子间本来就有相互作用力，正是由于存在这些力，物体才能保持固定的形状，这样的力称为物体的原始内力，它们是自我平衡的力系。一般情况下，这些“原始”的内力系统并不是工程力学所关注的。当物体在外力作用下发生变形时，物体内部各质点间相互作用的力也会发生改变。这种力的改变量，就是材料力学所要研究的内力。严格地讲，它是由外力的作用而引起的附加内力，通常简称为内力。

内力与结构的强度、刚度、稳定性等都有着密切的关系，需要予以计算确定。由于内力存在于构件内部，所以只有把它暴露出来才能作进一步的分析。为了显示内力，可以采用截面法。以一个在若干个外力作用下处于平衡状态的杆件(见图 1-41(a))为例来进行研究。设以一假想截面(通常都用横截面) $m-m$ 将物体截为Ⅰ、Ⅱ两部分(见图 1-41(b))，任意弃去一部分，留下一部分进行分析，例如弃去Ⅱ段，并将Ⅱ段对Ⅰ段的作用以截面上的内力代替。内力可以简化为一个力和一个力偶，有时它也可能只是一个力或一个力偶。由于杆件原先处于平衡状态，所以Ⅰ段这个局部也必然处于平衡状态。建立被研究部分Ⅰ段的平衡方程式，就能求出内力。若取Ⅱ段为研究对象，则由作用与反作用定律可知，Ⅱ段在截面上的内力与前述Ⅰ段上的内力大小相等而方向相反。因此当我们分析物体的某个截面上的内力时，可以选截面两侧的任一部分来研究。

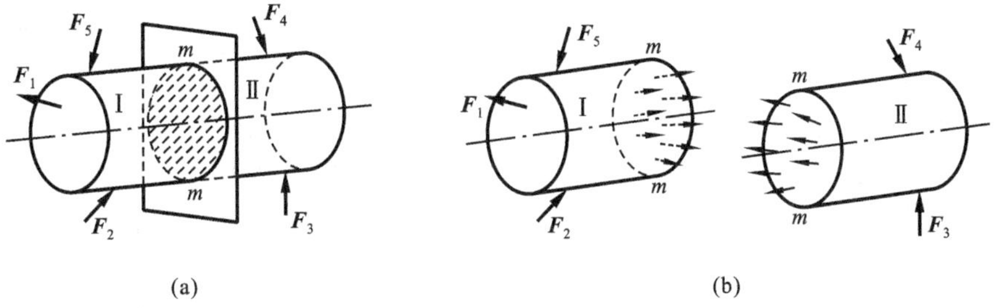

图 1-41

2. 应力

根据材料均匀连续性假设，可以认为，物体的内力是连续地作用在整个截面上的。今后把这种在截面上连续分布的内力称为分布内力。

现在假定在受力杆件中沿任意截面 $m-m$ 把杆件截开，取出左边部分进行分析

(见图 1-42(a)),围绕截面上任意一点 M 取一块微面积 ΔA ,如果作用在这一微面积上的内力为 ΔF ,那么 ΔF 与 ΔA 的比值,称为这块微面积上的平均应力,即

$$\boldsymbol{p}_{\mathrm{m}}=\frac{\Delta \boldsymbol{F}}{\Delta A} \tag{1-22}$$

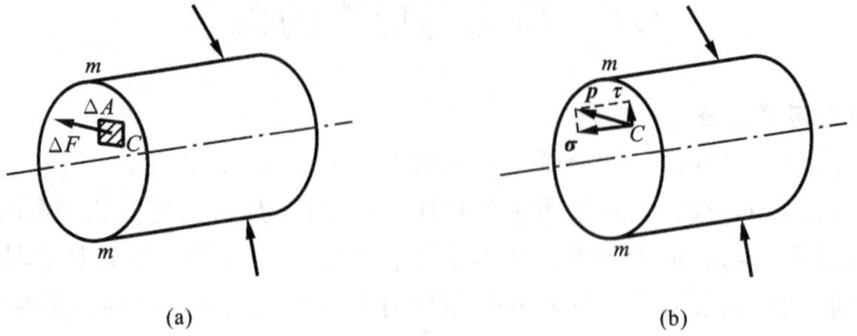

图 1-42

一般而言,$m-m$ 截面上的内力并不是均匀分布的,因此平均应力 $\boldsymbol{p}_{\mathrm{m}}$ 随所取 ΔA 的大小而不同,所以它并不能真实地反映内力在点 M 的强弱程度。随着 ΔA 逐渐缩小,分布于 ΔA 内的力也逐渐均匀。当 ΔA 趋近零时,有极限值

$$\boldsymbol{p}=\lim_{\Delta A \to 0}\frac{\Delta \boldsymbol{F}}{\Delta A}=\frac{\mathrm{d}\boldsymbol{F}}{\mathrm{d}A} \tag{1-23}$$

式中　$\boldsymbol{p}$ 称为点 M 处的内力集度,也称点 M 处的总应力。

$\boldsymbol{p}$ 是一个矢量,一般不与截面垂直,也不与截面相切。通常可将 $\boldsymbol{p}$ 分解为垂直于截面的分量 $\boldsymbol{\sigma}$ 和与截面相切的分量 $\boldsymbol{\tau}$(见图 1-42(b))。$\boldsymbol{\sigma}$ 称为正应力,$\boldsymbol{\tau}$ 称为切应力。

在国际单位制中,应力的单位是 Pa,称为帕斯卡或简称为帕。由于这个单位太小,使用不便,通常使用 MPa,且

$$1\ \mathrm{MPa}=10^{6}\ \mathrm{Pa}$$

3. 应变

杆件受到外力作用时,其中任意两点间的距离和任意两直线或两平面间所夹的角度一般都会发生变化,它们反映了杆件的尺寸和几何形状的改变,统称为变形。对于弹性杆件,这种变形虽然很微小,但对研究杆件内力在横截面上的分布规律却起着决定性的作用。因此在工程力学中对变形的研究是非常重要的一个方面。

为了研究杆件的变形及其内部的应力分布,需要了解杆件内部各点处的变形。为此,在构件内取一微小的正六面体,称为单元体,如图 1-43(a)所示。

杆件受力后,各单元体的位置会发生改变,同时单元体棱边的长度以及相邻棱边所夹直角也会发生改变,如图 1-43(b)、(c)所示。

设棱边 AB 的原长为 Δx ,变形后的长度为 $\Delta x+\Delta u$,即长度改变量为 Δu ,则棱边 AB 的平均应变用 ε_{m} 表示,有

$$\varepsilon_{\mathrm{m}}=\frac{\Delta u}{\Delta x} \tag{1-24}$$

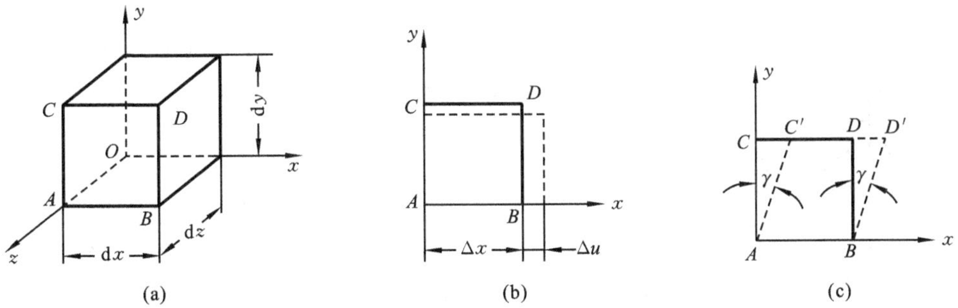

图 1-43

一般情况下，棱边 AB 各点的变形程度并不相同，为了精确地描述沿棱边 AB 的变形情况，使 dx 趋于零，确定 ε_m 的极限值

$$\varepsilon = \lim_{\Delta x \to 0} \frac{\Delta u}{\Delta x} = \frac{du}{dx} \tag{1-25}$$

式中　ε 称为沿棱边 AB 方向的线应变，或称正应变，它是无量纲量，没有单位。

相邻棱边所夹直角的改变量 γ（见图 1-43(c)）称为角应变，或称切应变。切应变 γ 也是无量纲量。

1.7　杆件的基本变形形式

材料力学研究的主要对象是其截面尺寸远小于轴线长度的杆件。外力的作用方式不同，杆件变形的形式也不同。按照变形的特点，可以把杆件的变形归纳为四种基本变形形式，而复杂变形则是几种基本变形的组合。

1）拉伸和压缩

拉伸和压缩变形是由大小相等、方向相反、作用线与杆件轴线重合的一对力引起的，表现为杆件长度的伸长或缩短，如托架的拉杆和压杆受力后的变形（见图 1-44）。

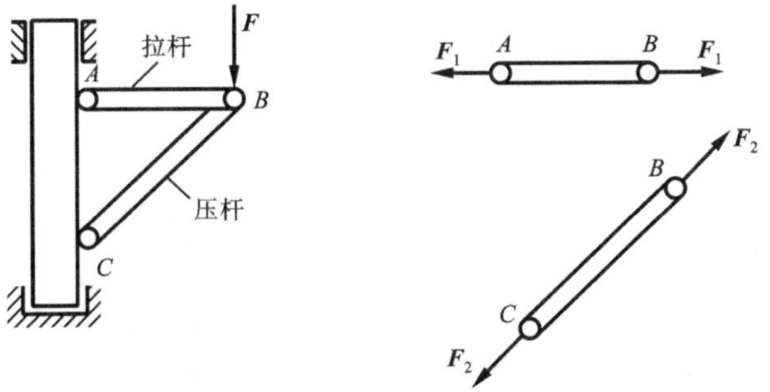

图 1-44

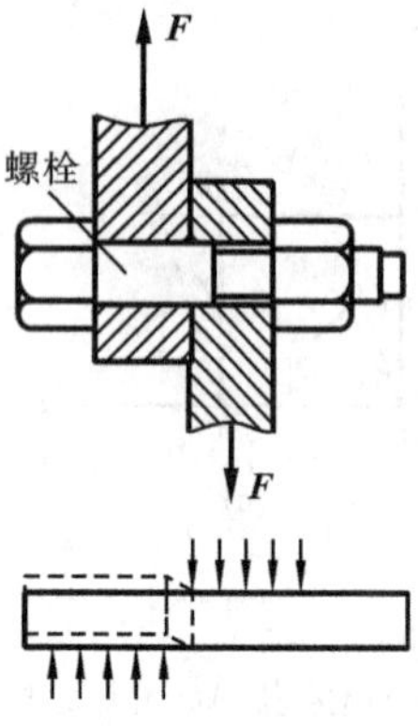

图 1-45

2）剪切

剪切变形是由大小相等、方向相反、相互平行且互相靠近的一对力引起的，表现为受剪杆件的两部分沿外力作用方向发生相对错动，如连接件中的螺栓受力后的变形（见图 1-45）。

3）扭转

扭转变形是由大小相等、转向相反、作用面都垂直于杆的轴线的一对力偶引起的，表现为杆件的任意两个横截面发生绕轴线的相对转动，如传动轴受力后的变形（见图 1-46）。

4）弯曲

弯曲变形是由垂直于杆件轴线的横向力或垂直于杆的轴线方向的力偶引起的，表现为杆件轴线由直线变为受力平面内的曲线，如单梁吊车的横梁受力后的变形（见图 1-47）。

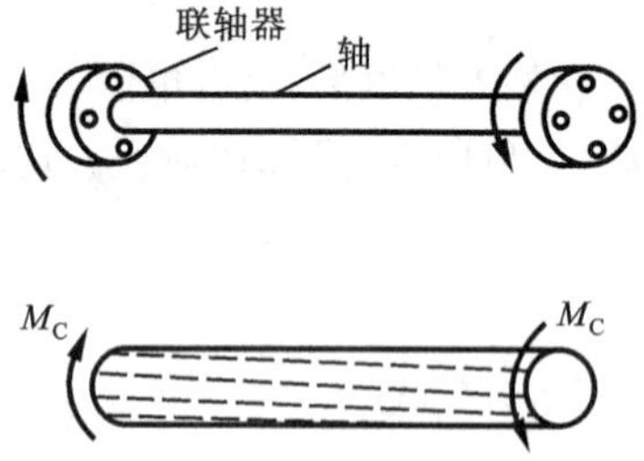

图 1-46

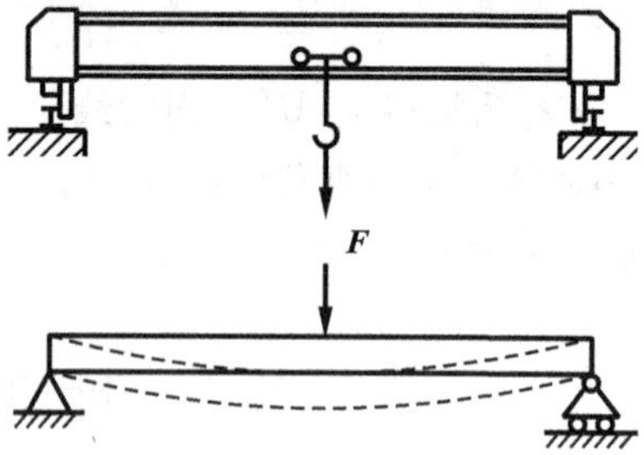

图 1-47

习　　题

1-1　平面上的三个力分别为 $F_1=100$ N，$F_2=50$ N，$F_3=50$ N，三力作用线均过点 A，尺寸如图所示。试求此力系的合力。

1-2　五个空间力矢作用在一个立方体刚体的点 O 处，如图所示，已知 $F_1=400$ N，$F_2=100$ N，$F_3=300$ N，$F_4=150$ N，$F_5=200$ N，求它们合力的大小和方向。

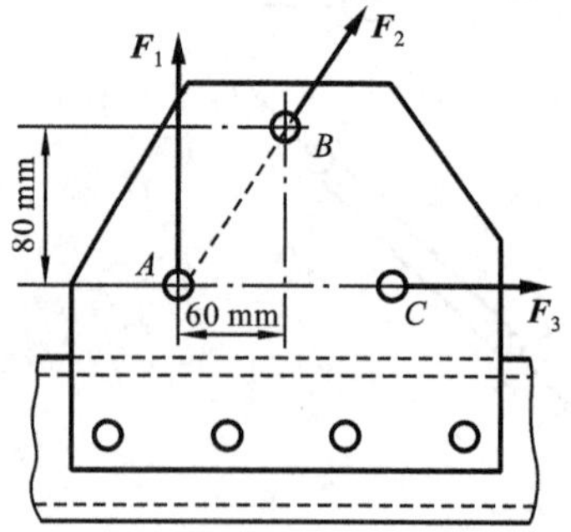

题 1-1 图

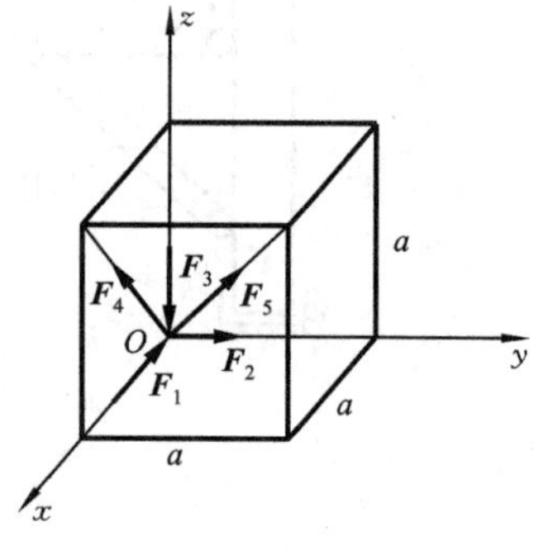

题 1-2 图

1-3　力偶中的两个力大小相等，方向相反，这与二力平衡及作用力与反作用力有什么不同？

1-4　图中的圆轮在力 F 和矩为 M 的力偶的作用下保持平衡，这是否说明一个力可与一个力偶平衡？

1-5　从力偶的理论知道，一力不能与力偶平衡。但是为什么螺旋压榨机上，力偶却似乎可以用被压榨物体的反力 $\boldsymbol{F}_N$ 来平衡？

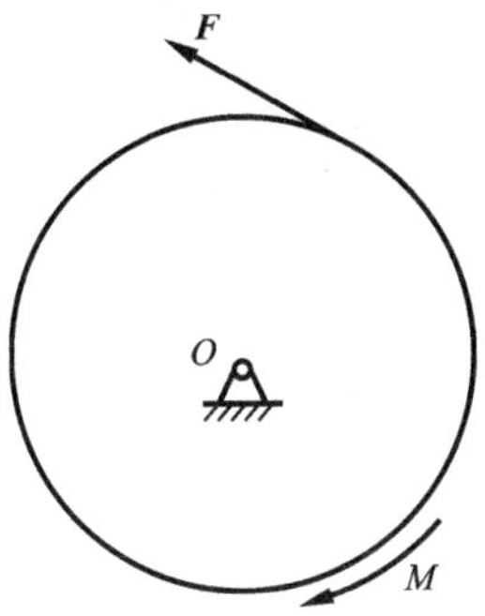

题 1-4 图

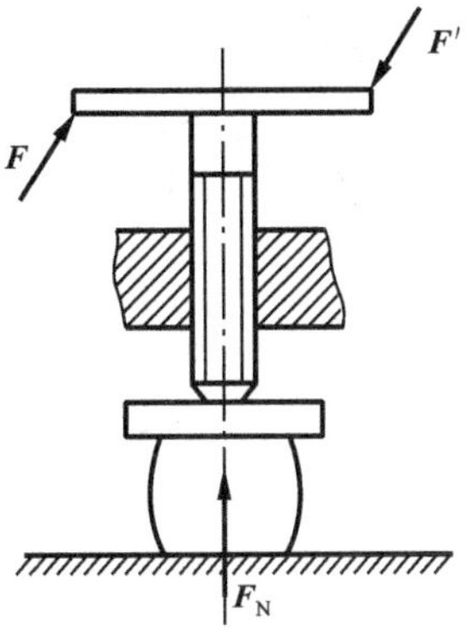

题 1-5 图

1-6　求图示平面力偶系的合成结果，其中 $F_1=F_1'=50\ \text{N}$，$F_2=F_2'=30\ \text{N}$，$F_3=F_3'=40\ \text{N}$。

1-7　一联轴器如图所示，其上作用有两个力偶，已知 $M_1=1\ \text{kN}\cdot\text{m}$，$M_2=2.4\ \text{kN}\cdot\text{m}$，试求该联轴器的合力偶的大小及所在空间位置。

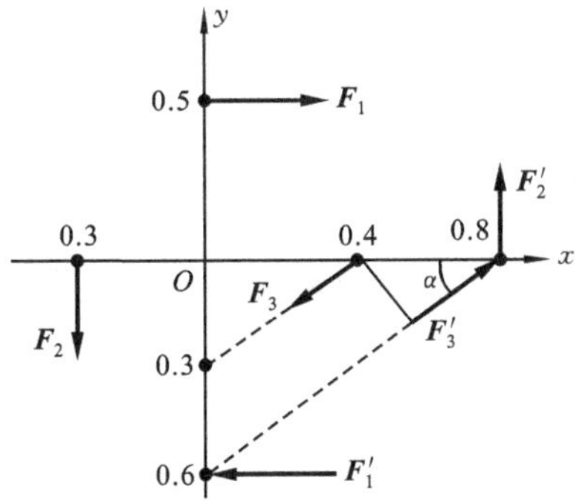

题 1-6 图

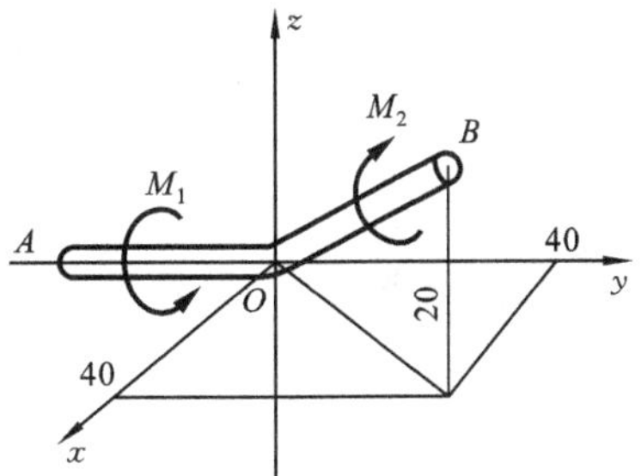

题 1-7 图

1-8　图示作用于管扳子手柄上的两个力构成一力偶，求此力偶的力偶矩矢量的大小和方向。

1-9　如图所示，水平轮上点 C 处作用一力 $F_1=1\ \text{kN}$，方向与轮面成 60°角，点 C 与轮心的连线与通过点 O 平行于 y 轴的直线成 30°角，$h=r=1\ \text{m}$。试求力 $\boldsymbol{F}$ 对原点 A 以及三条坐标轴之矩。

1-10　试画出图中物体 A、构件 AB 的受力图。未画重力的物体重量不计，所有接触面均为光滑接触面。

1-11　试画出图示系统中各指定物体的受力图。未画重力的物体重量不计，所有接触面均为光滑接触面。

1-12　图中力或力偶对点 A 的矩都相等，它们引起的支座约束力是否相同？

1-13　如图所示三种结构，构件自重不计，忽略摩擦，$\theta=60°$。如 B 处都作用有相同的水平力

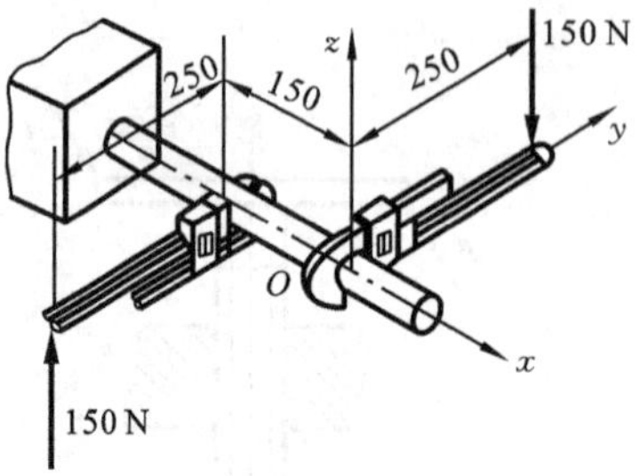

题 1-8 图

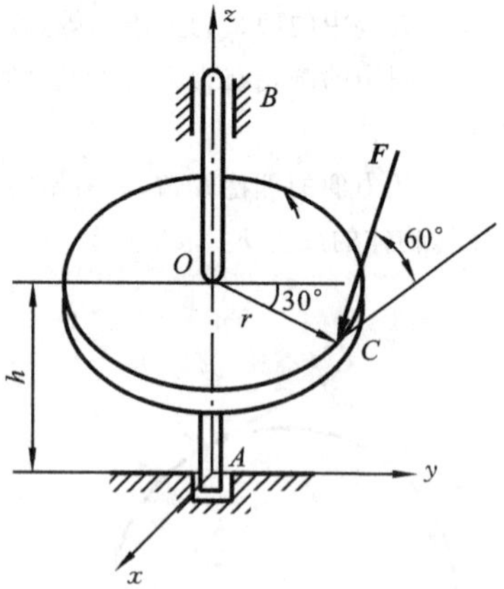

题 1-9 图

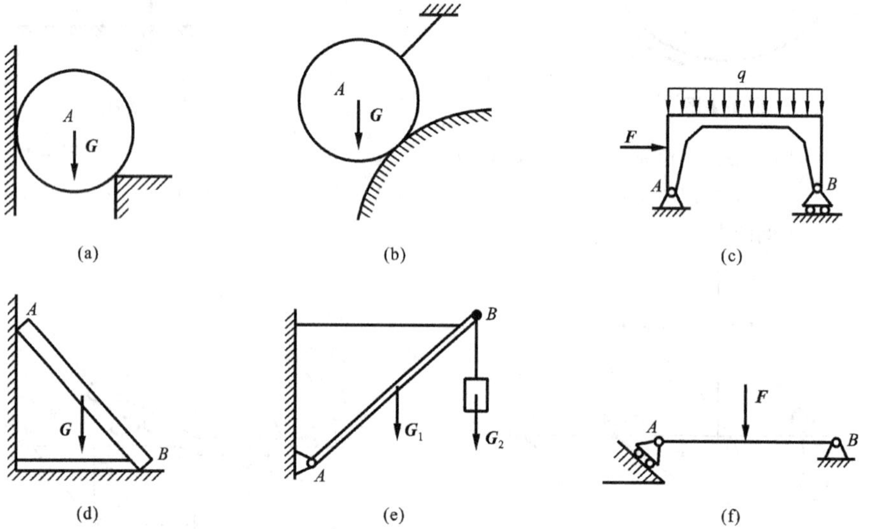

题 1-10 图

F，问铰链 A 处的约束力是否相同。试作图表示其大小和方向。

1-14　材料力学对变形固体有哪些假设？

1-15　杆件的基本变形有几种？其基本变形的受力特点和变形特点是什么？

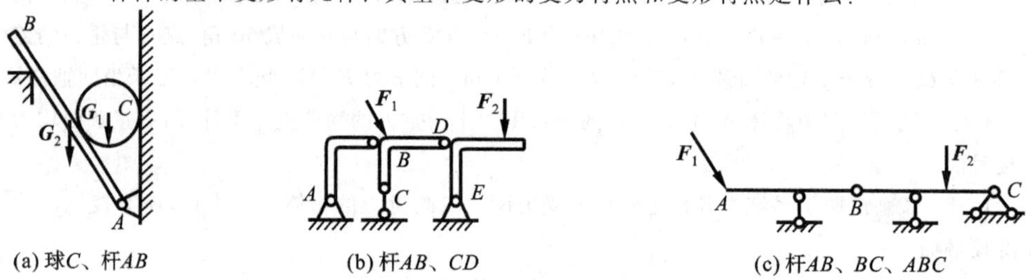

题 1-11 图

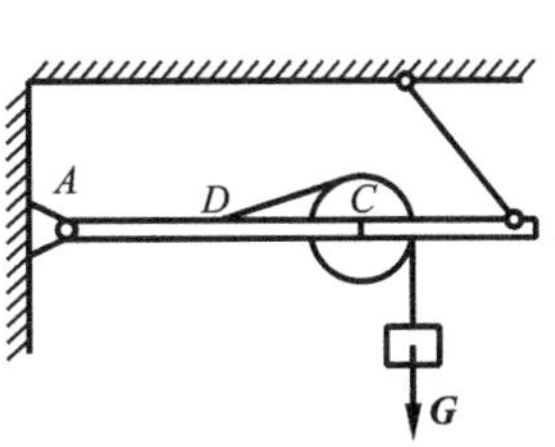

(d) 滑轮C、杆AB、整体

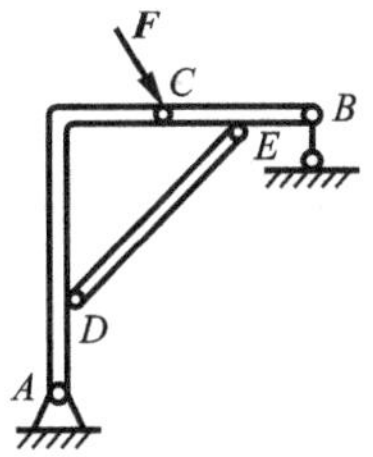

(e) 杆AC、CB、整体

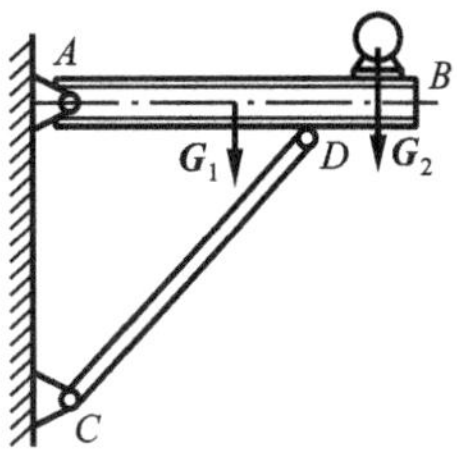

(f) 杆AB、CD、整体

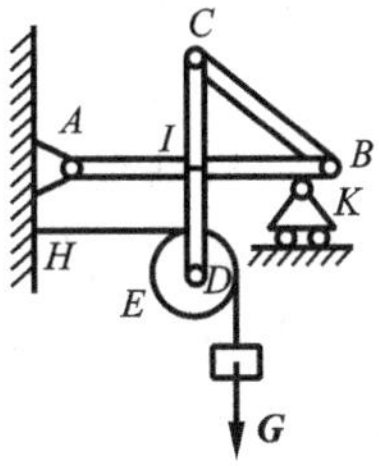

(g) 滑轮E、杆AB、CD、整体

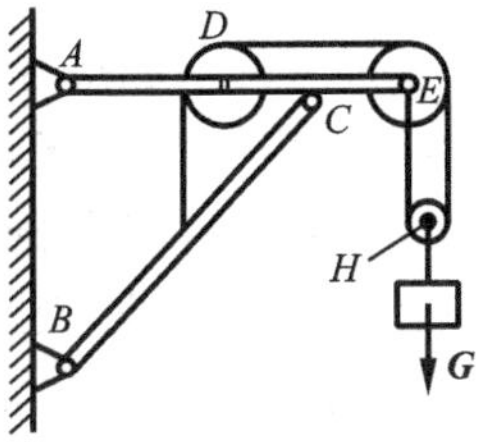

(h) 滑轮D、E、杆ADE、CB

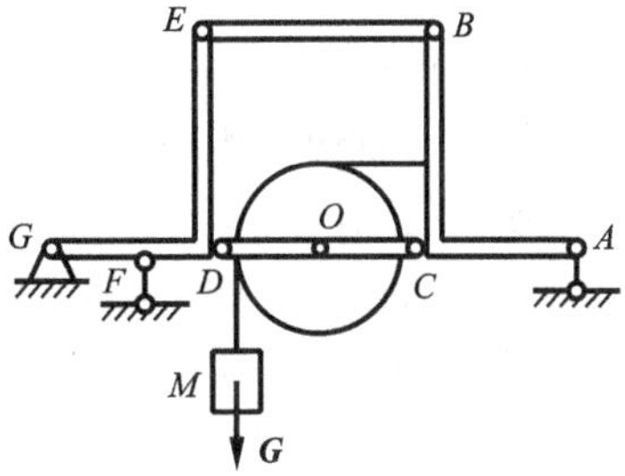

(i) 杆DC、整体

续题 1-11 图

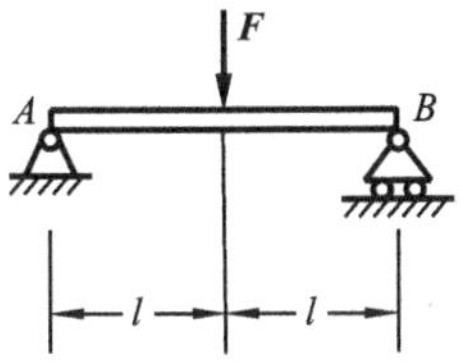

(a)

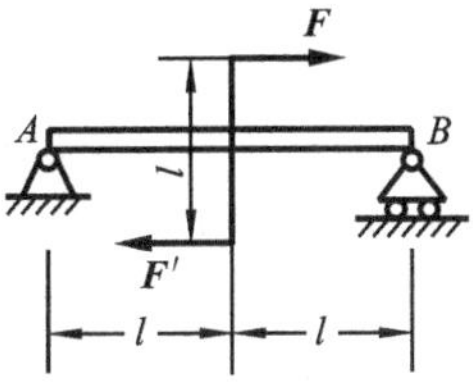

(b)

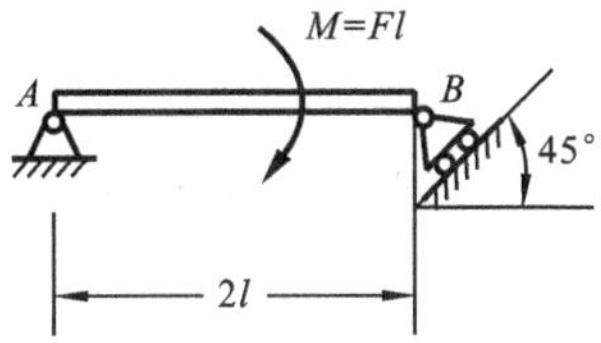

(c)

题 1-12 图

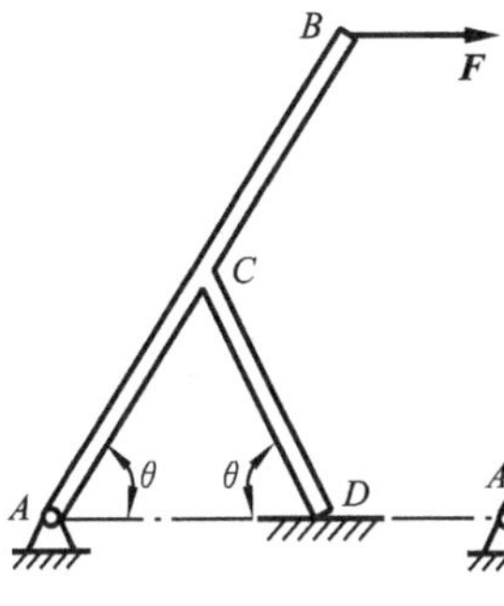

(a)

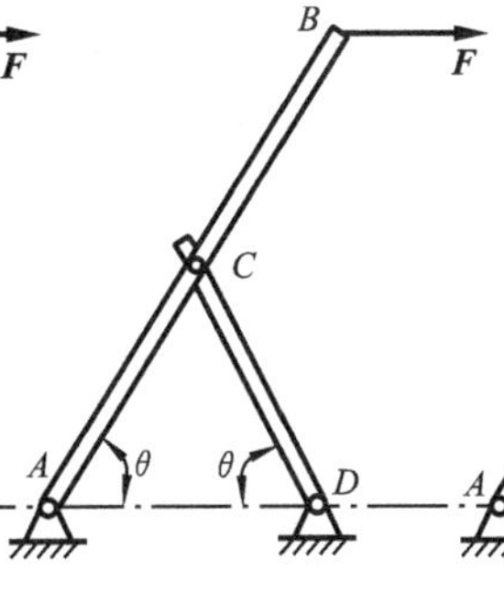

(b)

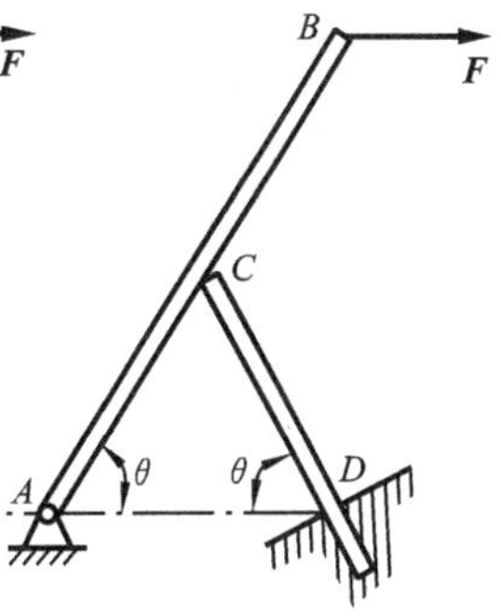

(c)

题 1-13 图

第 2 章　力系的平衡

2.1　力线平移定理

对刚体而言，力为一滑移矢量，可以沿着力的作用线移动力而不改变力对刚体的作用效果。就像一辆小车，在车后推车与在车的前缘拉车，所用的力相等，对小车的作用效果是相同的。那么，同样的力，如果作用线平行移动到另一位置，结果会如何呢？用一双把小车做试验，将同样大小的推力和方向分别作用在小车的左把与右把上，可以发现，小车能够向前运动，也同时会发生转动，而且，转动的方向与力作用的位置有关。作用在小车左把上的推力使车发生顺时针方向的转动，而作用在右把的力使小车发生逆时针方向的转动。因此，可以说，力经过平行移动后对刚体产生了不同的效果。那么，是否可以采取一定的措施，使得作用在刚体上的力能够平行移动呢？

设在刚体上某点 A 作用着力 $\boldsymbol{F}$。为了将这个力平移到刚体内任一点 O 处(见图 2-1(a))，而不改变力对刚体的效应，可进行下列变换。在点 O 处添加一对与原力 $\boldsymbol{F}$ 平行的平衡力 $\boldsymbol{F}'$ 和 $\boldsymbol{F}''$，令 $\boldsymbol{F}'=-\boldsymbol{F}''=\boldsymbol{F}$，如图 2-1(b)所示。根据加减平衡力系公理可知，力 $\boldsymbol{F}$、$\boldsymbol{F}'$ 和 $\boldsymbol{F}''$ 这个力系对刚体的作用效应与原力 $\boldsymbol{F}$ 对刚体的作用效应相同。此时可认为刚体受一个力 $\boldsymbol{F}'$ 和一个力偶$(\boldsymbol{F},\boldsymbol{F}'')$的作用，这样，原来作用于点 A 的力 $\boldsymbol{F}$ 便被力 $\boldsymbol{F}'$ 和力偶$(\boldsymbol{F},\boldsymbol{F}'')$等效替换了。由此可见，可以把作用在点 A 的力 $\boldsymbol{F}$ 平移到点 O，但必须同时附加上一个相应的力偶，如图 2-1(c)所示。此附加力偶的矩为

$$M = M_O(F) = Fd \tag{2-1}$$

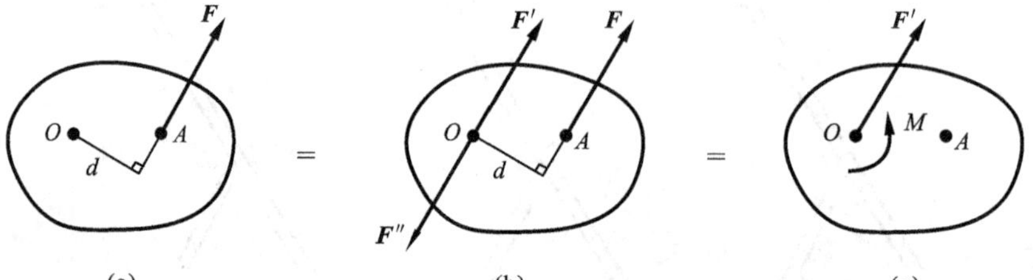

图 2-1

由此可得出结论：作用在刚体上的力可以平移到刚体内任一指定点，但必须同时附加一个力偶，此附加力偶的矩等于原力对指定点的矩。此即力线平移定理。

力线平移定理不仅是力系向一点简化的依据，而且可以用来解释一些实际问题。如图 2-2(a)所示，用一只手转动铰杠时，力 $\boldsymbol{F}$ 平移到中心点 C 处，同时附加一个矩为

M 的力偶，力偶使丝锥转动，而平移到点 C 的力 $\boldsymbol{F}$ 使丝锥弯曲，故容易折断丝锥，同时也影响加工精度，所以在工厂里一般不允许单手操作绞杠。如图 2-2(b)所示，火箭发射时，由于发动机的推力不完全对称，总推力不经过火箭质心而有偏离，它相当于作用在质心上的一个推力 $\boldsymbol{F}_C$ 及一个矩为 M 的力偶，力偶使火箭箭体转动，这时必须用舵面的控制力矩加以纠正。乒乓球运动中有一种下旋球，球拍击在球的上半部（见图 2-2(c)），作用力 $\boldsymbol{F}$ 等效于作用在球心 C 上的力 $\boldsymbol{F}_C$ 及一个矩为 M 的力偶，因而球在前进的同时还有旋转运动，触案后有前冲趋势。

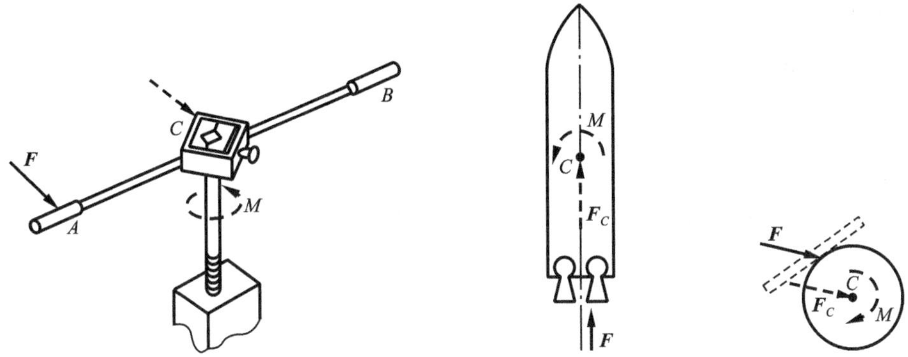

(a)　(b)　(c)

图 2-2

2.2　力系的简化

1. 平面任意力系的简化

物体所受的主动力和约束反力都分布在同一平面内，但既不汇交于同一点，也不互相平行，这样的力系称为平面任意力系。如图 2-3(a)所示的曲柄滑块机构，其整体的受力情况（见图 2-3(b)）就是平面任意力系的工程实例。

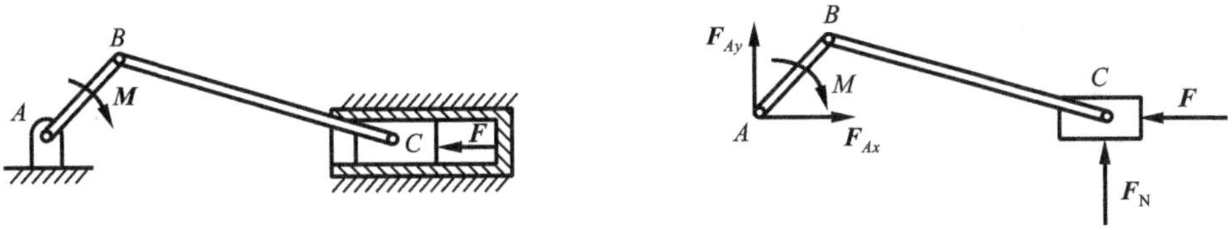

(a)　(b)

图 2-3

如图 2-4(a)所示，设刚体上受到由 n 个力组成的平面一般力系 $\boldsymbol{F}_1,\boldsymbol{F}_2,\boldsymbol{F}_3,\cdots,\boldsymbol{F}_n$ 的作用，各力的作用点分别为 A_1，A_2，A_3，…，A_n。任取点 O 为力系的简化中心，将力系中诸力都平移到点 O 处，每平移一个力相应地增加一个附加力偶，得到的等效力系为由 n 个力组成的平面汇交力系和由 n 个附加力偶组成的附加平面力偶系

(见图 2-4(b))。平面汇交力系合成为一合力 $\boldsymbol{F}'_R$，称为主矢；附加的平面力偶系合成为一合力偶，其矩 M_O 称为主矩。

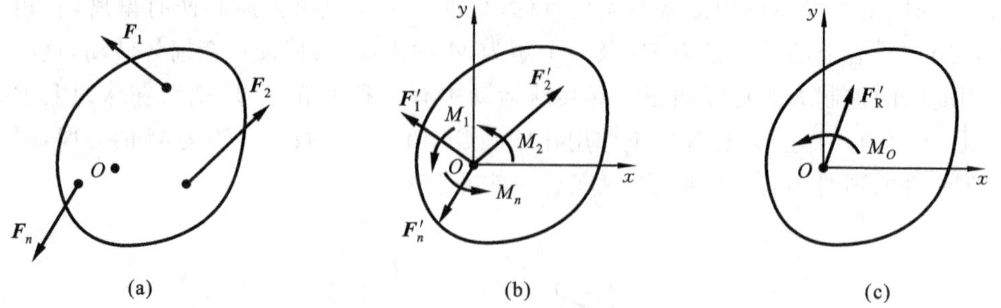

图 2-4

1）主矢 $\boldsymbol{F}'_R$

主矢等于原力系中各力的矢量和，因此主矢的大小和方向与简化中心的选择无关。但力系简化后主矢作用线应过简化中心 O，即

$$\boldsymbol{F}'_R = \boldsymbol{F}'_1 + \boldsymbol{F}'_2 + \cdots + \boldsymbol{F}'_n = \boldsymbol{F}_1 + \boldsymbol{F}_2 + \cdots + \boldsymbol{F}_n = \sum_{i=1}^{n} \boldsymbol{F}_i \tag{2-2}$$

在实际计算时，常采用解析式。可由简化中心 O 作直角坐标系 Oxy，根据力在直角坐标系的投影以及合力投影定理可知

$$\left.\begin{aligned} F'_R &= \sqrt{F_{Rx}^2 + F_{Ry}^2} = \sqrt{\left(\sum F_x\right)^2 + \left(\sum F_y\right)^2} \\ \cos\alpha &= \frac{\sum F_x}{F'_R}, \quad \cos\beta = \frac{\sum F_y}{F'_R} \end{aligned}\right\} \tag{2-3}$$

式中　α、β 分别为主矢 $\boldsymbol{F}'_R$ 与 x、y 轴的夹角。

2）主矩 M_O

附加的合力偶矩等于原力系每个力对简化中心 O 的力矩之和，因此主矩一般与简化中心的位置有关，即

$$M_O = M_O(\boldsymbol{F}_1) + M_O(\boldsymbol{F}_2) + \cdots + M_O(\boldsymbol{F}_n) = \sum M_O(\boldsymbol{F}_i) \tag{2-4}$$

3）平面任意力系的简化结果分析

(1) $\boldsymbol{F}'_R = 0$, $M_O = 0$：即平面任意力系处于平衡的状态。

(2) $\boldsymbol{F}'_R = 0$, $M_O \neq 0$：即平面任意力系简化为一个合力偶，其力偶矩等于力系对简化中心的主矩，这种情况下，力系的主矩与简化中心的位置无关。

(3) $\boldsymbol{F}'_R \neq 0$, $M_O = 0$：即平面任意力系简化为一个合力，该力与原力系等效，其作用线通过简化中心 O，其大小和方向等于原力系的主矢。

(4) $\boldsymbol{F}'_R \neq 0$, $M_O \neq 0$：即平面任意力系简化为一个通过简化中心 O 的合力和一个力偶，如图 2-5(a)所示。由力线平移定理的逆过程可知，这个力和力偶可以进一步合成为一个合力，合力作用于 A 点，如图 2-5(b)、(c)所示。其中 $\boldsymbol{F} = \boldsymbol{F}' = -\boldsymbol{F}''$，合力

矢 $\boldsymbol{F}$ 对点 O 的矩的转向应与原力偶的转向一致，简化中心 O 到力 $\boldsymbol{F}$ 作用线的垂直距离为 d，且 $d=\dfrac{|M_O|}{F'_{\mathrm{R}}}$。

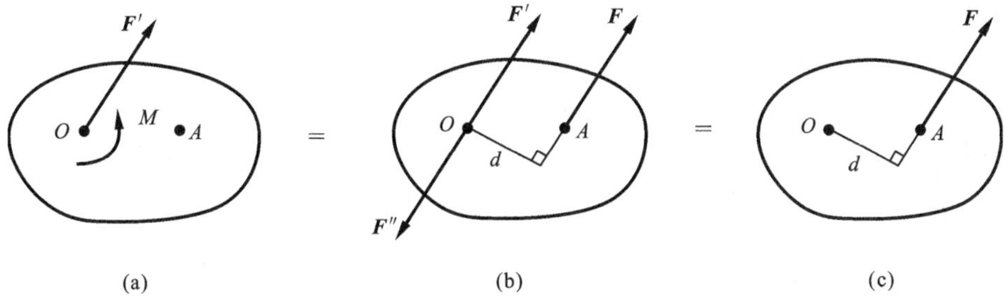

图 2-5

例 2-1　重力大坝的受力情况如图 2-6(a)所示。已知 $G_1=450$ kN，$G_2=200$ kN，$F_1=300$ kN，$F_2=70$ kN，求该主动力系的合力及其作用线与基线 OA 的交点至点 O 的距离 x。

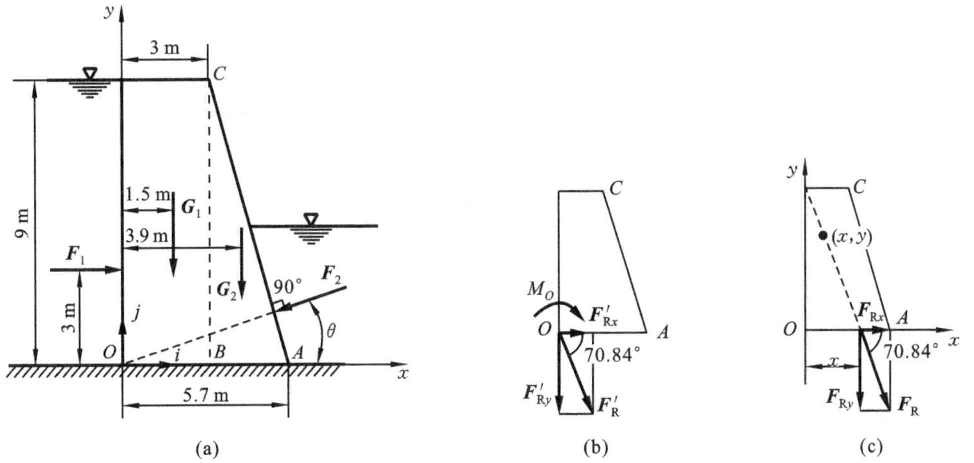

图 2-6

解　为将力系向点 O 简化，先确定

$$\theta=\angle ACB=\arctan\frac{AB}{CB}=16.7^\circ$$

(1) 求主矢 $\boldsymbol{F}'_{\mathrm{R}}$。主矢 $\boldsymbol{F}'_{\mathrm{R}}$ 在图示 x、y 坐标轴上的投影分别为

$$F'_{\mathrm{R}x}=\sum F_x=F_1-F_2\cos\theta=232.9\ \mathrm{kN}$$

$$F'_{\mathrm{R}y}=\sum F_y=-G_1-G_2-F_2\sin\theta=-670.1\ \mathrm{kN}$$

于是可得主矢 $\boldsymbol{F}'_{\mathrm{R}}$ 的大小及与 x 轴的夹角分别为

$$F'_{\mathrm{R}}=\sqrt{\left(\sum F_x\right)^2+\left(\sum F_y\right)^2}=\sqrt{(232.9)^2+(-670.1)^2}\ \mathrm{kN}=709.4\ \mathrm{kN}$$

$$\angle(\boldsymbol{F}_R',\boldsymbol{i})=\arctan\left|\frac{F_{Ry}'}{F_{Rx}'}\right|=\arctan\frac{670.1}{232.9}=70.87°$$

主矢 $\boldsymbol{F}_R'$在第四象限，如图 2-6(b)所示。

(2) 求力系对点 O 的主矩 M_O（见图 2-6(b)）。

$$M_O=\sum M_O(\boldsymbol{F})=(-3\times300-1.5\times450-3.9\times200)\ \text{kN}\cdot\text{m}=-2355\ \text{kN}\cdot\text{m}$$

(3) 求合力作用线的位置。

合力矢 $\boldsymbol{F}_R$ 等于力系的主矢 $\boldsymbol{F}_R'$。合力矢 $\boldsymbol{F}_R$ 位于点 O 的右侧，如图 2-6(c)所示，其作用线与基线 OA 的交点至点 O 的距离 x 为

$$x=\frac{1}{\sin\angle(\boldsymbol{F}_R',\boldsymbol{i})}\left|\frac{M_O}{F_R}\right|=\frac{2355}{\sin70.87°\times709.4}\ \text{m}=3.51\ \text{m}$$

例 2-2 确定图 2-7(a)所示的三角形线分布载荷的合力 $\boldsymbol{F}_R$ 的大小及合力作用线的位置。

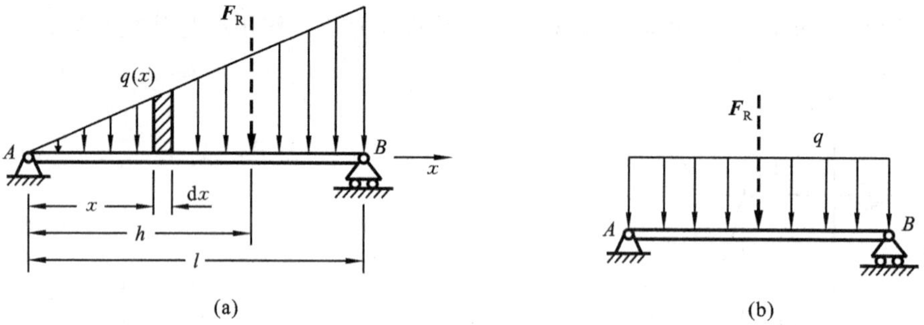

图 2-7

解 任取一微段 $\mathrm{d}x$，该微段内分布载荷可视为均匀的，所以在 $\mathrm{d}x$ 长度内的合力大小为

$$\mathrm{d}F=q(x)\mathrm{d}x$$

由图 2-7(a)所示的三角形比例关系可知

$$q(x)=\frac{x}{l}q$$

所以，在全长 l 上，分布力的合力大小为

$$F_R=\int_0^l\mathrm{d}F=\int_0^l q(x)\mathrm{d}x=\int_0^l\frac{x}{l}q\,\mathrm{d}x=\frac{ql}{2}$$

合力 $\boldsymbol{F}_R$ 的作用线位置可用合力矩定理求得，设点 A 至合力 $\boldsymbol{F}_R$ 的作用线的距离为 h，则由 $M_A(F_R)=\sum M_A(F)$ 可得

$$F_Rh=\int_0^l x\mathrm{d}F=\int_0^l x\cdot\frac{x}{l}q\,\mathrm{d}x=\frac{ql^2}{3}$$

得

$$h=\frac{ql^2}{3F_R}=\frac{2}{3}l$$

即三角形分布载荷的合力作用线的位置在距离点 A 的 $\frac{2}{3}l$ 处，距离点 B 的 $\frac{1}{3}l$ 处。

同理可以知道如图 2-7(b)所示的矩形分布载荷的合力 $F_R = ql$，合力作用线的位置在距离点 A 的 $\frac{1}{2}l$ 处。

***2. 空间力系的简化**

从工程实际上来说，许多工程结构的构件都受空间力系的作用，不一定都能简化为平面力系，因此工程力学需要研究空间任意力系的简化与平衡理论。空间任意力系的简化过程与平面任意力系的简化过程是相同的，都需运用力线平移定理。

如图 2-8(a)所示，刚体上受到由 n 个力组成的空间一般力系 $\boldsymbol{F}_1, \boldsymbol{F}_2, \cdots, \boldsymbol{F}_n$ 的作用。将力系向点 O 简化得到的结果是一个空间汇交力系和附加的空间力偶系，如图 2-8(b)、(c)所示。其中空间汇交力系的合力 $\boldsymbol{F}'_R$ 称为主矢；附加的空间力偶系合成为合力偶，称为主矩，其矩矢为 $\boldsymbol{M}$。主矢、主矩与简化中心的关系和平面任意力系简化结果相同，即主矢与简化中心的选择没有关系，但主矢作用线过简化中心 O。主矩一般与简化中心的位置有关。

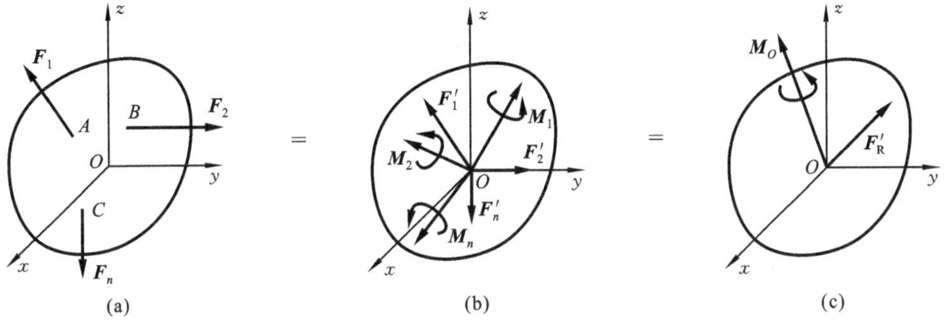

图 2-8

1）主矢 $\boldsymbol{F}'_R$

在简化中心 O 处建立直角坐标系 $Oxyz$，则

$$\left.\begin{aligned} F'_R &= \sqrt{F_{Rx}{}^2 + F_{Ry}{}^2 + F_{Rz}{}^2} = \sqrt{\left(\sum F_x\right)^2 + \left(\sum F_y\right)^2 + \left(\sum F_z\right)^2} \\ \cos\alpha &= \frac{\sum F_x}{F'_R},\ \cos\beta = \frac{\sum F_y}{F'_R},\ \cos\gamma = \frac{\sum F_z}{F'_R} \end{aligned}\right\} \quad (2\text{-}5)$$

式中　α、β、γ 分别为主矢 $\boldsymbol{F}'_R$ 与 x、y、z 轴的夹角。

2）主矩 $\boldsymbol{M}_O$

同样，以 M_{Ox}、M_{Oy}、M_{Oz} 分别表示主矩 $\boldsymbol{M}_O$ 在 x、y、z 轴上的投影。应用力对点之矩与力对轴之矩的关系式，可得

$$\left.\begin{aligned} M_{Ox} &= \left[\sum M_O(F)\right]_x = \sum M_x(F) \\ M_{Oy} &= \left[\sum M_O(F)\right]_y = \sum M_y(F) \\ M_{Oz} &= \left[\sum M_O(F)\right]_z = \sum M_z(F) \end{aligned}\right\} \tag{2-6}$$

因此

$$\left.\begin{aligned} M_O = \sqrt{M_{Ox}^2 + M_{Oy}^2 + M_{Oz}^2} = \sqrt{\left[\sum M_x(F)\right]^2 + \left[\sum M_y(F)\right]^2 + \left[\sum M_z(F)\right]^2} \\ \cos\alpha' = \frac{M_{Ox}}{M_O},\ \cos\beta' = \frac{M_{Oy}}{M_O},\ \cos\gamma' = \frac{M_{Oz}}{M_O} \end{aligned}\right\} \tag{2-7}$$

式中　α'、β'、γ' 分别为主矩 $\boldsymbol{M}_O$ 与 x、y、z 轴的夹角。

3）空间力系简化结果

（1）$\boldsymbol{F}'_R=0$，$\boldsymbol{M}_O=0$：即空间任意力系处于平衡状态。

（2）$\boldsymbol{F}'_R=0$，$\boldsymbol{M}_O\neq0$：即空间任意力系简化为一个合力偶，其力偶矩矢等于力系对简化中心的主矩，这种情况下，力系的主矩与简化中心的位置无关。

（3）$\boldsymbol{F}'_R\neq0$，$\boldsymbol{M}_O=0$：即空间力系简化为一个合力，该力与原力系等效。其作用线通过简化中心 O，其大小和方向等于原力系的主矢。

（4）$\boldsymbol{F}'_R\neq0$，$\boldsymbol{M}_O\neq0$：由于两个量均是矢量，因此这个结果还可分为以下三种情形。

① 当 $\boldsymbol{F}'_R\perp\boldsymbol{M}_O$ 时，如图 2-9(a)所示，选好适当的力偶臂 d，把力偶矩矢 $\boldsymbol{M}_O$ 的力偶用($\boldsymbol{F}_R$，$\boldsymbol{F}''_R$)表示，其中 $\boldsymbol{F}''_R$作用在简化中心 O 上，与 $\boldsymbol{F}'_R$处在同一直线上，且 $\boldsymbol{F}_R=\boldsymbol{F}'_R=-\boldsymbol{F}''_R$，而另一力 $\boldsymbol{F}_R$ 则作用在点 O' 处，$OO'=d$（见图 2-9(b)）。根据加减平衡力系公理，作用在点 O' 处的合力 $\boldsymbol{F}_R$ 与原力系（由 $\boldsymbol{F}'_R$、$\boldsymbol{M}_O$ 构成的力系）等效，简化中心 O 到其作用线的距离为 $d=\dfrac{|M_O|}{F'_R}$（见图 2-9(c)）。

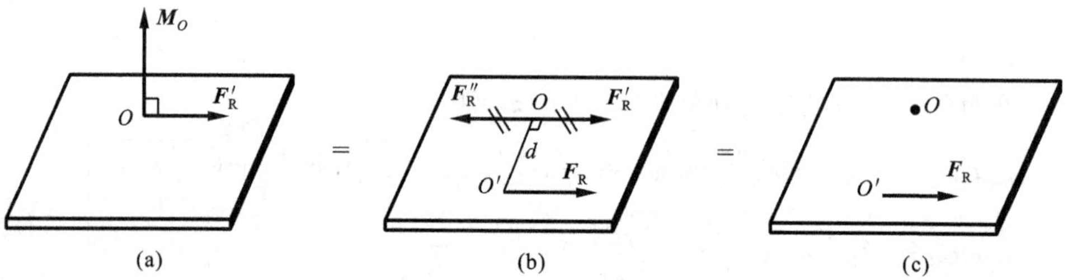

图 2-9

② 当 $\boldsymbol{F}'_R//\boldsymbol{M}_O$ 时（见图 2-10），此时力系已无法进一步简化，这样一力及与其垂直的平面内的一个力偶的组合称为力螺旋。力螺旋也是基本力系之一，例如手对攻锥、钻头对工件及螺旋桨对流体的作用都是力螺旋的实例。

力螺旋中心的作用线称为力螺旋中心轴，矢量 $\boldsymbol{F}'_R$和 $\boldsymbol{M}_O$ 称为力螺旋的要素。若

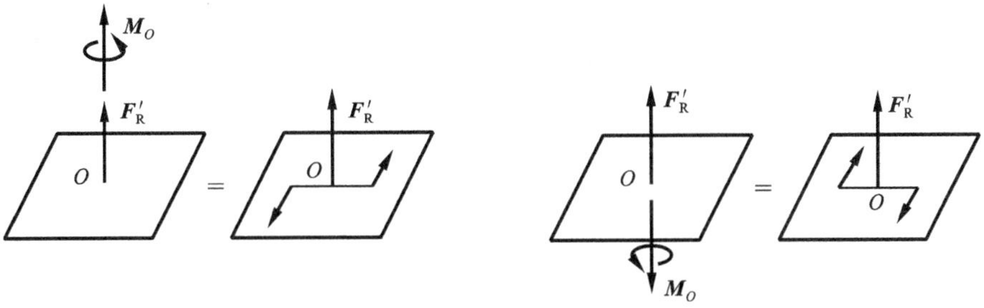

(a)　　(b)

图 2-10

M_O 与 F_R'方向相同，符合右手螺旋法则，称为右螺旋（见图 2-10(a)）；若 M_O 与 F_R'方向相反，则符合左手螺旋法则，称为左螺旋（见图 2-10(b)）。

③ 当 F_R'与 M_O 成任意角度 $\alpha\left(0<\alpha<\frac{\pi}{2}\right)$ 时，如图 2-11(a)所示，可将主矩矢 M_O 沿着与主矢 F_R'平行重合和垂直的两个方向分解为 M_O'和 M_O''（见图 2-11(b)）。其中 $F_R' \perp M_O''$的情况可进一步简化为作用于点 O' 的力矢 F_R，且 $F_R = F_R'$，简化中心 O 到力矢 F_R 作用线的距离为 $d=\frac{|M_O''|}{F_R'}$，如图 2-11(c)所示。由于力偶矩是自由矢量，可将剩下的 M_O'平行移至点 O'，这与 $M_O // F_R'$的情况相同，可简化为中心轴通过点 O' 的力螺旋。

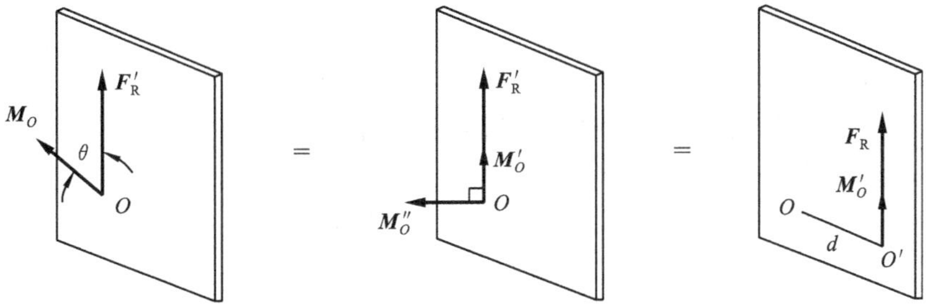

(a)　　(b)　　(c)

图 2-11

2.3　力系的平衡与应用

1. 平面力系的平衡

1）平面任意力系

根据 2.2 节介绍的平面任意力系简化结果，平面任意力系平衡的充分必要条件为：力系对任意点简化的主矢 F_R'和主矩 M_O 均等于零。矢量等于零的条件即矢量大

小等于零,因此根据式(2-3)和式(2-4)得

$$\left.\begin{aligned} F'_R &= \sqrt{\left(\sum F_x\right)^2 + \left(\sum F_y\right)^2} = 0 \\ M_O &= \sum M_O(\boldsymbol{F}) = 0 \end{aligned}\right\}$$

即

$$\left.\begin{aligned} \sum F_x &= 0 \\ \sum F_y &= 0 \\ \sum M_O(\boldsymbol{F}) &= 0 \end{aligned}\right\} \tag{2-8}$$

这就是平面任意力系的平衡方程。平面任意力系的平衡方程还有其他形式。

二矩式方程:

$$\left.\begin{aligned} \sum F_x &= 0 \\ \sum M_A(\boldsymbol{F}) &= 0 \\ \sum M_B(\boldsymbol{F}) &= 0 \end{aligned}\right\} \tag{2-9}$$

其条件为 x 轴不与 A 、B 两点的连线垂直。

三矩式方程:

$$\left.\begin{aligned} \sum M_A(\boldsymbol{F}) &= 0 \\ \sum M_B(\boldsymbol{F}) &= 0 \\ \sum M_C(\boldsymbol{F}) &= 0 \end{aligned}\right\} \tag{2-10}$$

其条件为 A 、B 、C 三点不在同一直线上。

需要注意的是:可以根据具体情况选择平面任意力系的平衡方程解题。对二矩式和三矩式要考虑方程成立的条件。一般矩心选在未知力较多的地方,可以简化运算,因此采取力矩式比采用投影式更容易求解出未知的量。

例 2-3 自重为 $G=100$ kN 的 T 字形刚架 ABD ,置于竖直面内,载荷如图 2-12(a)所示。其中 $M=20$ kN · m,$F=400$ kN,$q=20$ kN/m,$l=1$ m,试求固定端 A 的约束力。

解 取 T 字形刚架 ABD 为研究对象,如图 2-12(b)所示,其上除受主动力外,还受固定端 A 处的约束力 $\boldsymbol{F}_{Ax}$ 、$\boldsymbol{F}_{Ay}$ 和矩为 M_A 的约束力偶作用。线性分布载荷可用一集中力 $\boldsymbol{F}_1$ 等效替代,其大小为

$$F_1 = \frac{1}{2}q \times 3l = 30 \text{ kN}$$

作用于三角形分布载荷的几何中心,即距点 A 为 l 处。

列平衡方程如下:

$$\sum F_x = 0, \quad F_{Ax} + F_1 - F\sin 60^\circ = 0$$

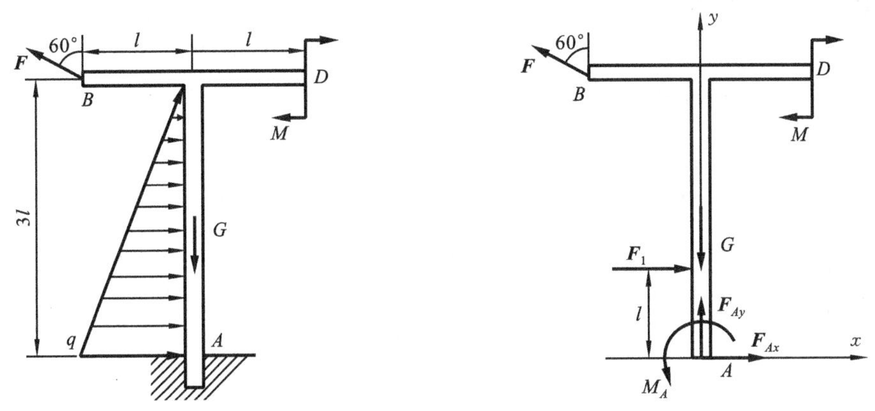

图 2-12

$$\sum F_y = 0,\quad F_{Ay} - G + F\cos 60^\circ = 0$$

$$\sum M_A(\boldsymbol{F}) = 0,\quad M_A - M - F_1 l - F\cos 60^\circ \cdot l + F\sin 60^\circ \cdot 3l = 0$$

解方程，求得

$$F_{Ax} = -F_1 + F\sin 60^\circ = 316.4\ \text{kN}$$

$$F_{Ay} = G - F\cos 60^\circ = -100\ \text{kN}$$

$$M_A = M + F_1 l + F\cos 60^\circ \cdot l - F\sin 60^\circ \cdot 3l = -789.2\ \text{kN}\cdot\text{m}$$

负号说明图中所设方向与实际情况相反，即 $\boldsymbol{F}_{Ay}$ 应向下，矩为 M_A 的力偶应为顺时针方向。

例 2-4　一重为 **G** 的物体悬挂在滑轮上，如图 2-13(a)所示。已知 $G=1.8$ kN，其他重量不计。试求 A、C 两处铰链的约束力。

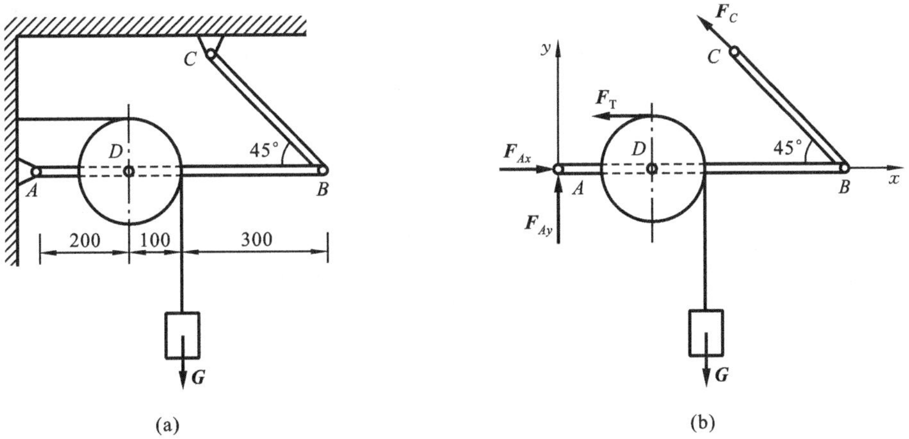

图 2-13

解　取整体为研究对象，建立如图 2-13(b)所示的坐标系。分析整体受力有：重力 $\boldsymbol{G}$，绳索拉力 $\boldsymbol{F}_{\mathrm{T}}$，且 $F_{\mathrm{T}}=G$，杆 BC 是二力杆，故铰链 C 处的约束力为 $\boldsymbol{F}_C$，铰链 A 处的约束力为 $\boldsymbol{F}_{Ax}$、$\boldsymbol{F}_{Ay}$，由式(2-8)列平衡方程如下：

$$\sum F_x = 0,\quad F_{Ax} - F_{\mathrm{T}} - F_C\cos45^\circ = 0$$

$$\sum M_A(\boldsymbol{F}) = 0,\quad F_C\sin45^\circ \times 0.6\ \mathrm{m} - G\times 0.3\ \mathrm{m} + F_{\mathrm{T}}\times 0.1\ \mathrm{m} = 0$$

$$\sum M_B(\boldsymbol{F}) = 0,\quad -F_{Ay}\times 0.6\ \mathrm{m} + G\times 0.3\ \mathrm{m} + F_{\mathrm{T}}\times 0.1\ \mathrm{m} = 0$$

求解平衡方程得

$$F_{Ax}=2.4\ \mathrm{kN},\quad F_{Ay}=1.2\ \mathrm{kN},\quad F_C=0.85\ \mathrm{kN}$$

2) 平面汇交力系

平面汇交力系是平面任意力系的特殊情形，因其受力特点是所有力汇交于一点，所有力对简化中心的矩是零，即 $\sum M_O(\boldsymbol{F})\equiv 0$ 。因此平面汇交力系的平衡方程是

$$\left.\begin{aligned}\sum F_x = 0\\ \sum F_y = 0\end{aligned}\right\}\tag{2-11}$$

例 2-5　如图 2-14(a)所示的液压夹紧机构中，D 为固定铰链，B、C、E 为活动铰链。已知力 $\boldsymbol{F}$，机构平衡时构件位置如图所示，各构件自重不计，求此时工件 H 所受的压紧力。

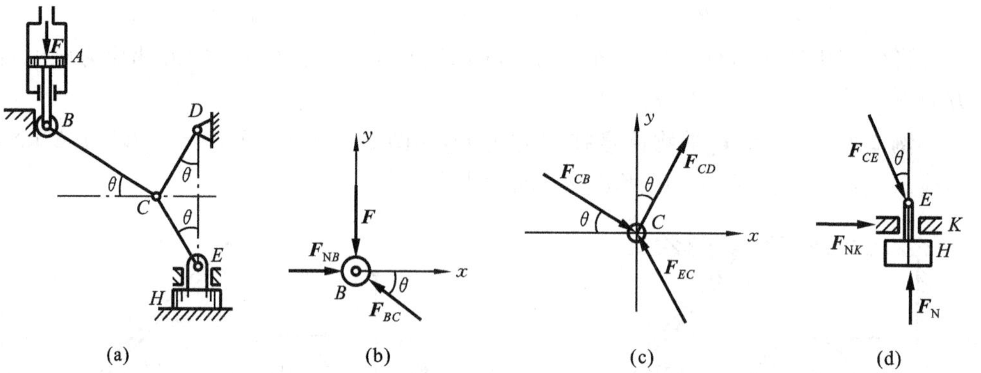

图 2-14

解　先以滚轮 B 为研究对象，坐标系和受力如图 2-14(b)所示，其中二力杆 BC 给滚轮 B 的约束力为 $\boldsymbol{F}_{BC}$，根据平面汇交力系的平衡方程，有

$$\sum F_y = 0,\quad F_{BC}\sin\theta - F = 0$$

得

$$F_{BC} = \frac{F}{\sin\theta}$$

再以铰链 C 为研究对象，其受力如图 2-14(c)所示，根据平面汇交力系的平衡方程，有

$$\sum F_x = 0,\quad F_{CB}\cos\theta + F_{CD}\sin\theta - F_{CE}\sin\theta = 0$$

$$\sum F_y = 0,\quad -F_{CB}\sin\theta + F_{CD}\cos\theta + F_E\cos\theta = 0$$

联立两个方程,解得
$$F_{CE} = \frac{F}{2\sin^2\theta\cos\theta}$$

最后研究工件 EH ,三力相交于点 K(见图 2-14(c)),列平面汇交力系平衡方程,有

$$\sum F_y = 0,\quad F_N - F_{EC}\cos\theta = 0$$

得
$$F_N = \frac{F}{2\sin^2\theta}$$

3) 平面平行力系

平面平行力系也是平面任意力系的一种特殊情形。如图 2-15 所示,设物体受平面平行力系 $\boldsymbol{F}_1,\boldsymbol{F}_2,\boldsymbol{F}_3,\cdots,\boldsymbol{F}_n$ 的作用,如果选取 x 轴与各力垂直,则不论力系是否平衡,每一个力在 x 轴上的投影恒等于零,即 $\sum F_x \equiv 0$ 。于是平面平行力系的独立平衡方程数目只有两个,即

$$\left.\begin{aligned}\sum F_y &= 0\\ \sum M_O(\boldsymbol{F}) &= 0\end{aligned}\right\}\tag{2-12}$$

平面平行力系的平衡方程也可采用两力矩方程的形式,即

$$\left.\begin{aligned}\sum M_A(\boldsymbol{F}) &= 0\\ \sum M_B(\boldsymbol{F}) &= 0\end{aligned}\right\}\tag{2-13}$$

两力矩方程成立的条件为 A 、B 两点的连线不得与各力平行。

例 2-6　如图 2-16 所示的塔式起重机。机身重量 $G_1=220$ kN,作用线通过塔架

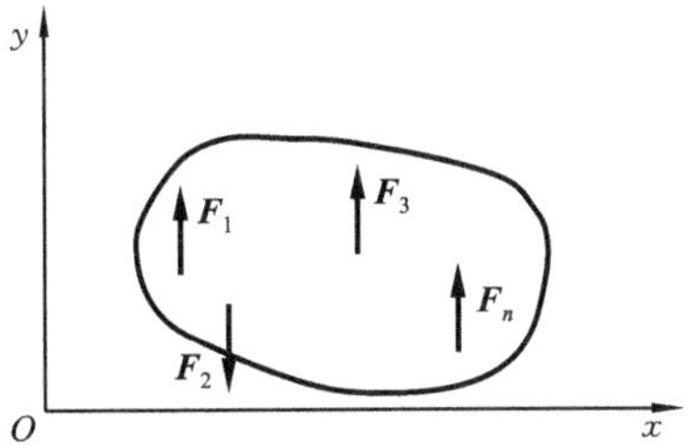

图 2-15

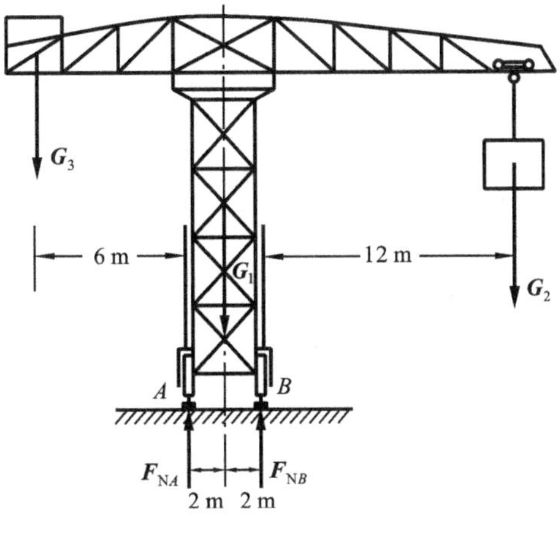

图 2-16

中心，最大起吊重量 $G_2=50$ kN，平衡物重 $G_3=30$ kN。试求满载和空载时轨道 A 和 B 处的约束力，并问此起重机在使用过程中有无翻倒的危险。

解 考虑起重机整体平衡，其受力如图 2-16 所示，力系为平面平行力系。分别以 B、A 为矩心，列出平衡方程如下：

$$\sum M_B(\boldsymbol{F})=0,\quad G_1\times 2\text{ m}+G_3\times(6+4)\text{ m}-G_2\times 12\text{ m}-F_{NA}\times 4\text{ m}=0$$

$$\sum M_A(\boldsymbol{F})=0,\quad G_3\times 6\text{ m}+F_{NB}\times 4\text{ m}-G_1\times 2\text{ m}-G_2\times(12+4)\text{ m}=0$$

解得

$$\begin{cases} F_{NA}=\dfrac{2G_1-12G_2+10G_3}{4} \\ F_{NB}=\dfrac{2G_1+16G_2-6G_3}{4} \end{cases}$$

满载时，以 $G_1=220$ kN，$G_2=50$ kN，$G_3=30$ kN 代入，得

$$F_{NA}=35\text{ kN},\quad F_{NB}=265\text{ kN}$$

空载时，以 $G_1=220$ kN，$G_2=0$ kN，$G_3=30$ kN 代入，得

$$F_{NA}=185\text{ kN},\quad F_{NB}=65\text{kN}$$

满载时，为了保证起重机不致绕点 B 翻倒，必须使 $F_{NA}\geqslant 0$；同理，空载时，为了保证起重机不致绕点 A 翻倒，必须使 $F_{NB}\geqslant 0$。由上述计算结果可知，满载时 $F_{NA}=35$ kN>0，空载时 $F_{NB}=65$ kN>0，因此，起重机的工作是安全可靠的。

4）平面力偶系

由于平面力偶系合成的结果只能是一个力偶，当其合力偶矩等于零时，表明使物体顺时针转动的力偶与使物体逆时针转动的力偶二者的矩大小相等，作用效果互相抵消，物体保持平衡状态，也就是相对静止或匀速转动。因此平面力偶系平衡的充分必要条件是，所有力偶矩的代数和等于零，即

$$M=\sum_{i=1}^{n}M_i=0 \tag{2-14}$$

例 2-7 不计自重的简支梁 AB 受力如图 2-17(a)所示，试求 A、B 处的约束力。

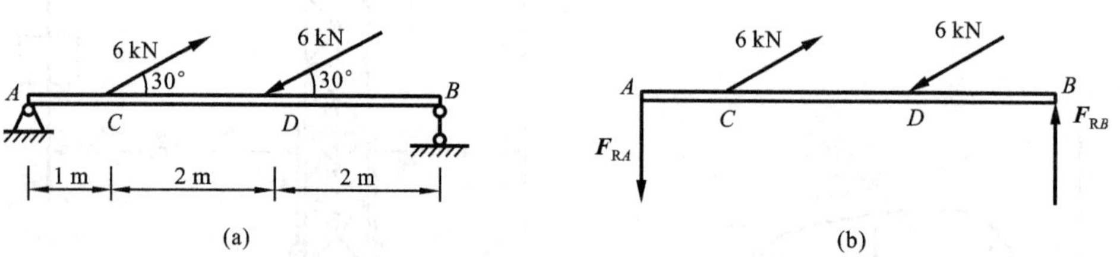

图 2-17

解 以梁 AB 为研究对象。因为力偶只能用力偶平衡，所以 A 处的约束力 F_{RA} 与 B 处的约束力 F_{RB} 构成一个力偶，如图 2-17(b)所示。由平面力偶系的平衡条件，列方程如下：

$$\sum M_i = 0,\quad F_{RB} \times 5\ \text{m} - 6\ \text{kN} \times 2\ \text{m} \times \sin 30^\circ = 0$$

解得　　$F_{RB}=1.2\ \text{kN},\quad F_{RA}=1.2\ \text{kN}$

例 2-8　如图 2-18(a)所示，圆轮上的销子 A 放在摇杆 BC 的光滑导槽内。圆轮上作用一力偶，其力偶矩为 $M_1=2\ \text{kN}\cdot\text{m}$，$OA=r=0.5\ \text{m}$。图示位置时 OA 与 OB 垂直，$\theta=30^\circ$，且系统平衡。机构自重不计，求作用在摇杆 BC 上力偶矩 M_2 及铰链 O、B 处的约束力。

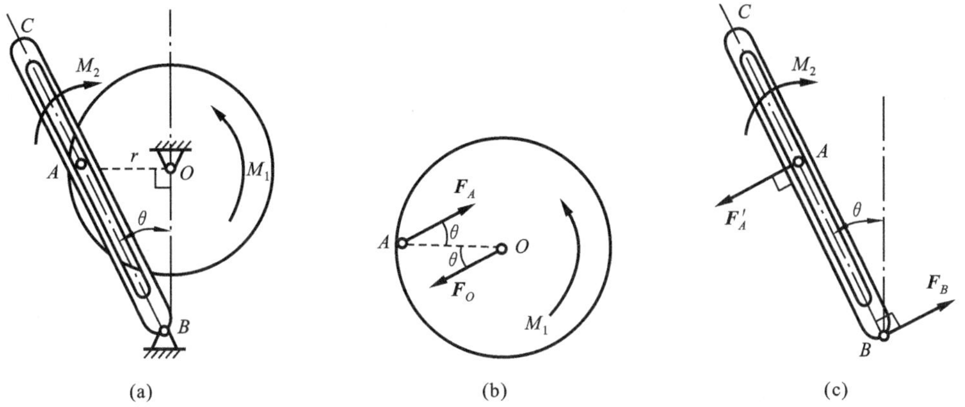

图 2-18

解　(1) 取圆轮为研究对象，其上受力偶矩 M_1 及光滑导槽对销子的作用力 $\boldsymbol{F}_A$ 和铰链 O 处的约束力 $\boldsymbol{F}_O$ 的作用，如图 2-18(b)所示。由于力偶必须由力偶来平衡，因此 $\boldsymbol{F}_A$ 和 $\boldsymbol{F}_O$ 必定组成一力偶。由力偶平衡条件列方程如下：

$$\sum M_i = 0,\quad M_1 - F_A r \sin\theta = 0$$

解得　　$$F_A = \frac{M_1}{r\sin\theta} = 8\ \text{kN}$$

(2) 以摇杆 BC 为研究对象，如图 2-18(c)所示，其上作用有力偶矩 M_2 以及 $\boldsymbol{F}'_A$ 和 $\boldsymbol{F}'_B$，同理 $\boldsymbol{F}'_A$ 和 $\boldsymbol{F}'_B$ 也组成力偶，与 M_2 平衡。

列平衡方程如下：

$$\sum M_i = 0,\quad -M_2 - F'_A \frac{r}{\sin\theta} = 0$$

解得　　$M_2=8\ \text{kN}\cdot\text{m}$

故有　　$F'_B = F_B = F'_A = F_A = F_O = 8\ \text{kN}$

2. 空间力系的平衡和应用

1) 空间任意力系

根据 2.2 节介绍的空间任意力系简化结果可知，空间任意力系平衡的充分必要条件为：力系对任意点简化的主矢 $\boldsymbol{F}'_R$ 和主矩 $\boldsymbol{M}_O$ 均等于零。矢量等于零的条件即矢量大小等于零，因此根据式(2-5)和式(2-7)得

$$F'_R=\sqrt{\left(\sum F_{ix}\right)^2+\left(\sum F_{iy}\right)^2+\left(\sum F_{iz}\right)^2}=0$$

$$M_O(F)=\sqrt{\left[\sum M_x(F)\right]^2+\left[\sum M_y(F)\right]^2+\left[\sum M_z(F)\right]^2}=0$$

导出以投影表示的空间任意力系平衡的六个方程：

$$\left.\begin{aligned}&\sum F_x=0,\quad \sum F_y=0,\quad \sum F_z=0\\&\sum M_x(\boldsymbol{F})=0,\quad \sum M_y(\boldsymbol{F})=0,\quad \sum M_z(\boldsymbol{F})=0\end{aligned}\right\}\tag{2-15}$$

例 2-9 一曲柄传动轴上安装着带轮，如图 2-19(a)所示。带的拉力 $F_2=2F_1$，曲柄上作用有竖直力 $F=2\ 000$ N。已知带轮的直径 $D=400$ mm，曲柄长 $R=300$ mm，带 1 和带 2 与竖直方向的夹角分别为 α 和 β，其中 $\alpha=30°$，$\beta=60°$。其他尺寸如图所示。求带的拉力和轴承 A 和 B 处的约束力。

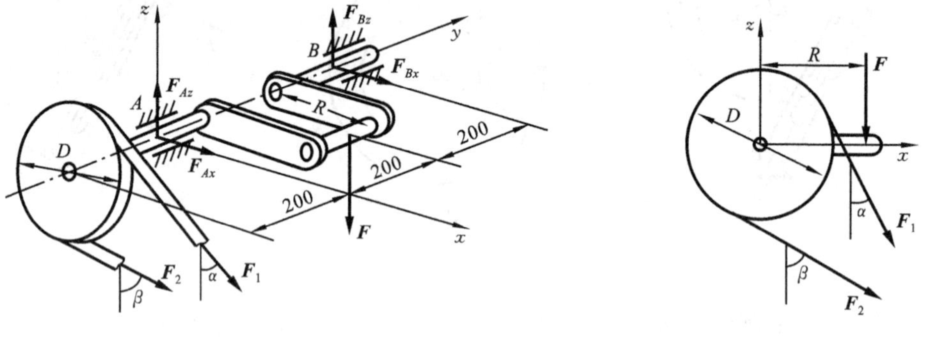

图 2-19

解 取整个轴为研究对象。在轴上作用有带的拉力 $\boldsymbol{F}_1$、$\boldsymbol{F}_2$，在曲柄上作用有力 $\boldsymbol{F}$，在轴承 A 处作用有约束力 $\boldsymbol{F}_{Ax}$、$\boldsymbol{F}_{Az}$，在轴承 B 处作用有约束力 $\boldsymbol{F}_{Bx}$、$\boldsymbol{F}_{Bz}$，这些力构成空间任意力系(见图 2-19(b))。取坐标系，列平衡方程如下：

$$\sum F_x=0,\quad F_1\sin30°+F_2\sin60°+F_{Ax}+F_{Bx}=0$$

$$\sum F_z=0,\quad -F_1\cos30°-F_2\cos60°-F+F_{Az}+F_{Bz}=0$$

$$\sum M_x(\boldsymbol{F})=0$$

$$F_1\cos30°\times0.2\ \text{m}+F_2\cos60°\times0.2\ \text{m}-F\times0.2\ \text{m}+F_{Bz}\times0.4\ \text{m}=0$$

$$\sum M_y(\boldsymbol{F})=0,\quad F\times0.3\ \text{m}-F_2\times0.2\ \text{m}+F_1\times0.2\ \text{m}=0$$

$$\sum M_z(\boldsymbol{F})=0,\quad F_1\sin30°\times0.2\ \text{m}+F_2\sin60°\times0.2\ \text{m}-F_{Bx}\times0.4\ \text{m}=0$$

补充已知条件：$F_2=2F_1$

联立上述方程解得

$$F_1=3\ 000\ \text{N},\quad F_2=6\ 000\ \text{N},\quad F_{Ax}=-1\ 004\ \text{N}$$

$$F_{Az}=9\ 397\ \text{N},\quad F_{Bx}=3\ 348\ \text{N},\quad F_{Bz}=-1\ 799\ \text{N}$$

其中 F_{Ax} 和 F_{Bz} 的结果为负值，表示与图中所示方向相反。

例 2-10　使水涡轮转动的力偶矩为 $M_z=1\ 200\ \mathrm{N\cdot m}$。在锥齿轮 B 处受到的力分解为三个分力：切向力 F_t，轴向力 F_a 和径向力 F_r，这三个力的比例是 $F_t:F_a:F_r=1:0.32:0.17$。已知水涡轮连同轴和锥齿轮的总重为 $G=12\ \mathrm{kN}$，锥齿轮的平均半径 $OB=0.6\ \mathrm{m}$，其余尺寸如图 2-20(a)所示。求推力轴承 C 和径向轴承 A 的约束力。

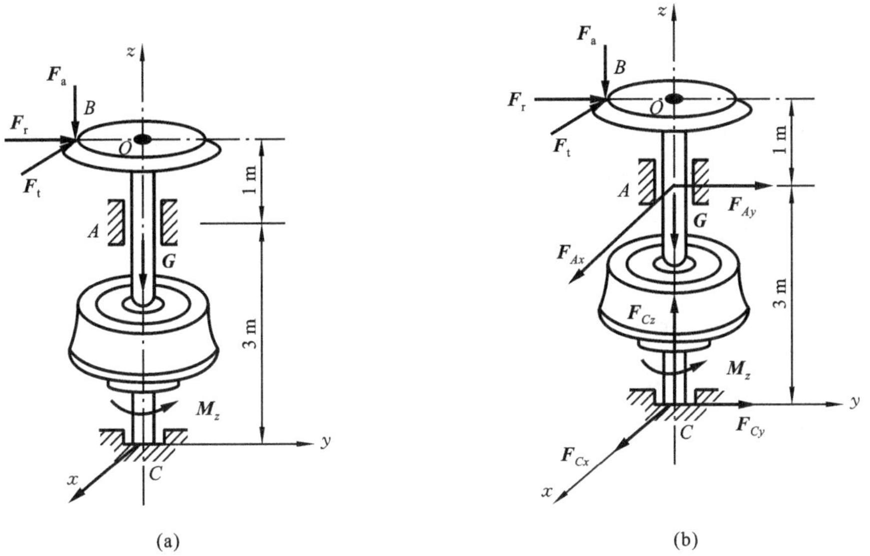

图 2-20

解　取整体为研究对象，其所受的主动力为：系统的重力为 $\boldsymbol{G}$，力偶矩为 M_z 的力偶，齿轮 B 上的三个分力 F_t、F_a、F_r，在 A 处受到的径向轴承的约束力 $\boldsymbol{F}_{Ax}$、$\boldsymbol{F}_{Ay}$，在 C 处受到的推力轴承的约束力 $\boldsymbol{F}_{Cx}$、$\boldsymbol{F}_{Cy}$、$\boldsymbol{F}_{Cz}$。这些力构成空间任意力系(见图 2-20(b))。取坐标系如图所示，列平衡方程如下：

$$\sum F_x=0,\quad F_{Ax}+F_{Cx}-F_t=0$$

$$\sum F_z=0,\quad F_{Cz}-G-F_a=0$$

$$\sum M_x(\boldsymbol{F})=0,\quad F_a\times 0.6\ \mathrm{m}-F_r\times 4\ \mathrm{m}-F_{Ay}\times 3\ \mathrm{m}=0$$

$$\sum M_y(\boldsymbol{F})=0,\quad -F_t\times 4\ \mathrm{m}+F_{Ax}\times 3\ \mathrm{m}=0$$

$$\sum M_z(\boldsymbol{F})=0,\quad M_z-F_t\times 0.6\ \mathrm{m}=0$$

补充已知条件：　　$F_t:F_a:F_r=1:0.32:0.17$

联立上述方程解得

$$F_{Ax}=2\ 667\ \mathrm{N},\quad F_{Ay}=-325.3\ \mathrm{N},\quad F_{Cx}=-666.7\ \mathrm{N}$$

$$F_{Cy}=-14.7\ \mathrm{N},\quad F_{Cz}=12\ 640\ \mathrm{N}$$

其中 F_{Ay}、F_{Cx} 和 F_{Cy} 的结果为负值，表示与图中所示方向相反。

2）空间汇交力系

空间汇交力系是空间任意力系的特殊情形，因其受力特点是所有力汇交于空间上的一点，所有力以该点为简化中心的矩是零，因此空间汇交力系的平衡方程只有力的投影方程，即

$$\left.\begin{aligned}\sum F_x &= 0\\ \sum F_y &= 0\\ \sum F_z &= 0\end{aligned}\right\} \tag{2-16}$$

例 2-11 如图 2-21(a)所示，空间构架由 AD、BD 和 CD 三根不考虑自重的直杆组成，在 D 端用球铰链连接，A、B 和 C 端则球铰链固定在水平地板上。如果挂在 D 端的物重 $G=10$ kN，求铰链 A、B 和 C 处的约束力。

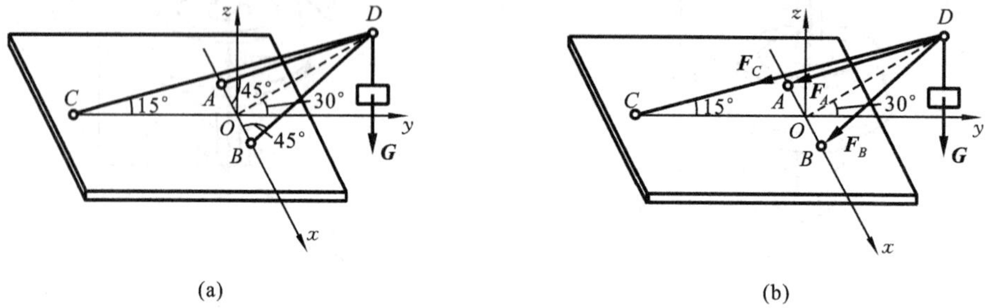

图 2-21

解 D 端受的主动力为 $\boldsymbol{G}$，AD、BD 和 CD 三根不考虑自重且两端铰接的直杆是二力杆，三根杆对 D 端的约束力分别为 $\boldsymbol{F}_A$、$\boldsymbol{F}_B$、$\boldsymbol{F}_C$，四个力汇交于点 D，如图 2-21(b)所示。该力系为空间汇交力系。取图示坐标系，列平衡方程如下：

$$\sum F_x = 0,\quad F_A\cos45^\circ - F_B\cos45^\circ = 0$$

$$\sum F_y = 0,\quad -F_A\sin45^\circ\cos30^\circ - F_B\sin45^\circ\cos30^\circ - F_C\cos15^\circ = 0$$

$$\sum F_z = 0,\quad -F_A\sin45^\circ\sin30^\circ - F_B\sin45^\circ\sin30^\circ - F_C\sin15^\circ - G = 0$$

联立三个方程得

$$F_A = F_B = 26.39\ \text{kN(压)},\quad F_C = 33.46\ \text{kN(拉)}$$

3）空间平行力系

空间平行力系也是空间任意力系的一种特殊情形。如图 2-22 所示，设物体受平行于 z 轴的平行力系 $\boldsymbol{F}_1,\boldsymbol{F}_2,\boldsymbol{F}_3,\cdots,\boldsymbol{F}_n$ 的作用，这些力对 z 轴的矩等于零，即 $\sum M_z \equiv 0$。又由于 x 轴和 y 轴都与这些力垂直，所以各力在这两轴的投影也等于零，即 $\sum F_x \equiv 0$，$\sum F_y \equiv 0$。因此，空间平行力系的平衡方程为

$$\left.\begin{aligned}\sum F_z &= 0\\ \sum M_x(\boldsymbol{F}) &= 0\\ \sum M_y(\boldsymbol{F}) &= 0\end{aligned}\right\}\qquad (2\text{-}17)$$

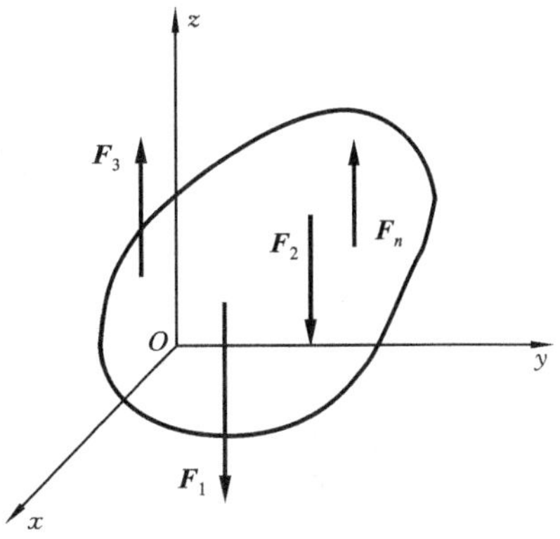

图 2-22

例 2-12　如图 2-23 所示，三轮小车自重为 $G=8$ kN，作用于点 C，载荷 $F=10$ kN，作用于点 E。求小车静止时地面对车轮的约束力。

解　以小车为研究对象，小车受到的主动力为 $\boldsymbol{G}$ 和 $\boldsymbol{F}$，地面对三个车轮的约束力为 $\boldsymbol{F}_A$、$\boldsymbol{F}_B$、$\boldsymbol{F}_D$，如图 2-23 所示。取图示坐标系，列平衡方程如下：

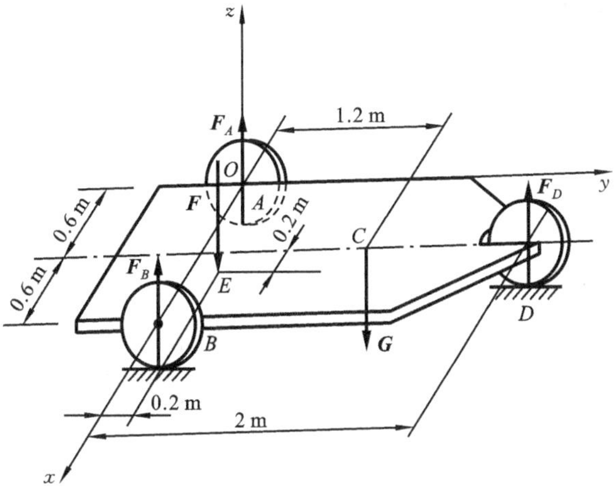

图 2-23

$$\sum F_z = 0,\quad -F-G+F_A+F_B+F_D=0$$

$$\sum M_x(\boldsymbol{F}) = 0,\quad -F\times 0.2\ \text{m}-G\times 1.2\ \text{m}+F_D\times 2\ \text{m}=0$$

$$\sum M_y(\boldsymbol{F}) = 0,\quad F\times 0.8\ \text{m}+G\times 0.6\ \text{m}-F_D\times 0.6\ \text{m}-F_B\times 1.2\ \text{m}=0$$

联立三个方程得

$$F_A=4.42\ \text{kN},\quad F_B=7.78\ \text{kN},\quad F_D=5.80\ \text{kN}$$

4）空间力偶系

空间力偶系平衡的充分与必要条件是：力偶系的合力偶矩矢等于零，即

$$\boldsymbol{M}=\sum_{i=1}^{n}\boldsymbol{M}_i=\boldsymbol{0}\qquad (2\text{-}18)$$

由式(1-21)可知 $\boldsymbol{M}$ 在 x、y、z 轴上的投影表达式

$$\left.\begin{aligned} M_x &= \sum M_{ix} = 0 \\ M_y &= \sum M_{iy} = 0 \\ M_z &= \sum M_{iz} = 0 \end{aligned}\right\} \tag{2-19}$$

例 2-13 蜗轮机减速箱如图 2-24(a)所示，蜗杆 C 上作用一个力偶 $M_1 = 100$ N · m，蜗轮轴 D 上受到工作机械的反作用力偶作用，其力偶矩 $M_2 = 4$ kN · m。试求：当蜗轮减速箱平衡时，A 、B 两处的约束力。

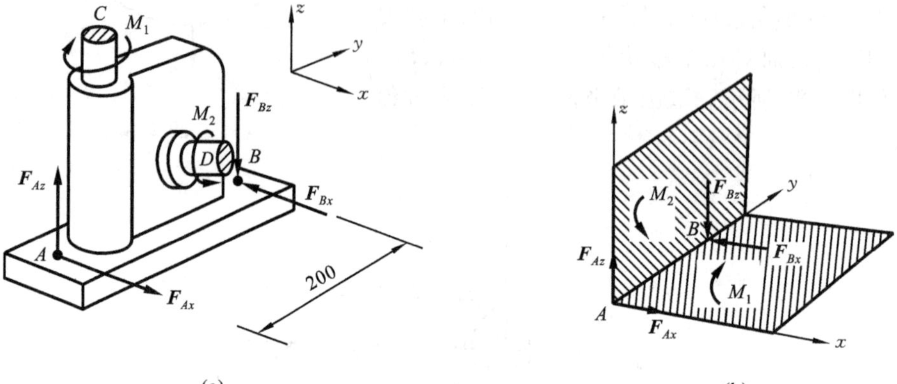

图 2-24

解 分析力偶的作用面，建立如图所示的坐标系。A 处的约束力为 $\boldsymbol{F}_{Ax}$ 、$\boldsymbol{F}_{Az}$ ，B 处的约束力为 $\boldsymbol{F}_{Bx}$ 、$\boldsymbol{F}_{Bz}$ ，在 Axy 平面上作用着 M_1 ，如图 2-24(b)所示。列平衡方程如下：

$$\sum M_{ix} = 0, \quad M_2 - F_{Bz} \times 200 \times 10^{-3}\ \text{m} = 0$$

$$\sum M_{iz} = 0, \quad -M_1 + F_{Bx} \times 200 \times 10^{-3}\ \text{m} = 0$$

解得

$$F_{Bz} = 2 \times 10^4\ \text{N}, \quad F_{Bx} = 0.5 \times 10^3\ \text{N}$$

由力偶的性质可知

$$F_{Az} = F_{Bz} = 2 \times 10^4\ \text{N}, \quad F_{Ax} = F_{Bx} = 0.5 \times 10^3\ \text{N}$$

2.4 考虑摩擦的平衡问题

前面讨论物体的平衡问题时，都假设物体间的接触面是绝对光滑的。事实上，完全光滑的接触面是不存在的，当两个互相接触的物体有相对运动趋势或相对运动时，两物体之间都会存在摩擦力。

在有些问题中，摩擦不是主要因素，可以忽略不计。但在另外一些问题中，摩擦成为主要因素，则必须考虑摩擦力，如胶带传动、夹具对工件的夹紧、车辆的加速与制动、阻止重力水坝坝体的滑动等问题中，摩擦是重要的甚至是决定性的因素，必须加以考虑。摩擦是一种很复杂的力学现象，本节仅介绍工程中常用的简单近似理论以及考虑摩擦时物体的平衡问题。

按照接触物体之间的相对运动形式，摩擦可分为滑动摩擦和滚动摩擦。

1. 静摩擦力和最大静摩擦力

当物体之间仅出现相对滑动趋势而未发生运动时的摩擦称为静滑动摩擦，简称静摩擦。静摩擦力的大小、方向与作用在物体上的主动力有关，是约束力，在静力学问题中需要利用平衡方程求出。

如图 2-25(a)所示，一重为 $\boldsymbol{G}$ 的物体放在粗糙的水平面上，受水平力 $\boldsymbol{F}_{\mathrm{P}}$ 的作用。拉力 $\boldsymbol{F}_{\mathrm{P}}$ 由零逐渐增大，只要不超过某一定限度，物体仍处于平衡状态。这说明在接触面处除了有法向约束力 $\boldsymbol{F}_{\mathrm{N}}$ 外，必定还有一个阻碍重物沿水平方向滑动的摩擦力 $\boldsymbol{F}_{\mathrm{s}}$(见图 2-25(b))，这时的摩擦力称为静摩擦力。静滑动摩擦力的方向与物体相对滑动的趋势相反。

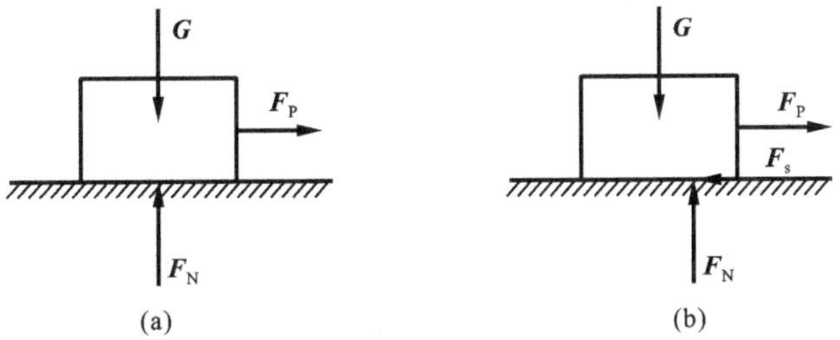

图 2-25

但是静摩擦力 $\boldsymbol{F}_{\mathrm{s}}$ 并不随主动力的增大而无限制地增大。当水平力达到一定限度时，如果再继续增大，物体的平衡状态将被破坏而产生滑动。物体即将滑动而未滑动的平衡状态称为临界平衡状态。在临界平衡状态下，静摩擦力达到最大值，称为最大静摩擦力，用 $\boldsymbol{F}_{\max}$ 表示。所以静摩擦力只能在零与最大静摩擦力 $\boldsymbol{F}_{\max}$ 之间取值，即

$$0 \leqslant \boldsymbol{F}_{\mathrm{s}} \leqslant \boldsymbol{F}_{\max} \tag{2-20}$$

最大静摩擦力与许多因素有关。大量实验表明，最大静摩擦力的大小与接触面间的正压力有如下近似关系，即

$$\boldsymbol{F}_{\max} = f_{\mathrm{s}} \boldsymbol{F}_{\mathrm{N}} \tag{2-21}$$

式中　f_{s} 是无量纲的因数，称为静摩擦因数，它的值由实验测定，与接触体的材料以及接触面状况(如粗糙度、湿度、温度等)有关，而与接触面积的大小无关，可近似地取常数。

工程中常用材料的 f_{s} 值可从设计手册中查到。

式(2-21)称为库仑摩擦定律。

2. 动滑动摩擦

随着 $\boldsymbol{F}_{\mathrm{P}}$ 的增大，静平衡关系被破坏，物体相对接触面滑动，此时物体与接触面间出现阻碍相对滑动的摩擦力，称为动滑动摩擦力，简称动摩擦力，用 $\boldsymbol{F}'$ 表示。

实验表明，动摩擦力的大小与接触面间的正压力 $\boldsymbol{F}_N$ 成正比，即

$$\boldsymbol{F}' = f\boldsymbol{F}_N \tag{2-22}$$

式中　f 是动滑动摩擦因数，简称动摩擦因数，它不仅与接触物体的材料和表面状况有关，而且还与相对滑动速度的大小有关，但当相对速度不大时，其可近似地认为是个常数。

f 的值也由实验测定，常用材料的 f 值也可从有关的设计手册中查到。

需要注意的是，对于多数材料，动摩擦因数 f 略小于静摩擦因数 f_s，这也是为什么物体启动时比运动时还费力的原因。但二者相差甚微，在一般的实际问题中，可以近似地取 $f = f_s$。

3. 摩擦角与自锁现象

如图 2-26(a)所示，当物体有相对运动趋势时，支承面对物体有法向约束力 $\boldsymbol{F}_N$ 和静摩擦力 $\boldsymbol{F}_s$，这两个力的合力 $\boldsymbol{F}_R$ 称为全约束力。全约束力 $\boldsymbol{F}_R$ 与接触面公法线的夹角为 φ，φ 的值随静摩擦力 $\boldsymbol{F}_s$ 的增加而变大。显然，当静摩擦力 $\boldsymbol{F}_s$ 达到最大值 $\boldsymbol{F}_{max}$ 时（见图 2-26(b)），φ 达到最大值 φ_f，φ_f 称为摩擦角。由图 2-26(b)可得

$$\tan\varphi_f = \frac{F_{max}}{F_N} = \frac{f_s F_N}{F_N} = f_s \tag{2-23}$$

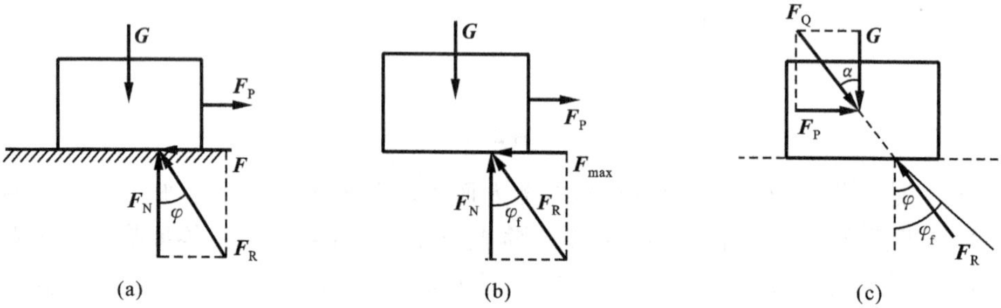

图 2-26

将作用在物体上的各主动力用合力 $\boldsymbol{F}_Q$ 表示，若 $\boldsymbol{F}_Q$ 与法线的夹角 $\alpha < \varphi_f$，则 $\boldsymbol{F}_Q$ 的作用线在摩擦角 φ_f 之内（见图 2-26(c)），总存在适当的全约束力 $\boldsymbol{F}_R$，使得 $\boldsymbol{F}_Q$ 与 $\boldsymbol{F}_R$ 保持在同一直线上且方向相反，满足二力平衡公理，因此，物体必然保持静止，这种现象称为自锁。若 $\boldsymbol{F}_R$ 的作用线在摩擦角 φ_f 之外，即 $\alpha > \varphi_f$，由于全约束力受到摩擦角的限制，其与法线的夹角不能超过摩擦角，因此，主动力合力 $\boldsymbol{F}_Q$ 与全约束力 $\boldsymbol{F}_R$ 必然不在同一直线上，它们不可能处于平衡状态，则物体一定会滑动。因此自锁的条件是

$$0 \leqslant \varphi \leqslant \varphi_f$$

自锁现象在工程中有重要的应用，如螺旋千斤顶、压榨机等就利用了自锁原理。

4. 考虑摩擦时物体的平衡问题

考虑摩擦时，求解物体平衡问题的步骤与前几章所述大致相同，但有如下几个特点：

(1) 分析物体受力时，必须考虑接触面的摩擦力 F_s，增加了未知力的个数；

(2) 由于物体平衡时摩擦力有一定的范围($0 \leqslant F_s \leqslant F_{max}$)，所以有摩擦力时平衡问题的解亦有一定的范围，而不是一个确定的值；

(3) 为确定这些新增加的未知量，还需列出补充方程，即 $F_s \leqslant F_{max}$，补充方程的数目与摩擦力的数目相同。

工程中有不少问题只需要分析平衡的临界状态，这时静摩擦力等于其最大值，补充方程只取等号。有时为了计算方便，也先在临界状态下计算，求得结果后再分析、讨论其解的范围。

例 2-14　如图 2-27(a)所示，物体重为 $\boldsymbol{G}$，放在倾角为 θ 的斜面上，它与斜面间的摩擦因数为 f_s。当物体处于平衡时，试求水平力 $\boldsymbol{F}$ 的大小。

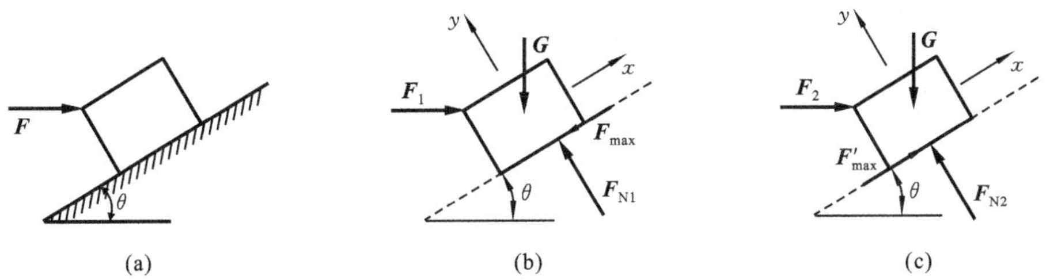

图 2-27

解　由经验易知，若力 $\boldsymbol{F}$ 太大，物块将上滑；若力 $\boldsymbol{F}$ 过小，物块将下滑。因此力 $\boldsymbol{F}$ 的数值必在一定范围内，即 F 应在最大值与最小值之间。

先求力 $\boldsymbol{F}$ 的最大值 F_1。当力 $\boldsymbol{F}$ 达到此值时，物体处于将要向上滑动的临界状态。在此情形下，摩擦力 $\boldsymbol{F}_s$ 沿斜面向下，并达到最大值 $\boldsymbol{F}_{max}$。物体受力如图 2-27(b)所示。列平衡方程如下：

$$\sum F_x = 0, \quad F_1\cos\theta - G\sin\theta - F_{max} = 0$$

$$\sum F_y = 0, \quad F_{N1} - F_1\sin\theta - G\cos\theta = 0$$

补充方程：

$$F_{max} = f_s F_{N1}$$

联立以上三式，可解得水平推力 $\boldsymbol{F}$ 的最大值为

$$F_1 = G\frac{\sin\theta + f_s\cos\theta}{\cos\theta - f_s\sin\theta}$$

再求力 $\boldsymbol{F}$ 的最小值 F_2。当力 $\boldsymbol{F}$ 只达到此值时，物体处于将要向下滑动的临界状态。在此情形下，摩擦力 $\boldsymbol{F}_s$ 沿斜面向上. 并达到另一最大值，用 $\boldsymbol{F}'_{max}$ 表示此力，物体的受力情况如图 2-27(c)所示。列平衡方程如下：

$$\sum F_x = 0, \quad F_2\cos\theta - G\sin\theta + F'_{max} = 0$$

$$\sum F_y = 0, \quad F'_{N2} - F_2\sin\theta - G\cos\theta = 0$$

补充方程：

$$F_{\max} = f_s F'_{N2}$$

联立以上三式，可解得水平推力 **F** 的最大值为

$$F_2 = G\frac{\sin\theta - f_s\cos\theta}{\cos\theta + f_s\sin\theta}$$

综合上述两个结果可知，为使物块静止，力 **F** 必须满足如下条件：

$$G\frac{\sin\theta - f_s\cos\theta}{\cos\theta + f_s\sin\theta} \leqslant F \leqslant G\frac{\sin\theta + f_s\cos\theta}{\cos\theta - f_s\sin\theta}$$

应该指出，在临界状态下求解有摩擦的平衡问题时，必须根据物体相对滑动的趋势，正确判定摩擦力的方向。

例 2-15 如图 2-28(a)所示，长度为 l 的梯子 AB 放置在两个相互垂直的斜面上，梯子与两个斜面间的静摩擦角均为 φ，一体重为 G 的人在梯子上走动，不计梯子自重，并保持梯子不滑动，求人在梯子上的活动范围。

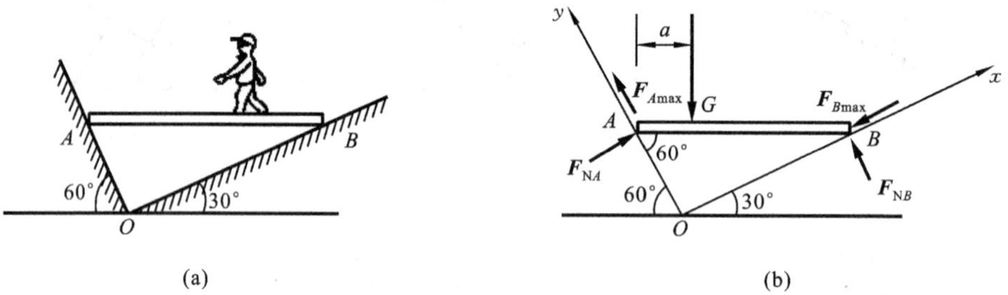

图 2-28

解 取梯子 AB 为研究对象，设当人靠近左端 A 的距离为 a 时，梯子 AB 将沿斜面 OA 向下滑动，梯子受力如图 2-28(b)所示。建立坐标系 Oxy，列静力平衡方程如下：

$$\sum F_x = 0,\quad F_{NA} - f_s F_{NB} - G\sin30° = 0 \qquad ①$$

$$\sum F_y = 0,\quad F_{NB} + f_s F_{NA} - G\cos30° = 0 \qquad ②$$

$$\sum M_A(\boldsymbol{F}) = 0,\quad F_{NB} l\sin60° - f_s F_{NB} l\cos60° - Ga = 0 \qquad ③$$

由式①、②得

$$F_{NB} = \frac{G(\cos30° - f_s\sin30°)}{1 + f_s^2} \qquad ④$$

将 $f_s = \tan\varphi$ 及式④代入式③得

$$a = l\cos^2(\varphi + 30°)$$

同理，可求出当人靠近梯子右端 A 时，梯子 AB 不至于沿斜面 OB 向下滑动的最小距离为

$$b = l\cos^2(\varphi + 60°)$$

由此可知人在梯子上的活动范围。

例 2-16　制动器的结构和主要尺寸如图 2-29(a)所示，鼓轮受驱动力矩 M 作用，制动块与鼓轮表面间的摩擦因数为 f_s，试求制动鼓轮转动所需的最小力 $\boldsymbol{F}_{\mathrm{Pmin}}$。

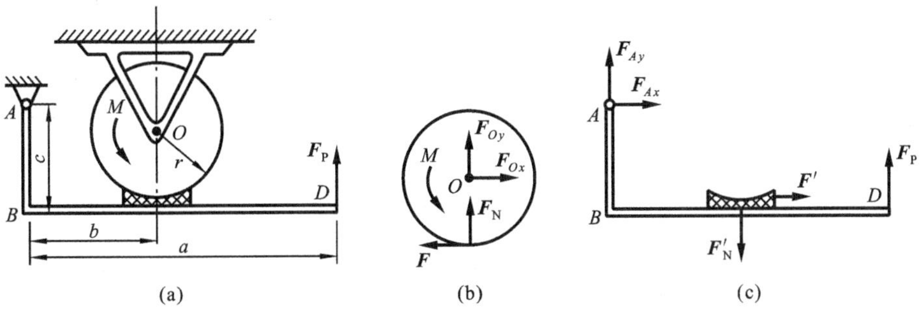

图 2-29

解　从摩擦面将鼓轮与杠杆 OAB 分开，其受力如图 2-29(b)和图 2-29(c)所示。鼓轮的制动由摩擦力 $\boldsymbol{F}$ 产生，当作用于杠杆 OAB 上的力 $\boldsymbol{F}_{\mathrm{P}}$ 为最小值 $\boldsymbol{F}_{\mathrm{Pmin}}$时，轮子处于逆时针方向转动的临界平衡状态，摩擦力为 $\boldsymbol{F}_{\max}$。列鼓轮的平衡方程如下：

$$\sum M_{O_1}(\boldsymbol{F}) = 0,\quad M - F_{\max}R = 0$$

且
$$F_{\max} = f_s F_{\mathrm{N}}$$

解得
$$F_{\max} = \frac{M}{R},\quad F_{\mathrm{N}} = \frac{M}{f_s R}$$

由杠杆的平衡条件有

$$\sum M_A(\boldsymbol{F}) = 0,\quad F'_{\max}c - F'_{\mathrm{N}}b + F_{\mathrm{Pmin}}a = 0$$

又
$$F'_{\mathrm{N}} = F_{\mathrm{N}} = \frac{M}{f_s R}$$

$$F'_{\max} = F_{\max} = \frac{M}{R}$$

故得
$$F_{\mathrm{Pmin}} = \frac{M}{aR}\left(\frac{b}{f_s} - c\right)$$

5. 滚动摩阻

由实践经验可知，滚动比滑动更省力。所以，在工程中常常以滚动代替滑动，如在车厢下安装轮子。不过，物体在滚动时也会在接触处受到阻碍作用。

设在水平面上有一轮子(见图 2-30(a))，重为 $\boldsymbol{G}$，半径为 r，在轮心 O 加一水平力 $\boldsymbol{F}_{\mathrm{T}}$。假定在接触处有足够的摩擦力 $\boldsymbol{F}$，阻止轮子向前平行滑动。假设轮子与平面都是刚体，二者接触于点 A，这时重力 $\boldsymbol{G}$ 与法向反力 $\boldsymbol{F}_{\mathrm{N}}$ 都通过点 O，且等值、反向、共线，二力互相平衡。又由轮子不滑动的条件可知 $F_{\mathrm{T}}=F$，则 $\boldsymbol{F}_{\mathrm{T}}$ 与 $\boldsymbol{F}$ 组成一力偶。不管 $\boldsymbol{F}_{\mathrm{T}}$ 的值多么小，都将使滚子滚动或产生滚动的趋势，但实际上此时并不能使轮子发生滚动，可见必另有一力偶与力偶($\boldsymbol{F}_{\mathrm{T}}$，$\boldsymbol{F}$)相平衡，这个阻碍轮子滚动的力偶称为滚动摩阻力偶。

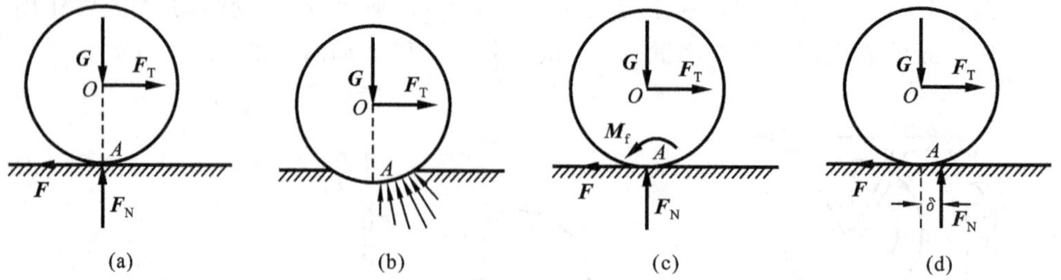

图 2-30

实际上轮子与平面都不是绝对刚体，受 $\boldsymbol{G}$ 作用后会产生一微小的变形，使接触处不再是一个点或一直线，而是偏向滚动前沿的一小块面积（见图 2-30(b)），接触面对轮子的约束力是分布力。如图 2-30(c)所示，将分布力向点 A 处简化，可得水平分力 $\boldsymbol{F}$（滑动摩擦力），竖直分力 $\boldsymbol{F}_N$ 和一个力偶 M_f。由平衡关系可得

$$M_f = F_T \times r = F \times r$$

由此可见力偶($\boldsymbol{F}_T$，$\boldsymbol{F}$)使物体滚动，而反力偶 M_f 阻碍轮子滚动，该反力偶即为滚动摩阻力偶，它随主动力偶($\boldsymbol{F}_T$，$\boldsymbol{F}$)的增大而变化，当 $\boldsymbol{F}_T$ 增大到一定值时，轮子处于滚动的临界状态，此时反力偶 M_f 也将达到最大值，记作 M_{max}，称为最大滚动摩阻力偶矩。显然，$M_f \leqslant M_{max}$。

通过实验可知，最大滚动摩阻力偶矩与两物体间的正压力成正比（见图 2-30(d)），即

$$M_{max} = \delta F_N \tag{2-24}$$

这就是滚动摩阻定律，其中 δ 称为滚动摩阻系数。需要注意的是，δ 具有长度量纲，一般采用 mm，它与接触物体的材料和表面状况，以及正压力等条件有关，通常由实验测定。

习　　题

2-1　某平面力系向 A、B 两点简化的主矩皆为零，此力系简化结果的最终结果可能是一个力吗？可能是一个力偶吗？可能平衡吗？

2-2　平面汇交力系向汇交点外任一点简化，其结果可能是一个力吗？可能是一个力偶吗？可能是一个力和一个力偶吗？

2-3　如图所示，刚体在 A、B、C 三点各受一力作用，已知 $F_1 = F_2 = F_3 = F$，$\triangle ABC$ 为一等边三角形，问此力系简化的最后结果是什么？此刚体是否平衡？

2-4　图示四个力组成一平面力系，已知 $F_1 = F_2 = F_3 = F_4$，问该力系向点 A 和点 B 简化的结果是什么？二者是否等效？

2-5　在平面汇交力系的平衡方程中，可否取两个力矩方程，或一个力矩方程和一个投影方程？这时，其矩心和投影轴的选择有什么限制？

2-6　长方体的顶角 A 和 B 分别作用有力 $\boldsymbol{F}_1$ 和 $\boldsymbol{F}_2$，如图所示，已知 $F_1 = 500$ N，$F_2 = 700$ N。

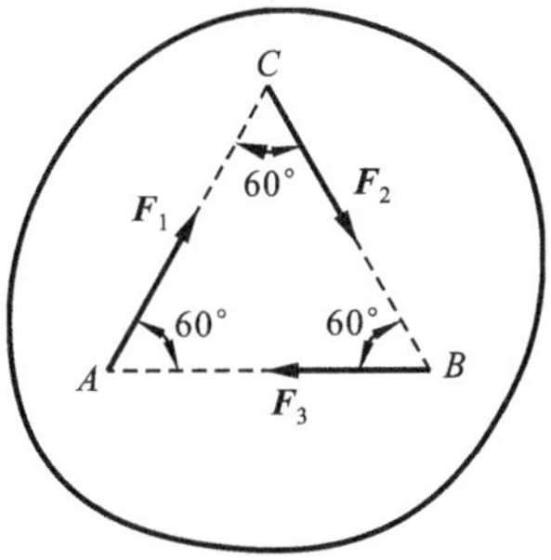

题 2-3 图

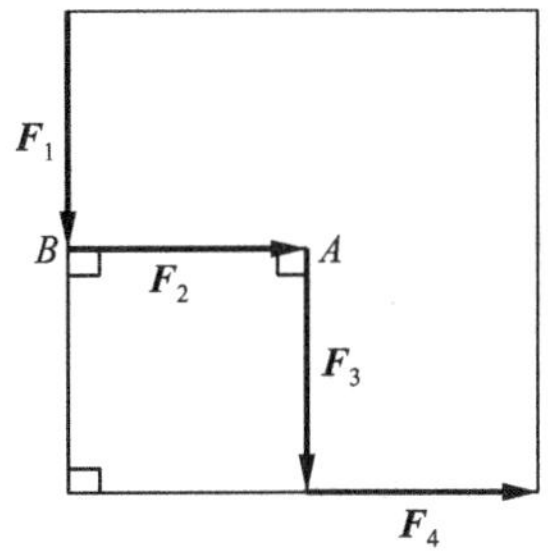

题 2-4 图

试求该力系向点 O 简化的主矢和主矩。

2-7　三铰拱由两个半拱和三个铰链 A、B、C 构成，如图所示。已知每个半拱重 $G=300$ kN，$l=32$ m，$h=10$ m，求支座 A、B 的约束力。

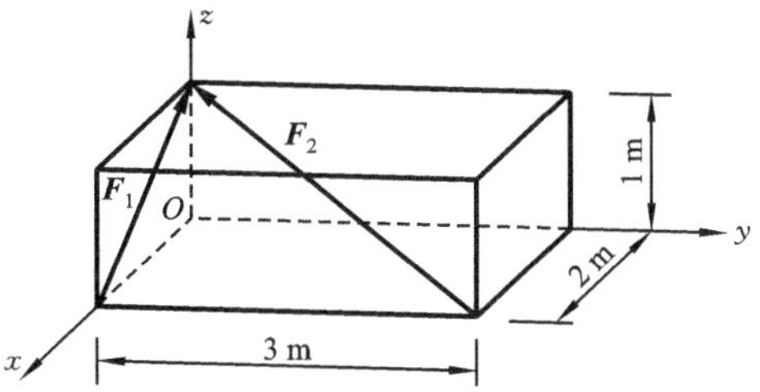

题 2-6 图

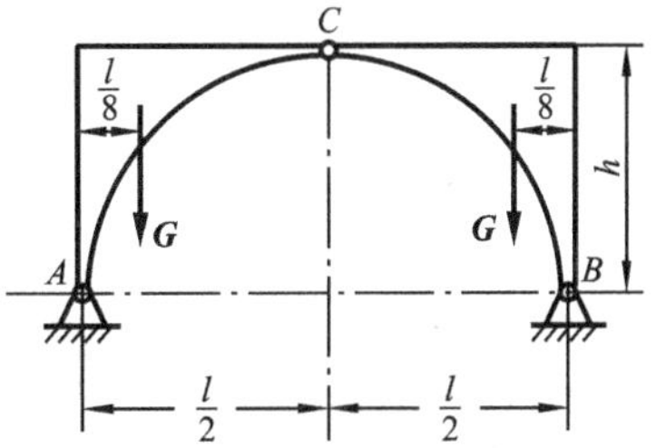

题 2-7 图

2-8　如图所示，重物重 $G=20$ kN，用钢丝绳挂在支架的滑轮 B 上，钢丝绳的另一端缠绕在绞车 D 上。杆 AB 与 BC 铰接，并以铰链 A、C 与墙连接。如两杆和滑轮的自重不计，并忽略摩擦和滑轮的大小，试求平衡时杆 AB 和 BC 所受的力。

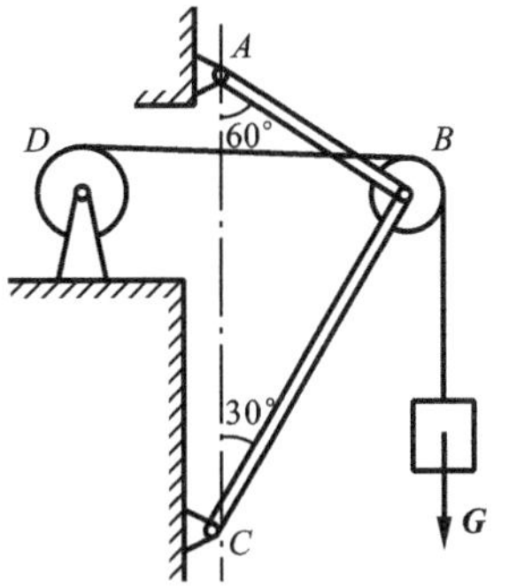

题 2-8 图

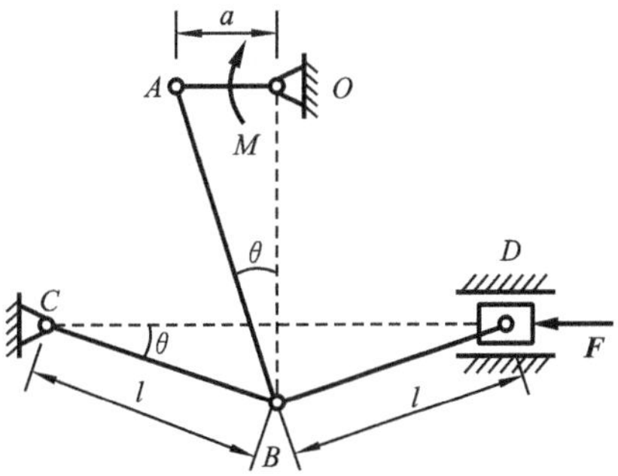

题 2-9 图

2-9　在图示机构中，曲柄 OA 上作用有一力偶，其矩为 M，另在滑块 D 上作用一水平力 $\boldsymbol{F}$。机构尺寸如图所示，各杆重量不计。求当机构平衡时，力 F 与力偶矩 M 的关系。

2-10　如图所示，不计平衡锤的重量时，移动式起重机机重为 $G_1=500$ kN，作用于 C 点，距离右轨为 $e=1.5$ m。起重机的最大起重量为 $G_2=250$ kN，到右轨的距离为 $l=10$ m。欲使起重机在满载或空载时均不致翻倒，求平衡锤的最小重量 $G_{3\min}$ 以及平衡锤到左轨 A 的最大距离 a。跑车的自重不计，$b=3$ m。

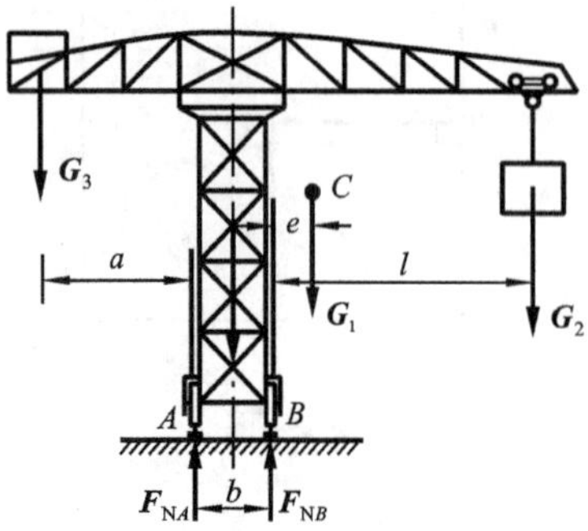

题 2-10 图

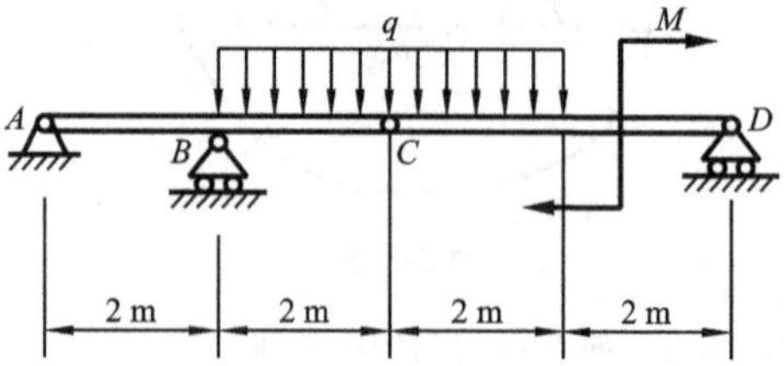

题 2-11 图

2-11　无重水平梁如图所示，已知力偶矩 $M=40$ kN · m，均布载荷集度为 $q=10$ kN/m，求支座 A、B 处的约束力。

2-12　四连杆机构 $OABO_1$，在图示位置平衡，已知 $OA=60$ cm，$O_1B=40$ cm，作用在摇杆 OA 上的力偶矩为 $M_1=1$ N · m，不计各杆自重，求力偶矩 M_2 的大小。

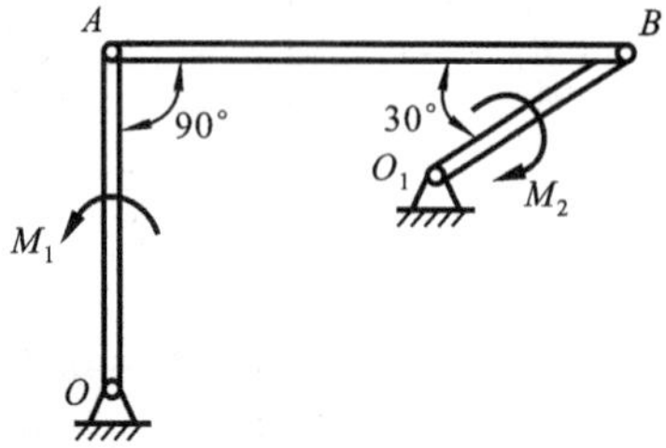

题 2-12 图

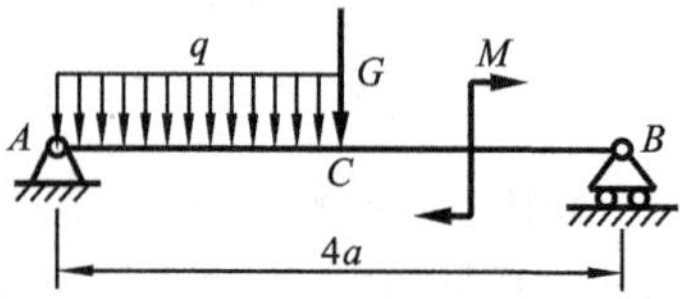

题 2-13 图

2-13　如图所示的水平横梁 AB，A 端为固定铰链支座，B 端为一滚动支座。梁的长度为 $4a$，梁重 $\boldsymbol{G}$，作用在梁的中点 C 处。在梁的 AC 段上受均布载荷 q 作用，在梁的 BC 段上受力偶作用，力偶矩 $M=Ga$。试求 A 和 B 处的约束力。

2-14　由杆 AB、BC 和 CE 组成的支架和滑轮 E 支持着物体，物体重 12 kN，D 处亦为铰链连接，尺寸如图所示。试求固定铰链支座 A 和滚动铰链支座 B 的约束力以及杆 BC 所受的力。

2-15　图示构架由直杆 BC、CD 及直角弯杆 AB 组成，各杆自重不计，载荷分布及尺寸如图，销钉 B 穿透 AB 及 BC 两构件。在销钉 B 上作用一集中载荷 $\boldsymbol{F}$。已知 q、a、M，且 $M=qa^2$。求固定端 A 的约束力及销钉 B 对杆 BC、AB 的作用力。

2-16　厂房构架为三铰拱架。桥式吊车沿着垂直于纸面方向的轨道行驶，吊车梁的重量 $G_1=20$ kN，其重心在梁的中点。梁上的小车和起吊重物的重量 $G_2=60$ kN。两个拱架的重量均为 $G_3=60$ kN，二者的重心分别在 D、E 两点，正好与吊车梁的轨道在同一竖直线上。风的合力为 10 kN，方向水平。试求当小车位于离左边轨道的距离等于 2 m 时，支座 A、B 两处的约束力。

2-17　一空间支架如图所示，已知 $\angle CBA=\angle BCA=60°$，$\angle EAD=30°$，物体的重量为 $G=3$ kN，平面 ABC 是水平的，A、B、C 各点均为铰接，杆件自重不计。试求撑杆 AB 和 AC 所受的压

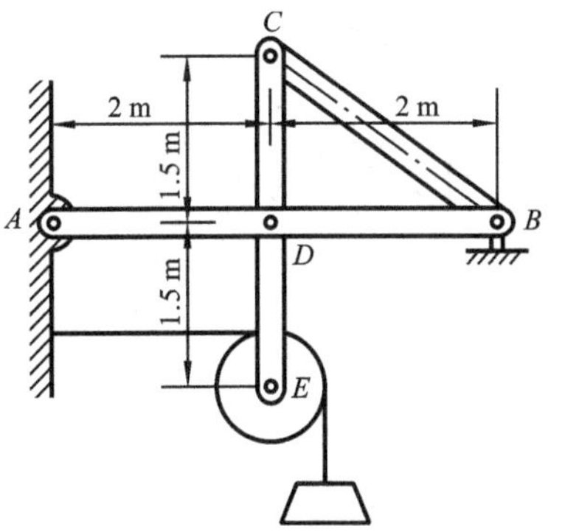

题 2-14 图

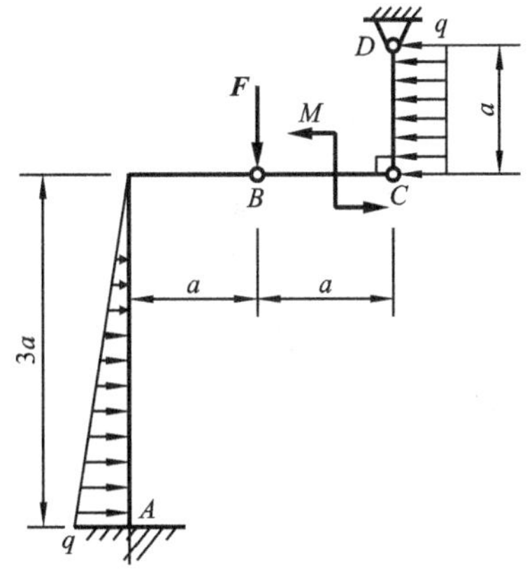

题 2-15 图

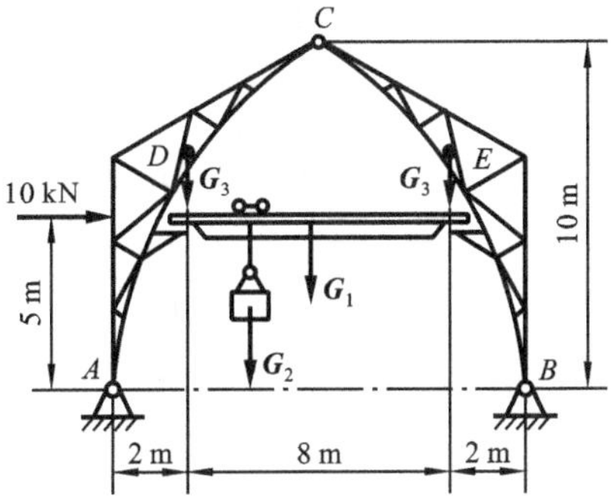

题 2-16 图

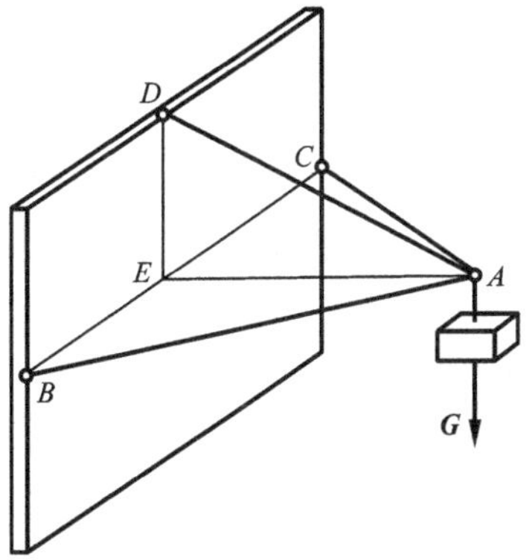

题 2-17 图

力 F_{AB} 、F_{AC} 及绳子 AD 的拉力 F_{T}。

2-18　如图 2-18 所示，六根杆支撑一水平板，在板角处受竖直力 $\boldsymbol{F}$ 作用。板与各杆自重不计，求各杆的内力。

2-19　图示手摇钻由支点 B 、钻头 A 和一个弯曲的手柄组成。当支点 B 处施加压力 $\boldsymbol{F}_x$、$\boldsymbol{F}_y$ 和 $\boldsymbol{F}_z$ 以及手柄上加力 $\boldsymbol{F}$ 后，即可带动钻头绕 AB 转动而钻孔，已知 $F_z=50$ N，$F=150$ N。求：

(1) 钻头受到的阻抗力偶矩 M；

(2) 材料给钻头的约束力 F_{Ax} 、F_{Ay} 和 F_{Az} 的值；

(3) 压力 F_x 和 F_y 的值。

2-20　绞车的卷筒上绕有绳子，绳子上挂着重为 G_2 的物体。轮 C 装在轴上，轮的半径为卷筒半径的 6 倍，其他尺寸如图所示。绕在轮 C 上的绳子沿轮与水平线成 30° 角的切线引出，绳跨过轮 D 后挂以 $G_1=60$ N 的重物。各轮和轴的重量忽略不计，求平衡时卷筒上所挂重物的重量 G_2，以及轴承 A 和 B 的反力。

2-21　两相互接触的物体间是否一定存在有摩擦力？摩擦力是否一定是阻力？你能举出两个生活中的实例吗？请你分析汽车行驶时，前、后轮摩擦力的方向。它们各起什么作用？（汽车行驶时后轮驱动，前轮从动）

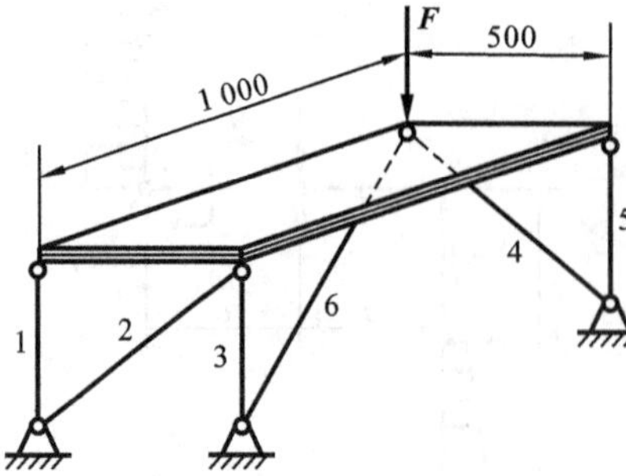

题 2-18 图

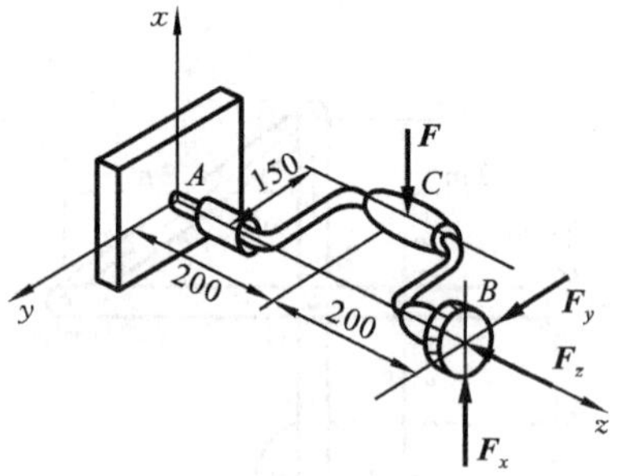

题 2-19 图

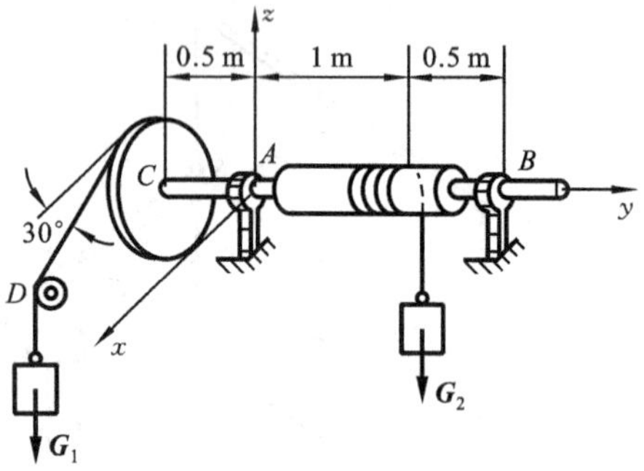

题 2-20 图

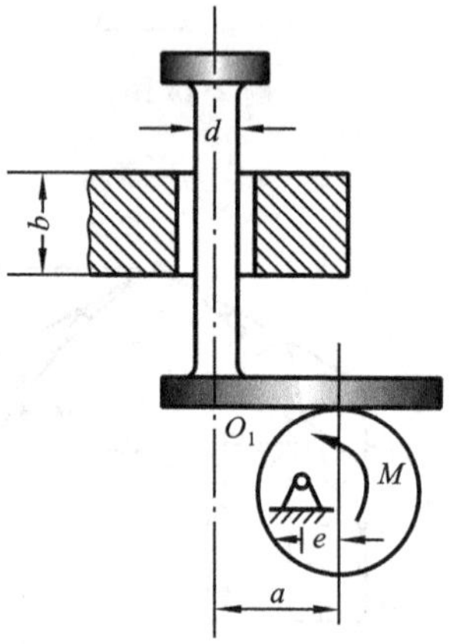

题 2-22 图

2-22　图示凸轮机构中推杆与滑道间的摩擦因数为 f_s，滑道宽度为 b。问 a 为多大时推杆才不致被卡住？

2-23　图示为一油压抱闸装置，已知活塞直径 $d=45$ mm，油压 $p=1$ MPa，制动块与轮间的摩擦因数 $f_s=0.3$，不计活塞、杠杆及制动块厚度的影响，求其对轮 O 能产生的最大制动力矩。

2-24　均质长板 AD 重 G，长度为 4 m，用一短板 BC 支撑，如图所示。若 $AC=BC=AB=3$ m，板 BC 的自重不计。求 A、B、C 处摩擦角各为多大才能使系统保持平衡。

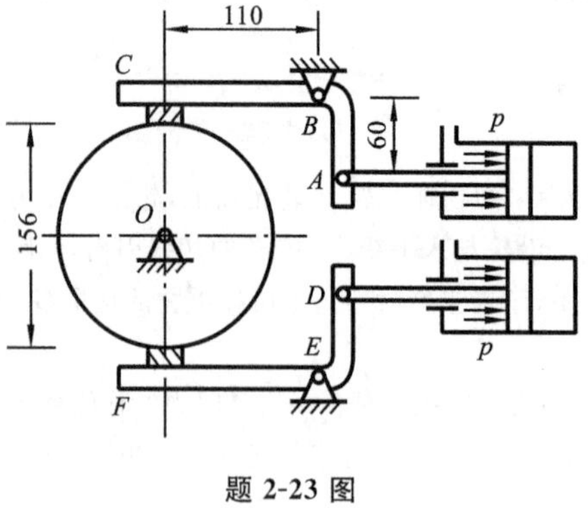

题 2-23 图

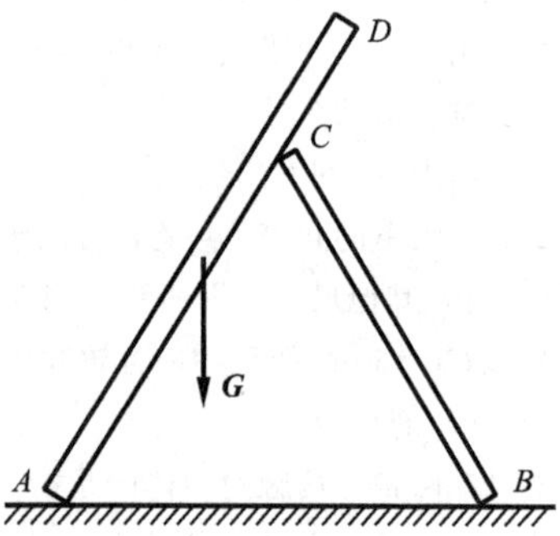

题 2-24 图

第3章　杆的拉伸(压缩)与剪切

第2章讨论了刚体的平衡，所研究的对象是刚体。通过平衡方程的建立和求解，能够确定刚体的约束力。但工程中大量存在的固体结构均是变形体。工程中也大量存在需要确定有关构件工作安全性的因素(如许可载荷、截面尺寸等)的问题，这里的工作安全性是指结构的强度、刚度、稳定性。对这些问题的研究与计算，属于工程力学的材料力学部分的内容。本章开始研究材料力学，研究对象均是变形体，或者说是杆状变形体，称为杆件。

3.1　杆件拉伸(压缩)的工程实例

杆件受力或变形的一种最基本的形式为轴向拉伸或压缩。轴向拉伸或压缩时，外力或其合力的作用线沿杆件轴线，而杆件的主要变形则为轴向伸长或缩短，如图3-1所示。作用线沿杆件轴线的载荷称为轴向载荷；以轴向伸长或缩短为主要特征的变形形式，称为轴向拉压；以轴向拉压为主要变形的杆件，称为拉压杆。工程中，很多结构是承受轴向载荷的拉压杆，如桥梁桁架中的杆件(见图3-2)、起重机构架的各杆及起吊重物的钢索(见图3-3)、发动机的活塞连杆等(见图3-4)均属于拉压杆件。

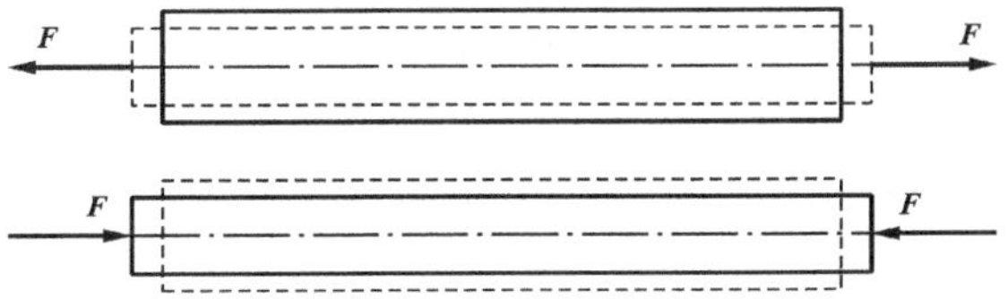

图3-1

图3-2

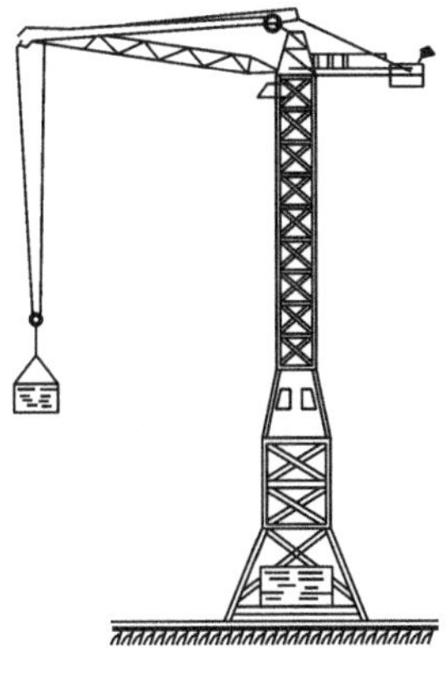

图3-3

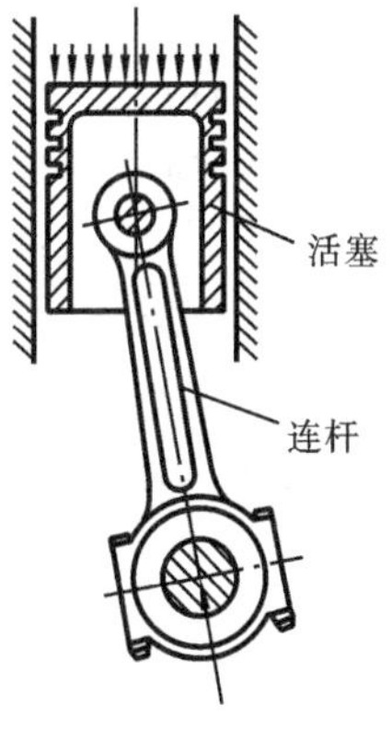

图3-4

3.2　轴向拉压杆的内力——轴力

1. 轴力

材料力学主要研究的是研究对象本身的内效应问题。在材料力学中，静力学中所讨论作用在构件上的主动力和约束力统称为外力。在外力的作用下，构件内部相连部分物质之间的作用力称为内力。

轴力是内力，是杆件沿轴线的内力分量。在轴向载荷 **F** 作用下，杆件横截面上的唯一内力分量为轴力 $\boldsymbol{F}_N$。轴力或为拉力（见图 3-5(a)），或为压力（见图 3-5(b)）。为区别起见，通常规定拉力为正，压力为负。

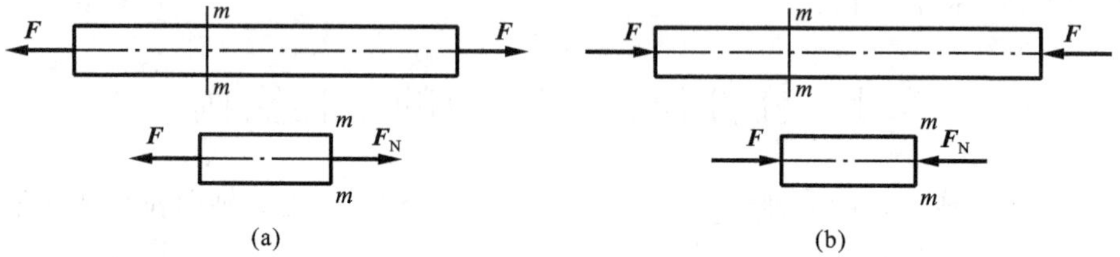

图 3-5

可利用截面法求解轴力，步骤如下。

(1) 在需要求轴力的横截面处，用一截面假想地将杆截开，任选切开后的一杆段为研究对象（另一段对研究对象段的作用力即为内力）。

(2) 画所选杆段的受力图：先单独画出研究对象段，再画出其外力，最后画出横截面上的内力（先假设为拉力）。

(3) 建立研究对象段平衡方程，求解轴力。

2. 轴力图

当杆受多个轴向外力作用时，杆不同截面上的轴力各不相同。为了形象地表示轴力沿杆轴线的变化情况，确定最大轴力位置，以便对杆进行强度计算，可以作出表示轴力沿杆截面位置关系的图线——轴力图。作图时，用平行于杆轴线的坐标表示截面位置，垂直于杆轴线的坐标表示截面上轴力大小，所得图线即为轴力图。

例 3-1　变截面杆受力如图 3-6(a)所示，$F_1=60\ \text{kN}$，$F_2=40\ \text{kN}$，$F_3=30\ \text{kN}$，$F_4=50\ \text{kN}$，试求各段轴力，并画轴力图。

解　(1) 计算约束反力。

设杆 A 端的约束反力为 F_R，则由整个杆的平衡方程

$$\sum F_x=0,\quad F_R-F_1+F_2-F_3+F_4=0$$

得

$$F_R=F_1-F_2+F_3-F_4=(60-40+30-50)\ \text{kN}=0\ \text{kN}$$

(2) 分段计算轴力。

可知外力作用点将阶梯轴分成四段：AB、BC、CD 和 DE 段，每段内横截面上的轴力相同，则在四段内分别任取一横截面，并分别任取一段，画受力图。

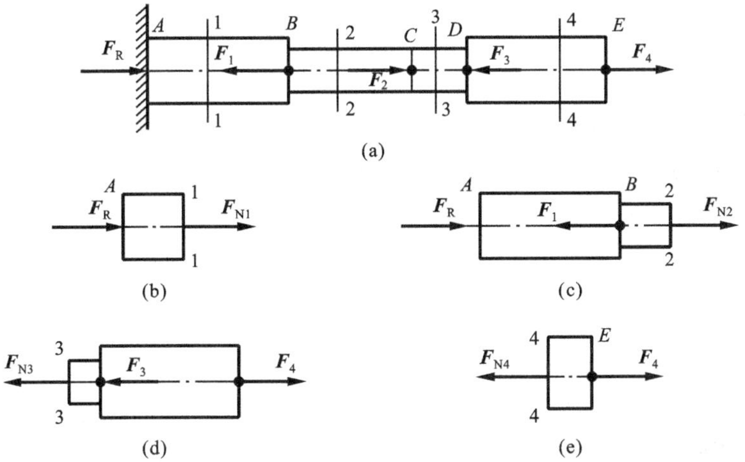

图 3-6

对受力图 3-6(b)、(c)、(d)、(e)分别列平衡方程：

$$\sum F_x = 0, \quad F_R + F_{N1} = 0$$

$$F_R - F_1 + F_{N2} = 0$$

$$-F_{N3} - F_3 + F_4 = 0$$

$$-F_{N4} + F_4 = 0$$

解得：　$F_{N1}=0$ kN，　$F_{N2}=60$ kN，　$F_{N3}=20$ kN，　$F_{N4}=50$ kN

(3) 画轴力图，如图 3-7 所示。

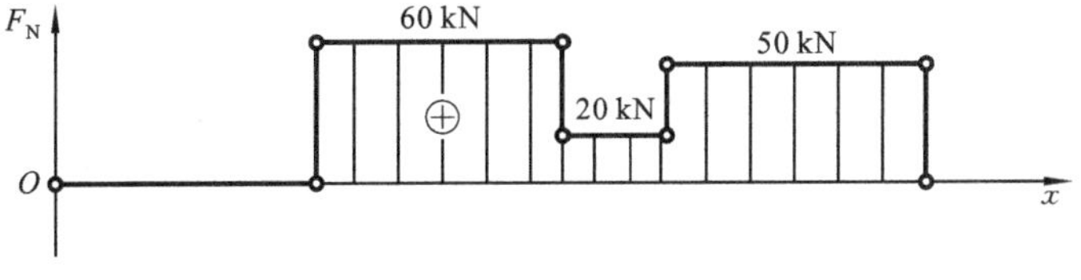

图 3-7

3.3　轴向拉压杆横截面正应力

要确定轴向拉压杆横截面上各点的应力，必须了解横截面上内力的分布规律，而内力的分布规律又与杆的变形情况有关。为此，先通过实验来观察杆件的变形。

取一等截面直杆(见图 3-8)，试验前，在杆表面画两条垂直于杆轴的横线 ab 和 cd，然后在杆两端施加一对轴向拉力 $\boldsymbol{F}$，使杆发生变形。从试验中可以观察到：ab 和

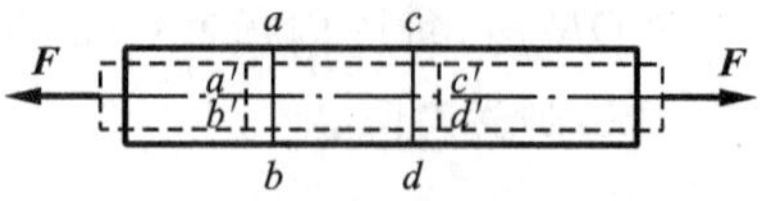

图 3-8

cd 仍为直线，且仍垂直于杆轴线，只是间距增大，分别移到图示 $a'b'$ 和 $c'd'$ 位置。根据这一现象，提出如下假设：原为平面的横截面在杆变形后仍为平面且仍与杆轴线垂直，称为拉压杆的平面假设。

设杆横截面面积为 A，轴力为 F_N，则根据平面假设，横截面上各点处的变形相同。由于杆件的材料是均匀的，因此，可以认为横截面上各点的受力也相同，即正应力在横截面上均匀分布。于是，有横截面上各点的正应力均为

$$\sigma=\frac{F_N}{A} \tag{3-1}$$

式中　F_N 为杆横截面上的轴力，A 为杆横截面的面积，正应力的正负号与轴力的正负号一致。

实际上，对于载荷作用点附近的截面，不同的加载方式对其应力分布是有影响的。但是，实验表明，加载方式的不同，只对加载点附近截面上的应力分布有显著影响，其影响范围局限于杆的横向尺寸的 1～2 倍大小，这一结论称为圣维南原理。根据这一原理，在拉压杆中，离加载点稍远的横截面上的应力分布可认为是均匀的。

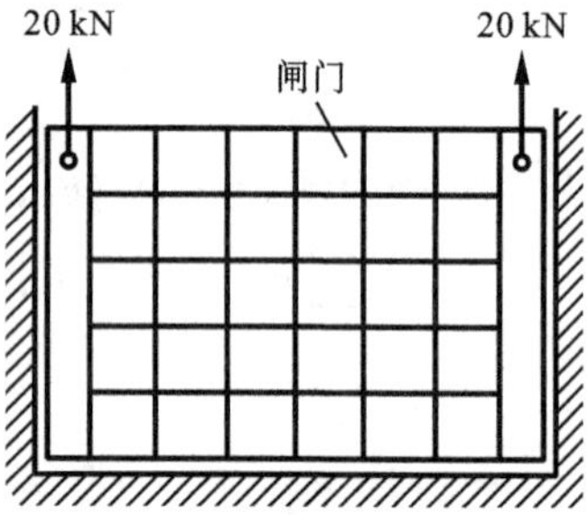

图 3-9

例 3-2　如图 3-9 所示，用两根钢丝绳起吊一扇平板闸门。若每根钢丝绳上所受的力为 20 kN，钢丝绳圆截面的直径 $d=20$ mm，试求钢丝绳横截面上的应力。

解　钢丝绳的轴力　　　$F_N=20\ \text{kN}=2\times10^4\ \text{N}$

钢丝绳的横截面积

$$A=\frac{\pi D^2}{4}=\frac{\pi\times20^2}{4}=314\ \text{mm}^2=3.14\times10^{-4}\ \text{m}^2$$

由公式 $\sigma=\dfrac{F_N}{A}$ 可求得钢丝绳横截面上的应力为

$$\sigma=\frac{F_N}{A}=\frac{2\times10^4}{3.14\times10^{-4}}\text{N/m}^2=63.7\times10^6\,\text{N/m}^2=63.7\ \text{MPa}$$

3.4　材料轴向拉压力学性能

构件的强度、刚度与稳定性不仅与构件的形状、尺寸及其所受外力有关，而且与材料的力学性能有关。材料的力学性能不但是为构件进行强度计算、刚度计算或选择恰当材料的重要依据，也是指导研制新材料和制定加工工艺技术指标的重要依据。在工程实际中，通常采用试验的方法来研究材料的力学性能。

1. 拉伸试验与应力-应变图

材料的力学性能由试验测定。拉伸试验是研究材料力学性能最基本、最常用的试验。

试验条件:常温(20℃)、静载(或缓慢加载)和标准试件。

实验仪器:加力与测力的机器,常用的是万能材料试验机;测量变形的仪器,常用的有杠杆引伸仪、电阻应变仪等。

由于材料的力学行为与被测材料的尺寸和形状有关,为了使不同材料的试验结果能互相比较,试验时所使用的试验材料均按照国家标准制成标准试件。标准拉伸试件如图 3-10 所示,试件的两端加粗是为了便于装夹。长度 l 称为标距,为试验段。对于试验段直径为 d 的圆截面试样(见图 3-10(a)),通常规定

$$l = 10d \quad 或 \quad l = 5d$$

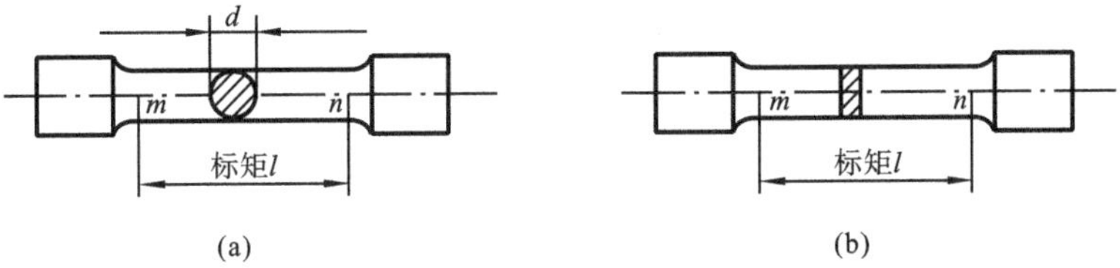

图 3-10

而对于试验段横截面面积为 A 的矩形截面试样(见图 3-10(b)),则规定

$$l = 11.3\sqrt{A} \quad 或 \quad l = 5.65\sqrt{A}$$

拉伸试验原理如图 3-11 所示。试验时,首先将试样安装在材料试验机的上、下夹头内,并在试样上标记“m”与“n”处安装测量轴向变形的仪器,然后开动机器,缓慢加载。随着载荷 $\boldsymbol{F}$ 的增大,试样逐渐被拉长,试验段的拉伸变形用 Δl 表示。$\boldsymbol{F}$ 与变形 Δl 间的关系曲线称为试样的力-伸长曲线或拉伸图。试验一直进行到试样断裂为止。

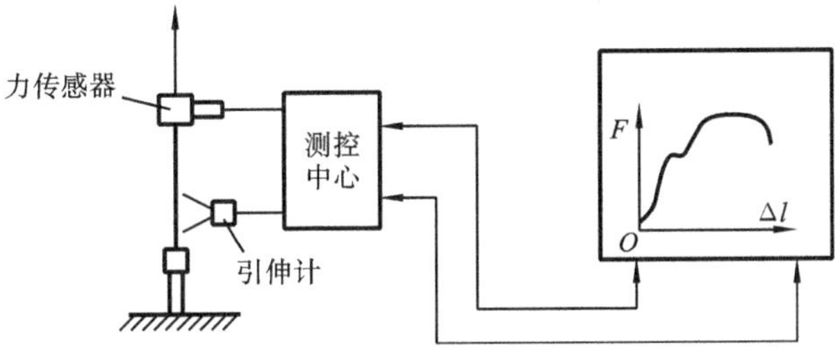

图 3-11

由于力-伸长曲线受试件的几何尺寸影响,因此不能用它直接反映材料的力学行为。为了消除试件原始尺寸的影响,将拉伸图的纵坐标 F 除以试样横截面的原面积 A ,将其横坐标 Δl 除以试验段的原长 l (即标距),由此得到应力与应变间的关系曲

线，称为材料的应力-应变图。

2. 低碳钢的拉伸力学性能

低碳钢是工程中广泛应用的金属材料，其应力-应变图具有典型意义。图3-12所示为低碳钢 Q235 的应力-应变图，现以该曲线为基础，并结合试验过程中所观察到的现象，介绍低碳钢的力学性能。

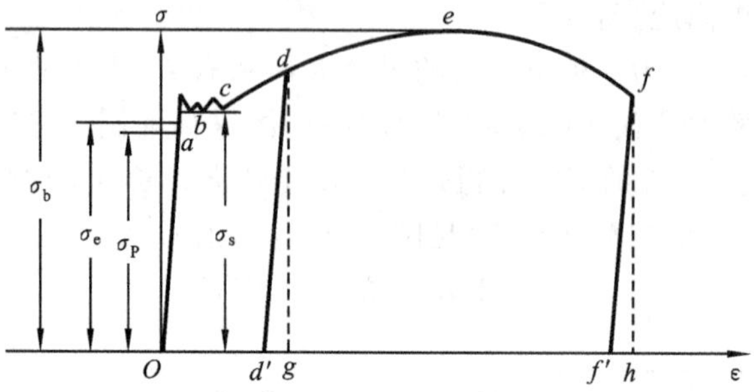

图 3-12

1）弹性阶段

这一阶段又可分为斜直线 Oa 和微弯曲线 ab 两段。

在拉伸的开始阶段，应力-应变曲线为一直线（图中 Oa 段），说明在此阶段内，应力与应变成正比，即

$$\sigma = E\varepsilon$$

式中 E 为应力-应变曲线的比例系数，称为弹性模量。

弹性模量 E 的单位与应力一样，是 Pa，但这是一个很大的数，如常见的 Q235 钢的弹性模量一般在 200 GPa 左右。其他常用材料的弹性模量值如表 3-1 所示。

表 3-1 常用材料的弹性模量与泊松比

参　　数	钢与合金钢	铝合金	铜	铸铁	木(顺纹)
E/GPa	200～220	70～72	100～120	80～160	8～12
μ	0.25～0.30	0.26～0.34	0.33～0.35	0.23～0.27	—

比例阶段最高点 a 所对应的正应力，称为材料的比例极限，并用 σ_p 表示。低碳钢 Q235 的比例极限 $\sigma_p \approx 200$ MPa。

超过比例极限后，从点 a 到点 b，σ 与 ε 的关系不再是直线，但变形仍然是弹性的，即解除载荷后变形可以完全消失。点 b 对应的应力是材料产生弹性变形的最大应力，称为材料的弹性极限，记作 σ_e 。

σ_p 和 σ_e 虽然物理意义不同，但数值非常接近，所以工程上二者不完全区分。

2）屈服阶段

应力超过比例极限之后，当其增加至某一数值时，应力-应变曲线出现一个接近水平线的微小波动阶段。在此阶段内，应力几乎不变，而变形显著增长，材料暂时失

去抵抗继续变形的能力。这种当应力达到一定值时，应力虽不增加(或在微小范围内波动)，而变形却急剧增长的现象，称为屈服(或流动)。在微小波动段(屈服阶段)内的最高点和最低点分别称为上屈服点和下屈服点，上屈服点所对应的应力值与试验条件相关，下屈服点则比较稳定，通常把下屈服点 c 所对应的正应力称为屈服极限，记作 σ_s。低碳钢 Q235 的屈服应力 $\sigma_s \approx 235$ MPa。

屈服变形是不能恢复的变形。材料在屈服阶段发生变形后，如果载荷被撤销，随着载荷的减小，变形也随之减小，这一过程称为恢复。但最终当载荷完全撤销时，试件还残留一部分变形不能恢复，这种不能恢复的残余变形称为塑性变形。由于塑性变形是不能恢复的，因此，认为工程中的构件若产生屈服变形就不能正常工作。屈服极限通常作为这类构件是否破坏的强度指标。

在屈服流动阶段，如果试验的试件表面经过磨光处理，并且在光线充分照射下，可以看到表面有与杆件拉伸方向成 45°的细小裂纹。这些小裂纹称为滑移线，是由于试件内晶体滑移所形成的。因此，屈服现象与晶体滑移有关。

3) 强化阶段

经过屈服阶段之后，材料又增强了抵抗变形的能力。这时，要使材料继续变形，需要增大应力。经过屈服滑移之后，材料重新呈现抵抗继续变形的能力，称为应变硬化。强化阶段的最高点 e 所对应的应力，称为材料的强度极限，用 σ_b 表示。低碳钢 Q235 的强度极限 $\sigma_b \approx 380$ MPa 。强度极限是材料所能承受的最大应力。

4) 颈缩阶段

当应力增加至最大值 σ_b 之后，试样的某一局部显著收缩(见图 3-13)，即产生所谓颈缩现象。颈缩出现后，由于局部面积急剧缩小，使试件继续变形所需的拉力减小，应力-应变曲线相应向下弯曲，最后试样在颈缩处断裂。

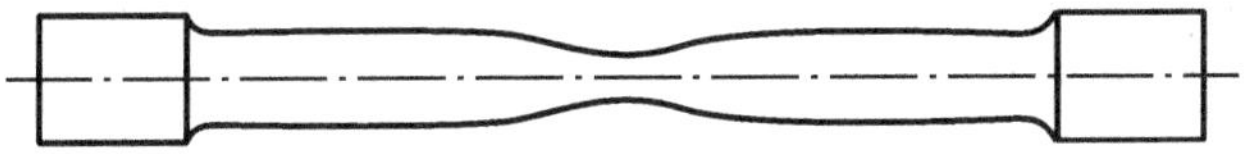

图 3-13

综上所述，在整个拉伸过程中，材料经历了弹性阶段、屈服阶段、强化阶段、颈缩阶段四个阶段，并存在四个特征点，相应的最大应力依次为比例极限 σ_p 、弹性极限 σ_e 、屈服极限 σ_s 与强度极限 σ_b 。

低碳钢试样拉伸试验的结果证明，断裂时的残余变形较大。材料具有能经受较大塑性变形而不破坏的能力，称为材料的塑性或延性。材料的塑性用延伸率或断面收缩率度量。

设断裂时试验段的残余变形为 Δl_0，则残余变形 Δl_0 与试验段原长 l 的比值

$$\delta=\frac{\Delta l_0}{l}\times 100\% \tag{3-2}$$

称为材料的延伸率。

如果试验段横截面的原面积为 A，断裂后的横截面面积为 A_1，则

$$\psi = \frac{A - A_1}{A} \times 100\% \tag{3-3}$$

式中 ψ 称为材料的断面收缩率。

低碳钢 Q235 的延伸率 $\delta \approx 25\% \sim 30\%$，断面收缩率 $\psi \approx 60\%$。

塑性好的材料，在轧制或冷压成形时不易断裂，并能承受较大的冲击载荷。在工程中，通常将延伸率较大（如 $\delta \geqslant 5\%$）的材料称为塑性材料或延性材料，将延伸率较小的材料称为脆性材料。结构钢与硬铝等为塑性材料，而工具钢、灰铸铁与陶瓷等则属于脆性材料。

5）卸载与再加载规律

如图 3-12 所示，在强化阶段某一点 d 处逐渐卸掉载荷，则试件在卸载过程中的应力-应变曲线为 dd' 段，该直线与 Oa 几乎平行。线段 $d'g$ 代表随卸载而消失的应变即弹性应变，而线段 Od' 则代表应力减小至零时残留的应变，即塑性应变或残余应变。由此可见，当应力超过弹性极限后，材料的应变包括弹性应变与塑性应变，但在卸载过程中，应力与弹性应变之间仍保持线性关系。

试验中还发现，如果卸载至点 d' 后立即重新加载，则加载时的应力-应变曲线基本上沿卸载时的直线 $d'd$ 变化，过点 d 后沿原曲线 def 变化，并至点 f 断裂。因此，如果将卸载后已有塑性变形的试样当做新试样重新进行拉伸试验，则其比例极限或弹性极限将得到提高，而断裂时的残余变形则减小。这种在常温下把材料拉伸到发生塑性变形，然后卸载并再次加载，使材料的比例极限提高而塑性降低的现象，称为冷作硬化。工程中常利用冷作硬化来提高某些构件（如钢筋、钢缆绳和链条等）在弹性范围内的承载能力。冷作硬化虽然提高了材料的比例极限，但同时降低了材料的塑性，增加了材料的脆性。如果欲消除这一现象，需要经过退火处理。

3. 其他材料的拉伸力学性能

对其他工程材料，也可通过应力-应变曲线了解它们的力学性质。图 3-14 中绘出了几种塑性材料在拉伸时的应力-应变曲线。将图 3-14 中的曲线与图 3-12 中的低碳钢应力-应变曲线相比较，可以看出：16 锰钢与低碳钢的应力-应变曲线相似；铝合金和塑料都没有明显的屈服阶段，但其弹性阶段、强化阶段和颈缩阶段，仍比较明显；锰钒钢则只有弹性阶段和强化阶段，没有屈服阶段和颈缩阶段。对没有明显屈服阶段的工程材料，一般规定以产生 0.2%的残余变形时所对应的应力值作为屈服应力，称为条件屈服极限或名义屈服极限，并用符号 $\sigma_{0.2}$ 表示。图 3-15 中表示了确定条件屈服极限 $\sigma_{0.2}$ 的方法，即在 ε 轴上取 $\varepsilon = 0.2\%$ 的一点，过此点作与 σ-ε 图上弹性阶段直线（近似直线）部分的平行直线，它交曲线于点 C，点 C 的纵坐标即代表 $\sigma_{0.2}$。

至于脆性材料，如灰铸铁与陶瓷等，从开始受力直至断裂，变形始终很小，既不存在屈服阶段，也无颈缩现象。图 3-16 所示为灰铸铁拉伸时的应力-应变曲线，断裂时的应变仅为 0.4%～0.5%，断口则垂直于试样轴线，即断裂发生在最大拉应力作用面。

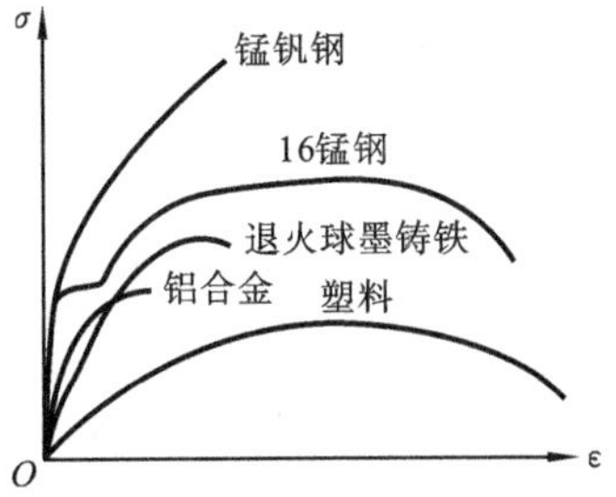

图 3-14

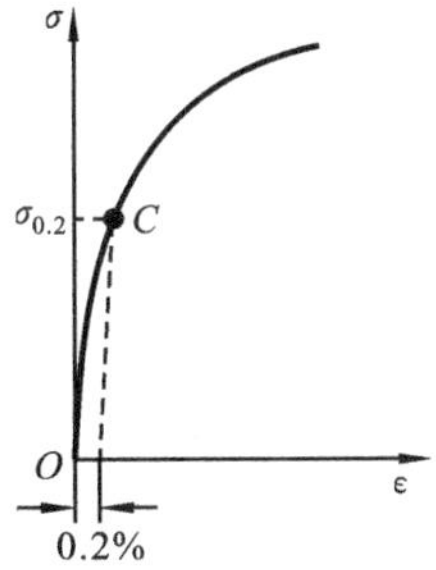

图 3-15

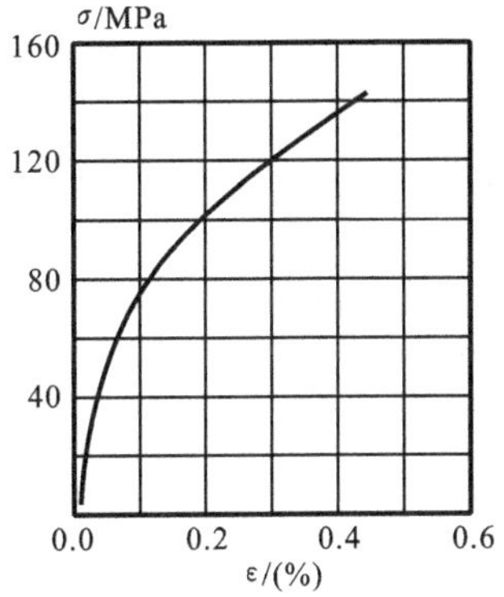

图 3-16

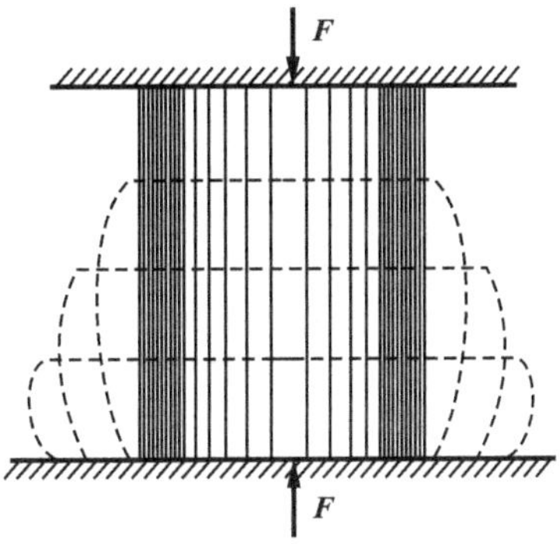

图 3-17

4. 材料在压缩时的力学性能

材料受压时的力学性能由压缩试验测定。一般细长杆在被压缩时容易发生失稳现象，因此在金属压缩试验中，常采用短粗柱形试样。

低碳钢钢材的压缩试件通常做成圆柱体，其高度为直径的 1.5～2 倍，如图 3-17 所示。试验时将试件放在试验机的两受压支座间，施加轴向压力。

由试验绘出的压力 F 与试件缩短的长度 Δl 之间的关系曲线称为试件的压缩图。像拉伸试验一样，若使 $\sigma=\dfrac{F}{A}$、$\varepsilon=\dfrac{\Delta l}{l}$，也可将压缩图整理为钢材在压缩时的应力-应变曲线。图 3-18 中的实线即为低碳钢在压缩时的应力-应变曲线。为了比较低碳钢在拉伸时和压缩时的力学性质，在图 3-18 中还用虚线绘出了低碳钢在拉伸时的应力-应变曲线。从这两条曲线可以看出：在屈服阶段以前，它们基本上是重合的，这说明低碳钢在压缩时的比例极限、屈服极限和弹性模量都与拉伸时相同。但在超过屈服

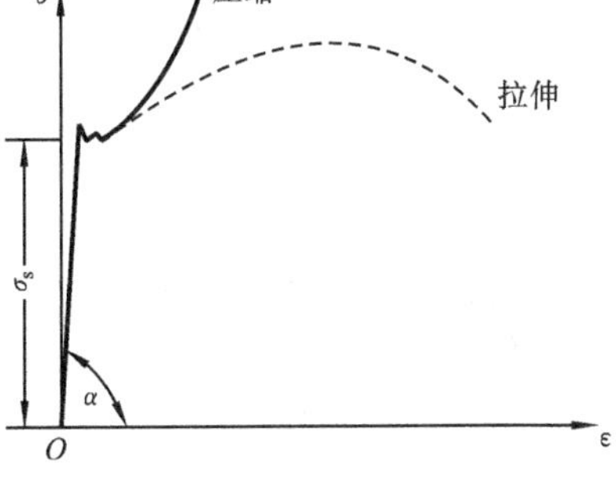

图 3-18

极限以后，低碳钢试件被压成鼓形(见图 3-17)，受压面积越来越大，继续加压所需要的载荷也越来越大，以至于很快就超出普通的材料试验机的载荷极限，因此不可能产生断裂，也无法测定材料的压缩强度极限，故钢材的力学性质主要是用拉伸试验来确定。

灰铸铁在受压时的应力-应变曲线如图 3-19(a)所示。试验证明，铸铁试件在压缩变形很小时即会突然破裂，故只能求得其强度极限 σ_b 。铸铁的抗压性能较好，它在受压时的强度极限比受拉时的要高 4～5 倍。铸铁试件破坏时，基本上沿与试件轴线成 45°左右破坏(见图 3-19(b))，只适合于用做受压的构件。

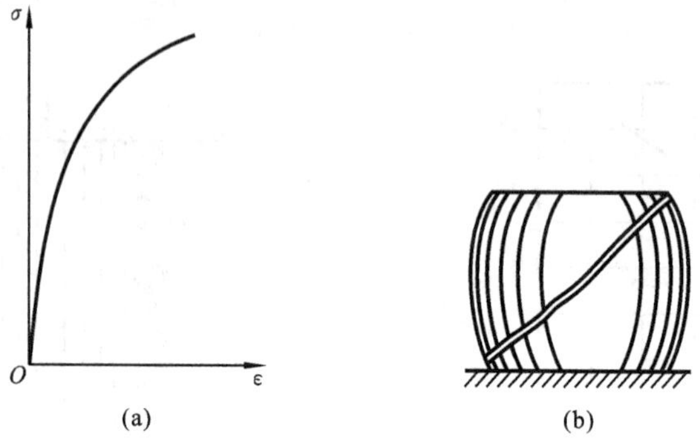

图 3-19

3.5　安 全 因 数

通过材料的拉伸(压缩)试验，即可确定材料在拉伸(压缩)下达到危险状态时应力的极限值(如达到屈服极限 σ_s 时即会出现较大的塑性变形，达到强度极限 σ_b 时即会发生断裂破坏)，这种应力的极限值称为材料的极限应力，并用符号 σ_u 表示。

根据分析计算所得构件的应力，称为工作应力。在理想的情况下，为了充分利用材料的强度，可使构件的工作应力接近于材料的极限应力。但实际上不可能，原因有很多：构件的外形与所受外力往往比较复杂，计算所得应力通常带有一定程度的近似性；实际材料的组成与品质等难免存在差异，不能保证构件所用材料与标准试样具有完全相同的力学性能，等等。所有这些因素，都有可能使构件的实际工作比设想的要偏于不安全。除上述原因外，为了确保安全，构件还应具备适当的强度储备，特别是对一旦破坏就将带来严重后果的构件，更应给予较大的强度储备。

为保证构件能正常地工作和具有必要的安全储备，在设计时，必须使构件中的最大工作应力小于材料的许用应力。保证构件安全可靠工作所容许的最大应力值，即所谓许用应力，是将极限应力 σ_u 除以安全因数而得到的，并用符号 [σ] 表示，即

$$[\sigma]=\frac{\sigma_u}{n} \tag{3-4}$$

式中　n 为大于 1 的因数，称为安全因数。

如上所述，安全因数是由多种因素决定的。各种材料在不同工作条件下的安全因数和许用应力，可从有关规范或设计手册中查到。在一般静强度计算中，对于塑性材料，按屈服极限所规定的安全因数 n_s，通常取为 1.5～2.2；对于脆性材料，按强度极限所规定的安全因数 n_b，通常取为 2～3.5，甚至更大。

安全因数是表示构件所具有安全储备大小的因数。正确地选择安全因数是个十分重要和比较复杂的问题，它不仅与许多技术上的因素有关，而且与经济社会的价值取向也有着密切的关系。显然，若安全因数选得过大，将造成工料的浪费；反之，若选得太小，则可能使结构或构件不能正常地工作甚至发生破坏性事故，造成人员伤亡或重大财产损失。故在确定安全因数时，应慎重而全面地考虑各方面的因素，例如载荷的性质，载荷数值的准确程度，计算方法的准确程度，结构件的使用性质、工作条件和重要性，施工方法和施工质量，地震影响和国防上的要求等。

3.6　轴向拉压杆的强度设计

根据 3.5 节分析，为了保证拉压杆在工作时不致因强度不够而破坏，要求杆内的最大工作应力 σ_{max} 不得超过材料的许用应力 $[\sigma]$，即

$$\sigma_{max}=\left(\frac{F_N}{A}\right)_{max}\leqslant[\sigma] \tag{3-5}$$

上述判据称为拉压杆的强度条件。对于等截面拉压杆，上式则变为

$$\frac{F_{N,max}}{A}\leqslant[\sigma] \tag{3-6}$$

利用上述条件，可以解决以下几类强度问题。

1. 校核强度

当已知拉压杆的截面尺寸、许用应力与所受载荷时，通过比较工作应力与许用应力的大小，以判断该杆在所述载荷作用下能否安全工作。

2. 选择截面尺寸

如果已知拉压杆所受外力和许用应力，根据强度条件可以确定该杆所需的横截面面积。例如对于等截面拉压杆，其所需横截面面积为

$$A\geqslant\frac{F_{N,max}}{[\sigma]} \tag{3-7}$$

3. 确定许可载荷

如果已知拉压杆的截面尺寸和许用应力，根据强度条件可以确定该杆所能承受的最大轴力，其值为

$$[F_N]=A[\sigma] \tag{3-8}$$

应注意的是，如果工作应力 σ_{max} 超过了许用应力 $[\sigma]$，但只要超过量(即 σ_{max} 与 $[\sigma]$ 之差)不大，例如不超过许用应力的 5%，在工程计算中仍然是允许的。

例 3-3 有一根由 Q235 钢制成的拉杆。已知 Q235 钢的许用应力 $[\sigma]=170$ MPa，杆的横截面为直径 $d=14$ mm 的圆形。若杆受轴向拉力 $F_N=25$ kN，试校核此杆是否满足强度要求。

解 杆中的最大轴力　　$F_{Nmax}=F_N=25$ kN

杆的横截面面积　　$A=\frac{\pi d^2}{4}=\frac{3.14\times(14\times10^{-3})^2}{4}\ \mathrm{m^2}=1.54\times10^{-4}\ \mathrm{m^2}$

Q235 钢的许用应力　　$[\sigma]=170$ MPa

可得

$$\sigma_{max}=\frac{F_{Nmax}}{A}=\frac{F_N}{A}=\frac{25\times10^3}{1.54\times10^{-4}}\ \mathrm{N/m^2}=162\times10^6\ \mathrm{N/m^2}$$
$$=162\ \mathrm{MPa}<[\sigma]=170\ \mathrm{MPa}$$

满足强度要求。

例 3-4 简易起重机构如图 3-20 所示，AC 为刚性梁，吊车与吊起重物总重为 G，为使杆 BD 最轻，角 θ 应为何值？已知杆 BD 的许用应力为$[\sigma]$。

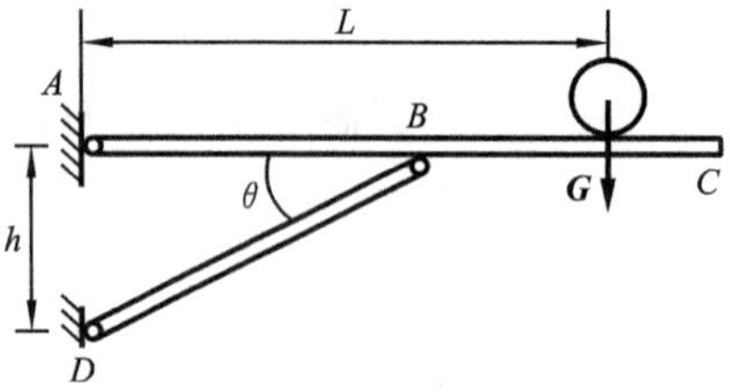

图 3-20

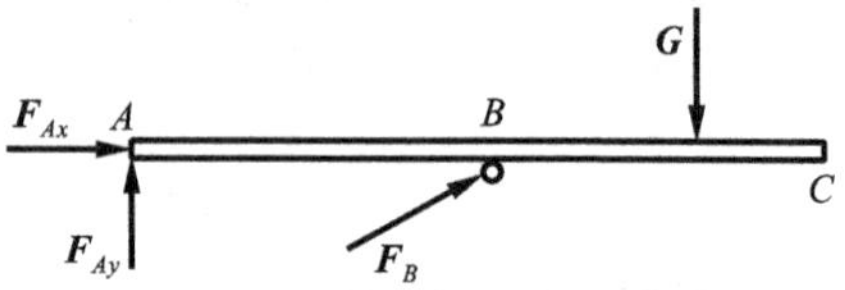

图 3-21

解 (1) 取 AC 为研究对象，作受力图，如图 3-21 所示。

(2) 由平面任意力系平衡条件可求得

$$F_B=\frac{GL}{h\cos\theta}$$

(3) 要使杆 BD 最轻，则应使其体积最小。

设杆 BD 面积为 A，则有

$$A\geqslant\frac{F_B}{[\sigma]}$$

杆 BD 的体积为

$$V=AL_{BD}=\frac{Ah}{\sin\theta}\geqslant\frac{2GL}{[\sigma]\sin2\theta}$$

故当 $\theta=45°$时，　　$V_{min}=\frac{2PL}{[\sigma]}$

例 3-5 如图 3-22(a)所示的起重机，其杆 BC 由钢丝绳 AB 拉住。已知钢丝绳的直径 $d=24$ mm，许用拉应力为 $[\sigma]=40$ MPa。试求容许该起重机吊起的最大载荷 G。

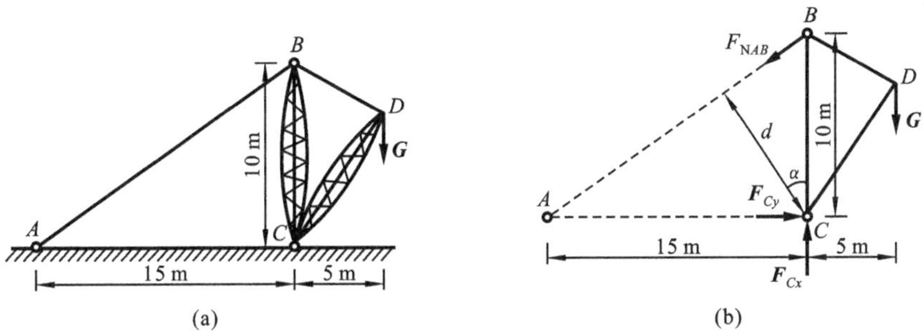

图 3-22

解　(1) 计算钢丝绳 AB 能承受的最大轴力。

用假想截面将钢丝绳 AB 截断并取分离体，如图 3-26(b)所示，可得

$$F_{NAB}=A[\sigma]=\frac{\pi(0.024)^2}{4}\times 40\times 10^6\ \text{N}=18.096\times 10^3\ \text{N}$$

(2) 根据几何关系确定点 C 到 AB 的垂直距离 d。

$$AB=\sqrt{BC^2+AC^2}=\sqrt{10^2+15^2}\ \text{m}=18.1\ \text{m}$$

$$d=BC\cdot\sin\alpha=BC\cdot\frac{AC}{AB}=10\times\frac{15}{18.1}\ \text{m}=8.3\ \text{m}$$

(3) 由平衡条件可列出静力学平衡方程：

$$\sum M_C=0,\quad G\times 5=F_{NAB}d$$

将已求得的 F_{NAB} 与 d 值代入上式，即可求得容许起重机吊起的最大载荷

$$G=\frac{F_{NAB}d}{5}=\frac{18.096\times 10^3\times 8.3}{5}\ \text{N}=30.039\times 10^3\ \text{N}=30.039\ \text{kN}$$

3.7　轴向拉压杆的变形与刚度设计

当杆件承受轴向载荷时，其轴向与横向尺寸均发生变化。杆件沿轴线方向的变形称为杆的轴向变形，垂直于轴线方向的变形称为杆的横向变形。

1. 拉压杆的轴向变形与胡克定律

轴向拉压试验表明，在比例极限内，正应力与正应变成正比，即

$$\sigma=E\varepsilon \tag{3-9}$$

上述关系称为胡克定律。材料的弹性模量 E 的值随材料而异，并由试验测定。实际上，应力-应变图中初始直线(如图 3-12 中的直线 Oa)的斜率，即等于弹性模量之值。

由式(3-9)可知，弹性模量 E 与应力 σ 具有相同的量纲。弹性模量的常用单位为 GPa，其值为

$$1\ \text{GPa}=10^9\ \text{Pa}$$

现利用胡克定律研究拉压杆的轴向变形。

设杆件原长为 l，横截面的面积为 A，在轴向拉力 $\boldsymbol{F}$ 的作用下，杆长变为 l_1，则杆的轴向变形与轴向正应变分别为

$$\Delta l = l_1 - l \tag{3-10}$$

$$\varepsilon = \frac{\Delta l}{l} \tag{3-11}$$

横截面上的正应力为

$$\sigma = \frac{F}{A} = \frac{F_N}{A} \tag{3-12}$$

将式(3-11)与式(3-12)代入式(3-9)，得

$$\Delta l = \frac{F_N l}{EA} \tag{3-13}$$

式(3-13)仍称为胡克定律，用于等截面常轴力拉压杆。它表明，在比例极限内，拉压杆的轴向变形 Δl 与轴力 F_N 及杆长 l 成正比，与乘积 EA 成反比。乘积 EA 称为杆截面拉压刚度，或简称为拉压刚度。显然，对于一给定长度的杆，在一定轴向载荷作用下，拉压刚度愈大，杆的轴向变形愈小。由式(3-13)可知，轴向变形 Δl 与轴力 F_N 正负号相同，即杆伸长为正，缩短为负。

2. 拉压杆的横向变形与泊松比

设杆件的原宽度为 b，在轴向拉力作用下，杆件宽度变为 b_1，则杆的横向变形与横向正应变分别为

$$\Delta b = b_1 - b \tag{3-14}$$

$$\varepsilon' = \frac{\Delta b}{b} \tag{3-15}$$

试验表明，轴向拉伸时，杆沿轴向伸长，其横向尺寸减小，轴向压缩时，杆沿轴向缩短，其横向尺寸则增大(见图 3-1)，即横向正应变 ε' 与轴向正应变 ε 恒异号。试验还表明，在比例极限内，横向正应变与轴向正应变成正比。

将横向正应变与轴向正应变之比的绝对值用 μ 表示，则由上述试验可知

$$\mu = \left|\frac{\varepsilon'}{\varepsilon}\right| = -\frac{\varepsilon'}{\varepsilon} \tag{3-16}$$

或

$$\varepsilon' = -\mu\varepsilon \tag{3-17}$$

比例系数 μ 称为泊松比。在比例极限内，泊松比 μ 是一个常数，其值随材料而异，由试验测定。对于绝大多数各向同性材料，$0 < \mu < 0.5$ 。

将式(3-9)变形后代入式(3-17)，得

$$\varepsilon' = -\frac{\mu\sigma}{E} \tag{3-18}$$

几种常用材料的弹性模量与泊松比如表 3-1 所示。

3. 叠加原理

如图 3-23(a)所示杆 AC，同时承受轴向载荷 $\boldsymbol{F}_1$ 与 $\boldsymbol{F}_2$ 作用。设 AB 与 BC 段的

轴力均为拉力，并分别用 $\boldsymbol{F}_{N1}$ 与 $\boldsymbol{F}_{N2}$ 表示，则利用截面法得

$$F_{N1} = F_2 - F_1$$

$$F_{N2} = F_2$$

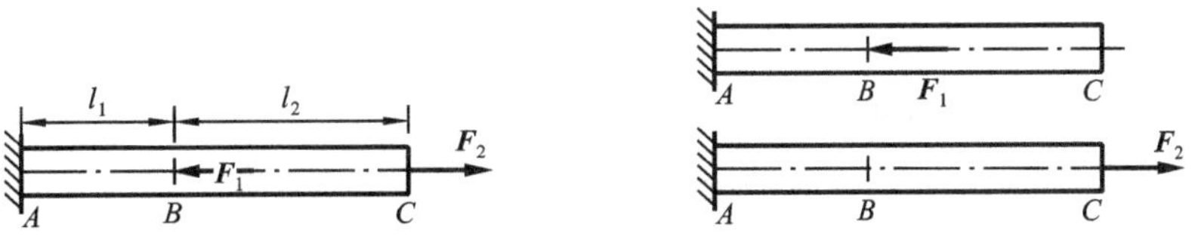

图 3-23

可知，AB 与 BC 段的轴向变形分别为

$$\Delta l_1 = \frac{F_{N_1} l_1}{EA} = \frac{(F_2 - F_1) l_1}{EA}$$

$$\Delta l_2 = \frac{F_{N_2} l_2}{EA} = \frac{F_2 l_2}{EA}$$

所以，杆 AC 的总变形为

$$\Delta l_{AC} = \Delta l_1 + \Delta l_2 = \frac{(F_2 - F_1) l_1}{EA} + \frac{F_2 l_2}{EA} = \frac{F_2 (l_1 + l_2)}{EA} - \frac{F_1 l_1}{EA}$$

上述问题也可换用另一种方法求解。

如果分别考虑载荷 F_1 与 F_2 单独作用时杆 AC 的轴向变形，如图 3-23(b)所示，则载荷 F_1 引起的变形为

$$\Delta l'_{AC} = -\frac{F_1 l_1}{EA}$$

载荷 F_2 引起的变形为

$$\Delta l''_{AC} = \frac{F_2 (l_1 + l_2)}{EA}$$

二者之和为

$$\Delta l_{AC} = \Delta l'_{AC} + \Delta l''_{AC} = \frac{F_2 (l_1 + l_2)}{EA} - \frac{F_1 l_1}{EA}$$

所得结果与考虑载荷 F_1 和 F_2 同时作用的解答完全相同。

由此可见，几个载荷同时作用产生的效果，等于各载荷单独作用产生的效果的总和。此原理称为叠加原理。

从上述算例可以看出，当因变量与自变量呈线性关系时，即可应用叠加原理。在线弹性情况下，杆件的内力、应力及变形，均与外力成正比，所以，通常可用叠加原理进行分析计算。

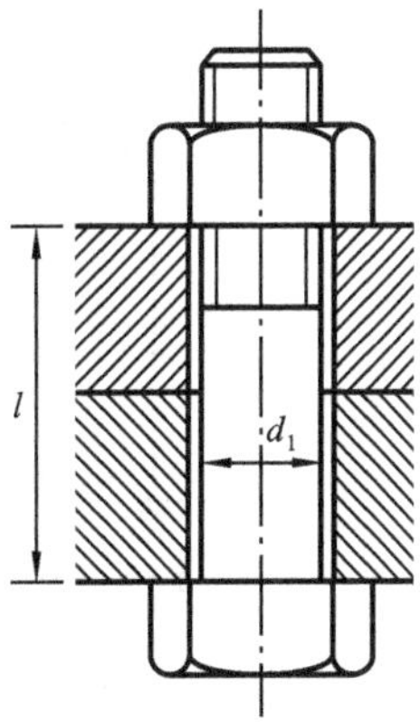

图 3-24

例 3-6　图 3-24 所示钢螺栓，直径 $d_1 = 15.3$ mm，被连接部分的总长度 $l = 54$ mm，拧紧时螺栓的伸长 $\Delta l = 0.04$ mm，

钢的弹性模量 $E=200\ \text{GPa}$，泊松比 $\mu=0.3$，试计算螺栓横截面上的正应力及螺栓的横向变形。

解　螺栓的轴向应变为

$$\varepsilon=\frac{\Delta l}{l}=\frac{0.04\times10^{-3}\ \text{m}}{54\times10^{-3}\ \text{m}}=7.41\times10^{-4}$$

根据胡克定律，得螺栓横截面的正应力为

$$\sigma=E\varepsilon=200\times10^{9}\times7.41\times10^{-4}\ \text{Pa}=1.482\times10^{8}\ \text{Pa}=148.2\ \text{MPa}$$

螺栓的横向正应变为

$$\varepsilon'=-\mu\varepsilon=-0.3\times7.41\times10^{-4}=-2.22\times10^{-4}$$

由此得螺栓的横向变形为

$$\Delta d=\varepsilon' d_1=-2.22\times10^{-4}\times15.3\times10^{-3}\ \text{m}=-3.4\times10^{-6}\ \text{m}=-0.0034\ \text{mm}$$

即螺栓直径缩小 0.0034 mm。

例 3-7　有一横截面为正方形的阶梯形砖柱，由Ⅰ、Ⅱ两段组成，各段的长度、横截面尺寸和受力情况如图 3-25 所示。已知材料的弹性模量 $E=0.03\times10^{5}$ MPa，外力 $F=50$ kN。试求砖柱顶面的位移。

解　假设砖柱的基础没有沉陷，则砖柱顶面 A 下降的距离等于全柱缩短的长度 Δl。由于柱Ⅰ、Ⅱ两段的截面尺寸和轴力都不相等，故分段计算，即

$$\begin{aligned}\Delta l&=\Delta l_1+\Delta l_2=\frac{F_{N1}l_1}{EA_1}+\frac{F_{N2}l_2}{EA_2}\\&=\left[\frac{-50\times10^{3}\times3}{0.03\times10^{5}\times10^{6}\times0.25^{2}}+\frac{-150\times10^{3}\times4}{0.03\times10^{5}\times10^{6}\times0.37^{2}}\right]\ \text{m}\\&=-0.002\ 33\ \text{m}=-2.33\ \text{mm}(\text{向下})\end{aligned}$$

例 3-8　图 3-26(a)所示桁架，在节点 A 处承受竖直载荷 $\boldsymbol{F}$ 作用，试求节点 A 的

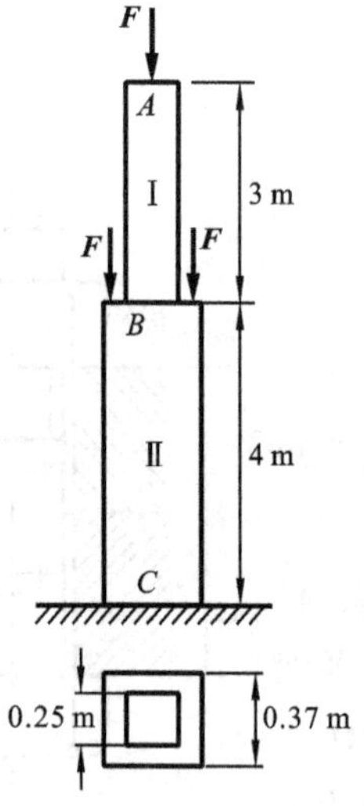

图 3-25

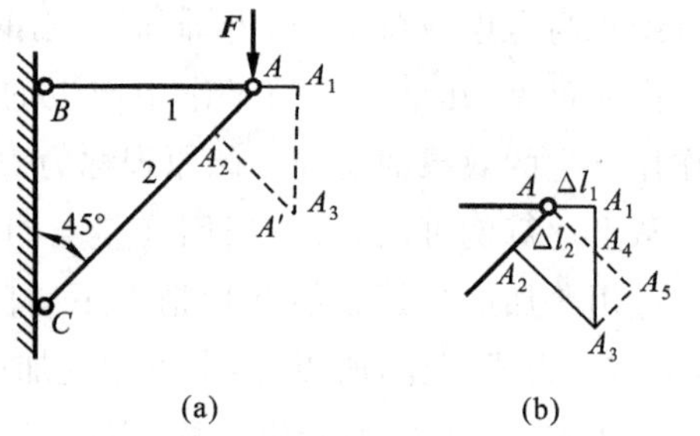

图 3-26

水平与竖直位移。已知:杆 1 的弹性模量 $E_1 = 200$ GPa,横截面面积 $A_1 = 400\ \mathrm{mm}^2$,杆长 $l_1 = 1.5$ m;杆 2 的弹性模量 $E_2 = 10$ GPa,横截面面积 $A_2 = 8\ 000\ \mathrm{mm}^2$,载荷 $F = 50$ kN。

解　(1) 计算杆件的轴向变形。

首先,根据节点 A 的平衡条件,求得杆 1 与杆 2 的轴力分别为

$$F_{N1} = F = 5.0 \times 10^4\ \mathrm{N}(拉)$$

$$F_{N2} = \sqrt{2}F = \sqrt{2} \times 50 \times 10^3\ \mathrm{N} = 70.71 \times 10^4\ \mathrm{N}\ (压)$$

设杆 1 的伸长为 Δl_1,并用 AA_1 表示,杆 2 的缩短为 Δl_2,并用 AA_2 表示,则由胡克定律可知

$$\Delta l_1 = \frac{F_{N1} l_1}{E_1 A_1} = \frac{5.0 \times 10^4 \times 1.5}{200 \times 10^9 \times 400 \times 10^{-6}}\ \mathrm{m} = 9.38 \times 10^{-4}\ \mathrm{m} = 0.938\ \mathrm{mm}$$

$$\Delta l_2 = \frac{F_{N2} l_2}{E_2 A_2} = \frac{70.71 \times 10^4 \times (1.5/\cos 45^\circ)}{10 \times 10^9 \times 8\ 000 \times 10^{-6}}\ \mathrm{m} = 1.875 \times 10^{-3}\ \mathrm{m} = 1.875\ \mathrm{mm}$$

(2) 确定节点 A 位移后的位置。

加载前,杆 1 与杆 2 在节点 A 相连;加载后,各杆的长度虽然改变,但仍连接在一起。因此,为了确定节点 A 位移后的位置,可以点 B 与点 C 为圆心,并分别以 BA_1 与 CA_2 为半径作圆弧,其交点 A' 即为节点 A 的新位置(见图 3-26(a))。

通常,杆的变形均很小(例如杆 1 的变形 Δl_1 仅为杆长 l_1 的 0.070 7%),弧线 A_1A' 与 A_2A' 必很短,因而可近似地用切线代替。于是,过 A_1 与 A_2 分别作 BA_1 与 CA_2 的垂线(见图 3-26(b)),其交点 A_3 亦可视为节点 A 的新位置。

(3) 计算节点 A 的位移。

由图 3-26(b)可知,节点 A 的水平与竖直位移分别为

$$\Delta_{Ax} = AA_1 = \Delta l_1 = 0.938\ \mathrm{mm}$$

$$\Delta_{Ay} = A_1A_4 + A_4A_3 = \Delta l_1 + \frac{\Delta l_2}{\cos 45^\circ} = 3.58\ \mathrm{mm}$$

与结构原尺寸相比很小的变形,称为小变形。在小变形的条件下,通常可按结构原有几何形状与尺寸计算约束反力与内力,并可采用上述以切线代替圆弧的方法确定位移。因此,小变形是一个重要概念,利用此概念,可使许多问题的分析和计算大为简化。

3.8　剪切与挤压的实用计算

在工程实际中,为了将结构件互相连接起来,通常要采用各种各样的连接方式,例如螺栓连接、铆钉连接、销轴连接等。

在这些连接中的螺栓、铆钉、销轴等都称为连接件。在结构中,连接件的体积虽然都比较小,但对保证整个结构的牢固和安全却起着重要作用。为了防止连接件在

受力后发生剪切、挤压和拉压破坏，在设计连接时，必须分别进行抗剪强度校核、挤压强度校核和抗拉强度校核。

连接件的受力与变形一般均较复杂，而且在很大程度上还受到加工工艺的影响，要精确分析其应力比较困难，同时也不实用。因此，工程中，通常采用实用计算法。其要点是：一方面对连接件的受力与应力分布进行某些简化，从而计算出各部分的"名义"应力；同时，对同类连接件进行相似条件下的破坏试验，并采用同样的计算方法，由破坏载荷确定材料的极限应力。实践表明，只要简化合理，并有充分的试验依据，这种简化分析方法仍然是可靠的。现以销钉、耳片连接为例，介绍有关概念与计算方法。

1. 剪切与剪切强度条件

销钉的受力如图 3-27(a)所示。可以看出，作用在销钉上的外力垂直于销钉轴线，且作用线之间的距离很小。试验表明，当上述外力过大时，销钉将沿横截面 $m-m$ 与 $n-n$ 被剪断(见图 3-27(b))。横截面 $m-m$ 与 $n-n$ 称为剪切面。在剪切面的两侧，由于受到不同方向的剪力的作用，其两侧有向不同方向发生位错的趋势。这样的位错将引起切应力。因此，对于销钉等受剪连接件，必须考虑其剪切强度问题。

首先，分析销钉的内力。利用截面法，假想沿剪切面 $m-m$ 将销钉切开，并选切开后的左段为研究对象(见图 3-27(c))，显然，横截面上的内力等于外力 $\boldsymbol{F}$，并位于该截面内。作用线位于所切横截面上的内力，即前述剪力，用 $\boldsymbol{F}_s$ 表示。

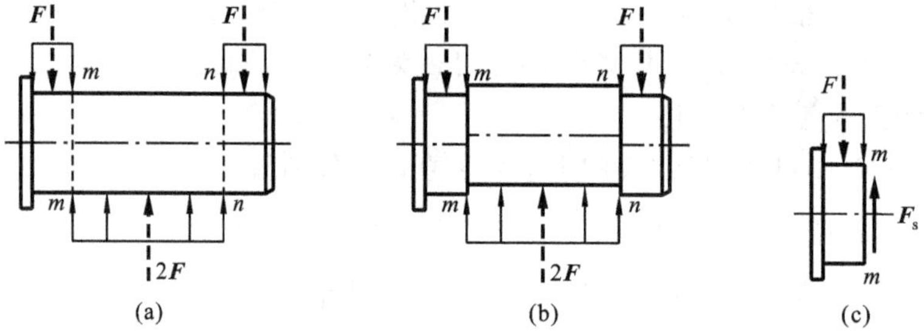

图 3-27

在工程计算中，通常均假定剪切面上的切应力均匀分布，于是，连接件的切应力与剪切强度条件分别为

$$\tau = \frac{F_s}{A_s} \tag{3-19}$$

$$\frac{F_s}{A_s} \leqslant [\tau] \tag{3-20}$$

式中　A_s 为剪切面的面积；$[\tau]$ 为连接件的许用切应力，其值等于连接件的剪切强度极限 τ_b 除以安全因数。

如上所述，剪切强度极限值也是按式(3-19)并由剪切破坏载荷确定。

2. 挤压与挤压强度条件

在铆钉连接中，在铆钉与连接板相互接触的表面上，将发生彼此间的局部受压现象，称为挤压。挤压面上所受的压力称为挤压力，并记作 F_{bs}。因挤压而产生的应力称为挤压应力。铆钉与铆钉孔壁之间的接触面为圆柱形曲面，挤压应力 σ_{bs} 的分布如图 3-28(a)所示，其最大值发生在点 D，在直径两端 B、C 处挤压应力等于零。要精确计算这样分布的挤压应力是比较困难的。在工程计算中，当挤压面为圆柱面时，取实际挤压面在直径平面上的投影面积 td，作为计算挤压面积，用 A_{bs} 表示；当连接件与被连接件的接触面为平面时，计算挤压面积 A_{bs} 即为实际挤压面的面积。在挤压实用计算中，用挤压力除以计算挤压面积得到名义挤压应力，即

$$\sigma_{bs}=\frac{F_{bs}}{A_{bs}} \tag{3-21}$$

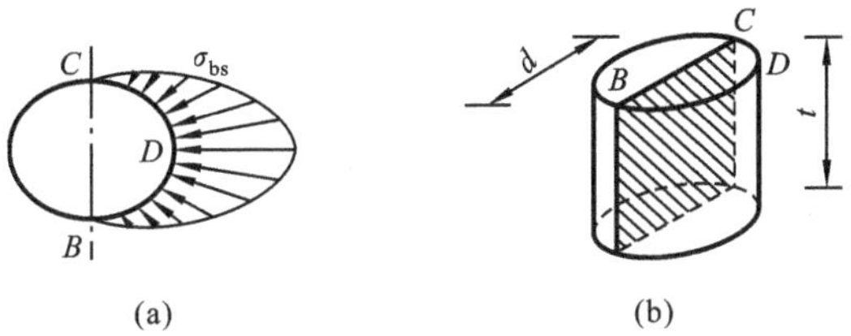

图 3-28

然后，通过直接试验，并按名义挤压应力的计算公式得到材料的极限挤压应力，再除以安全因数，即得许用挤压应力$[\sigma_{bs}]$。于是，挤压强度条件可表示为

$$\sigma_{bs}=\frac{F_{bs}}{A_{bs}}\leqslant[\sigma_{bs}] \tag{3-22}$$

应当注意，挤压应力是在连接件与被连接件之间相互作用的，因而，当二者材料不同时，应校核其中许用挤压应力较低的材料的挤压强度。

例 3-9　图 3-29(a)所示为某起重机的吊具，吊钩与吊板通过销轴连接，起吊重

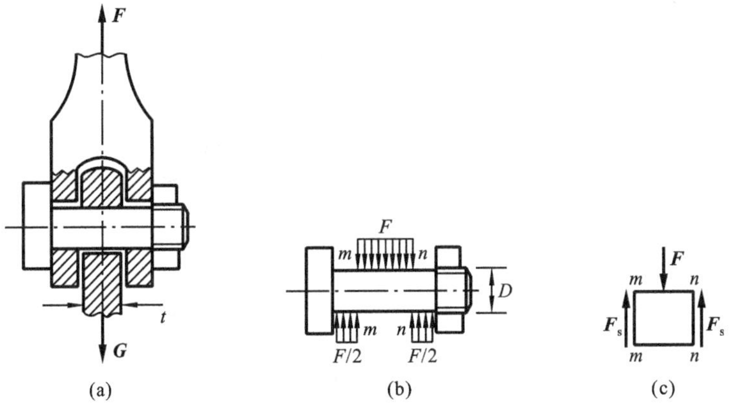

图 3-29

物重为 **G**。已知 $G=40$ kN,销轴直径 $D=22$ mm,吊钩厚度 $t=20$ mm。销轴许用应力$[\tau]=60$ MPa,$[\sigma_{bs}]=120$ MPa。试校核销轴的强度。

解　先校核剪切强度。

销轴的受力情况如图 3-29(b)所示,剪切面为 $m-m$ 和 $n-n$。截取中间段作为脱离体,在两剪切面上的剪力为

$$F_s=\frac{F}{2}$$

切应力强度条件为

$$\tau=\frac{F_s}{A_s}\leqslant[\tau]$$

将有关数据代入,得

$$\tau=\frac{F}{2A}=\frac{F}{2\times\dfrac{\pi D^2}{4}}=\frac{40\times10^3}{2\times\dfrac{3.14}{4}\times0.022^2}\ \text{Pa}$$

$$=52.6\times10^6\ \text{Pa}=52.6\ \text{MPa}\leqslant[\tau]$$

故剪切强度校核安全。

再校核挤压强度。

销轴与吊钩及吊板均有接触,所以其上、下两个侧面都有挤压应力。设两板的厚度之和比钩的厚度大,则只校核销轴与吊钩之间的挤压应力即可。

挤压应力强度条件为

$$\sigma_{bs}=\frac{F}{A_{bs}}\leqslant[\sigma_{bs}]$$

将有关数据代入,得

$$\sigma_{bs}=\frac{F}{A_{bs}}=\frac{F}{Dt}=\frac{40\times10^3}{0.022\times0.02}\ \text{Pa}=91\times10^6\ \text{Pa}=91\ \text{MPa}\leqslant[\sigma_{bs}]$$

故吊钩总体安全。

例 3-10　一木质拉杆接头部分如图 3-30 所示,接头处的尺寸为 $h=b=l=18$ cm,材料的许用应力$[\sigma]=5$ MPa,$[\sigma_{bs}]=10$ MPa,$[\tau]=2.5$ MPa,求许可拉力 F。

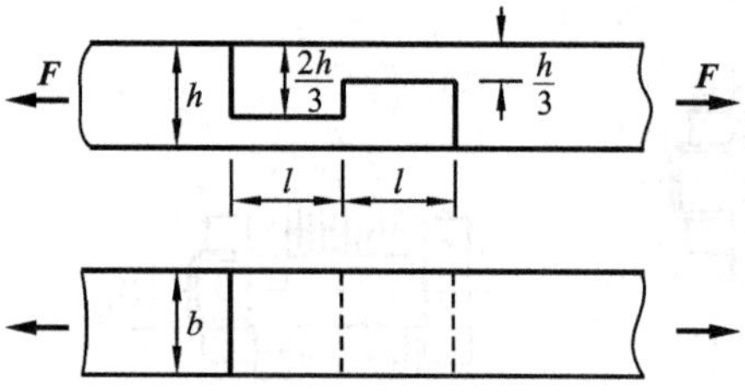

图 3-30

解　按剪切强度理论计算：

$$\tau=\frac{F_s}{A_s}=\frac{F}{lb}\leqslant[\tau]$$

$$F\leqslant[\tau]lb\leqslant 2.5\times10^6\times0.18^2\ \text{kN}=81\ 000\ \text{kN}=81\ \text{kN}$$

按挤压强度计算：

$$\sigma_{bs}=\frac{F_{bs}}{A_{bs}}=\frac{F}{\frac{h}{3}\times b}\leqslant[\sigma_{bs}]$$

$$F\leqslant[\sigma_{bs}]\times\frac{h}{3}\times b=10\times10^6\times\frac{0.18}{3}\times0.18\ \text{kN}=108\ 000\ \text{kN}=108\ \text{kN}$$

按拉伸强度计算：

$$\sigma=\frac{F}{b\times\frac{h}{3}}\leqslant[\sigma]$$

$$F\leqslant[\sigma]\times b\times\frac{h}{3}=5\times10^6\times0.18\times\frac{0.18}{3}\ \text{N}=54\ 000\ \text{N}=54\ \text{kN}$$

因此，允许的最小拉力为 54 kN。

习　　题

3-1　试求图示各杆的轴力，并求轴力的最大值。

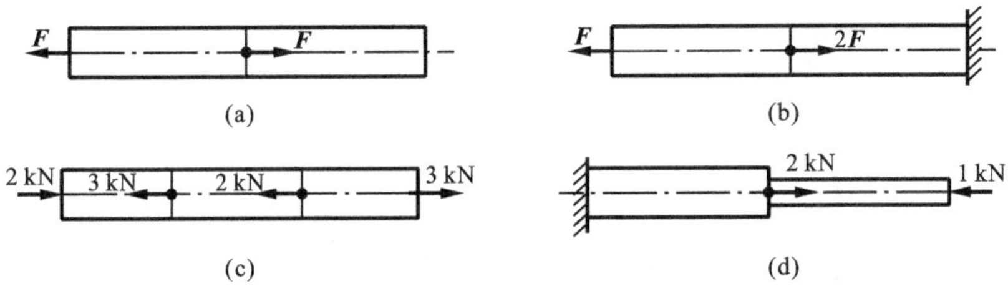

题 3-1 图

3-2　试画出题 3-1 中各杆的轴力图。

3-3　题 3-1 图(c)所示杆，若该杆的横截面积 $A=50\ \text{mm}^2$，试计算杆内的最大拉应力与最大压应力。

3-4　图示为一个三角形托架。已知：杆 AC 是圆截面钢杆，许用应力$[\sigma_s]=170$ MPa；杆 BC 是正方形截面木杆，许用压应力$[\sigma_w]=12$ MPa；载荷 $\boldsymbol{F}=60$ kN。试选择钢杆的圆截面直径 d 和木杆的正方形截面边长 a。

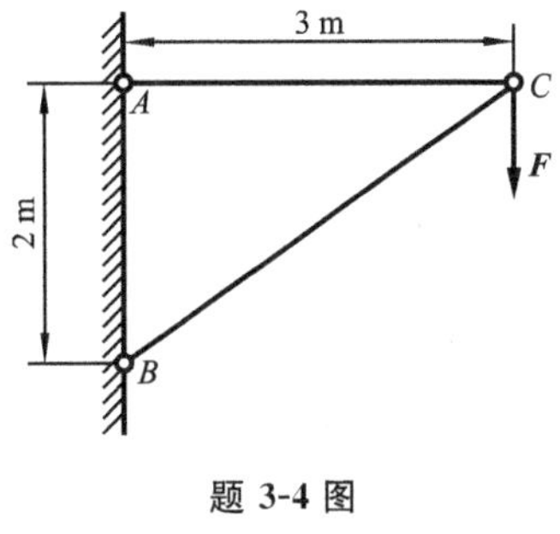

题 3-4 图

3-5　一钢试件，$E=200$ GPa，比例极限 $\sigma_p=200$ MPa，直径 $d=10$ mm。在其标距 $l_0=100$ mm 之内用放大 500 倍的引伸仪测量变形，试问：

(1) 当引伸仪上的读数为伸长 25 mm 时，试件的相对变形、应力及所受载荷各为多少？

(2) 当引伸仪上读数为 60 mm 时，应力等于多少？

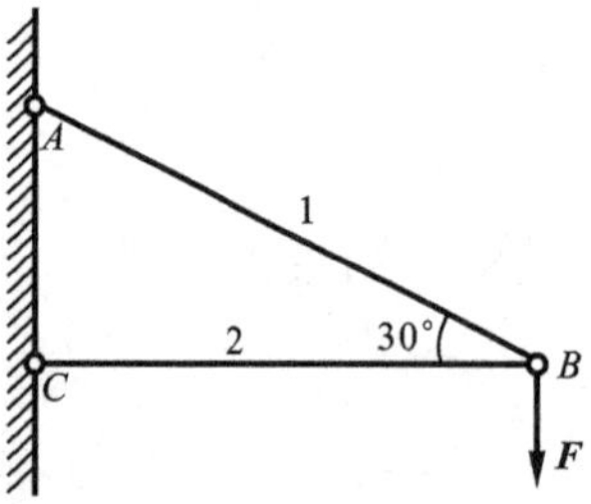

题 3-7 图

3-6 一空心圆截面杆，内径 $d=30$ mm，外径 $D=40$ mm，承受轴向拉力 $F=40$ kN 的作用，试求横截面上的正应力。

3-7 图示一三角架，在节点 B 受竖直载荷 $\boldsymbol{F}$ 作用，其中钢拉杆 AB 长 $l_1=2$ m，截面面积 $A_1=600\ \text{mm}^2$，许用应力$[\sigma_1]=160$ MPa，木压杆 BC 的截面面积 $A_2=1\ 000\ \text{mm}^2$，许用应力$[\sigma_2]=7$ MPa。试确定许用载荷$[F]$。

3-8 图示一钢筋混凝土组合屋架，受均布载荷 q 作用，屋架的上弦杆 AC 和 BC 由钢筋混凝土制成，下弦杆 AB 为圆截面钢拉杆，其长 $l=8.4$ m，直径 $d=22$ m，屋架高 $h=1.4$ m，钢的许用应力$[\sigma]=170$ MPa，试校核拉杆的强度。

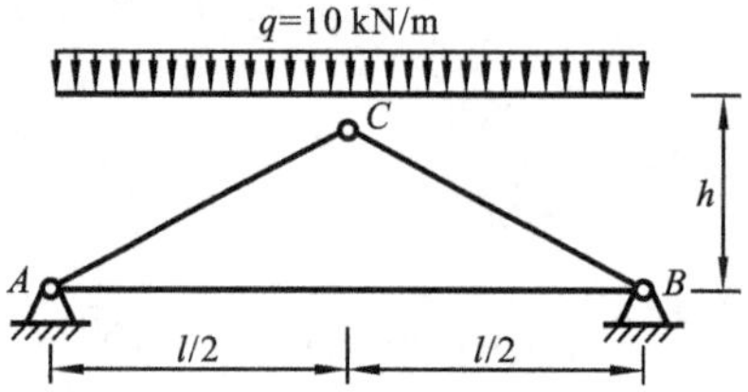

题 3-8 图

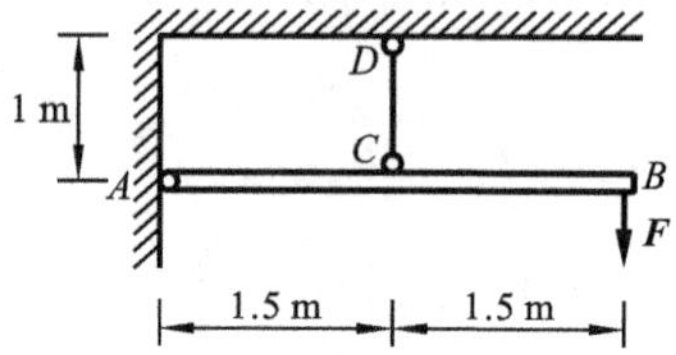

题 3-9 图

3-9 图中 AB 是刚性杆，杆 CD 的直径 $d=2$ cm，$E=200$ GPa，$[\sigma]=160$ MPa。试求此结构中点 B 所能承受的最大集中力 F 以及点 B 的位移 δ_B。

3-10 变截面杆受力如图所示。已知各段的横截面积分别为 $A_1=400\ \text{mm}^2$，$A_2=300\ \text{mm}^2$，$A_3=200\ \text{mm}^2$，材料的 $E=200$ GPa。试求：

(1) 绘出杆的轴力图；

(2) 计算杆内各段横截面上的正应力；

(3) 计算 A 端的位移。

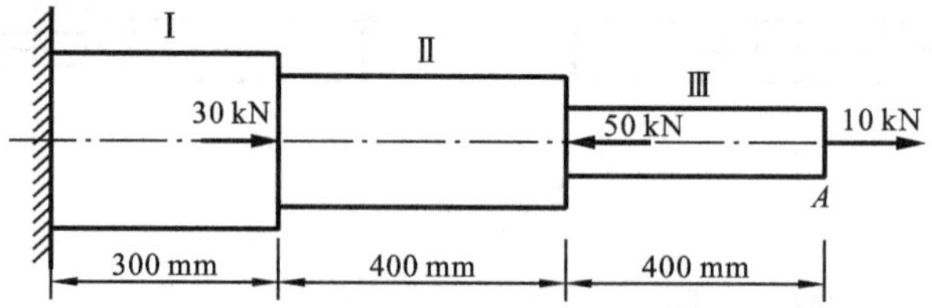

题 3-10 图

3-11 在图示结构中，AB 刚性梁，BD 和 CE 为二钢链杆。已知杆 BD 的横截面面积 $A_1=200\ \text{mm}^2$，杆 CE 的横截面面积 $A_2=400\ \text{mm}^2$，钢材的许用应力$[\sigma]=170$ MPa。若在刚杆 AB 上作用有均布载荷 $q=30$ kN/m，试校核钢杆 BD 和 CE 的强度。

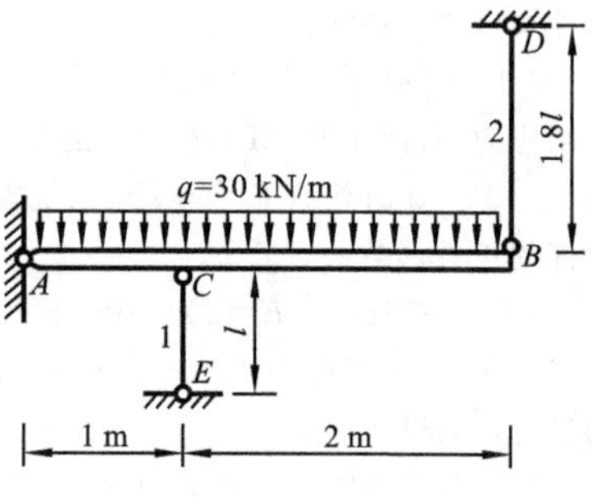

题 3-11 图

3-12 已知变截面杆，Ⅰ段为 $d_1=20$ mm 的圆形截面，Ⅱ段为 $a=25$ mm 的正方形截面，Ⅲ段为 $d_2=12$ mm 的圆形截面，各段长度如图所示。若此杆在轴向力 $\boldsymbol{F}$ 作用下在Ⅱ段上产生 $\sigma_2=30$ MPa 的应力，$E=210$ GPa，求此杆的总缩短量。

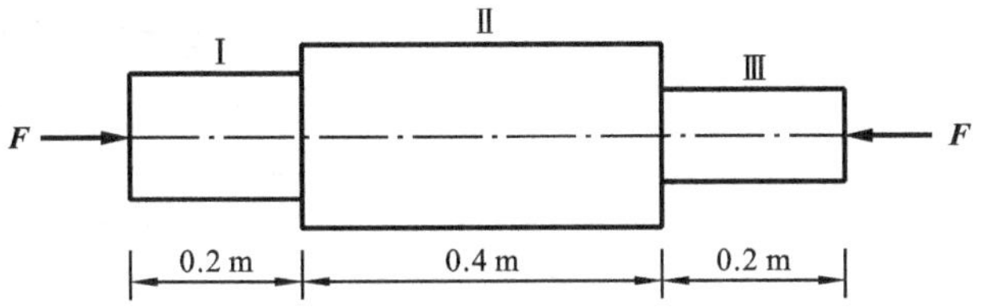

题 3-12 图

3-13　一横截面面积为 10^2 mm^2 黄铜杆，受如图所示的轴向载荷。黄铜的弹性模量 E＝90 GPa。试求杆的总伸长量。

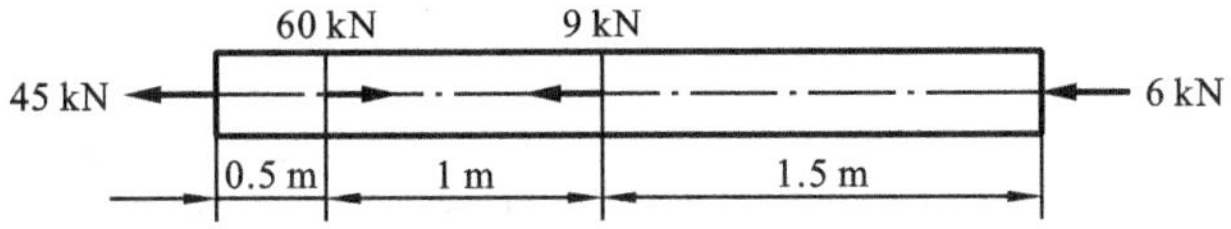

题 3-13 图

3-14　当用长索提取重物时，应考虑绳索本身重量。如绳索的弹性模量为 E，重力密度为 γ 及许用拉应力为[σ]，试计算其空悬时的最大许用长度，并计算此时的总伸长变形。

3-15　三角架 ABC 由 AC 和 BC 两杆组成。杆 AC 由两根 14B 槽钢组成，许用应力为[σ_1]＝160 MPa；杆 BC 为一根 22a 工字钢，许用应力为[σ_2]＝100 MPa。求载荷 $\boldsymbol{F}$ 的许可值[F]。

3-16　铆接钢板厚 t＝10 mm，铆钉直径 d＝17 mm，铆钉的许用切应力[τ]＝40 MPa，许用挤压应力[σ_{bs}]＝320 MPa，载荷 F＝24 kN，试对铆钉强度进行校核。

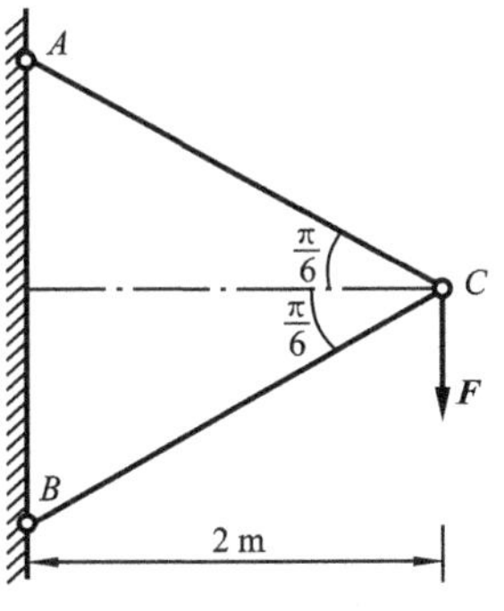

题 3-15 图

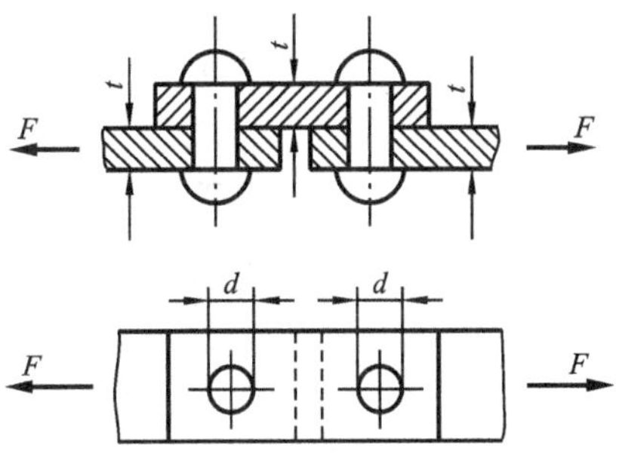

题 3-16 图

3-17　用夹剪剪断直径 d_1＝3 mm 的铅丝，如图所示。若铅丝的极限切应力约为 100 MPa，试问力 F 需多大？若销钉 B 的直径为 d_2＝8 mm，试求销钉内的切应力。

3-18　图示两块钢板由一个螺栓连接。已知螺栓直径 d＝24 mm，每块板的厚度 δ＝12 mm，拉力 F＝27 kN，螺栓许应力[τ]＝65 MPa，[σ_{bs}]＝120 MPa。试对螺栓作强度校核。

3-19　试校核如图所示的拉杆头部的剪切强度和挤压强度。已知图中尺寸 D = 32 mm，d = 20 mm 和 h = 12 mm，杆的许用切应力 [τ] = 100 MPa，许用挤压应力为 [σ_{bs}] = 240 MPa 。

3-20　拉力 F = 80kN 的螺栓连接如图所示。已知 b = 80 mm，δ = 10 mm，d = 22 mm，螺

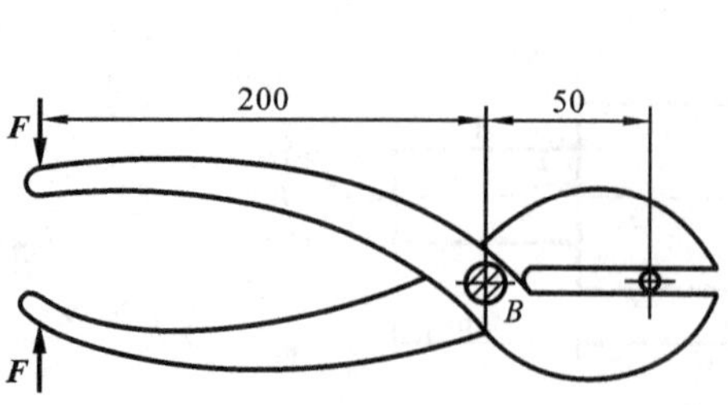

题 3-17 图

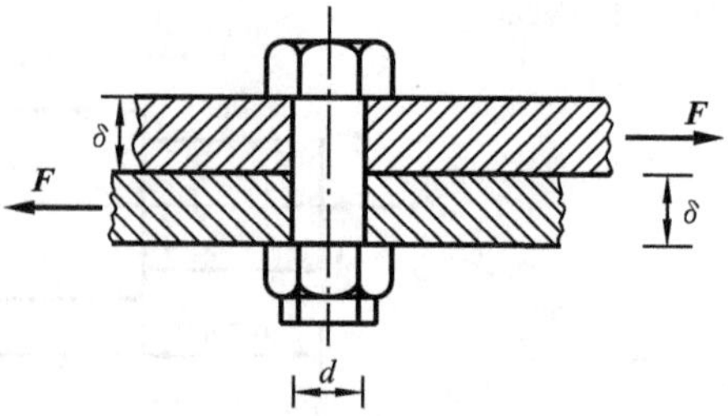

题 3-18 图

栓的许用切应力 $[\tau]=130$ MPa，钢板的许用挤压应力为 $[\sigma_{bs}]=300$ MPa，许用拉应力 $[\sigma]=170$ MPa。试校核接头强度。

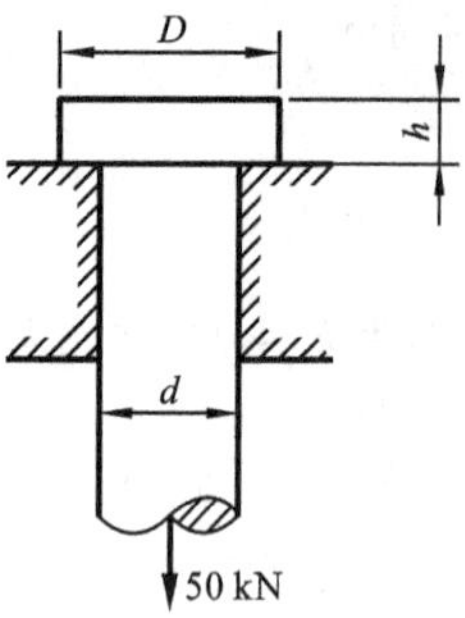

题 3-19 图

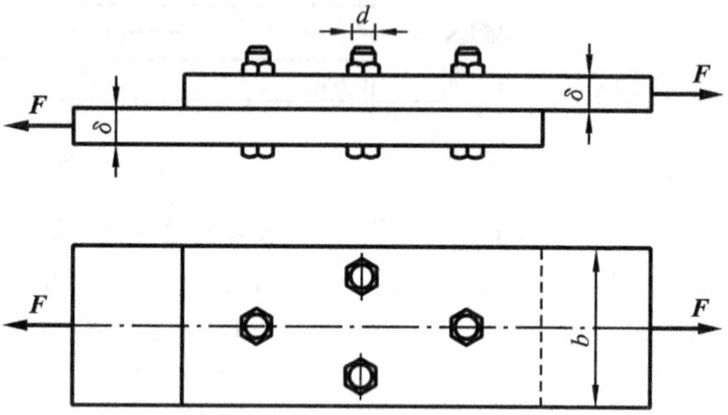

题 3-20 图

3-21　如图所示一正方形截面的混凝土柱，浇筑在混凝土基础上。基础分两层，每层厚为 t。已知 $F=200$ kN，假定地基对混凝土板的反力均匀分布，混凝土的许用剪切应力 $[\tau]=1.5$ MPa。试计算为使基础不被剪坏所需厚度 t 的值。

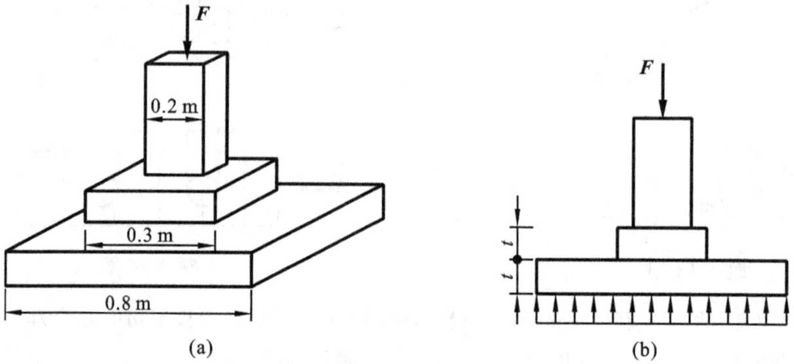

题 3-21 图

第 4 章　轴 的 扭 转

4.1　轴扭转的工程实例

在工程中，常遇到承受力偶（矩）作用而发生转动的杆件，例如拧螺钉的螺丝刀（见图 4-1(a)）、汽车的传动轴（见图 4-1(b)）、方向盘操纵杆（见图 4-1(c)）、车床的光杆等。分析这些杆件的受力情况，可以发现这些构件的受力和变形特点是：杆件受力偶系作用，这些力偶的作用面都垂直于杆轴，而力偶方向平行于杆的轴线（见图4-2），这种变形形式称为扭转。扭转时截面 B 相对于截面 A 转动一个角度 φ，称为扭转角，同时，轴表面的纵向线将变成螺旋线，横截面绕轴线做相对旋转。使轴产生扭转变形的外力偶，称为扭力偶，其矩称为扭力偶矩。工程中把所发生变形主要为扭转变形的杆称为轴。

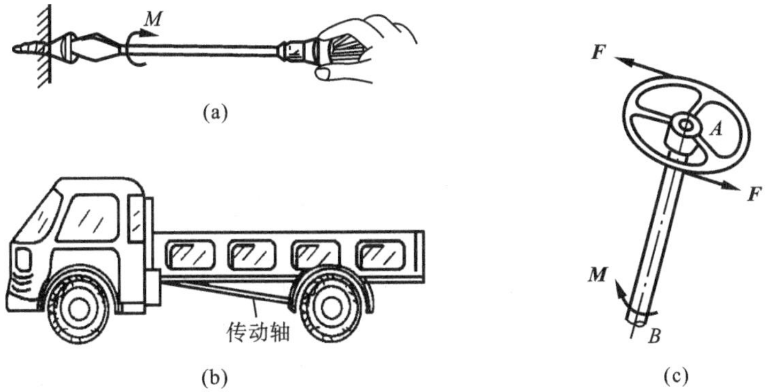

图 4-1

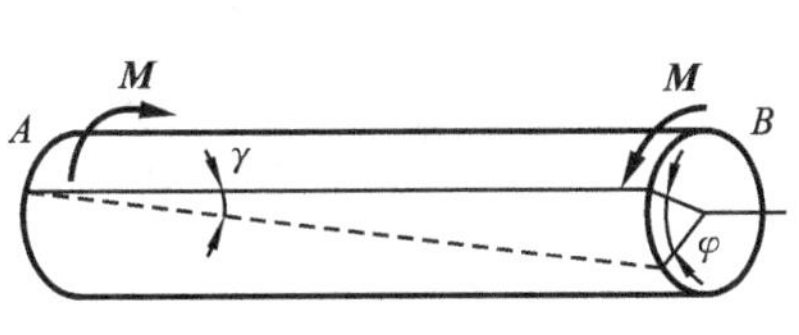

图 4-2

本章主要研究圆截面轴的扭转问题，包括轴的外力、内力、应力与变形，并在此基础上研究轴的强度与刚度。至于非圆截面轴的扭转应力与变形，则只作简要介绍。

4.2　外力偶矩的计算

传动轴为机械设备中的重要构件，其功能为通过轴的转动传递动力。对于传动轴等转动构件，往往标出它所传递的功率和转速。为此，需根据所传递的功率和转速，求出使轴发生扭转的外力偶矩。

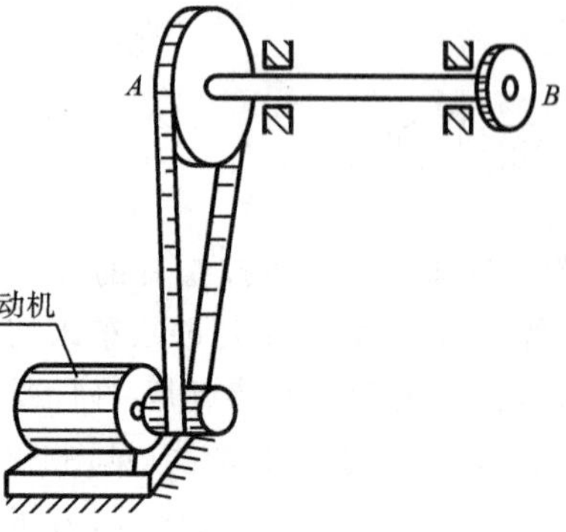

图 4-3

如图 4-3 所示，由电动机带动的传动轴 AB 转动时，力偶每分钟所做的功为

$$W = 2\pi n M$$

电动机每分钟所做的功为

$$W' = 60 \times 1\,000P$$

在工程实际中，功率 P 的常用单位为 kW，力偶矩 M 与转速 n 的常用单位分别为 N·m 与 r/min（转/分），由 $W = W'$，得

$$M = \frac{60\,000P}{2\pi n} = 9\,549\,\frac{P}{n} \tag{4-1}$$

如果功率 P 的单位用马力（1 马力＝735.5 N·m/s），则

$$M_e = 7\,024\,\frac{P}{n} \tag{4-2}$$

4.3　扭矩与扭矩图

要研究受扭杆件的应力和变形，首先要计算内力。

设圆轴受外力偶矩的 M 作用，如图 4-4(a)所示。由截面法可知，圆轴任一横截面 m-m 上的内力系必合成为一力偶（见图 4-4(b)），该内力偶矩称为扭矩，用 T 表示。通常规定：按右手螺旋法则将扭矩用矢量表示，若矢量方向与横截面的外法线方向一致，则该扭矩为正，反之为负。图 4-4(b)和图 4-4(c)所示中同一横截面上的扭

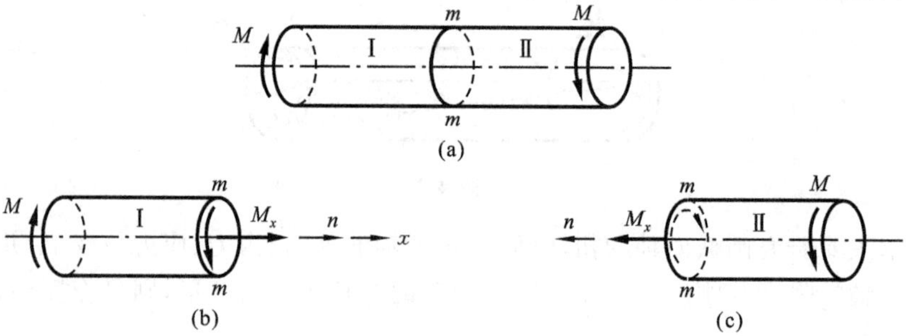

图 4-4

矩均为正，其值为

$$T=M_x=M$$

在一般情况下，作用在传动轴上的外力偶往往有多个，因此，不同轴段上的扭矩也各不相同，可用截面法来计算轴横截面上的扭矩。为了形象地表示扭矩沿轴线的变化情况，通常采用图线表示。作图时，以平行于轴线的坐标轴表示横截面的位置，垂直于轴线的另一坐标轴表示扭矩，所得到的反映扭矩沿轴线变化情况的图线，称为扭矩图。

例 4-1　如图 4-5 所示的传动轴，主动轮Ⅰ输入的功率为 $P_1=500$ kW，三个从动轮Ⅱ、Ⅲ、Ⅳ输出的功率分别为 $P_2=P_3=150$ kW，$P_4=200$ kW，轴的转速为 300 r/min，试作出轴的扭矩图。

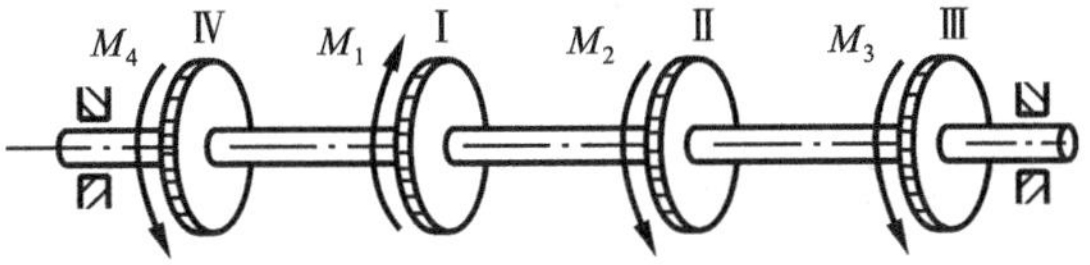

图 4-5

解　(1) 计算扭力偶矩。

$$M_1=9\ 550\frac{P}{n}=9\ 550\times\frac{500}{300}\ \text{N}\cdot\text{m}=1.59\times10^4\ \text{N}\cdot\text{m}=15.9\ \text{kN}\cdot\text{m}$$

$$M_2=M_3=9\ 550\times\frac{150}{300}\ \text{N}\cdot\text{m}=4.87\times10^3\ \text{N}\cdot\text{m}=4.87\ \text{kN}\cdot\text{m}$$

$$M_4=9\ 550\times\frac{200}{300}\ \text{N}\cdot\text{m}=6.37\times10^3\ \text{N}\cdot\text{m}=6.37\ \text{kN}\cdot\text{m}$$

(2) 计算扭矩 T。

采用截面法，作计算简图及受力图，如图 4-6 所示，可知

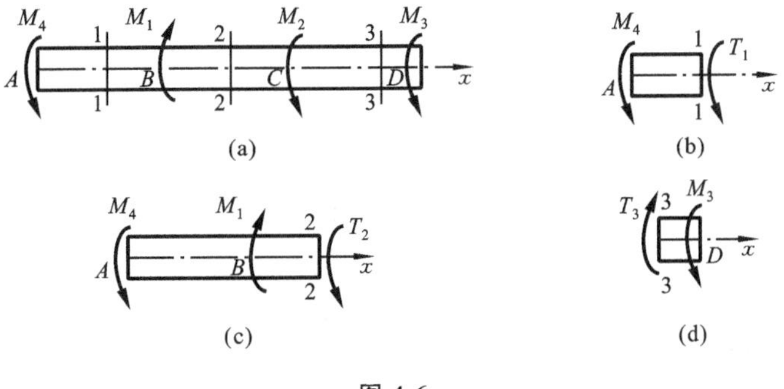

图 4-6

$$\sum M=0,\quad T_1+M_4=0,\quad T_1=-6.37\ \text{kN}\cdot\text{m}$$

$$T_2+M_4-M_1=0$$

$$T_2=M_1-M_4=15.9-6.37\ \text{kN}\cdot\text{m}=9.53\ \text{kN}\cdot\text{m}-T_3+M_3=0$$

$$T_3 = M_3 = 4.87\ \text{kN} \cdot \text{m}$$

(3) 画扭矩图。

轴的扭矩图如图 4-7 所示，由图可知，最大扭矩在 BC 段内，其值等于 9.53 kN · m。

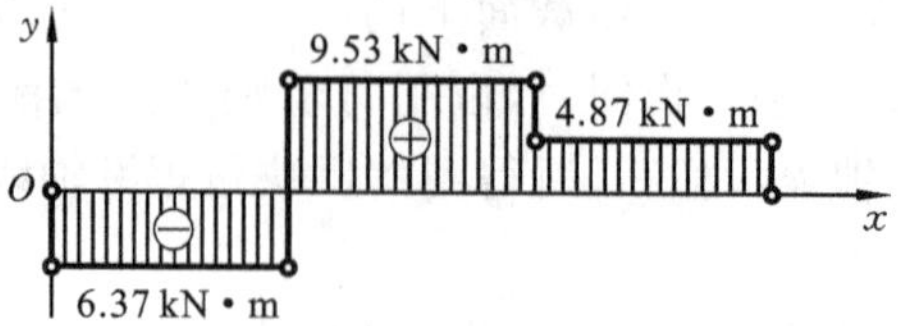

图 4-7

4.4　剪切胡克定律

1. 薄壁圆管扭转时横截面上的切应力

有一薄壁圆管，在其表面等间距地画上纵向线与圆周线（见图 4-8(a)），然后在圆管两端施加一对大小相等、方向相反的外力偶，进行扭转试验。从试验中观察到：各圆周线的形状不变，仅绕轴线相对旋转，各圆周线的大小与间距也不变，各纵向线倾斜同一角度，所有矩形网格均变为同样大小的平行四边形，如图 4-8(b)、(c)所示。

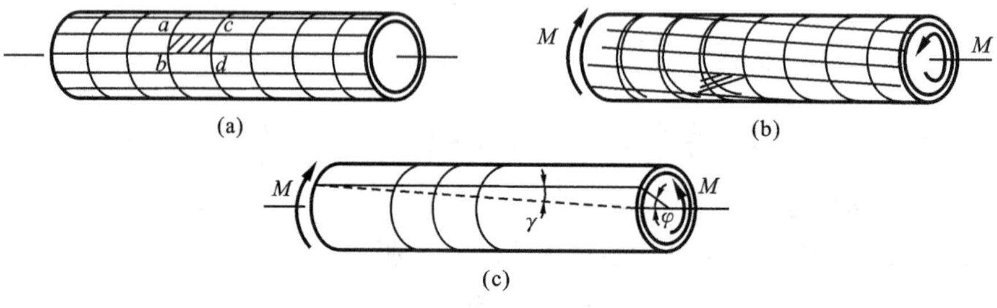

图 4-8

研究圆管的表面变形情况。由于管壁很薄，可以近似认为管内变形与管表面变形相同，也就是变形沿着径向是均匀的。选择相距无限近的两个横截面以及夹角无限小的两个径向纵截面，从圆管上切取一微元体 $abcda'b'c'd'$（见图 4-9），则微元体既无轴向正应变，也无横向正应变，只是相邻横截面 $abb'a'$ 与 $cdd'c'$ 之间发生相对错动，即仅产生剪切变形，而且沿圆周方向所有微元体的剪切变形均相同。

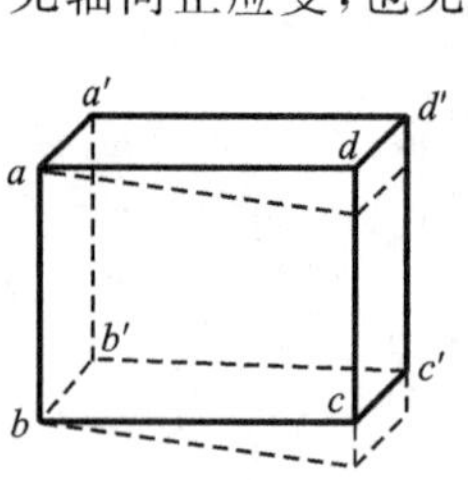

图 4-9

由此可见，在圆管横截面上的各点处，仅存在垂直于半径方向的切应力 τ（见图 4-10），它们沿圆周大小不变，而且，由于管壁很薄，切应力沿壁厚也可近似视为均匀分布。

设圆管的平均半径为 R_0，壁厚为 δ（见图 4-11），则作用在微面积 $dA = \delta R_0 d\theta$ 上的微剪力为 $\tau\delta R_0 d\theta$，它对轴线 O 的力矩为

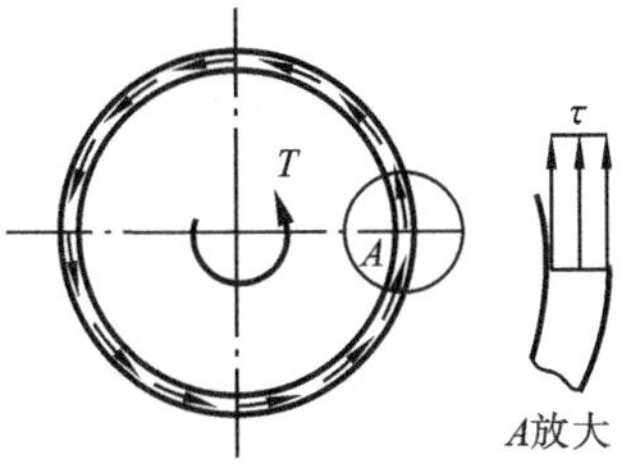

图 4-10

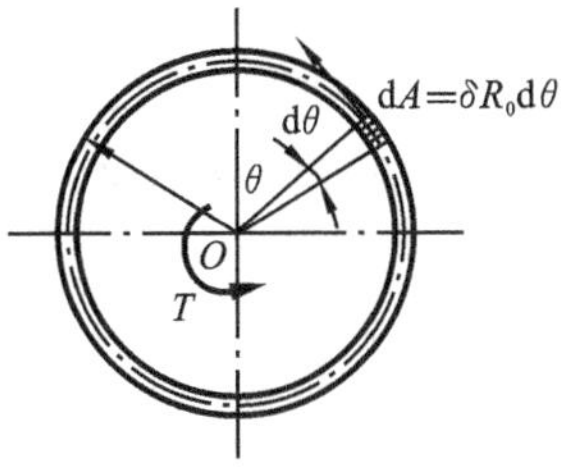

图 4-11

$R_0 \cdot \tau\delta R_0 \mathrm{d}\theta$。由静力平衡方程可知，横截面上所有微力矩之和，应等于该截面上的扭矩 T，即

$$T = \int_0^{2\pi} \tau\delta R_0^2 \mathrm{d}\theta = 2\pi R_0^2 \tau\delta$$

由此得

$$\tau = \frac{T}{2\pi R_0^2 \delta} \tag{4-3}$$

此即薄圆管扭转切应力公式。分析表明，当 $\delta \leqslant R_0/10$ 时，由该公式得到的结果非常精确，最大误差不超过 4.53%。

由图 4-8(c)所示的几何关系，可得薄壁圆筒表面上的切应变 γ 和相距为 l 的两端面间的相对扭转角 φ 之间的关系式：

$$\gamma = \frac{\varphi R_0}{l} \tag{4-4}$$

2. 切应力互等定理

不妨将图 4-9 所示的微元体视为正六面体，并在参考坐标系 $Oxyz$ 中对其进行受力分析，如图 4-12 所示。根据对称性原理，对应薄壁圆筒横截面的两个微元面 $abb'a'$ 和 $dcc'd'$ 上存在切应力 τ，这两个切应力各自乘以所在面的面积后构成一对力偶。由静力学分析可知，此时的微元体不能平衡。若要保持平衡，必存在另外一对相反方向的力偶与之相抵消，排除前后两个自由微元面 $abcd$ 和 $a'b'c'd'$（自由表面上不能有切应力），则在微元面 $add'a'$ 和 $bcc'b'$ 上必存在切应力 τ'，其方向需保证构成的力偶与前述力偶相抵消。由于微元体六个面面积相等且边长都一样，故必有

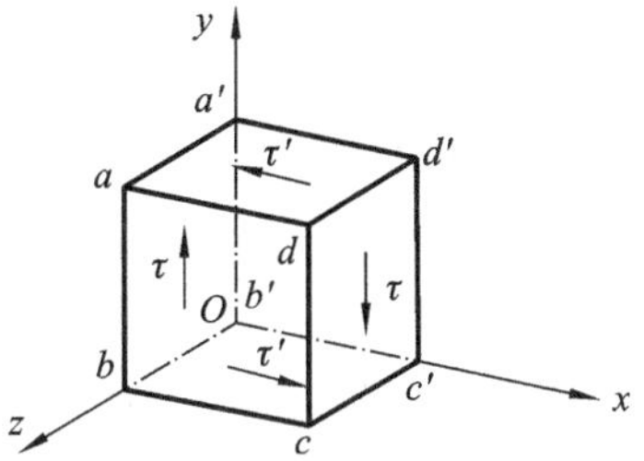

图 4-12

$$\tau = \tau'$$

以上结论可进一步引申为：材料内部任意互相垂直的两个平面上，切应力必然同时存在且数值相等，两者的方向同时指向两平面的交线或同时背离该交线。这就是切应力互等定理。

3. 剪切胡克定律

通过薄壁圆筒的扭转试验可以发现：当切应力不超过材料的剪切比例极限 τ_p 时，切应力与切应变成正比，即

$$\tau \propto \gamma$$

引进比例系数 G，则

$$\tau = G\gamma$$

上述关系称为剪切胡克定律。比例系数 G 称为切变模量，或称剪切弹性模量，其值随材料而异，由试验测定。例如，钢的切变模量 $G=75\sim80$ GPa，铝与铝合金的切变模量 $G=26\sim30$ GPa。

理论与试验研究均表明，对于各向同性材料，弹性模量 E、泊松比 μ 与切变模量 G 之间存在如下关系：

$$G = \frac{E}{2(1+\mu)} \tag{4-5}$$

因此，当已知任意两个弹性常数后，由上述关系即可以确定第三个弹性常数。由此可见，各向同性材料只有两个独立的弹性常数。

应该注意，剪切胡克定律只有在切应力不超过材料的剪切比例极限 τ_P 时才适用。

4.5 圆轴扭转切应力与强度设计

1. 圆轴扭转切应力

有等截面圆轴，并在其表面等间距地画上一系列的纵向线和圆周线，从而形成一系列的矩形格子。然后在轴两端施加一对大小相等、转向相反的外力偶，进行扭转试验。可观察到下列变形情况：各圆周线绕轴线发生了相对旋转，但形状、大小及相互之间的距离均无变化，所有的纵向线倾斜了同一微小角度 γ，如图 4-13 所示。

根据上述现象，对轴内变形作如下假设：圆轴受扭转后横截面仍为平面，其形状、大小与横截面间的距离均不改变，而且半径仍为直线。简言之，当圆轴扭转时，各横截面如同刚性圆片，仅绕轴线相对旋转。此假设称为圆轴扭转时的平面假设。

由此可得如下推论：圆轴扭转时横截面上只有切应力而无正应力，横截面上任一点处的切应力均沿其相对错动的方向，即与半径垂直。

要得到切应力在横截面上的分布规律，需要从轴的变形几何关系、材料的力学性质以及静力平衡三方面进行分析。

1）几何关系

为了确定横截面上各点处的应力，从圆杆内截取长为 dx 的微段进行分析，如图 4-14 所示。根据变形现象，右截面相对于左截面转了一个微小转角 $d\varphi$，因此其上的任意半径 O_2D 也转动了同一角度 $d\varphi$。由于截面转动，杆表面上的纵向线 AD 倾斜了

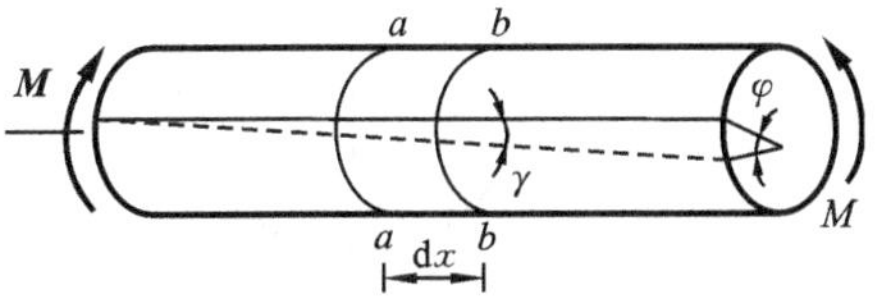

图 4-13

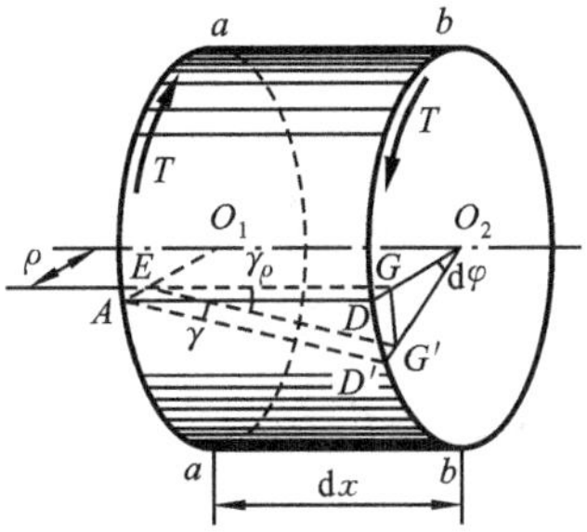

图 4-14

一个角度 γ。由切应变的定义可知，γ 就是横截面周边上任一点 A 处的切应变。同时，经过半径 O_2D 上任意点 G 的纵向线 EG 在杆变形后也倾斜了一个角度 γ_ρ，即为横截面半径上任一点 E 处的切应变。设点 G 至横截面圆心点的距离为 ρ，由如图 4-14所示的几何关系可得

$$\gamma_\rho \approx \tan\gamma_\rho = \frac{GG'}{EG} = \frac{\rho \mathrm{d}\varphi}{\mathrm{d}x}$$

即

$$\gamma_\rho = \rho \frac{\mathrm{d}\varphi}{\mathrm{d}x} \tag{4-6}$$

式中　$\dfrac{\mathrm{d}\varphi}{\mathrm{d}x}$ 为扭转角沿杆长的变化率，对于给定的横截面，该值是个常量，所以，此式表明切应变 γ_ρ 与 ρ 成正比，即沿半径按直线规律变化。

2）物理方程

由剪切胡克定律可知，在剪切比例极限范围内，切应力与切应变成正比，所以，横截面上距圆心距离为 ρ 处的切应力为

$$\tau_\rho = G\gamma_\rho = G\rho \frac{\mathrm{d}\varphi}{\mathrm{d}x} \tag{4-7}$$

由式(4-7)可知，在同一半径 ρ 的圆周上各点处的切应力 τ_ρ 值均相等，其值与 ρ 成正比。实心圆截面杆扭转切应力沿任一半径的变化情况如图 4-15(a)所示。由于平面假设同样适用于空心圆截面杆，因此空心圆截面杆扭转切应力沿任一半径的变化情况如图 4-15(b)所示。

3）静力平衡

横截面上切应力变化规律表达式(4-7)中的 $\mathrm{d}\varphi/\mathrm{d}x$ 是个待定参数，可利用静力学方面的知识来确定该参数。在距圆心 ρ 处的微面积 $\mathrm{d}A$ 上，作用有微剪力 $\tau_\rho \mathrm{d}A$（见图 4-16），它对圆心 O 的力矩为 $\rho\tau_\rho \mathrm{d}A$。在整个横截面上，所有微力矩之和等于该截面的扭矩，即

$$\int_A \rho\tau_\rho \mathrm{d}A = T \tag{4-8}$$

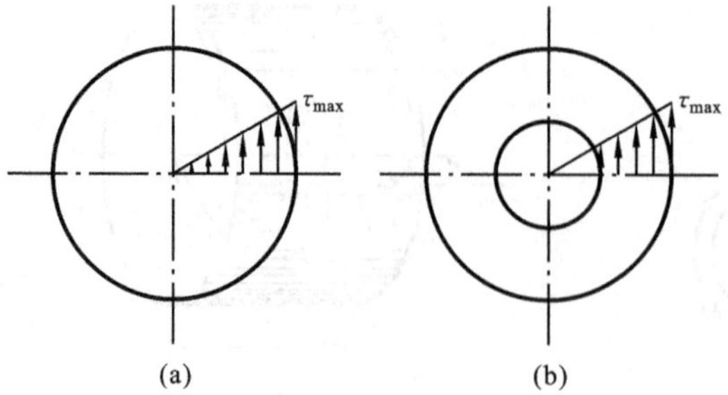

图 4-15

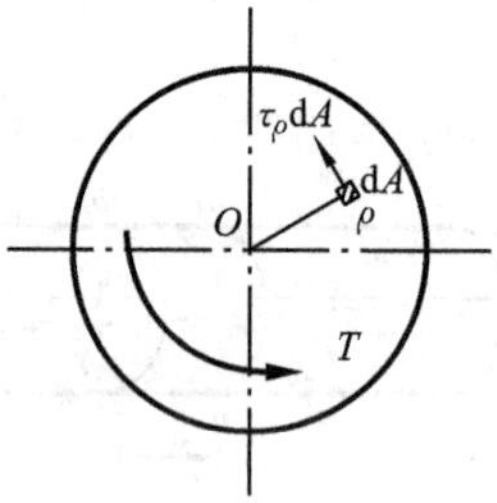

图 4-16

将式(4-7)代入式(4-8),经整理后即得

$$G\frac{d\varphi}{dx}\int_A \rho^2 dA = T \tag{4-9}$$

式(4-9)中的积分 $\int_A \rho^2 dA$ 称为横截面的极惯性矩 I_P ,则有

$$I_p = \int_A \rho^2 dA = \int_0^{\frac{d}{2}}\int_0^{2\pi}\rho^2 \cdot \rho d\rho d\theta = \frac{\pi d^4}{32} \tag{4-10}$$

将其代入式(4-7)、式(4-9),即得

$$\tau_\rho = \frac{T}{I_P}\rho \tag{4-11}$$

此即圆轴扭转时横截面上任一点处切应力的计算公式。

由式(4-11)可知,当 ρ 等于最大值 $d/2$ 时,即在横截面周边上的各点处,切应力将达到最大,其值为

$$\tau_{max} = \frac{T}{I_P} \cdot \frac{d}{2} \tag{4-12}$$

在式(4-12)中,极惯性矩与半径都为与横截面相关的几何量,令

$$W_P = \frac{I_P}{d/2} \tag{4-13}$$

那么

$$\tau_{max} = \frac{T}{W_P} \tag{4-14}$$

式中　W_P 称为抗扭截面模数,其单位为 m^3。

圆截面的抗扭截面模数为

$$W_P = \frac{I_P}{d/2} = \frac{\pi d^3}{16} \tag{4-15}$$

空心圆截面的抗扭截面模数为

$$W_P = \frac{I_P}{D/2} = \frac{\pi(D^4 - d^4)}{16D} = \frac{\pi D^3}{16}(1-\alpha^4) \tag{4-16}$$

式中 $\alpha = d/D$ 。

应该指出，以上式子仅适用于圆截面轴，而且，横截面上的最大切应力不得超过材料的剪切比例极限。

另外，由横截面上切应力的分布规律可知，越是靠近杆轴处切应力越小，故该处材料强度没有得到充分利用。如果将这部分材料挖下来放到周边处，就可以较充分地发挥材料的作用，达到经济的效果。由此看来，采用空心圆截面杆比采用实心圆截面杆更合理。

2. 圆轴扭转强度条件

为确保圆杆在扭转时不被破坏，其横截面上的最大工作切应力 τ_{max} 不得超过材料的许用切应力 $[\tau]$，即要求

$$\tau_{max} \leqslant [\tau] \tag{4-17}$$

此即圆杆扭转强度条件。对于等直圆杆，其最大工作应力存在于最大扭矩所在横截面(危险截面)的周边上任一点处，这些点即为危险点。于是，上述强度条件可表示为

$$\tau_{max} = \frac{T_{max}}{W_P} \leqslant [\tau] \tag{4-18}$$

利用此强度条件可进行强度校核、选择截面或计算许可载荷。

理论与实验研究均表明，材料纯剪切时的许用应力 $[\tau]$ 与许用正应力 $[\sigma]$ 之间存在下述关系：

对于塑性材料，

$$[\tau] = (0.5 \sim 0.577)[\sigma]$$

对于脆性材料，

$$[\tau] = (0.8 \sim 1.0)[\sigma_t]$$

式中 $[\sigma_t]$ 为许用拉应力。

例 4-2 某传动轴，轴内的最大扭矩 $T = 1.5\ \text{kN} \cdot \text{m}$，若许用切应力 $[\tau] = 50\ \text{MPa}$，试按下列两种方案确定轴的横截面尺寸，并比较其重量。

(1) 实心圆截面轴，其直径为 d_1 。

(2) 空心圆截面轴，其内、外径之比为 $d/D = 0.9$ 。

解 (1) 确定实心圆轴的直径。由强度条件即式(4-18)得

$$W_P \geqslant \frac{T_{max}}{[\tau]}$$

而实心圆轴的抗扭截面模数为

$$W_P = \frac{\pi d_1^3}{16}$$

那么，实心圆轴的直径为

$$d_1 \geqslant \sqrt[3]{\frac{16T}{\pi[\tau]}} = \sqrt[3]{\frac{16 \times 1.5 \times 10^3}{3.14 \times 50 \times 10^6}}\ \text{mm} = 53.5\ \text{mm}$$

（2）确定空心圆轴的内、外径。由扭转强度条件以及空心圆轴的抗扭截面模数可知，空心圆轴的外径为

$$D \geqslant \sqrt[3]{\frac{16T}{\pi(1-\alpha^4)[\tau]}} = \sqrt[3]{\frac{16 \times 1.5 \times 10^3}{3.14 \times (1-0.9^4) \times 50 \times 10^6}}\ \text{mm} = 76.3\ \text{mm}$$

其内径为

$$d = 0.9D = 0.9 \times 76.3\ \text{mm} = 68.7\ \text{mm}$$

（3）重量比较。上述空心与实心圆轴的长度与材料均相同，所以，二者的重量之比 β 等于其横截面之比，即

$$\beta = \frac{\pi(D^2-d^2)}{4} \times \frac{4}{\pi d_1^2} = \frac{76.3^2 - 68.7^2}{53.5^2} = 0.385$$

上述数据充分说明，在同样满足强度条件时，空心轴远比实心轴轻。

例 4-3　机床齿轮减速箱中的二级齿轮如图 4-17(a)所示。轮 C 输入功率 $P_C=40$ kW，轮 A、轮 B 输出功率分别为 $P_A=23$ kW，$P_B=17$ kW，轴的转速为 $n=1\,000$ r/min，材料的切变模量 $G=80$ GPa，许用切应力 $[\tau]=40$ MPa，试设计轴的直径。

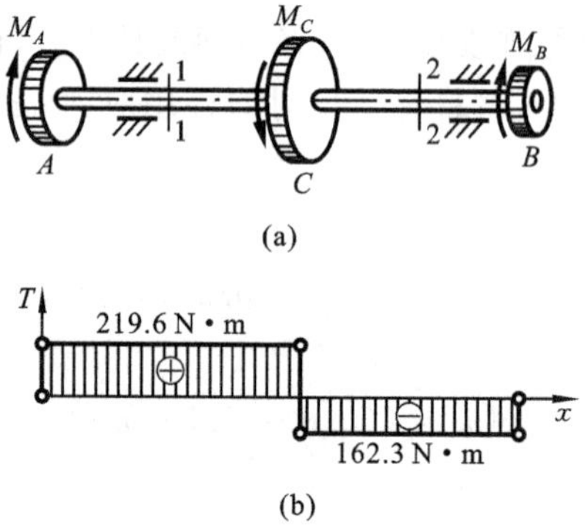

图 4-17

解　（1）计算外力偶矩。由式(4-1)得

$$M_A = 9\,549 \times \frac{23}{1\,000}\ \text{N} \cdot \text{m} = 219.6\ \text{N} \cdot \text{m}$$

$$M_B = 9\,549 \times \frac{17}{1\,000}\ \text{N} \cdot \text{m} = 162.3\ \text{N} \cdot \text{m}$$

$$M_C = 9\,549 \times \frac{40}{1\,000}\ \text{N} \cdot \text{m} = 381.9\ \text{N} \cdot \text{m}$$

（2）画扭矩图。由截面法可得

$$T_1 = M_A = 219.6\ \text{N} \cdot \text{m}$$

$$T_2 = -M_B = -162.3\ \text{N} \cdot \text{m}$$

最大扭矩发生在 AC 段（见图 4-17(b)）。因是等截面轴，该段是危险轴段。

(3) 按强度条件设计轴的直径。

$$\tau_{\max} = \frac{T_{\max}}{W_p} = \frac{16T_1}{\pi D^3} \leqslant [\tau]$$

$$D \geqslant \sqrt[3]{\frac{16T_1}{\pi[\tau]}} = \sqrt[3]{\frac{16 \times 219.6}{\pi \times 40 \times 10^6}}\ \text{m} = 30.4\ \text{mm}$$

例 4-4　汽车的主传动轴由材料为 45 钢的无缝钢管制成，外径 $D=90$ mm，壁厚 $\delta=2.5$ mm，工作时的最大扭矩 $T=1.5$ kN·m，若材料的许用切应力 $[\tau]=60$ MPa，试校核该轴的强度。

解　(1) 计算抗扭截面模数。

主传动轴的内外径之比

$$\alpha = \frac{d}{D} = \frac{90 - 2 \times 2.5}{90} = 0.944$$

抗扭截面模数为

$$W_p = \frac{\pi D^3}{16}(1-\alpha^4) = \frac{\pi \times (90)^3}{16}(1-0.944^4)\ \text{mm}^3 = 29\ 468\ \text{mm}^3$$

(2) 计算轴的最大切应力。

$$\tau_{\max} = \frac{T}{W_p} = \frac{1.5 \times 10^3}{29\ 468 \times 10^{-9}}\ \text{MPa} = 50.8\ \text{MPa}$$

(3) 校核强度。

$$\tau_{\max} = 50.8\ \text{MPa} < [\tau]$$

主传动轴安全。

4.6　圆轴扭转变形与刚度设计

1. 圆轴扭转变形

如前所述，轴的扭转变形用横截面间的相对角位移 φ 表示。

由式(4-9)可知，微段 $\mathrm{d}x$ 的扭转变形为

$$\mathrm{d}\varphi = \frac{T}{GI_p}\mathrm{d}x$$

因此，相距 l 的两横截面间的扭转角为

$$\varphi = \int_l \frac{T}{GI_p}\mathrm{d}x \tag{4-19}$$

由此可见，对于长为 l、扭矩 T 及且切变模量 G 均为常数的等截面圆轴，其两端横截面间的相对转角即扭转角为

$$\varphi = \frac{TL}{GI_p} \tag{4-20}$$

式(4-20)表明，扭转角 φ 与扭矩 T、轴长 l 成正比，与 GI_p 成反比。乘积 GI_p 称为圆轴截面的扭转刚度，简称为扭转刚度。

2. 圆轴扭转刚度条件

设计轴时，除应考虑强度问题外，对于许多轴，还常常对其变形有一定限制，即应满足刚度要求。

在工程实际中，通常是限制扭转角沿轴线变化率 $d\varphi/dx$ 或单位长度内的扭转角，使其不超过某一规定的许用值$[\theta]$。由式(4-10)可知，扭转角的变化率为

$$\frac{d\varphi}{dx}=\frac{T}{GI_p} \tag{4-21}$$

扭转角变化率 $\frac{d\varphi}{dx}$ 的单位为 rad/m。在工程中，$[\theta]$ 的单位习惯用(°)/m 表示，则圆轴扭转的刚度条件为

$$\left(\frac{T}{GI_p}\right)_{max}\times\frac{180}{\pi}\leqslant[\theta] \tag{4-22}$$

对于等截面圆轴，即为

$$\theta_{max}=\frac{T_{max}}{GI_p}\times\frac{180}{\pi}\leqslant[\theta] \tag{4-23}$$

许用扭转角 $[\theta]$ 的数值，根据轴的使用精密度、生产要求和工作条件等因素确定，对一般传动轴，$[\theta]$ 为 0.5～1(°)/m，对于精密机器的轴，$[\theta]$ 常取在 0.15～0.30(°)/m 之间。

例 4-5　主传动钢轴传递功率 $P=60$ kW，转速 $n=250$ r/min，传动轴的许用切应力$[\tau]=40$ MPa，许用单位长度扭转角$[\theta]=0.5$(°)/m，切变模量 $G=80$ GPa，试计算传动轴所需的直径。

解　(1) 计算轴的扭矩。

$$T=9\ 549\times\frac{60}{250}\ \text{N}\cdot\text{m}=2\ 292\ \text{N}\cdot\text{m}$$

(2) 根据强度条件求所需直径。

$$\tau=\frac{T}{W_p}=\frac{16T}{\pi d^3}\leqslant[\tau]$$

$$d\geqslant\sqrt[3]{\frac{16T}{\pi[\tau]}}=\sqrt[3]{\frac{16\times 2\ 292}{\pi\times 40\times 10^6}}\ \text{m}=66.3\ \text{mm}$$

(3) 根据圆轴扭转的刚度条件求直径。

$$\theta=\frac{T}{GI_p}\times\frac{180}{\pi}\leqslant[\theta]$$

$$d\geqslant\sqrt[4]{\frac{32T}{G\pi[\theta]}}=\sqrt[4]{\frac{32\times 2\ 292}{80\times 10^9\times 0.5\times\frac{\pi}{180}\times\pi}}\ \text{m}=76\ \text{mm}$$

故应按刚度条件确定传动轴直径，取 $d=76$ mm。

例 4-6　图 4-18(a)所示为装有四个带轮的一根实心圆轴的计算简图。已知 $M_1=1.5$ kN·m，$M_2=3$ kN·m，$M_3=9$ kN·m，$M_4=4.5$ kN·m，材料的切变模量 G

=80 GPa，许用切应力$[\tau]$=80 MPa，单位长度许可扭转角$[\theta]$=0.005 rad/m。设计轴的直径 D。

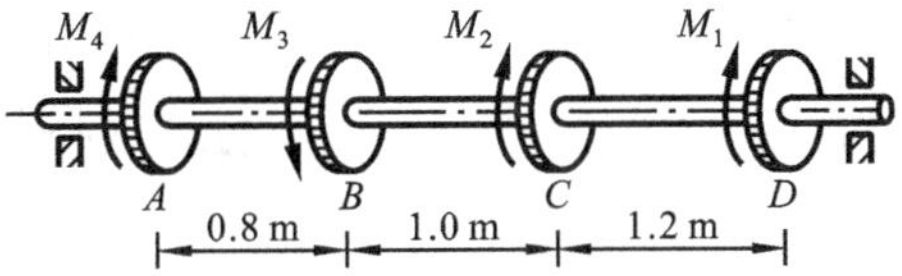

(a)

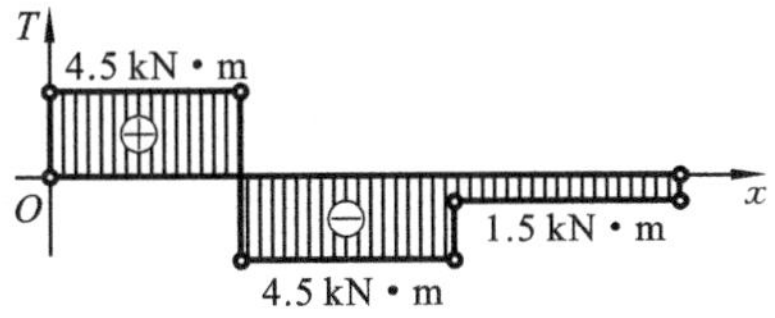

(b)

图 4-18

解　(1) 画轴的扭矩图，如图 4-18(b)所示。由扭矩图可知，圆轴中的最大扭矩发生在 AB 和 BC 段，其绝对值为 4.5 kN·m。

(2) 设计轴的直径。

根据强度条件，有

$$\tau_{\max}=\frac{T_{\max}}{W_P}=\frac{T_{\max}}{\pi D^3/16}\leqslant[\tau]$$

可以得到轴的直径为

$$D\geqslant\sqrt[3]{\frac{16T_{\max}}{\pi[\tau]}}=\sqrt[3]{\frac{16\times4.5\times10^3}{\pi\times80\times10^6}}\ \text{m}=0.066\ \text{m}=66\ \text{mm}$$

根据刚度条件，有

$$\theta_{\max}=\frac{T_{\max}}{GI_p}=\frac{T_{\max}}{G\pi D^4/32}\leqslant[\theta]$$

可以得到轴的直径为

$$D\geqslant\sqrt[4]{\frac{32T_{\max}}{\pi G[\theta]}}=\sqrt[4]{\frac{32\times4.5\times10^3}{\pi\times80\times10^9\times0.005}}\ \text{m}=0.103\ \text{m}=103\ \text{mm}$$

根据上述强度计算和刚度计算的结果可知，该轴的直径应选用 D=103 mm。

4.7　矩形截面轴扭转

在工程实际中，有时也会碰到一些非圆截面轴，例如矩形截面轴等。实验与分析表明，矩形截面杆扭转时，其横截面不再保持为平面，而是会发生翘曲(见图 4-19)，因此圆轴扭转时的平面假设在此不再成立，圆轴扭转时的应力、变形公式也不再适用。

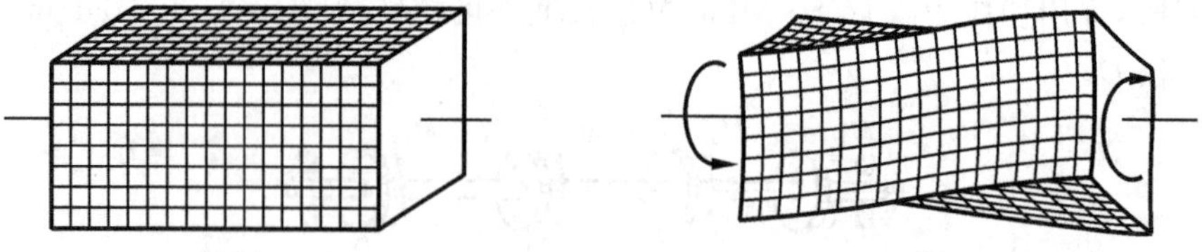

图 4-19

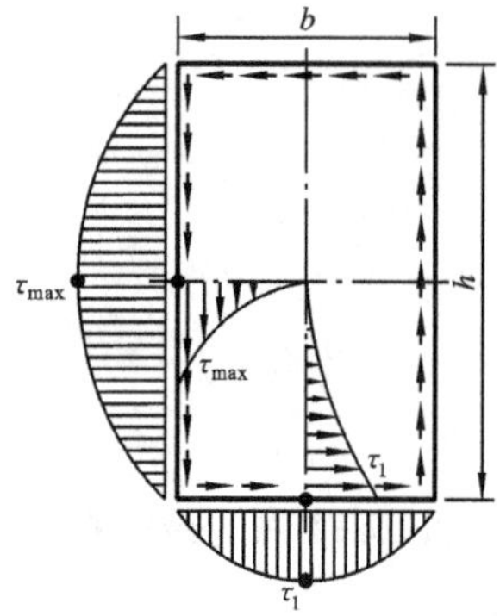

图 4-20

弹性理论指出：矩形截面扭转时，横截面周边各点处的切应力一定沿着周边切线方向形成切应力流，而在截面的角点处切应力为零。矩形截面上切应力分布如图4-20所示。

最大切应力 τ_{max} 发生在截面的长边中点处，其值为

$$\tau_{max}=\frac{T}{\alpha hb^2}=\frac{T}{W_t} \tag{4-24}$$

$$W_t=\alpha hb^2 \tag{4-25}$$

W_t 称为矩形截面的扭转截面模数。横截面短边上最大切应力为

$$\tau_1=\gamma\tau_{max} \tag{4-26}$$

杆件上相距为 l 的两截面相对扭转角为

$$\varphi=\frac{Tl}{G\beta hb^3}=\frac{T}{GI_t} \tag{4-27}$$

$$I_t=\beta hb^3 \tag{4-28}$$

I_t 称为矩形截面的扭转惯性矩。以上各式中的系数 α 、γ 、β 和矩形截面的长边与短边的比值 h/b 有关，其数值如表 4-1 所示。

表 4-1　矩形截面杆纯扭系数 α、β 和 γ

h/b	1.0	1.2	1.5	2.0	2.5	3.0	4.0	6.0	8.0	10.0	∞
α	0.208	0.219	0.231	0.246	0.256	0.267	0.282	0.299	0.307	0.313	0.333
β	0.141	0.166	0.196	0.229	0.249	0.263	0.281	0.299	0.307	0.313	0.333
γ	1.000	0.930	0.858	0.796	0.767	0.753	0.745	0.743	0.743	0.743	0.743

习　　题

4-1　试求图示各轴的扭矩，并指出最大扭矩值。

4-2　试画出题 4-1 中各轴的扭矩图。

4-3　试应用切应力互等定理证明，矩形截面杆发生扭转时其截面角点处的切应力为零。

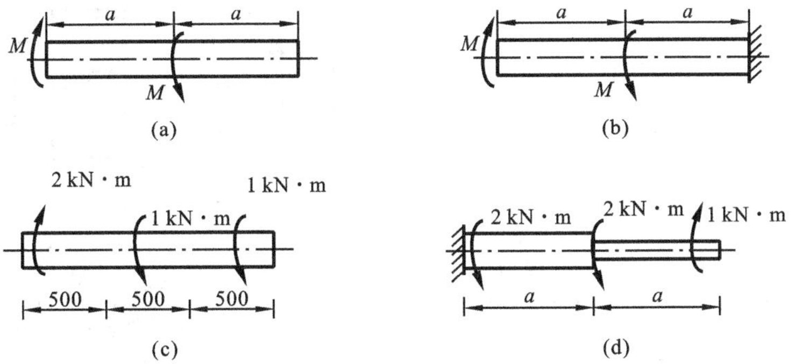

题 4-1 图

4-4　某传动轴由电动机带动，已知轴的传速 $n=1\ 000$ r/min，电动机输入的功率 $P=20$ kW，试求作用在轴上的扭矩。

4-5　某受扭圆管，外径 $D=44$ mm，内径 $d=40$ mm，横截面上的扭矩 $T=750$ N · m，试计算圆管横截面上的最大切应力。

4-6　某圆截面钢轴，承受扭力偶矩 $M=2.0$ kN · m，已知许用切应力 $[\tau]=50$ MPa，试确定轴径。

4-7　一受扭薄壁圆管，内径 $d=30$ mm，外径 $D=32$ mm，材料的弹性模量 $E=200$ GPa，泊松比 $\mu=0.25$，设圆管表面纵线的倾斜角 $\gamma=1.25\times10^{-3}$ rad，试求管承受的扭矩。

4-8　图示传动轴的转速为 $n=1\ 500$ r/min，主动轮输入功率 $P_1=50$ kW，两从动轮输出功率 $P_2=30$ kW，$P_3=20$ kW。

(1) 试求轴上各段的扭矩，并绘制扭矩图。

(2) 从强度的观点看，三个轮子应如何布置比较合理？

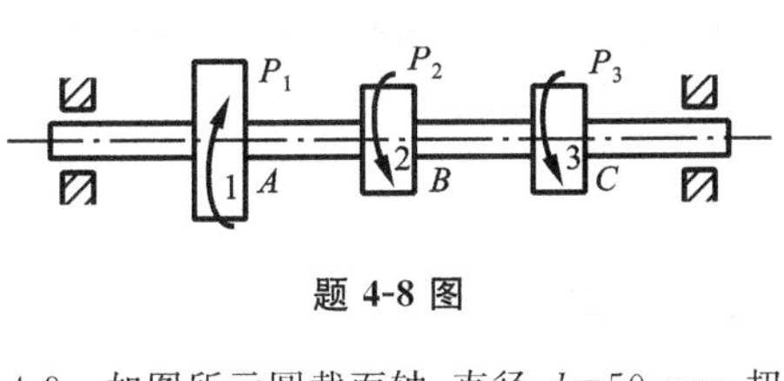

题 4-8 图

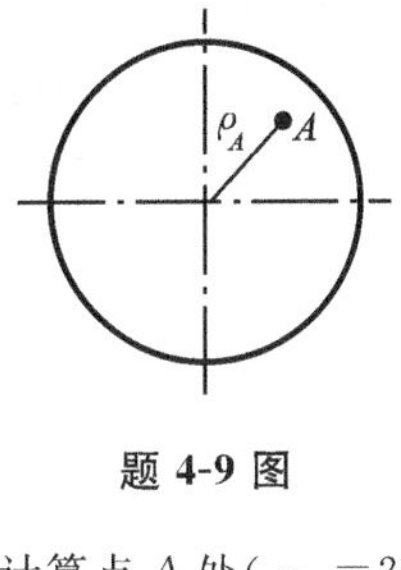

题 4-9 图

4-9　如图所示圆截面轴，直径 $d=50$ mm，扭矩 $T=1$ kN · m，试计算点 A 处（$\rho_A=20$ mm）的扭转切应力 τ_A，以及横截面上的最大扭转切应力 τ_{max}。

4-10　如图所示的空心圆轴，外径 $D=100$ mm，内径 $d=80$ mm，$l=500$ mm，$M_1=6$ kN · m，$M_2=4$ kN · m，材料的剪切弹性模量 $G=80$ GPa。请绘轴的扭矩图，并求出最大切应力及截面 AC 的扭转角。

4-11　如图所示，实心轴和空心轴通过牙嵌离合器连在一起。已知轴的转速 $n=100$ r/min，传递功率 $P=10$ kW，许用切应力 $[\tau]=80$ MPa。试确定实心轴的直径 d 和空心轴的内、外径 d_1 和 d_2，已知 $d_1/d_2=0.6$。

4-12　阶梯形圆轴直径分别为 $d_1=40$ mm，$d_2=70$ mm，轴上装有三个带轮，如图所示。已知

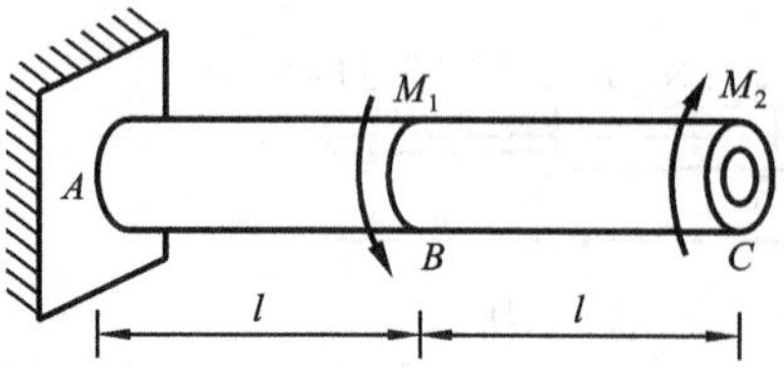

题 4-10 图

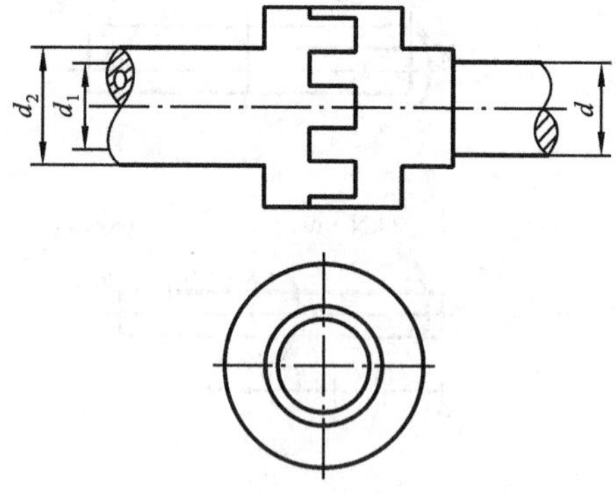

题 4-11 图

由轮 1 输入的功率为 $P_1=23$ kW，轮 2 输入功率 $P_2=17$ kW，轮 3 输出的功率为 $P_3=40$ kW，轴做匀速转动，转速 $n=200$ r/min，材料的许用切应力 $[\tau]=60$ MPa，$G=80$ GPa，许用扭转角 $[\theta]=2°$/m。试校核轴的强度和刚度。

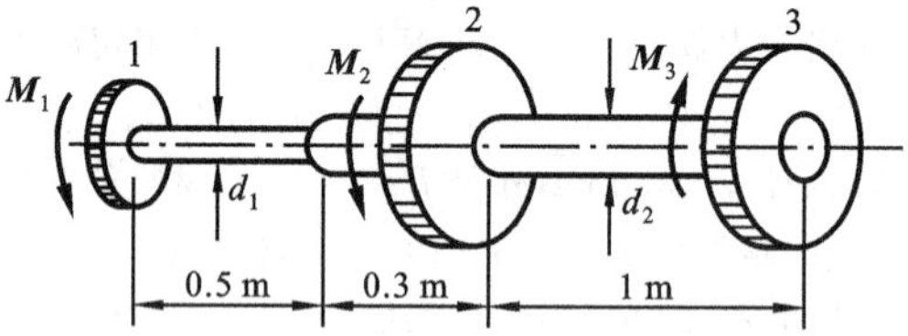

题 4-12 图

4-13　一圆截面试样，直径 $d=20$ mm，两端承受扭矩 $T=230$ N·m 作用，设由实验测得标矩 $l_0=100$ mm 范围内的扭转角 $\varphi=0.017\,4$ rad，试确定切变模量 G。

4-14　某圆截面钢轴，转速 $n=250$ r/min，所传功率 $P=60$ kW，许用切应力 $[\tau]=40$ MPa，单位长度的许用扭转角 $[\theta]=0.8°$/m，切变模量 $G=80$ GPa，试确定轴径。

4-15　试确定如图所示轴的直径。已知扭转力矩 $M_1=400$ N·m，$M_2=600$ N·m，许用切应力 $[\tau]=40$ MPa，单位长度的许用扭转角 $[\theta]=0.25°$/m，切变模量 $G=80$ GPa。

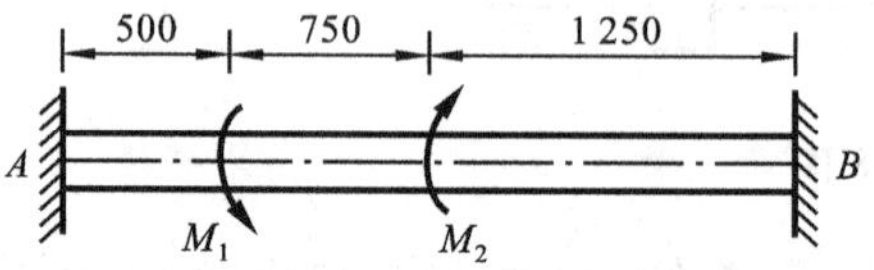

题 4-15 图

4-16　图示传动轴的转速 $n=500$ r/min，主动轮 1 输入功率 $P_1=368$ kW，从动轮 2 和 3 分别输出功率 $P_2=147$ kW 和 $P_3=221$ kW。已知 $[\tau]=70$ MPa，$[\varphi']=1°$/m，$G=80$ GPa。确定 AB 段的直径 d_1 和 BC 段的直径 d_2。

4-17　如图所示，圆截面杆受转矩 M 作用，杆长 $l=1$ m，直径 $d=20$ mm，材料的剪切模型 $G=80$ GPa，已知两端面的相对扭转角 $\varphi=0.1$ rad，试求转矩 M、横截面上的最大切应力以及外表面任意点处的切应变。

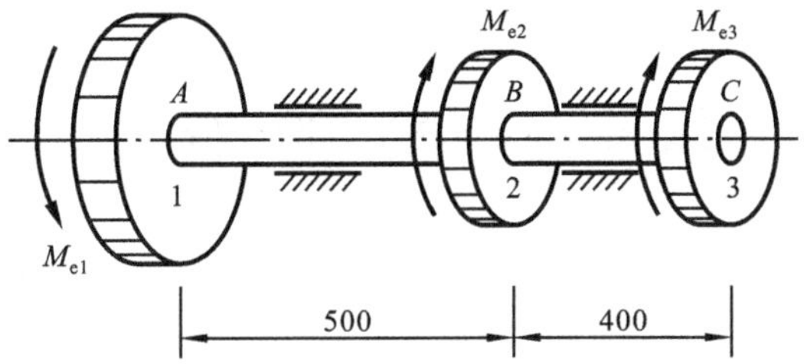

题 4-16 图

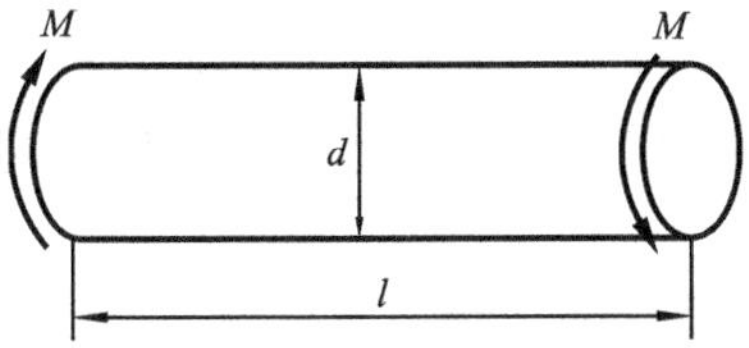

题 4-17 图

第5章 梁的弯曲

5.1 梁弯曲的工程实例

在工程实践中，有一类杆件在承受垂直于杆件轴线的外力，或在其轴线平面内作用有外力偶时，杆件的轴线将由直线变成曲线。以轴线变弯为主要特征的变形形式称为弯曲，如图 5-1 所示。

(a)

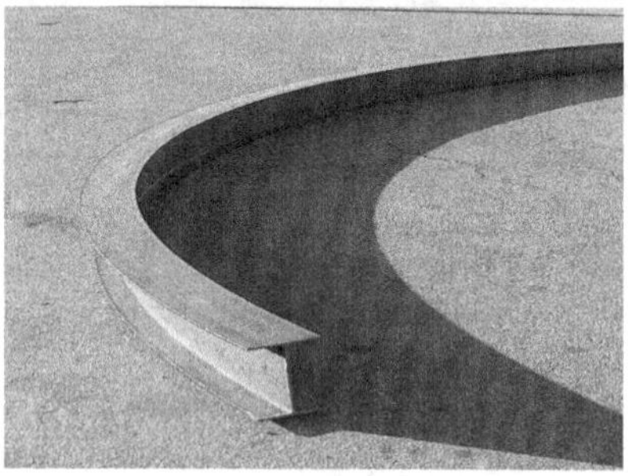

(b)

图 5-1

梁是主要承受弯曲作用的杆件。按照轴线的曲直，梁可分为直梁和曲梁；按照端部约束多寡及性质不同，梁可分为静定梁和静不定梁。静定梁的常见类型又有简支梁、悬臂梁、外伸梁。其中：简支梁是一端为活动铰链支座，另一端为固定铰链支座的梁；悬臂梁是一端为固定端，另一端为自由端的梁；外伸梁则是一端或两端伸出支座之外的梁。

桥式吊车梁可简化为简支梁(见图 5-2(a))，支撑在铁轨上的火车轮轴可简化为

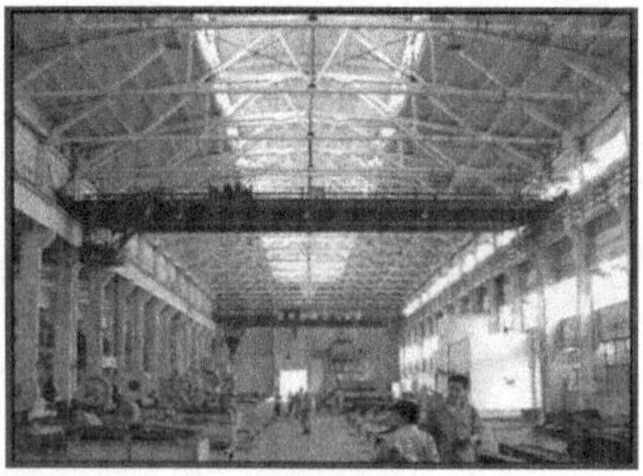

(a)

图 5-2

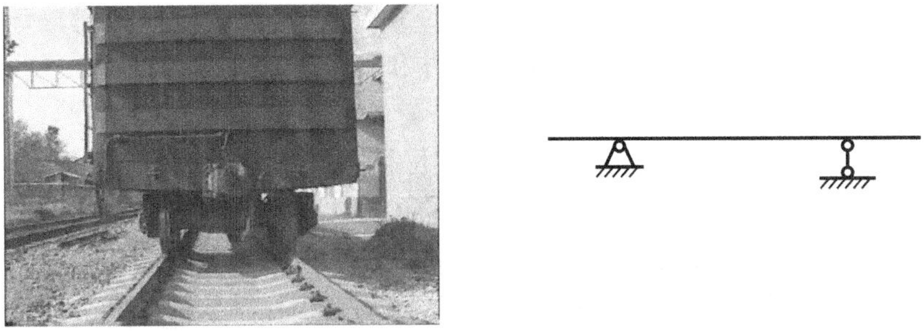

(b)

(c)

续图 5-2

外伸梁(见图 5-2(b)),而一端悬挑的在施工中的桥段可简化为悬臂梁(见图 5-2(c))。梁作为主要受力杆件,在过大载荷情况下会发生破坏,图 5-3 所示即为在 2008

(a)

(b)

图 5-3

年汶川地震中梁的破坏实例。其中，图 5-3(a)为楼梯梯柱和平台梁端部破坏整体和局部放大图，图 5-3(b)为过梁和圈梁破坏整体和局部放大图。

5.2 弯曲内力

梁是以承受弯曲变形为主的杆件，使得梁发生弯曲变形的外载荷主要是与杆的轴线垂直的力和力偶。由静力平衡方程可知，由垂直于杆轴线的力和力偶所引起的横截面上的约束力(内力)，也必然是与横截面平行的力以及垂直于杆轴线的力偶。根据第 3 章所述，这个与横截面平行的力就是剪力，而垂直于轴线的力偶则是弯矩。因此，梁弯曲时的内力包括剪力和弯矩。确定梁的内力就是要确定梁横截面上的剪力与弯矩。

如同第 3、4 章的情况一样，确定梁的内力采用截面法。对梁而言，步骤如下：首先，根据梁的整体静力平衡方程求解得到梁的约束力；其次，在所要得到内力的梁某位置，用假想的截面去截梁，得到左、右两半段；再次，任意选取其中的一段，在截面上添加内力分量，建立静力学平衡方程；最后，求解半段梁的平衡方程，得到所需要的截面上的内力。

如图 5-4 所示简支梁，在中点 C 受集中载荷 $\boldsymbol{G}$ 的作用。显然，由结构以及载荷的对称性可以得到，支座 A、B 的约束力均为 $F_A=F_B=\frac{1}{2}G$。

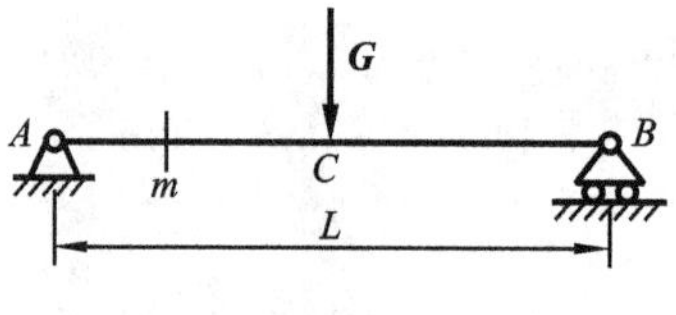

图 5-4

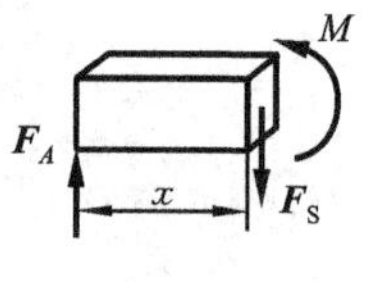

图 5-5

讨论该简支梁 AC 上某点 m 处的内力。在点 m 处用一假想截面去截梁，并取梁的左半段进行分析。在梁的截面上标出相应的内力，如图 5-5 所示。设 $Am=x$，有平衡方程：

$$\begin{cases}\sum F_y = 0, \quad F_A - F_S = 0 \\ \sum M = 0, \quad F_A x - M = 0\end{cases}$$

从中可以解得：

剪力 $$F_S = \frac{1}{2}G$$

弯矩 $$M = \frac{1}{2}Gx$$

如果在用截面截断梁后，取右半段进行分析，也可以得到梁上 m 截面的剪力和弯矩，并且，取右半段分析得到的剪力和弯矩的大小和取左半段分析得到的结果是一样的，但是，其方向正好相反。如：取左半段分析得到的剪力是向下的，而取右半段分析得到的剪力则是向上的；取左半段分析得到的弯矩是逆时针转向的，而取右半段分析得到的弯矩是顺时针转向的。出现这种现象也很自然的，因为左、右半段截面上的内力本来就是作用力与反作用力的关系，大小相等、方向相反是其本质。但在梁的内力分析中，截面的左、右半段是任意选取的，因此，希望得到的内力结果不仅大小相等，正负号也宜相同，这样才能够反映梁段相同的变形性质。对内力的正负号不能简单地规定按照坐标轴方向的异同而定，而是重新按照构件变形的情况来予以确定，如同第 3、4 章拉伸与扭转的情况一样。

规定剪力的正负：对某段梁，如果横截面上的剪力对梁内任意点的矩是顺时针的，则该剪力是正的；反之，若矩是逆时针的，则剪力为负。

按照定义，不同梁段的同一横截面上的剪力是作用力与反作用力的关系，力的方向相反，但对梁的矩的转向是相同的，因此，其符号也相同。图 5-6 所示的剪力都是正的。

规定弯矩的正负：对某段梁，弯矩作用的效果使梁的轴线变成下凹曲线的弯矩为正弯矩，使梁的轴线成为上凸曲线的弯矩为负。

按照定义，在梁的左侧截面上作用顺时针转向的弯矩和在梁的右侧截面上作用逆时针转向的弯矩都能够使梁的轴线变成下凹曲线，因此，都是正弯矩；与之相反的则为负弯矩。图 5-7 所示的弯矩都是正的。

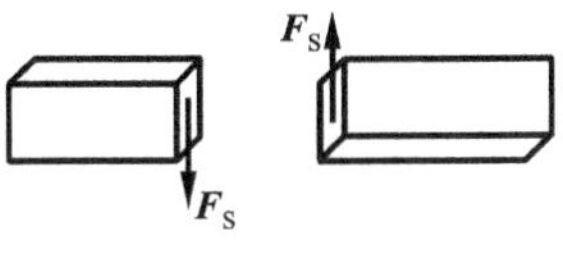

图 5-6

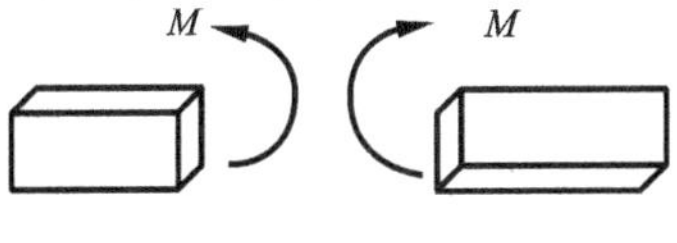

图 5-7

例 5-1　如图 5-8(a)所示受力状态下的简支梁，长 $AB=3$ m，$AC=2$ m，在梁的 AC 段上作用有均布载荷，$q=6$ kN/m。求 AC 中点 D 处横截面的内力。

解　解除梁的约束，代之以约束力。显然，有 $F_{Bx}=0$。

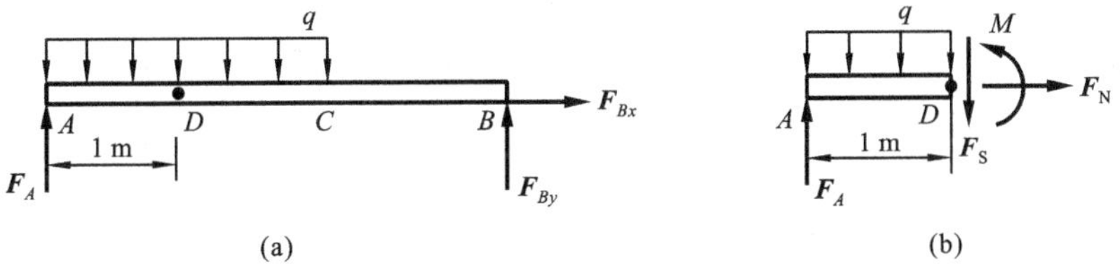

图 5-8

建立梁的平衡方程：

$$\sum M_A = 0,\quad F_{By}\times 3\ \text{m}-\frac{1}{2}q\times(2\ \text{m})^2=0$$

$$\sum F_y = 0,\quad F_A + F_{By} - q \times 2\ \text{m} = 0$$

可以解得：

$$F_A = 8\ \text{kN},\quad F_{By} = 4\ \text{kN}$$

用一假想的截面作用于 D 点，把梁截断，选取其中的左半段梁进行分析，在截面上标示出相应的内力分量，如图 5-8(b)所示。

根据所取梁段的平衡，列出方程如下：

$$\sum F_x = 0,\quad F_N = 0$$

$$\sum F_y = 0,\quad F_A - q \times 1\ \text{m} - F_S = 0,\quad F_S = 2\ \text{kN}$$

$$\sum M = 0,\quad M - F_A \times 1\ \text{m} + \frac{1}{2} q \times (1\ \text{m})^2 = 0,\quad M = 5\ \text{kN} \cdot \text{m}$$

5.3 剪力图和弯矩图

1. 根据内力方程绘制

对于弯曲的梁，由于其所受到的载荷比较复杂，剪力和弯矩也相应较复杂，它们通常是沿梁轴线方向变化的函数，把这种变化的函数关系用图表示出来，分别称为梁的剪力图和弯矩图。

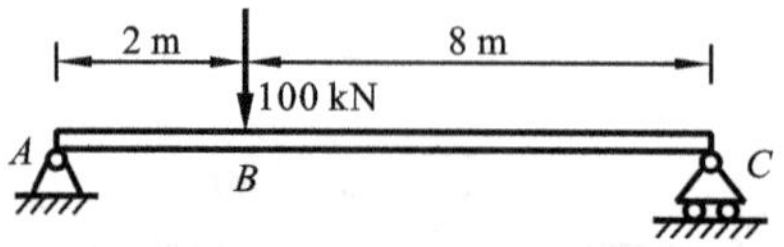

图 5-9

例 5-2　绘制图 5-9 所示简支梁的剪力图和弯矩图。

解　根据简支梁的受力情况画出其受力图，如图 5-10(a)所示。根据该简支梁的平衡条件，列出如下方程：

$$\sum F_x = 0,\quad F_{cx} = 0$$

$$\sum F_y = 0,\quad F_A - 100\ \text{kN} + F_{Cy} = 0$$

$$\sum M = 0,\quad M_A = 0,\quad 8F_{Cy} - 100\ \text{kN} \times 2\ \text{m} = 0$$

$$M_C = 0,\quad -10F_A + 100\ \text{kN} \times 8\ \text{m} = 0$$

根据以上方程可求出 $F_A = 80$ kN，$F_{Cy} = 20$ kN，则 AB 段上距点 A 为 x 处的截面上的剪力方程和弯矩方程分别为

$$F_{S1} = F_A = 80\ \text{kN}\quad (0 < x < 2)$$

$$M = F_A x = 80x\quad (0 \leqslant x \leqslant 2)$$

同理可求得 BC 段上距点 A 为 x 的截面上的剪力方程和弯矩方程分别为

$$F_{S2} = -F_{Cy} = -20\ \text{kN}\quad (2 < x < 10)$$

$$M = F_{Cy}(10 - x) = 20(10 - x)\quad (2 < x \leqslant 10)$$

根据剪力和弯矩方程可绘制剪力图和弯矩图，如图 5-10(b)、(c)所示。

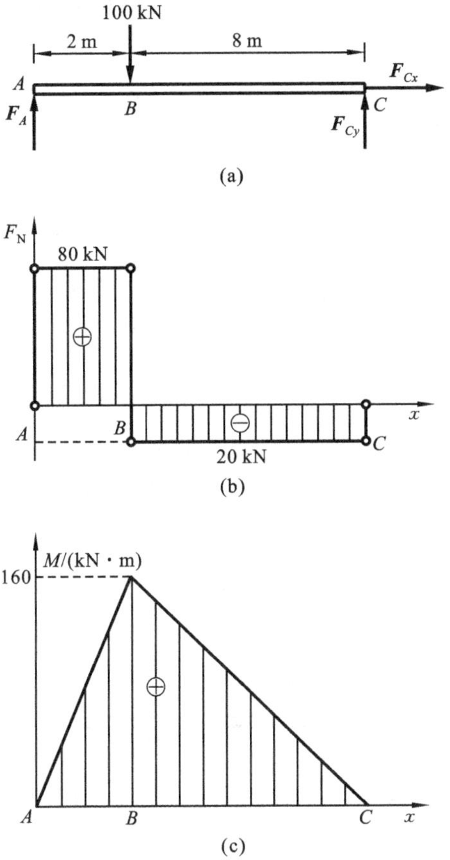

图 5-10

例 5-3　外伸梁受载荷如图 5-11 所示，试画出该梁的剪力图和弯矩图。

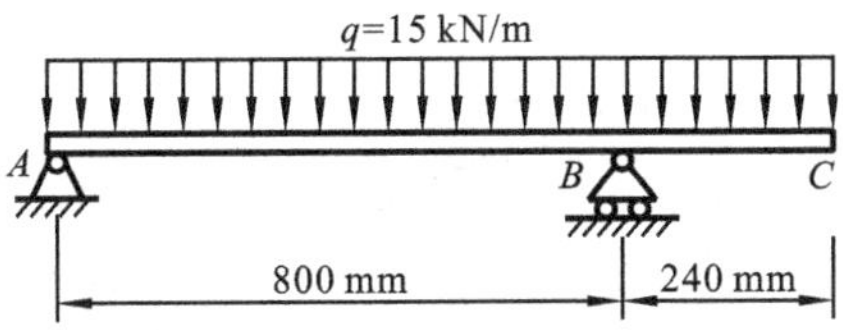

图 5-11

解　解除梁在 A、B 处的约束，根据约束性质，确定 A、B 的约束力分别为 F_A 和 F_B。建立平衡方程：

$$\sum M_A = 0,\quad F_B \times 0.8\ \text{m} - \frac{1}{2}q \times (1.04\ \text{m})^2 = 0$$

$$\sum F_y = 0,\quad F_A + F_B - q \times 1.04\ \text{m} = 0$$

可以解得　　$F_A = 5.46\ \text{kN},\quad F_B = 10.14\ \text{kN}$

对于 AB 段梁，取任意距离 A 为 x 位置的截面，有平衡方程

$$\begin{cases} F_A - qx - F_S = 0 \\ F_A x - \dfrac{1}{2}qx^2 - M = 0 \end{cases}$$

可以解得

$$\begin{cases} F_S = 5.46 - 15x \\ M = 5.46x - 7.5x^2 \end{cases}$$

其中

$$0 < x \leqslant 0.8$$

对于 BC 段梁，以任意位置截面截梁后，取右半段梁分析，有

$$\begin{cases} F_S - q(1.04 - x) = 0 \\ M - \dfrac{1}{2}q\,(1.04 - x)^2 = 0 \end{cases}$$

解得

$$\begin{cases} F_S = 15.6 - 15x \\ M = 7.5 \times (1.04 - x)^2 \end{cases}$$

其中

$$0.8 < x \leqslant 1.04$$

根据梁的剪力、弯矩的分析结果，可以画出外伸梁的剪力图和弯矩图，如图 5-12 所示。

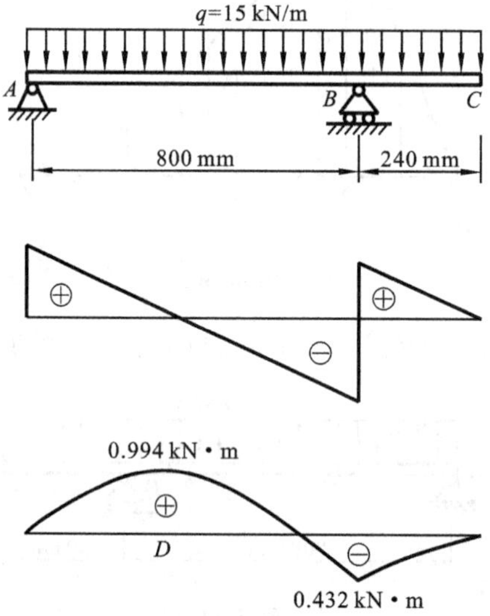

图 5-12

2. 内力与载荷集度间的微分关系

观察上述内力方程，发现剪力、弯矩和横截面位置之间存在着一定的微分关系。如图 5-9 中 AB、BC 段内，剪力是常数，弯矩均是一次函数，而且，弯矩（一次函数）的导数恰好等于剪力的值。这里的关系是否具有理论意义？设如图 5-13 所示梁，承受集度为 $q=q(x)$ 的分布载荷作用，规定载荷集度方向向上者为正。从受分布载荷的

梁中任意选取微段分析，画出受力图，如图 5-13 所示。

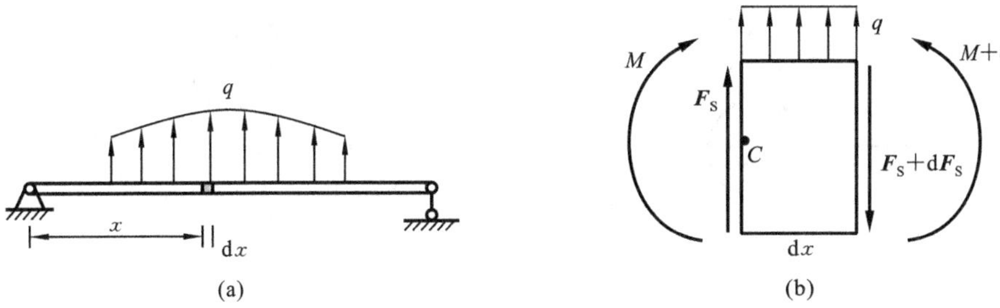

图 5-13

根据微段的平衡条件可列出如下方程：

$$\sum F_y = 0,\quad F_S + q\mathrm{d}x - (F_S + \mathrm{d}F_S) = 0$$

$$\sum M_C = 0,\quad M + \mathrm{d}M + q\mathrm{d}x\,\frac{\mathrm{d}x}{2} - (F_S + \mathrm{d}F_S)\mathrm{d}x - M = 0$$

忽略力矩平衡方程中的二阶微量，可得

$$\frac{\mathrm{d}F_S}{\mathrm{d}x} = q \tag{5-1}$$

$$\frac{\mathrm{d}M}{\mathrm{d}x} = F_S \tag{5-2}$$

$$\frac{\mathrm{d}^2 M}{\mathrm{d}x^2} = \frac{\mathrm{d}F_S}{\mathrm{d}x} = q \tag{5-3}$$

上述关系表明：剪力图某点处的导数（切线斜率），等于相应截面处的载荷集度；弯矩图某点处的导数（切线斜率），等于相应截面处的剪力；弯矩图某点处的二阶导数，等于相应截面处的载荷集度。

另外，当梁受集中载荷和集中弯矩作用时，由 5.2 节知识可知在该位置两侧剪力会发生突变，突变差值为集中载荷数值；若梁于某处受集中弯矩作用，该位置两侧弯矩也会发生突变，其突变的差值为集中弯矩数值。

如图 5-14 所示，假设该梁在点 O 所在截面处同时也承受集中力 F_O 和集中弯矩 M_O 作用，根据微段平衡可列出如下方程：

$$\sum F_y = 0,\quad F_S + F_O - q\mathrm{d}x - (F_S + \mathrm{d}F_S) = 0$$

$$\sum M_O = 0,\quad M + \mathrm{d}M + M_O + q\mathrm{d}x\,\frac{\mathrm{d}x}{2} - F_S\mathrm{d}x - M = 0$$

分别忽略力平衡方程中一阶微分量和力矩平衡方程中的二阶微分量，从以上方程可得

$$\mathrm{d}F_S = F_O \tag{5-4}$$

$$\mathrm{d}M = M_O \tag{5-5}$$

把梁的载荷情况与剪力、弯矩图之间的关系进行汇总，可得出剪力图和弯矩图在

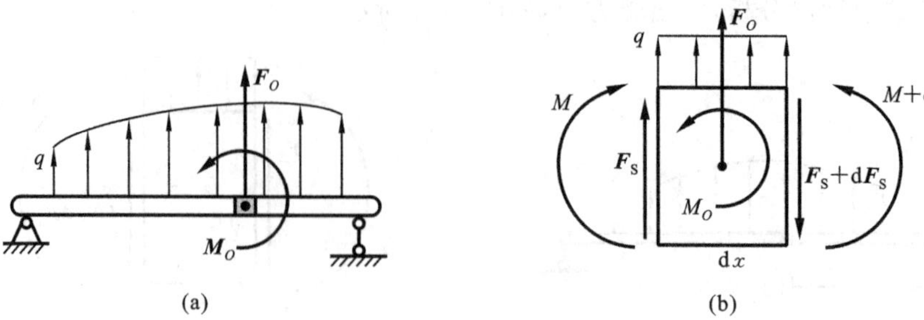

图 5-14

不同外力情况下的特征，如表 5-1 所示。

表 5-1　不同载荷作用下剪力图和弯矩图特征

外 力 情 况	均布载荷 q（q 向下）	无载荷段	集中力 F 作用处	集中弯矩 M 作用处
剪力图	斜直线且斜率为 q	水平线	突变，突变值为 F	不变
弯矩图	上凸抛物线	斜直线	有拐点	突变，突变值为 M
最大弯矩可能的截面位置	剪力为零的截面		剪力突变的截面	弯矩突变的截面

也可以分四种情况对不同载荷下剪力图和弯矩图的特征总结如下。

(1) 在梁的某一段上没有载荷作用　此时该段梁上剪力图为水平线；弯矩图为斜直线，斜率等于剪力值，即当剪力大于零时弯矩图向上倾斜，当剪力小于零时弯矩图向下倾斜。

(2) 在梁的某一段上作用有均布载荷　此时该段梁上剪力图为斜直线，斜率等于均布载荷的值，即当均布载荷大于零时剪力图向上倾斜，当均布载荷小于零时剪力图向下倾斜。弯矩图为抛物线，抛物线的开口取决于均布载荷：若均布载荷大于零，开口向上；均布载荷小于零，开口向下。抛物线的顶点位于剪力等于零的截面上。当均布载荷大于零时，剪力大于零的区段为抛物线的右半支，剪力小于零的区段为抛物线的左半支；当均布载荷小于零时，剪力大于零的区段为抛物线的左半支，剪力小于零的区段为抛物线的右半支。

(3) 梁上某点作用有集中载荷　在集中载荷作用点剪力图不连续，发生突变，其中突变的值等于集中载荷的大小。作用向上的集中载荷，剪力图向上突变；作用向下的集中载荷，剪力图向下突变。对应该点所在处，弯矩图出现拐点。

(4) 梁上某点作用有集中力偶　集中力偶对剪力图没有影响，弯矩图则要发生间断和突变，突变的值等于集中力偶的大小，作用正的集中力偶时向上突变，作用负的集中力偶时向下突变。

此外，剪力图和弯矩图还有以下特征。

(1) 梁上一点的弯矩值等于梁前面某点的弯矩值加上该段区间内剪力图所包围的面积，其中剪力图的面积须考虑正负。

(2) 梁的最大弯矩可能在下列位置：弯矩的极值点、集中力偶作用处、梁的端点等。

例 5-4　利用微分关系绘制例 5-2 中的剪力图和弯矩图。

解　梁在 A、B、C 三处截面的剪力和弯矩分量可求解得

$$F_{S1} = F_A = 80\ \text{kN}$$

$$F_{S2} = F_{Cy} = -20\ \text{kN}$$

$$M_B = F_A \times 2 = 80 \times 2\ \text{kN} \cdot \text{m} = 160\ \text{kN} \cdot \text{m}$$

由于例 5-2 中梁仅受集中载荷作用，根据微分关系，剪力图只在点 B 所在截面处有突变，AB 段和 BC 段均各自与点 A、B 所在截面处一致，可直接作出剪力图。由于梁 AC 为一简支梁，故在点 A、C 所在截面处弯矩均为零。同时根据 $\frac{dM}{dx}=F_S$ 可知，弯矩图在 AB 段和 BC 段与剪力呈线性关系，由于已知剪力在各自段内为常数，则弯矩与轴线 x 呈线性关系，根据点 B 所在截面处弯矩值即可直接画出弯矩图。剪力图和弯矩图分别如图 5-10(b)、(c)所示。

例 5-5　利用微分关系直接画出图 5-15 中受均布载荷、集中力与弯矩作用的梁的剪力图和弯矩图。

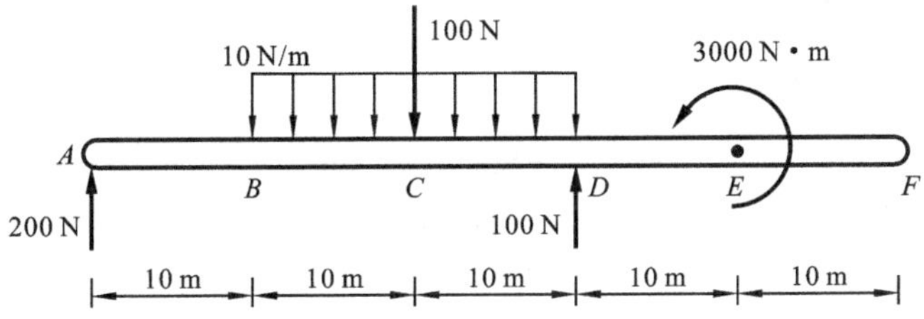

图 5-15

解　(1) 根据图 5-5 可知该梁点 A、F 所在截面处剪力和弯矩值如下：

点 A 所在截面处：　$F_{SA}=200$ N，　$M_A=0$ N · m

点 F 所在截面处：　$F_{SF}=0$N，　$M_F=0$ N · m

(2) 建立 F_S-x 和 M-x 坐标系，分别如图 5-11(b)和(c)所示。

根据微分关系可知，梁 AB 段由于无集中力作用，剪力为恒定数值，同理梁 DF 段剪力也为恒定数值；梁 BD 段受均布载荷作用，则该段剪力与轴线 x 呈线性关系，剪力图上切线斜率大小等于 BD 段的载荷集度，即斜率为 -10；而在集中载荷作用处剪力则有突变，点 C 所在截面处剪力突变值即为集中载荷作用数值(100 N)。

同时，在无均布载荷作用的梁段(AB 段、DF 段)，弯矩图为斜直线或平直线，其斜率与剪力值大小相等；在有均布载荷作用的梁段(BD 段)，弯矩图为抛物线，抛物线上某点处切线的斜率仍与该点所在截面处剪力数值大小相等，抛物线上某点处二

阶导数值等于该点所在截面处的载荷集度的数值即 10；而在集中弯矩作用位置处弯矩图上有突变，截面 E 处弯矩的突变值即为集中弯矩数值(3 000 N · m)。

根据以上分析，可得其他控制截面上的剪力和弯矩值

点 B 所在截面处： $F_{SB}=200$ N， $M_B=2\ 000$ N · m

点 C 所在截面处： $F_{SC}=100$ N， $M_C=3\ 500$ N · m

点 D 所在截面处： $F_{SD}=0$ N， $M_A=3\ 000$ N · m

点 E 所在截面处： $F_{SE}=200$ N， $M_E=3\ 000$ N · m

连接 F_S-x 和 M-x 坐标系上各点数据，可画出整段梁的剪力图和弯矩图，如图 5-16所示。其中根据微分关系可知，剪力图与轴线 x 上某段范围所围图形的面积，表示该段截面的弯矩累计变化值，可结合弯矩图进行分析。

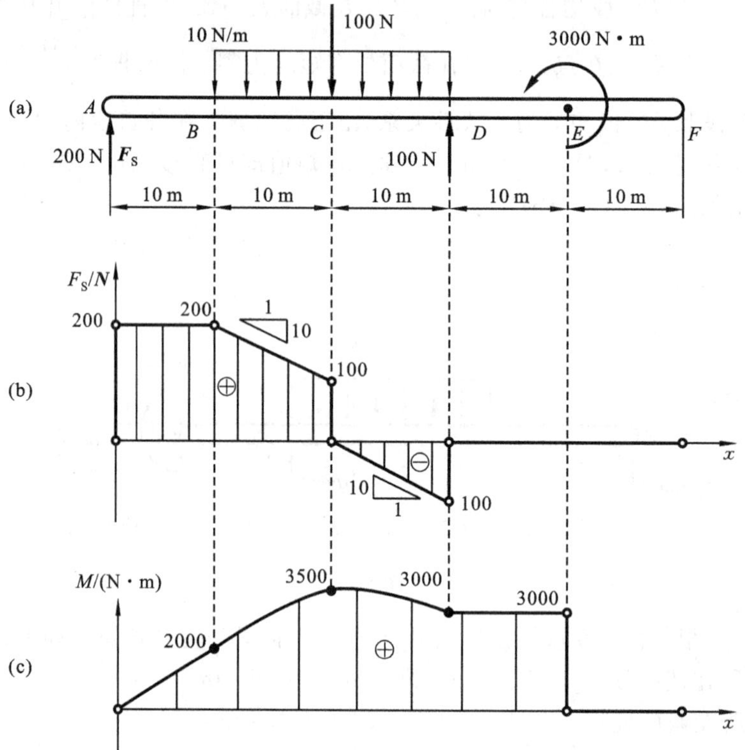

图 5-16

5.4 静矩、惯性矩和惯性积

1. 静矩

如图 5-17 所示，设有一平面图形，其面积为 A，在坐标(x,y)处，取微面积 dA，

$x\mathrm{d}A$ 称为微面积 $\mathrm{d}A$ 对 y 轴的面积矩，简称静矩（或面矩）。将 $x\mathrm{d}A$ 对整个图形面积 A 的积分，称为图形对 y 轴的静矩（用 S_y 表示）即

$$S_y = \int_A x\,\mathrm{d}A \tag{5-6}$$

同理，图形对 x 轴的静矩

$$S_x = \int_A y\,\mathrm{d}A \tag{5-7}$$

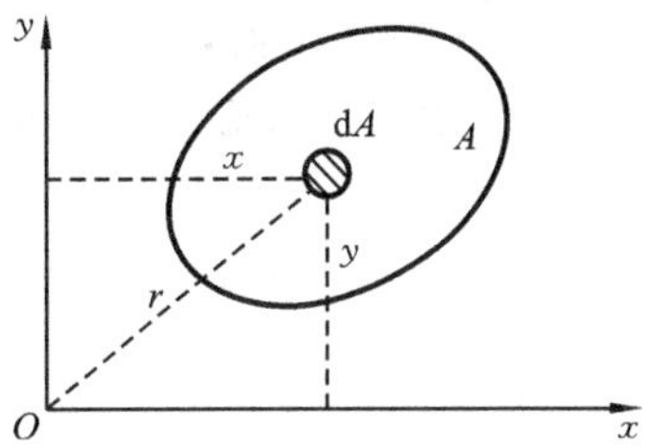

图 5-17

若平面图形等厚均质，则其形心坐标为

$$x_C = \frac{\sum x\mathrm{d}A}{A} = \frac{\int_A x\,\mathrm{d}A}{A} \tag{5-8}$$

$$y_C = \frac{\sum y\mathrm{d}A}{A} = \frac{\int_A y\,\mathrm{d}A}{A} \tag{5-9}$$

由此可得

$$S_y = Ax_C, \quad S_x = Ay_C \tag{5-10}$$

由式(5-10)可知：图形对过其形心坐标轴的静矩为零；静矩不仅与图形面积有关，而且与所选坐标轴的位置有关。静矩可以为正值、负值或零，静矩的单位为 m^3。

2. 惯性矩与极惯性矩

如图 5-17 所示，定义 $x^2\mathrm{d}A$ 为微面积 $\mathrm{d}A$ 对 y 轴的惯性矩。将 $x^2\mathrm{d}A$ 遍及整个图形面积 A 的积分，称为图形对 y 轴的惯性矩，用 I_y 表示，即

$$I_y = \int_A x^2\mathrm{d}A \tag{5-11}$$

同理可得

$$I_x = \int_A y^2\mathrm{d}A \tag{5-12}$$

还可以考查 $r^2\mathrm{d}A$ 在截面上的积分，$r^2\mathrm{d}A$ 称为微面积 $\mathrm{d}A$ 对坐标原点 O 的极惯性矩。将 $r^2\mathrm{d}A$ 遍及整个图形面积 A 的积分，称为图形对坐标原点 O 的极惯性矩（该概念在第 4 章已经提出），用 I_P 表示，即

$$I_\mathrm{P} = \int_A r^2\mathrm{d}A \tag{5-13}$$

将 $r^2 = x^2 + y^2$ 代入式(5-13)，得

$$I_\mathrm{P} = \int_A r^2\mathrm{d}A = \int_A (x^2 + y^2)\mathrm{d}A = \int_A x^2\mathrm{d}A + \int_A y^2\mathrm{d}A \tag{5-14}$$

即得

$$I_\mathrm{P} = I_y + I_x \tag{5-15}$$

由式(5-15)可知，图形对其所在平面内任一点的极惯性矩 I_P，等于其对过此点的任一对正交轴 x、y 的惯性矩 I_y、I_x 之和。由式(5-13)、式(5-14)和式(5-15)可知，惯性矩

和极惯性矩总是正值,其单位为 m^4。

3. 惯性积与形心主惯性矩

如图 5-17 所示,$xy\mathrm{d}A$ 称为微面积 $\mathrm{d}A$ 对轴 x、y 的惯性积。将 $xy\mathrm{d}A$ 遍及整个图形面积 A 的积分,称为图形对轴 x、y 的惯性积。用 I_{xy} 表示,即

$$I_{xy} = \int_A xy\,\mathrm{d}A \tag{5-16}$$

由式(5-16)可知,惯性积可以是正值、负值或零,且 x 轴与 y 轴中只要有一条为图形的对称轴,则图形对轴 x、y 的惯性积必等于零。

若图形对某对正交轴的惯性积等于零,则该对坐标轴就称为主惯性轴,简称主轴。图形对主惯性轴的惯性矩称为主惯性矩。过图形形心的主惯性轴称为形心主惯性轴;图形对形心主惯性轴的惯性矩称为形心主惯性矩。

例 5-6 求图 5-18 所示矩形截面对形心对称轴 y、z 的惯性矩。

解 设形心对称坐标系如图 5-18 所示,则有

$$I_y = \int_A z^2\,\mathrm{d}A$$

注意到 $\mathrm{d}A = b\mathrm{d}z$,则有

$$I_y = \int_A z^2\,\mathrm{d}A = \int_{-\frac{h}{2}}^{\frac{h}{2}} bz^2\,\mathrm{d}z = \frac{bh^3}{12}$$

同理,有

$$I_z = \frac{hb^3}{12}$$

对大多数矩形梁来说,梁高 $h>$梁宽 b,因此,梁的惯性矩 $I_y > I_z$。这对于梁的强度非常重要,在梁的设计中,需要根据实际情况正确地决定矩形梁的放置方法。

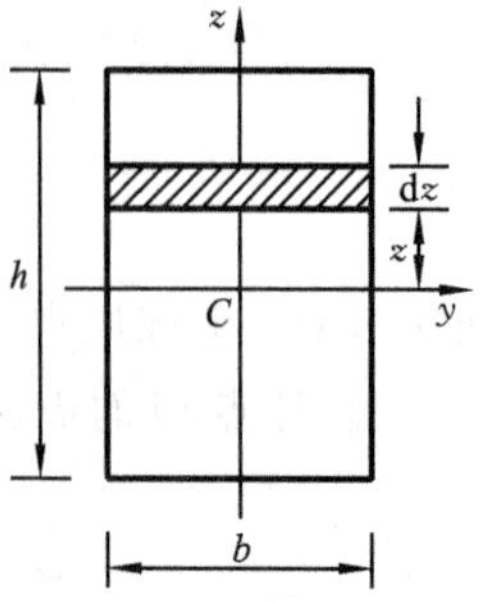

图 5-18

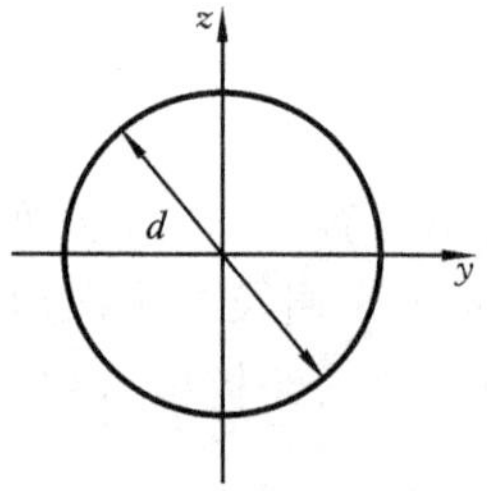

图 5-19

例 5-7 分析实心与空心圆截面的形心惯性矩。

解 由于圆是完全对称的图形,因此,无论 y 轴还是 z 轴都是对称轴,它们的惯性矩也必然相等,因此,只要讨论对其中任意一条轴的惯性矩就可以了。

如图 5-19 所示,对于实心圆截面,有

$$I_y = \int_A z^2\,\mathrm{d}A = \iint_A z^2 r\,\mathrm{d}r\,\mathrm{d}\theta = \int_0^{2\pi}\int_0^{\frac{d}{2}} r^2 \sin^2\theta\, r\,\mathrm{d}r\,\mathrm{d}\theta = \frac{\pi d^4}{64}$$

对于空心圆截面，只要注意到在面积积分中，积分限界在内、外径之间，就可以得到：

$$I_y = \int_0^{2\pi}\int_{\frac{d}{2}}^{\frac{D}{2}} r^3 \sin^2\theta \mathrm{d}r\mathrm{d}\theta = \frac{\pi(D^4 - d^4)}{64} = \frac{\pi D^4(1-\alpha^4)}{64}$$

式中 $\alpha = \dfrac{d}{D}$为空心圆截面的内外径比值。

在实际工程中，既有实心圆截面梁，也有空心圆截面梁，可以比较这两个截面的惯性矩。当比较两个不同截面的惯性矩时，需要去除面积因素的影响。因此，以惯性半径 i 来衡量。惯性半径定义为

$$i = \sqrt{\frac{I}{A}}$$

显然，通过计算惯性半径，对实心圆截面，有

$$i_1 = \frac{d}{4}$$

对空心圆截面，有

$$i_2 = \frac{D}{4}\sqrt{1+\alpha^2}$$

显然，当外径相同时，空心圆截面的惯性半径要比实心圆截面大，而在截面面积相同的前提下，空心圆截面的惯性矩要比实心圆截面大。在工程上，这一结论具有重要的意义。

5.5 平行移轴定理

平行移轴定理说明了图形对某形心轴与其任意平行轴的惯性矩、惯性积之间的关系。以图 5-20 为例，假设轴 x'(以下称为形心轴)过形心 C，求解图示图形对轴 x 的惯性矩，该轴与形心轴 x'平行。

$$\begin{aligned} I_x &= \int_A y^2 \mathrm{d}A = \int_A (y' + y_C)^2 \mathrm{d}A = \int_A y_C^2 \mathrm{d}A + \int_A y'^2 \mathrm{d}A + \int_A 2y_C y' \mathrm{d}A \\ &= y_C^2 A + I_{x'} + 2y_C \int_A y' \mathrm{d}A \end{aligned} \tag{5-17}$$

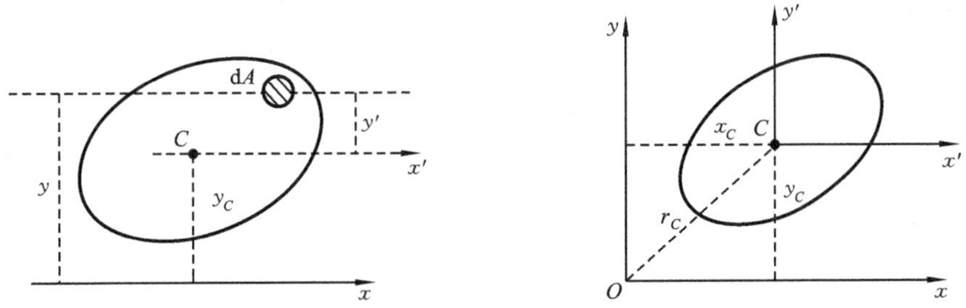

图 5-20

其中 $S_{x'}=\int_A y'\mathrm{d}A$ 表示图形对于形心轴的静矩，由于点 C 为图形形心，故该值为 0，可得

$$I_x = I'_x + Ay_C^2 \tag{5-18}$$

同理可得

$$I_y = I'_y + Ax_C^2 \tag{5-19}$$

则

$$I_P = I_y + I_x = I'_x + I'_y + A(x_C^2 + y_C^2) = I_{P'} + Ar_C^2 \tag{5-20}$$

根据惯性积的定义

$$\begin{aligned} I_{xy} &= \int_A xy\mathrm{d}A = \int_A (x' + x_C)(y' + y_C)\mathrm{d}A \\ &= \int_A x'y'\mathrm{d}A + x_C\int_A y'\mathrm{d}A + y_C\int_A x'\mathrm{d}A + x_Cy_C\int_A \mathrm{d}A \end{aligned}$$

其中，$S_{x'}=\int_A y'\mathrm{d}A$，$S_{y'}=\int_A x'\mathrm{d}A$ 分别表示图形对于形心轴 x' 和 y' 的静矩，其值均为 0，可得

$$I_{xy} = \int_A x'y'\mathrm{d}A + x_Cy_C\int_A \mathrm{d}A = I'_{xy} + Ax_Cy_C \tag{5-21}$$

式(5-18)至式(5-21)为平行移轴定理的表达式。

通过平行移轴定理，可得出以下结论。

(1) 截面对某任意轴的惯性矩，等于对平行于该轴的形心轴惯性矩加上两平行轴距离的平方与截面面积的乘积。

(2) 截面对某点的极惯性矩，等于对形心的极惯性矩加上该点与形心距离的平方与面积的乘积。

(3) 截面对某任意坐标轴的惯性积，等于对平行于该对坐标轴的形心坐标轴（坐标轴原点过形心）的惯性积加上两对坐标轴的对应平行轴之间距离之积与面积的乘积。

例 5-8　求图 5-21 所示 T 形截面对其形心轴 y_C 的惯性矩。

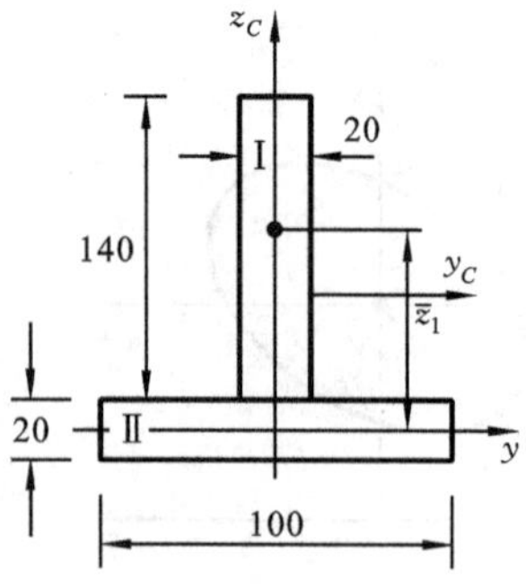

图 5-21

解　将截面分成Ⅰ、Ⅱ两个矩形截面，如图 5-21 所示。由于结构是左右对称的，截面的形心必在对称轴 z_C 上，因此，需要首先计算形心的位置。

取过矩形Ⅱ的形心且平行于底边的轴作为参考轴，记作 y 轴，分别计算两块图形的面积和形心位置，有

$$A_{\text{I}} = 20\times 140,\quad \bar{z}_1 = 80$$

$$A_{\text{II}} = 100\times 20,\quad \bar{z}_2 = 0$$

计算 T 形截面的总形心位置：

$$\bar{z}_C = \frac{A_1\bar{z}_1 + A_2\bar{z}_2}{A_1 + A_2} = 46.7\ \text{mm}$$

由于总形心位置与分块图形的形心位置有偏差，需要利用平行移轴公式(5-19)进行计算。

对矩形Ⅰ，有

$$I_{y_C}^{1} = \left[\frac{1}{12} \times 20 \times 140^3 + 20 \times 140 \times (80 - 46.7)^2\right] \text{mm}^4 = 7.68 \times 10^6 \text{ mm}^4$$

对矩形Ⅱ，有

$$I_{y_C}^{2} = \left[\frac{1}{12} \times 100 \times 20^3 + 100 \times 20 \times (46.7)^2\right] \text{mm}^4 = 4.43 \times 10^6 \text{ mm}^4$$

总的截面的惯性矩为

$$I_{y_C} = I_{y_C}^{1} + I_{y_C}^{2} = 12.11 \times 10^6 \text{ mm}^4$$

5.6 梁弯曲正应力计算与强度设计

在工程设计中，仅仅知道某个截面的最大内力是远远不够的，还必须了解该截面上哪点最先失效。因此，必须了解该截面上的应力分布情况，从而得知某点处的应力情况。而应力与变形有关，故可根据梁的变形来推知梁上某处横截面上的正应力分布情况。

若梁承受外力后轴线弯曲成平面曲线，称梁的弯曲为平面弯曲。平面弯曲对梁本身以及载荷提出了条件，需要梁有一个纵向对称面，载荷作用在纵向对称面内或者对称于纵向对称面，这时梁的轴线弯曲后形成平面曲线。一般情形下，平面弯曲时梁的横截面上会有剪力和弯矩两个内力分量。如果梁的横截面上剪力为零，弯矩为不等于零的常数，即只有弯矩一个内力分量，这种平面弯曲称为纯弯曲；若梁的横截面上剪力不为零，即不仅有正应力还有切应力，这种弯曲称为横力弯曲。

1. 纯弯曲平面假定与应变分布

图5-22所示为纯弯曲状态下梁的变形情况。在未弯曲的梁表面上作纵横线，将梁表面划分为相等的网格，如图5-22(a)所示；然后在梁端加上一对力偶M，使梁发生弯曲变形，如图5-22(b)所示。可以发现：此时梁上的横向线转过了一个角度但仍为直线，梁的下部纵向线伸长，而上部纵向线缩短，纵向线变弯后仍与横向线垂直。

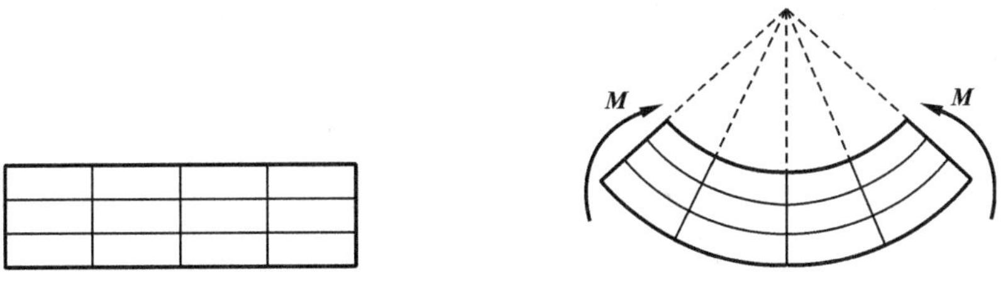

(a) (b)

图5-22

因为每一个网格单元经历相同的变形，原来互相平行的横截面在变形后，梁上的横向线延长线会有公共的交点，梁的轴线变形以后成了以此点为圆心的圆弧。

由此得到梁纯弯曲变形的平面假设：梁变形后其横截面仍保持为平面，并且垂直于变形后的梁轴线。同时还假设梁的各纵向纤维之间无挤压，即所有与轴线平行的纵向纤维均是轴向拉、压。

2. 纯弯曲的正应力分布

由图 5-22 所示，梁在纯弯曲时下部纵向纤维伸长，而上部纵向纤维缩短。根据变形的连续性，梁内肯定有一层长度不变的纤维层，称为中性层，如图 5-23(a)所示。中性层与横截面的交线称为中性轴，由于载荷作用于梁的纵向对称面内，梁的变形沿纵向对称，则中性轴垂直于横截面的对称轴。

如图 5-23(b)所示，纯弯曲梁微段变形时，其横截面绕中性轴旋转某一角度 $\mathrm{d}\theta$。假设 l 层距离中性层为 y，取微段研究，可得该层线应变为

$$\varepsilon = \frac{l - l_0}{l_0} = \frac{(\rho - y)\mathrm{d}\theta - \rho\mathrm{d}\theta}{\rho\mathrm{d}\theta} = -\frac{y}{\rho} \tag{5-22}$$

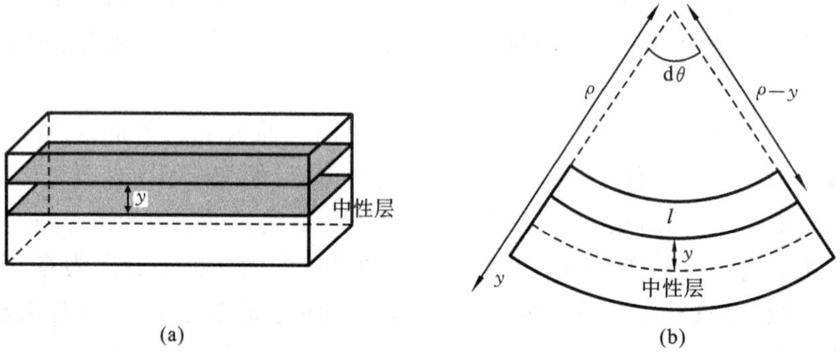

图 5-23

式中　ρ 为中性层弯曲后的曲率半径，与 y 无关。

根据胡克定律，可得此处正应力

$$\sigma = E\varepsilon = -E\frac{y}{\rho} \tag{5-23}$$

由此可见，横截面上正应力沿横截面高度方向呈线性分布，如图 5-24 所示。正应力在中心轴处为 0，距离中性轴越远正应力越大。

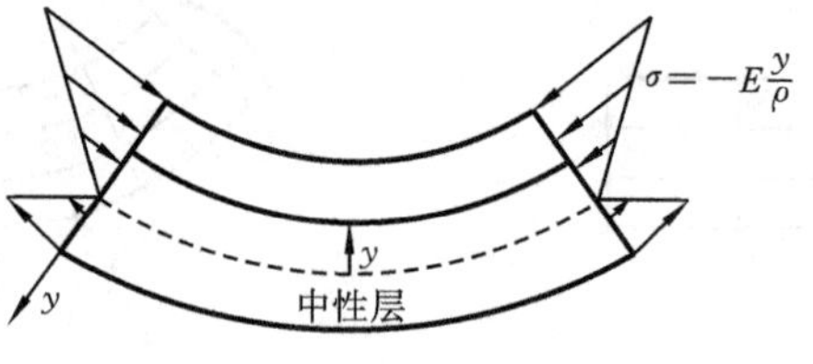

图 5-24

3. 中性层位置确定

横截面上正应力大小与该点至中性层的距离有关，因此中性层位置的确定是一个很关键的问题。

假设有一平面弯曲梁，如图 5-25 所示，由上述推导知，其横截面存在正应力。假设该段梁横截面上有弯矩 M。在横截面上取微面积 ΔA，分析该微面积受力情况，有

$$\Delta F_{\mathrm{N}} = \sigma \Delta A = -E\frac{y}{\rho}\Delta A \tag{5-24}$$

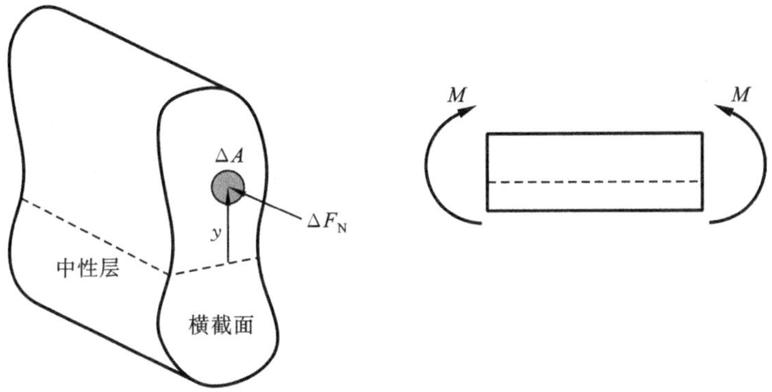

图 5-25

整个横截面上所有内力组成一空间平行力系，该平行力系主矢为

$$F_{\mathrm{N}} = \int_A \sigma \mathrm{d}A = -\int_A E\frac{y}{\rho}\mathrm{d}A = -\frac{E}{\rho}\int_A y\mathrm{d}A \tag{5-25}$$

当梁纯弯曲时，轴力 $F_{\mathrm{N}}=0$，即 $\int_A y\mathrm{d}A = 0$，故纯弯曲时中性层必过横截面形心。

从以上分析可知，当梁发生纯弯曲时，其中性轴必通过该截面形心，所以确定中性轴的位置即是确定截面形心的位置。

4. 梁正应力计算

讨论横截面上微面积产生的轴力分量对中性层产生的弯矩

$$\Delta M = -y\Delta F_{\mathrm{N}} = E\frac{y^2}{\rho}\Delta A \tag{5-26}$$

则

$$M = \int_A E\frac{y^2}{\rho}\mathrm{d}A = \frac{E}{\rho}\int_A y^2\mathrm{d}A = \frac{EI}{\rho} \tag{5-27}$$

其中，I 为横截面对中性轴的惯性矩。由此可得梁截面上正应力的公式

$$\sigma = -E\frac{y}{\rho} = -\frac{My}{I} \tag{5-28}$$

由式(5-28)可以看出，梁截面上的正应力不仅与横截面上的弯矩有关，同时也与该点与中性层的距离有关。如图 5-26 所示，在弯矩作用下，其正应力与中性层距离成正

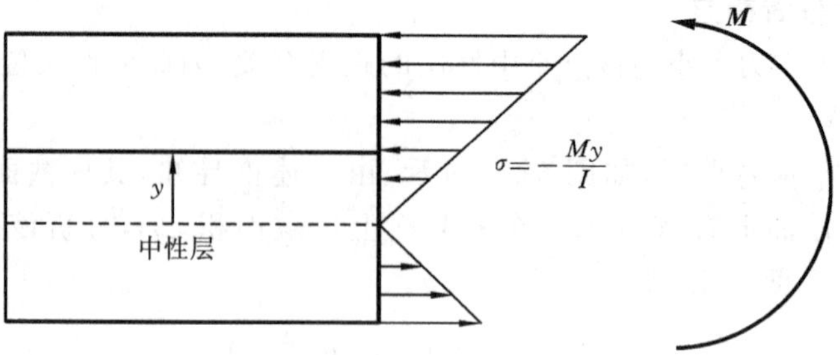

图 5-26

比例关系，距离中性层越远正应力越大，该位置越危险。

5. 梁的正应力强度条件

在图 5-26 所示弯矩情况下，梁弯曲时横截面上最大正应力发生在该截面的最上端或最下端。通常情况下，将梁上弯矩最大的地方称为梁的危险截面，危险截面上正应力最大的地方称为危险点。梁内最大正应力 σ_{max} 不超过材料的许用应力$[\sigma]$，称为梁的正应力强度条件，即

$$\sigma_{max}=\frac{M_{max}y_{max}}{I}\leqslant[\sigma] \tag{5-29}$$

由于 y_{max} 和 I 都是与截面的几何尺寸有关的量，可令

$$W=\frac{I}{y_{max}}$$

W 称为抗弯截面模数，则有

$$\sigma_{max}=\frac{M_{max}}{W}\leqslant[\sigma] \tag{5-30}$$

当梁的材料为脆性材料如铸铁时，材料的拉、压极限应力不相等，拉、压许用应力也不同，梁的强度条件为

$$\begin{aligned}\sigma_{max(拉)}&\leqslant[\sigma_t]\\ \sigma_{max(压)}&\leqslant[\sigma_c]\end{aligned} \tag{5-31}$$

梁的正应力计算公式是按照纯弯曲梁给出的，但实际工程中，纯弯曲梁仅占梁的一小部分，大量存在的梁为非纯弯曲梁，也就是横力弯曲梁。横力弯曲梁的正应力计算比较复杂，因为横向剪力的存在，使得梁的纵向线在弯曲后不再平行，因此，纯弯曲的平面假设就不能适用了。但如果梁的高度相对长度而言是比较小的(高度小于跨度的 1/5，满足这样条件的梁称为浅梁)，一般直接应用纯弯曲梁的公式计算正应力，其误差在工程意义上是可以接受的。因此，本教材中也用纯弯曲公式计算横弯曲梁的正应力，即

$$\sigma=\frac{M(x)}{I}y \tag{5-32}$$

根据梁的强度条件，通常可以解决梁在强度设计方面的三类问题。

(1) 已知梁的截面尺寸、材料及所受载荷，对梁做正应力强度校核。

(2) 在已知梁的材料及载荷时，可根据强度条件确定抗弯截面模数，并根据梁的截面形状确定截面尺寸。

(3) 已知梁的材料及截面尺寸，根据强度条件计算此梁能承受的最大弯矩，并由弯矩与载荷关系推算出许用载荷值。

例 5-9　螺栓压板夹紧装置简图如图 5-27(a)所示。已知板长 $3a=150$ mm，压板材料的弯曲许用应力$[\sigma]=140$ MPa，试计算压板传给工件的最大允许压紧力 F。

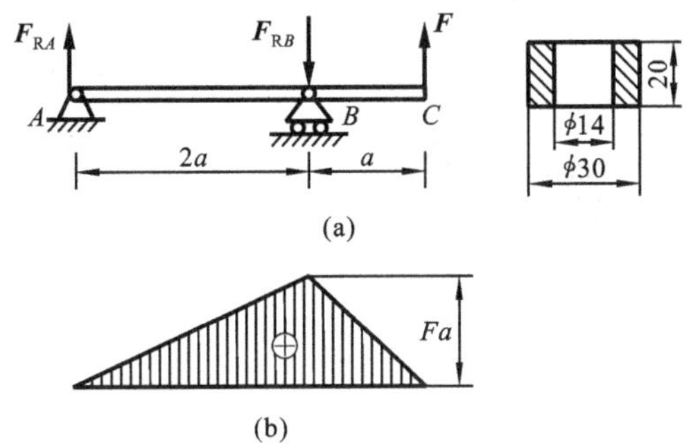

图 5-27

解　(1) 作出弯矩图(见图 5-27(b))，得梁的最大弯矩为

$$M_{max}=Fa$$

(2) 求惯性矩以及抗弯截面模数，有

$$I_z=\left(\frac{3\times 2^3}{12}-\frac{1.4\times 2^3}{12}\right)\ \text{cm}^4=1.07\ \text{cm}^4$$

$$W_z=\frac{I_z}{y_{max}}=\frac{1.07}{1}\ \text{cm}^3=1.07\ \text{cm}^3$$

(3) 求许可载荷。由式(5-30)得

$$M_{max}\leqslant W_z[\sigma]$$

即

$$Fa\leqslant W_z[\sigma]$$

$$F\leqslant\frac{W_z[\sigma]}{a}=\frac{1.07\times 10^{-6}\times 140\times 10^6}{50\times 10^{-3}}\ \text{N}=2\ 996\ \text{N}$$

例 5-10　T 形截面铸铁梁的载荷和截面尺寸如图 5-28 所示。铸铁的抗拉许用应力为$[\sigma_t]=30$ MPa，抗压许用应力为$[\sigma_c]=160$ MPa。已知截面对形心轴 z 的惯性

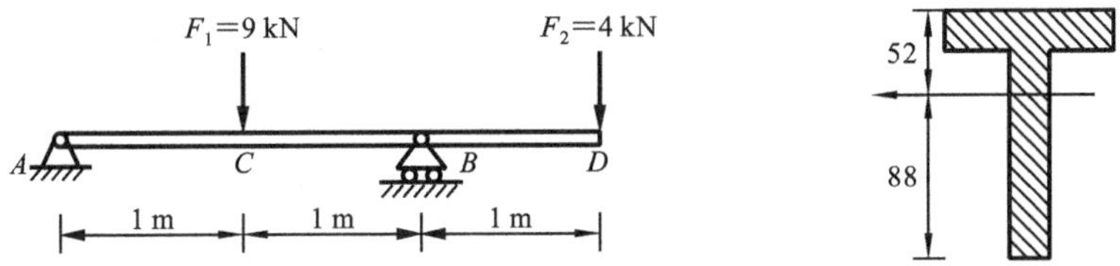

图 5-28

矩为 $I_z=763\ \text{cm}^4$，$y_1=52$ mm，试校核梁的强度。

解 分析梁的受力，点 A、B 处的约束力 F_{RA}、F_{RB} 均为横向力，如图 5-29(a)所示，因此，梁受到平行力系的作用。

将梁上载荷对点 B 取矩，有

$$F_{RA}\times 2\ \text{m}+F_2\times 1\ \text{m}=F_1\times 1\ \text{m}\Rightarrow F_{RA}=\frac{F_1-F_2}{2}=2.5\ \text{kN}$$

从而可以得到 $$F_{RB}=F_1+F_2-F_{RA}=10.5\ \text{kN}$$

作梁的弯矩图，如图 5-29(b)所示。

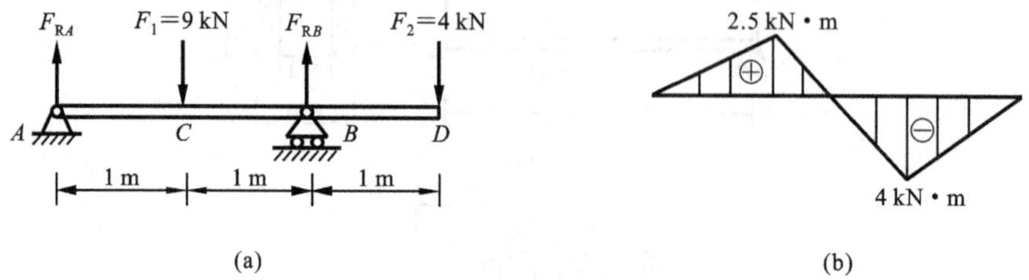

图 5-29

由弯矩图可知，在梁的截面 C 处作用有最大正弯矩 2.5 kN · m，在梁的截面 B 处作用有最大负弯矩 4 kN · m。由于本题中材料为铸铁，铸铁为典型的脆性材料，其抗拉与抗压性能相差甚远。因此，在进行强度校核时，需要分别对其拉伸强度和压缩强度进行校核计算。

对截面 B：该截面上作用有最大弯矩，由于是负弯矩，因此，梁的曲线将是上凸曲线，即梁在中性轴的上部承受拉伸变形，而在中性轴的下部将承受压缩变形。

$$\sigma_{t\max}=\frac{M_B y_1}{I_z}=\frac{4\ 000\times 0.052}{763\times 10^{-8}}=27.2\ \text{MPa}<[\sigma_t]$$

$$\sigma_{c\max}=\frac{M_B y_2}{I_z}=\frac{4\ 000\times 0.88}{763\times 10^{-8}}=46.2\ \text{MPa}<[\sigma_c]$$

对截面 C，尽管作用的弯矩只有 2.5 kN · m，但这是正弯矩，意味着梁的下部受拉，而上部受压。注意到 T 形梁的截面，在目前放置情况下，梁的形心偏上，也就是中性轴偏于梁的上部，因此，下底部到中性轴的距离也比较大，造成了该截面的拉伸应力有可能比截面 B 处大，因为截面 C 处的弯矩小而距离中性层远，所以需要进一步校核拉应力。而截面 C 的压应力由于其弯矩较截面 B 小，而压缩的 y_1 距离也比截面 B 的压缩 y_2 距离要小，因此，截面 C 处的压应力肯定要小于截面 B 处的压应力，不需要再进行计算校核。

$$\sigma_{t\max}=\frac{M_C y_2}{I_z}=28.8\ \text{MPa}<[\sigma_t]$$

由截面 B、C 的校核结果知，梁是安全的。

5.7 梁弯曲切应力计算与强度设计

1. 梁弯曲切应力

梁在横向弯曲时，横截面上与剪力对应的分布应力为切应力(τ)。沿梁长度方向截取梁单元长 Δx，并将该段沿垂直于横截面的平面方向截开，选取截面以上微段单元进行研究。选取梁长度方向为 x 方向，沿横截面的竖直方向为 y 方向，并以形心 C 为原点建立坐标系，如图 5-30 所示。

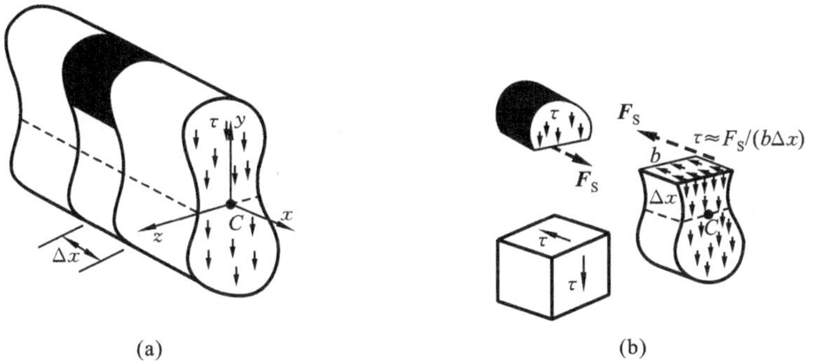

图 5-30

假设该微段横截面上承受切应力 τ 作用，根据切应力互等定理可知，与该微段横截面垂直的平面上切应力也等于 τ(微平面长 Δx，宽度为 b)，假设这些切应力集聚成该微段上的剪力 F_S。选取微段单元外表面研究，可视为仅承受轴向载荷作用，如图 5-31 所示。

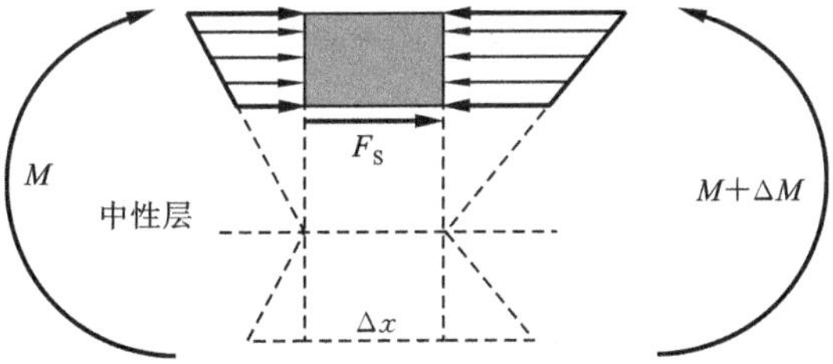

图 5-31

假设该部分面积为 A^*，左、右承受弯矩分别为 M 和 $M+\Delta M$，分析该微段受力情况，根据轴向方向上受力平衡可得

$$F_S+\int_{A^*}\left[-\frac{(M+\Delta M)y}{I_z}\right]dA+\int_{A^*}\left(\frac{My}{I_z}\right)dA=0 \tag{5-33}$$

故有

$$F_S=\frac{\Delta M}{I_z}\int_{A^*}y\,dA \tag{5-34}$$

在图示坐标系下，$\int_{A^*} y\mathrm{d}A$ 即为距离中性层 y 以上部分对中性层的静距 S_z^*，同时由梁微段单元切应力公式 $\tau=\frac{F_S}{b\Delta x}$（假设切应力在宽度 b 方向上分布均匀），可得

$$\tau = \frac{F_S}{b\Delta x} = \frac{\Delta M}{\Delta x}\frac{S_z^*}{bI_z} \tag{5-35}$$

并考虑到

$$\frac{\mathrm{d}M}{\mathrm{d}x} = F_S$$

则有

$$\tau = \frac{F_S S_z^*}{bI_z} \tag{5-36}$$

从式(5-36)可知，梁弯曲最大切应力发生在剪力最大的截面的中性轴处，该处 F_S 和 S_z^* 均为最大，但正应力为零，处于纯剪切应力状态。

对于常见截面图形，将中性轴的静矩代入，可分别得到其最大切应力。

矩形截面：
$$\tau_{\max} = \frac{F_S S_z^*}{bI_z} = \frac{3}{2}\frac{F_S}{bh} = \frac{3}{2}\frac{F_S}{A} \tag{5-37}$$

圆形截面：
$$\tau_{\max} = \frac{F_S S_z^*}{bI_z} = \frac{4}{3}\frac{F_S}{\pi\frac{d^2}{4}} = \frac{4}{3}\frac{F_S}{A} \tag{5-38}$$

各种型钢：
$$\tau_{\max} = \frac{F_S S_z^*}{bI_z} = \frac{F_S}{b\frac{I_z}{S_z^*}} \tag{5-39}$$

其中，各种型钢的 I_z 的值可以由型钢表查得。

2. 梁的切应力强度条件

在进行梁的强度设计时，除了最大正应力应满足正应力强度条件外，最大切应力也必须满足切应力强度条件，即

$$\tau_{\max} = \frac{F_{\max} S_{z,\max}}{I_z b} \leqslant [\tau] \tag{5-40}$$

对于一般的细长梁（浅梁），由于其最大切应力远小于最大正应力，一般仅校核其弯曲正应力，切应力强度可不予校核。但对于薄壁截面的短梁、集中力作用在支座附近的薄壁梁等，由于力臂小，所以弯矩较小，剪力有较大的影响，必须进行切应力强度校核。

例 5-11　一简易起重设备如图 5-32 所示，起重量（包含电葫芦自重）$G=30$ kN，跨长 $l=5$ m。吊车大梁 AB 由 20a 工字钢制成。其许用弯曲正应力 $[\sigma]=170$ MPa，许用弯曲切应力 $[\tau]=100$ MPa，且 $\frac{I_z}{S_{z\max}^*}=17.2$ cm。试校核梁的强度。

解　此吊车梁可简化为简支梁，如图 5-32(b)所示。重 $\boldsymbol{G}$ 在梁中间位置时有最大弯矩，如图 5-32(c)所示。

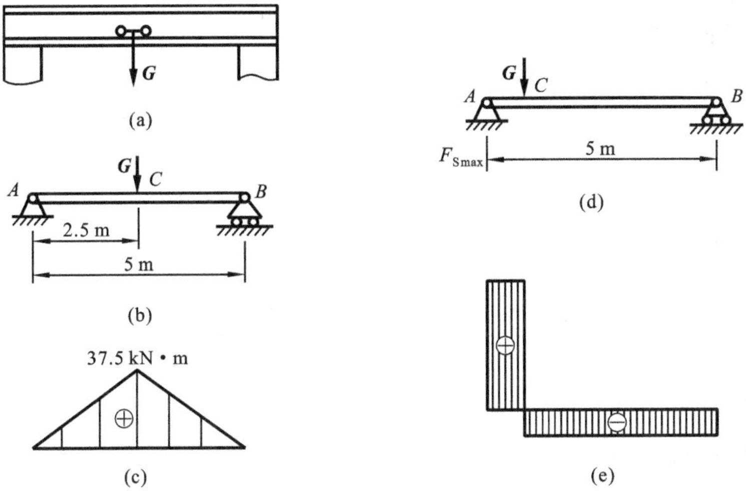

图 5-32

$$M_{\max}=37.5\ \mathrm{kN\cdot m}$$

(1) 正应力强度校核。

由型钢表查得 20a 工字钢的抗弯截面模数为

$$W_z=237\ \mathrm{cm^3}$$

所以梁的最大正应力为

$$\sigma_{\max}=\frac{M_{\max}}{W_z}=158\ \mathrm{MPa}<[\sigma]$$

(2) 切应力强度校核。

在计算最大切应力时，应取载荷 G 在紧靠任一支座如支座 A 处，如图 5-32(d) 所示，因为此时该支座的支反力最大，得到梁的剪力图，如图 5-32(e) 所示，有最大剪力

$$F_{S\max}=F_{RA}\approx G=30\ \mathrm{kN}$$

查型钢表，对于 20a 工字钢，有

$$d=7\ \mathrm{mm}$$

据此校核梁的切应力强度

$$\tau_{\max}=\frac{F_{S\max}S_{z\max}^{*}}{I_z d}=24.9\ \mathrm{MPa}<[\tau]$$

以上两方面的强度条件都满足，所以此梁是安全的。

5.8　梁弯曲变形计算与刚度设计

工程中除了要求结构杆件有足够的强度外，还要求其变形不能过大，即杆件应该有足够的刚度。

1. 梁弯曲变形

梁平面弯曲时，梁的轴线将在载荷作用的平面内发生挠曲。以梁轴线方向为 x 方向，垂直于轴线方向为 y 方向，建立直角坐标系，弯曲前后的梁如图 5-33 所示。

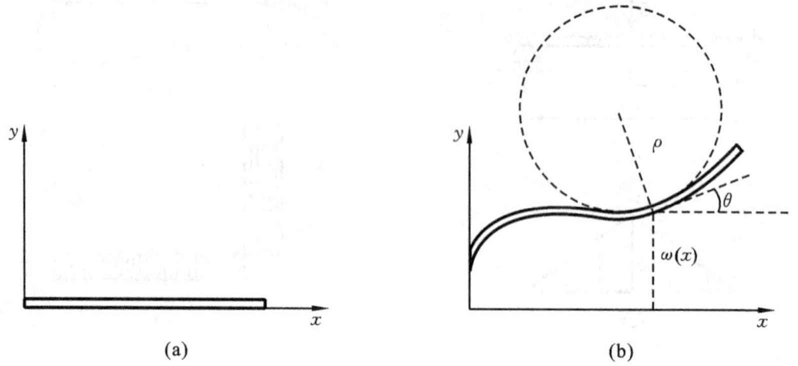

图 5-33

梁轴线（挠曲轴）在 y 方向上的位移称为挠度，用 ω 表示，沿 y 轴正向为正。由于梁在平面内弯曲，挠度 ω 是 x 的函数，挠度曲线是一条平面曲线，其切线与 x 轴的夹角称为转角，用 θ 表示，以逆时针方向为正。假设 $\omega=\omega(x)$，$\theta=\theta(x)$。在工程实际中梁的转角 θ 很小，于是 θ 近似等于挠度曲线的斜率：

$$\theta \approx \tan\theta = \frac{\mathrm{d}\omega}{\mathrm{d}x} \ll 1 \tag{5-41}$$

则由微积分曲率的计算公式可得

$$\kappa = \frac{1}{\rho} = \frac{\dfrac{\mathrm{d}^2\omega}{\mathrm{d}x^2}}{\left[1+\left(\dfrac{\mathrm{d}\omega}{\mathrm{d}x}\right)^2\right]^{3/2}} \approx \frac{\mathrm{d}^2\omega}{\mathrm{d}x^2} \tag{5-42}$$

根据梁弯曲时中性轴曲率与弯矩关系

$$M = \int_A E\frac{y^2}{\rho}\mathrm{d}A = \frac{E}{\rho}\int_A y^2\,\mathrm{d}A = \frac{EI}{\rho}$$

可得

$$\frac{M}{EI} = \frac{1}{\rho} \approx \frac{\mathrm{d}^2\omega}{\mathrm{d}x^2} \tag{5-43}$$

此即为梁平面弯曲时挠曲线近似微分方程。

方程(5-43)为二阶常微分方程，由于弯矩 M 一般仅为坐标位置 x 的函数，而与挠度、挠度的导数（转角）无关，因此，求解该微分方程时只需要直接进行积分就可以了。由于方程为二阶的微分方程，因此，求解过程也需要积分两次，其中，第一次积分可以得到转角方程，第二次积分得到挠度方程。在积分中，产生两个积分常数。要确定这两个积分常数，需要利用梁的支座约束情况，也就是微分方程的边界条件。

梁固定端约束：梁的某截面（$x=a$）处为固定端，则该截面处梁既不能移动，也不能转动，因此，可以得到梁的边界条件：

$$\omega=0,\quad \theta=\frac{\mathrm{d}\omega}{\mathrm{d}x}=0\quad (x=a) \tag{5-44}$$

梁简支端约束：在梁的某截面（$x=a$）处于简支约束（如固定铰链支座和可动铰链支座等）状态，梁不能上下移动，但可以有微小的转动，因此，挠度被约束，而转角是自由的，即

$$\omega=0\quad (x=a) \tag{5-45}$$

简支约束只有一个边界条件，而微分方程需要两个条件才有确定解，因此，一根梁需要两个简支约束才能固定下来，如简支梁和外伸梁；固定端约束有两个条件，已经满足微分方程的需要，因此，只要一个固定端约束就可以确定梁的变形，如悬臂梁。

很多梁的弯矩比较复杂，不能用一个函数统一地表达出来，需要在梁的不同段采用不同的函数形式（如例 5-2、例 5-3 中），这时的微分方程的解也随着弯矩的分段而变成几个不同形式的积分，但由于对每一段都需要积分，产生积分常数，因此，边界条件和积分常数就不匹配了。考虑到在两段弯矩的连接点，梁的挠曲线是一连续、光滑、可导的曲线，因此，提出如下的连续条件：

$$\omega_1=\omega_2,\quad \frac{\mathrm{d}\omega_1}{\mathrm{d}x}=\frac{\mathrm{d}\omega_2}{\mathrm{d}x}\quad (x=a) \tag{5-46}$$

式中　ω_1 和 ω_2 分别是按第一、二段弯矩积分得到的挠度函数。

例 5-12　求图 5-34 所示受均布载荷的悬臂梁的转角和挠度。

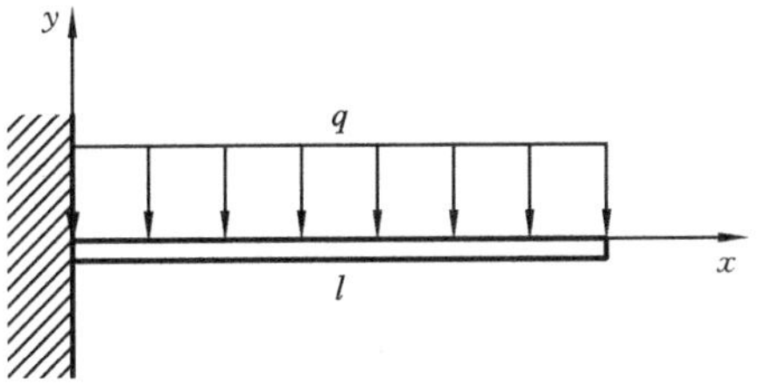

图 5-34

解　(1) 建立挠曲轴近似微分方程并积分。

梁的弯矩方程为

$$M(x)=-\frac{1}{2}qx^2+qlx-\frac{1}{2}ql^2$$

挠曲轴近似微分方程为

$$\frac{\mathrm{d}^2\omega}{\mathrm{d}x^2}=\frac{M}{EI}=\frac{1}{EI}\left(-\frac{1}{2}qx^2+qlx-\frac{1}{2}ql^2\right)$$

将上式相继积分两次，得

$$\theta = \frac{\mathrm{d}\omega}{\mathrm{d}x} = \frac{1}{EI}\left(-\frac{1}{6}qx^3 + \frac{ql}{2}x^2 - \frac{1}{2}ql^2x\right) + C$$

$$\omega = \frac{1}{EI}\left(-\frac{1}{24}qx^4 + \frac{ql}{6}x^3 - \frac{1}{4}ql^2x^2\right) + Cx + D$$

C、D 为积分常数。

(2) 确定积分常数。

考虑边界条件

$$x = 0,\quad \omega = 0$$

$$x = 0,\quad \theta = 0$$

可得

$$C = 0,\quad D = 0$$

故悬臂梁自由端的转角和挠度分别为

$$\theta = -\frac{ql^3}{6EI},\quad \omega = -\frac{ql^4}{8EI}$$

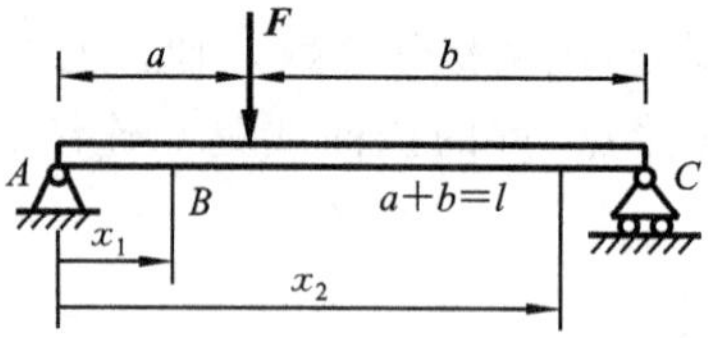

图 5-35

例 5-13　试推导图 5-35 所示两端简支受集中载荷的梁平面弯曲时的截面转角和挠度的公式。

解　(1) 建立挠曲轴近似微分方程并积分。

由平衡方程可得 A 端与 C 端的支反力分别为

$$F_{\mathrm{RAy}} = \frac{Fb}{l},\quad F_{\mathrm{RCy}} = \frac{Fa}{l}$$

由于 AB 段和 BC 段弯矩方程不同,因此应分别建立挠曲轴近似微分方程。

AB 段($0<x_1\leqslant a$):

$$M_1 = \frac{Fb}{l}x_1$$

$$\frac{\mathrm{d}^2\omega_1}{\mathrm{d}x_1^2} = \frac{Fb}{EIl}x_1$$

$$\theta_1 = \frac{Fb}{2EIl}x_1^2 + C_1$$

$$\omega_1 = \frac{Fb}{6EIl}x_1^3 + C_1x_1 + D_1$$

BC 段($a\leqslant x_2<l$)

$$M_1 = \frac{Fb}{l}x_2 - F(x_2 - a)$$

$$\frac{\mathrm{d}^2\omega_1}{\mathrm{d}x_1^2} = \frac{Fb}{EIl}x_2 - \frac{F}{EI}(x_2 - a)$$

$$\theta_2 = \frac{Fb}{2EIl}x_2^2 - \frac{F}{2EI}(x_2 - a)^2 + C_2$$

$$\omega_2=\frac{Fb}{6EIl}x_2^3-\frac{F}{6EI}(x_2-a)^3+C_2x_2+D_2$$

其中 C_1、C_2、D_1、D_2 为积分常数。

(2) 确定积分常数。

边界条件：

当 $x_1=0$ 时，　$\omega_1=0$

当 $x_2=l$ 时，　$\omega_2=0$

连续条件：

当 $x_1=x_2=a$ 时，　$\theta_1=\theta_2$，　$\omega_1=\omega_2$

由以上四个条件，可确定积分常数

$$C_1=C_2=\frac{Fb}{6EIl}(b^2-l^2)$$

$$D_1=D_2=0$$

(3) 确定截面转角和挠度方程。

AB 段($0<x_1\leqslant a$)：

$$\theta_1=\frac{Fb}{2EIl}x_1^2+\frac{Fb}{6EIl}(b^2-l^2)$$

$$\omega_1=\frac{Fbx_1}{6EIl}(x_1^2+b^2-l^2)$$

BC 段($a\leqslant x_2<l$)：

$$\theta_2=\frac{Fb}{6EIl}(3x_2^2+b^2-l^2)-\frac{F}{2EI}(x_2-a)^2$$

$$\omega_2=\frac{Fbx_2}{6EIl}(x_2^2+b^2-l^2)-\frac{F}{6EI}(x_2-a)^3$$

2. 梁的刚度条件

在工程实际中，要求梁在载荷作用下，其最大挠度和转角不得超过某一规定数值，则梁的刚度条件为

$$|\omega|_{\max}\leqslant[\omega]$$
$$|\theta|_{\max}\leqslant[\theta] \tag{5-47}$$

式中　$[\omega]$和$[\theta]$为规定的许用挠度和许用转角，可从有关的设计规范中查得。

例 5-14　如图 5-36 所示悬臂梁，均布载荷 $q=10$ kN/m，梁长 $l=3$ m，梁的许用挠度$[\omega]=\dfrac{l}{250}$，材料的许用应力$[\sigma]=12$ MPa，材料的弹性模量 $E=2\times10^4$ MPa，该梁截面为矩形，高宽比 $h/b=2$。试确定截面尺寸 b、h。

解　该梁所选截面需同时满足强度条件和刚度条件。

(1) 强度条件为

$$\sigma_{\max}=\frac{M_{\max}}{W_z}\leqslant[\sigma]$$

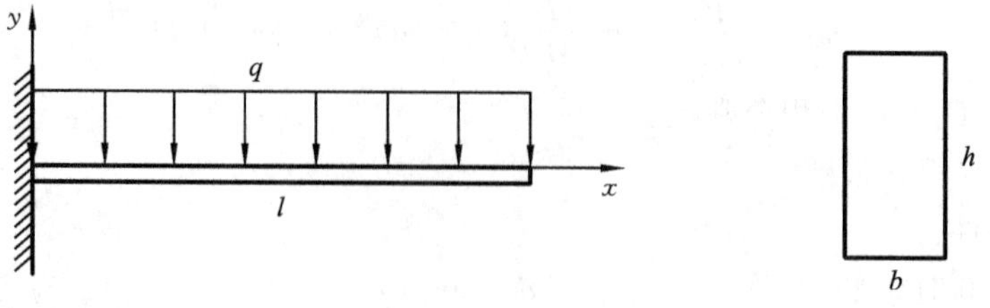

图 5-36

该梁弯矩最大为

$$M_{\max}=\frac{q}{2}l^2=\frac{10}{2}\times 3^2\ \text{kN}\cdot\text{m}=45\ \text{kN}\cdot\text{m}$$

抗弯截面模数为

$$W_z=\frac{b}{6}h^2=\frac{2}{3}b^3$$

把 $M_{\max}$ 及 W_z 代入强度条件，得

$$b\geqslant\sqrt[3]{\frac{3M_{\max}}{2[\sigma]}}=\sqrt[3]{\frac{3\times 45\times 10^3}{2\times 12\times 10^6}}\ \text{m}=178\ \text{mm}$$

$$h=2b=356\ \text{mm}$$

（2）刚度条件为

$$\omega_{\max}\leqslant[\omega]$$

根据例 5-12 可知悬臂梁挠度最大值为

$$|\omega|_{\max}=\frac{ql^4}{8EI}$$

$$I=\frac{b}{12}h^3=\frac{2}{3}b^4$$

由刚度条件，得

$$b\geqslant 159\ \text{mm}$$

则

$$h=2b=318\ \text{mm}$$

由于梁所选截面需同时满足强度条件和刚度条件，故应取

$$b=178\ \text{mm},\quad h=356\ \text{mm}$$

习　题

5-1　试求图示平面图形的形心坐标。

5-2　试求图示平面图形的形心主惯性矩。

5-3　试求图示平面图形的形心位置以及对形心的主惯性矩。

5-4　试求图示平面图形的形心位置以及对形心的主惯性矩。

5-5　试列出图示梁的剪力方程和弯矩方程，画剪力图和弯矩图，并求出最大剪力 $F_{S\max}$ 和最大

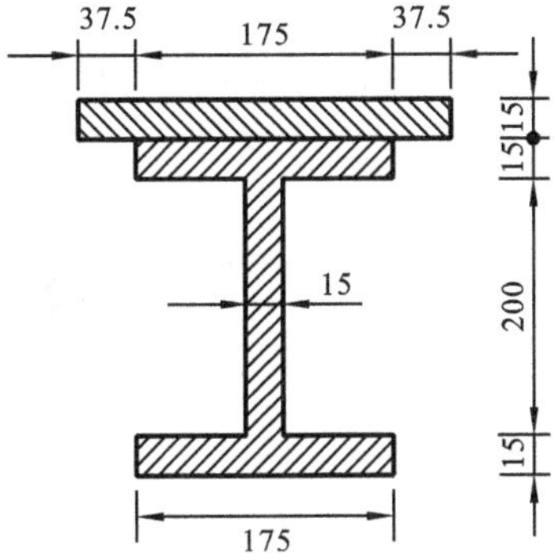

题 5-1 图

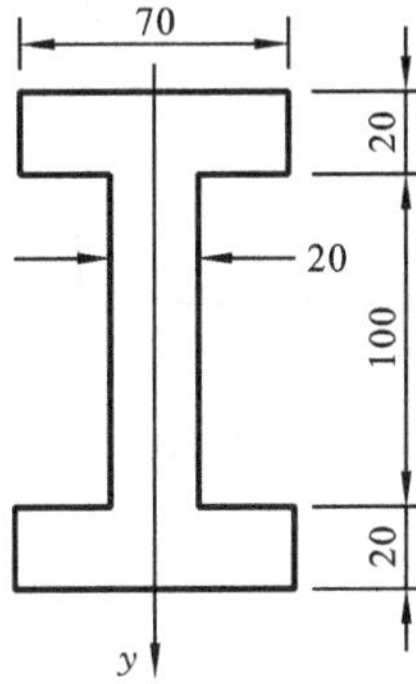

题 5-2 图

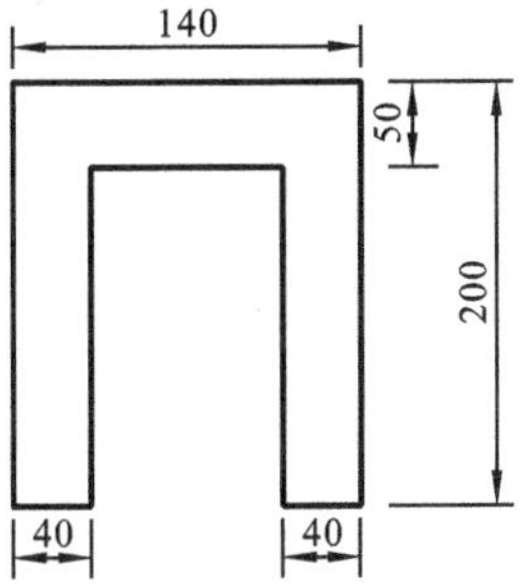

题 5-3 图

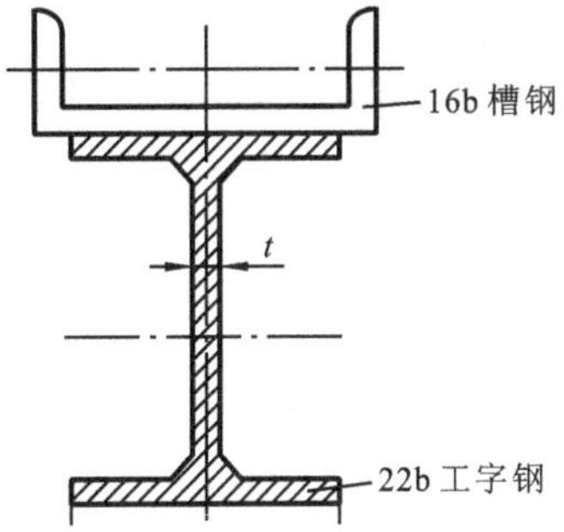

题 5-4 图

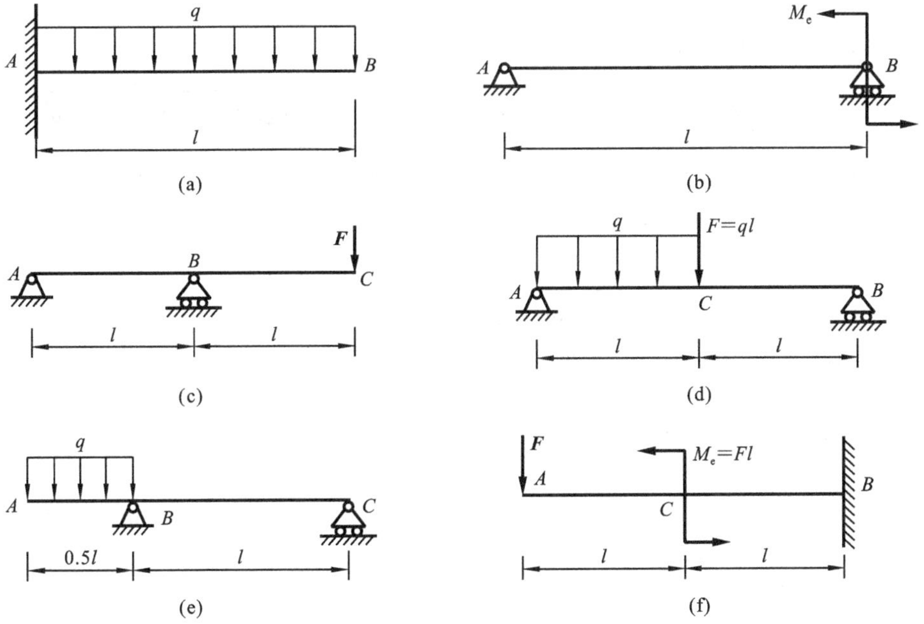

题 5-5 图

弯矩 M_{max}。设图中 q、l、M_e、F 均为已知。

5-6　不列剪力方程和弯矩方程，画出图示各梁的剪力图和弯矩图，并求出 F_{Smax} 和 M_{max}。

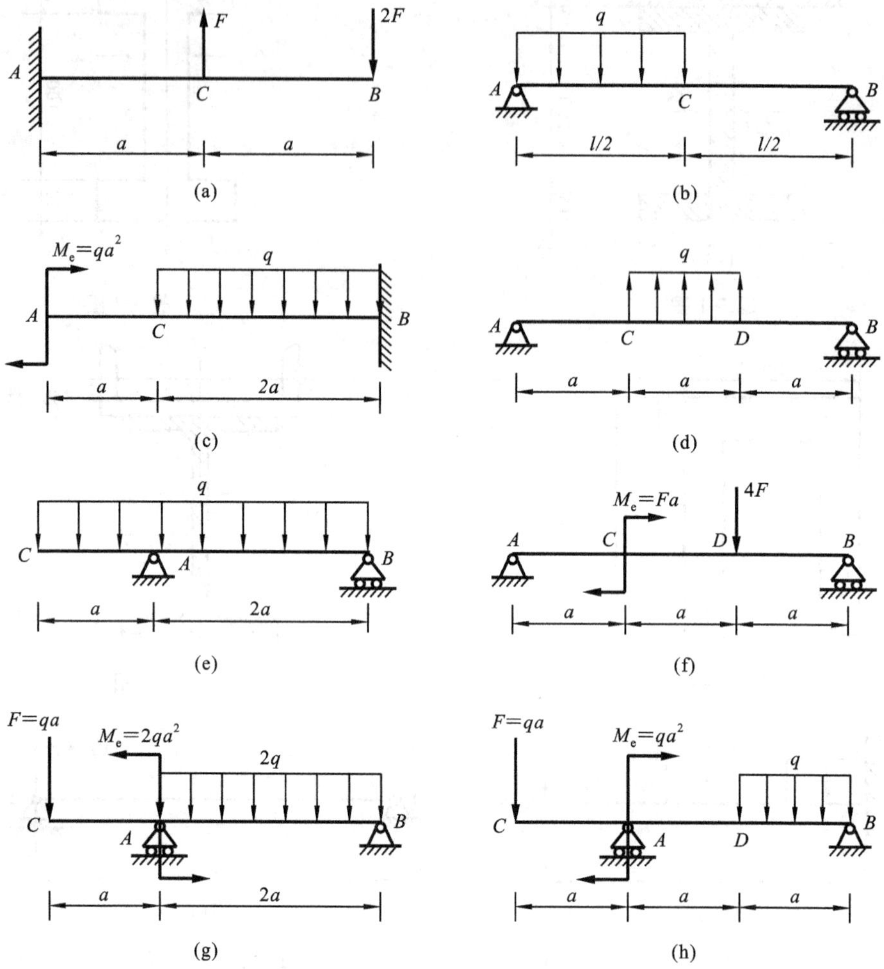

题 5-6 图

5-7　已知梁的剪力图，试画出梁的载荷图和弯矩图(设梁上无集中力偶作用)。

5-8　如图所示，外伸梁的截面为矩形，且 $h/b=2$，受到均布载荷 $q=10$ kN/m 和集中力偶 $M=3$ kN·m 的作用。已知材料的许用应力$[\sigma]=160$ MPa。

(1) 绘制该梁的剪力图和弯矩图；

(2) 按正应力强度条件设计截面尺寸 h 和 b。

5-9　已知截面为"工"字形的梁如图所示，截面的惯性矩为 $I_z=5.066\times10^8$ mm^4，材料的许用应力为$[\sigma]=160$ MPa。试：

(1) 绘出梁的内力图；

(2) 确定其许用力偶矩$[M]$。

5-10　用铸铁制造的简支梁所受载荷、截面形状及尺寸如图所示。若 $q=20$ kN/m，许用拉应

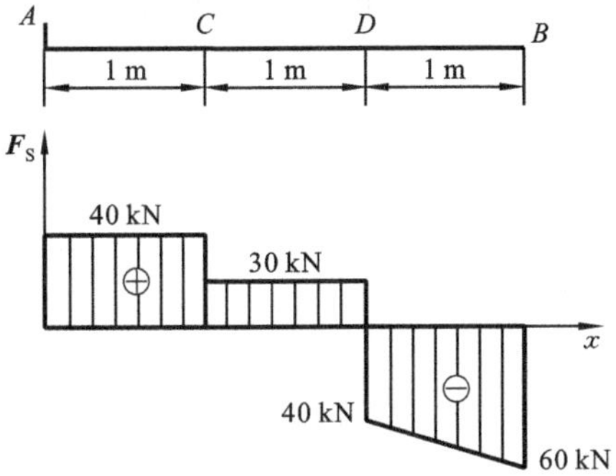

题 5-7 图

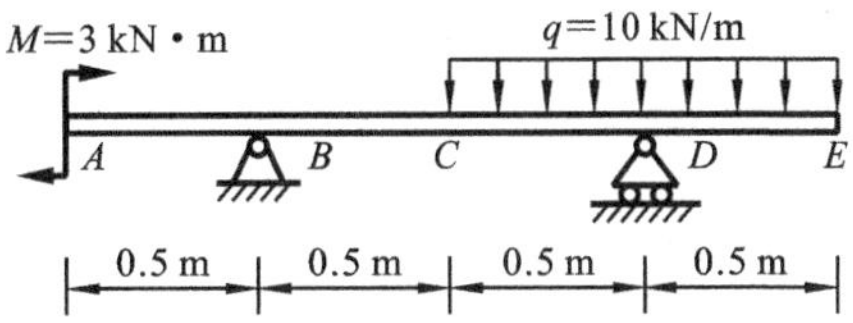

题 5-8 图

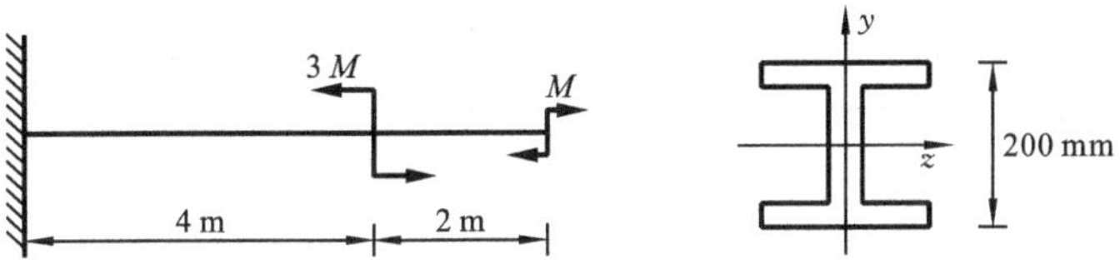

题 5-9 图

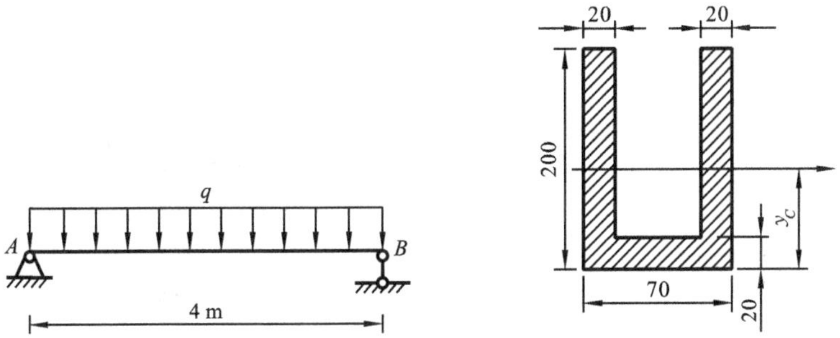

题 5-10 图

力$[\sigma_t]$=130 MPa，许用压应力$[\sigma_c]$=190 MPa，y_C=93.72 mm，I_z=3 121 cm^4。

(1) 试按正应力强度条件对梁进行校核；

(2) 若将梁上下倒置，是否合理？请简要说明。

5-11　如图所示，一简支梁承受均布载荷 q=1 kN/m 以及集中力 F=2 kN 的作用。梁由两根截面相等的正方形木条用胶黏结而成。$AC=DB$=1 m，CD=4 m，正方形木条的边长 a=100 mm，木材的许用拉伸应力$[\sigma]$=10 MPa，胶合面的许用切应力$[\tau]$=2 MPa，试校核该梁的强度。

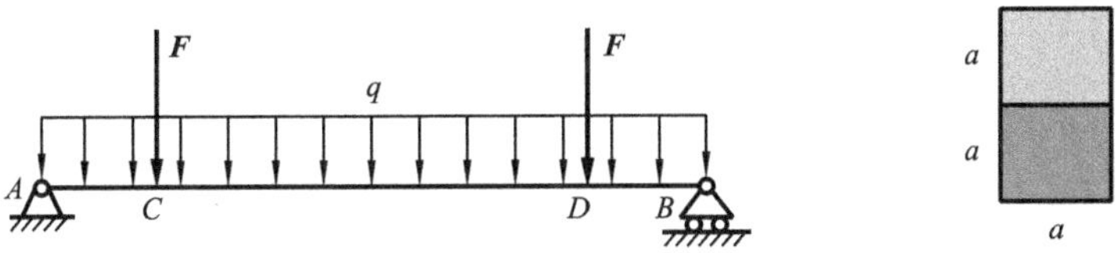

题 5-11 图

5-12　如图所示，外伸梁受均布载荷作用，$q=12$ kN/m，$[\sigma]=160$ MPa。试选择此梁的工字钢型号。

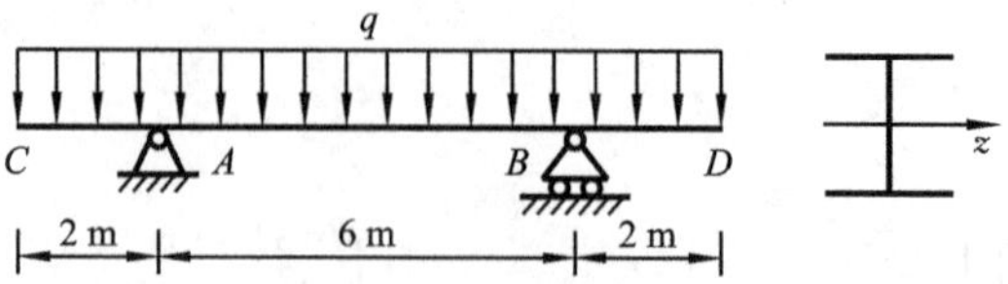

题 5-12 图

5-13　空心管梁受载横截面尺寸如图所示。已知$[\sigma]=150$ MPa，管外径 $D=60$ mm，在保证安全的条件下，求内径 d 的最大值。

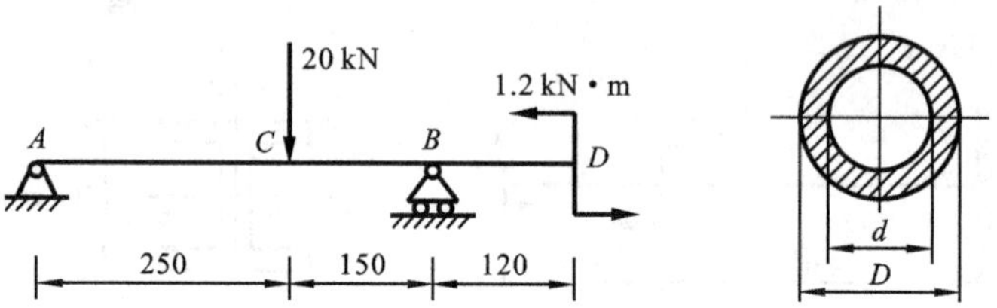

题 5-13 图

5-14　铸铁梁的载荷及横截面尺寸如图所示。已知 $I_z=7.63\times10^{-6}$ m^4，$[\sigma_t]=30$ MPa，$[\sigma_c]=60$ MPa，试校核此梁的强度。

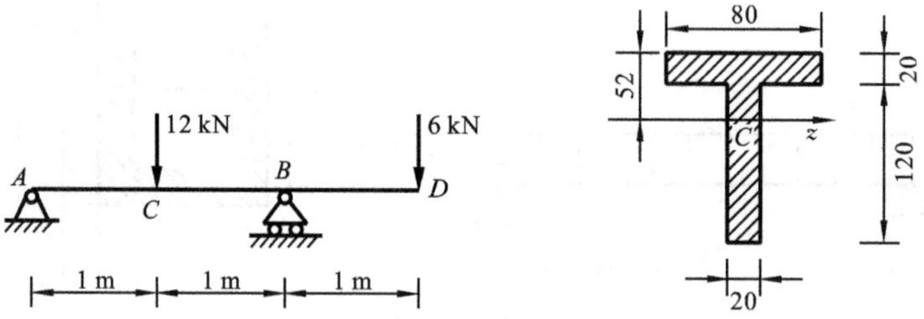

题 5-14 图

5-15　求受均布载荷的简支梁中点截面的挠度，设梁的抗弯刚度 EI_z 为常量。

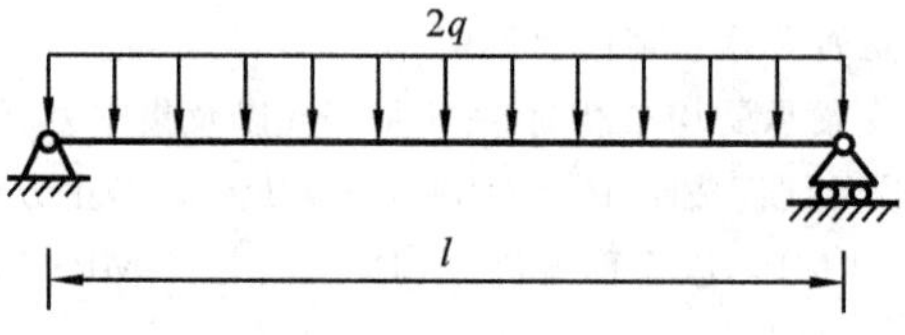

题 5-15 图

第 6 章　应力状态分析与强度理论

6.1　一点应力状态概念

前几章学习了杆件的基本变形及杆在拉伸(压缩)、剪切、扭转、弯曲时的应力计算。这些应力,无论是正应力还是切应力,都是作用在横截面上的,称为横截面上的应力。但工程上也需要分析非横截面上的应力,例如用两根短杆粘接成一根长的拉杆,通常在杆的端部切出一个斜面,然后在斜面上用胶进行粘接,这时需要了解拉杆在此斜面上的应力;又如城市铺设输气管道,长长的管道是用钢板卷起来焊接而成的,钢板卷起来的时候是斜着卷的,因此,焊接的焊缝也是在斜面上的,当对管道进行分析时,也就需要了解倾斜的焊缝上的应力。对这些实例都需要分析非横截面上的应力,也就是过某点的不同方位截面上的应力。

受力体内某点的不同方位截面的应力状况为该点的应力状态。由于过该点的不同方位截面上的应力是各不相同的,因此,对应力状态进行分析,希望能够解决以下问题:

(1) 计算任意某个方位截面上的正应力和切应力;

(2) 确定在应力状态中最大正应力的大小及其位置;

(3) 确定在应力状态中最大切应力的大小及其位置。

为便于研究某点处应力状态,可围绕该点取一个无限小的正六面体来表示这一点并建立坐标系,如图 6-1 所示。这个正六面体称为单元体,单元体上各个截面代表

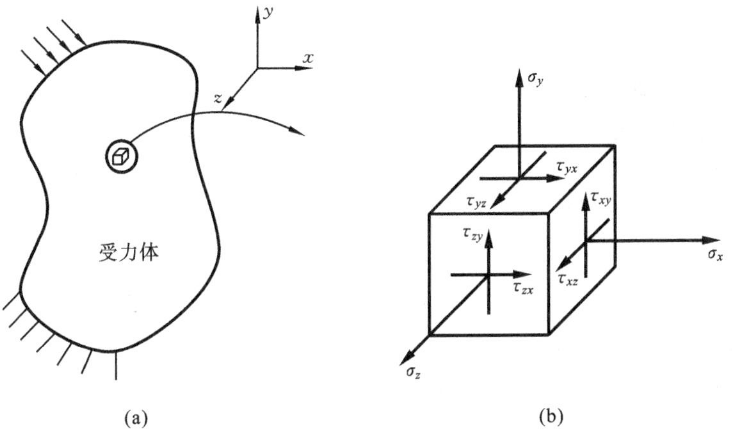

图 6-1

受力体内过该点的不同方向截面，每个截面上均承受平面内切应力和平面外的正应力作用。

根据切应力互等定理可以得知 $\tau_{xy}=\tau_{yx}$，$\tau_{xz}=\tau_{zx}$；$\tau_{zy}=\tau_{yz}$。如果单元体的某一个面上切应力分量为零，即只有正应力分量，则这个面称为主平面，主平面上的正应力称为主应力。一般情况下，受力体内任意点上总存在三个互相垂直的主应力 σ_1、σ_2、σ_3，依次按代数值大小排列有 $\sigma_1>\sigma_2>\sigma_3$。如果三个主应力至多两个不为零，这种应力状态称为平面应力状态；如果三个主应力同时不为零，则这种应力状态称为三向应力状态。

6.2 平面应力状态解析法

1. 平面应力状态

如果单元体的某个方向的面（例如垂直于 z 轴的面）上没有应力作用，则称该单元体处于平面应力状态。图 6-2 所示即为一平面应力状态下的单元体，在图示坐标系统下，其外法线与 z 轴平行的平面上切应力、正应力均为零。

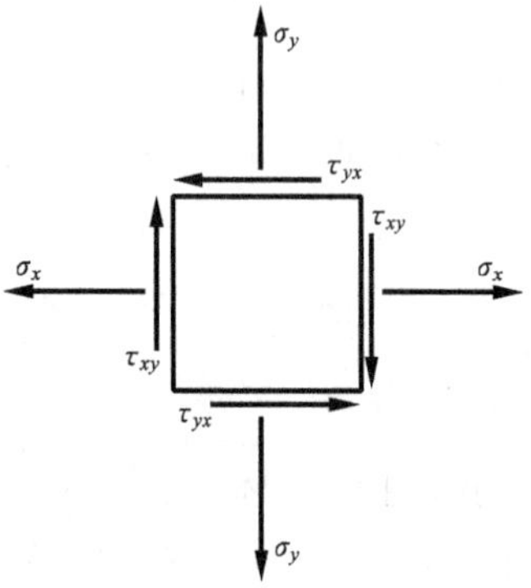

图 6-2

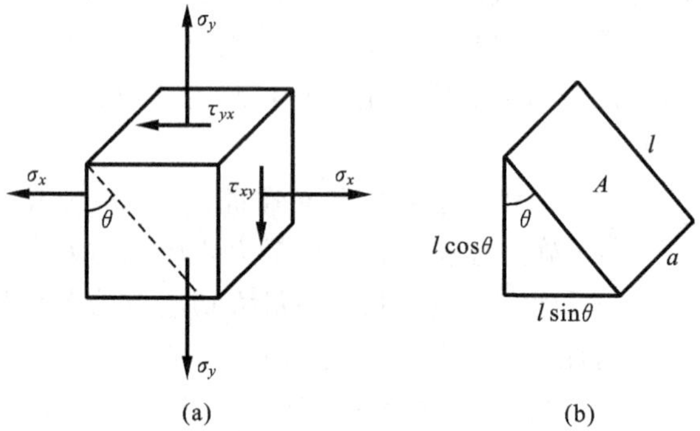

图 6-3

2. 任意斜截面上的应力

为研究平面应力状态下单元体的受力状态，从单元体内选取任意斜截面进行分析，如图 6-3 所示。其中 τ_θ的方向规定为：使单元体有沿顺时针方向转者为正（即与剪力 F_S 的符号规定相同）。

因研究的单元体是平衡的，则取出斜截面也处于平衡状态。分析该斜截面的受力状态，如图 6-4 所示，其中图 6-4(a)所示为斜截面上的应力分量，图 6-4(b)所示为斜截面上的内力分量。由平衡条件可得

$$\sigma_\theta A-(\sigma_x A\cos\theta-\tau_{yx}A\sin\theta)\cos\theta-(\sigma_y A\sin\theta-\tau_{xy}A\cos\theta)\sin\theta=0$$

$$\tau_\theta A-(\sigma_x A\cos\theta-\tau_{yx}A\sin\theta)\sin\theta+(\sigma_y A\sin\theta-\tau_{xy}A\cos\theta)\cos\theta=0$$

由上两式可求得平面应力状态下单元体内任一斜截面上应力的计算公式

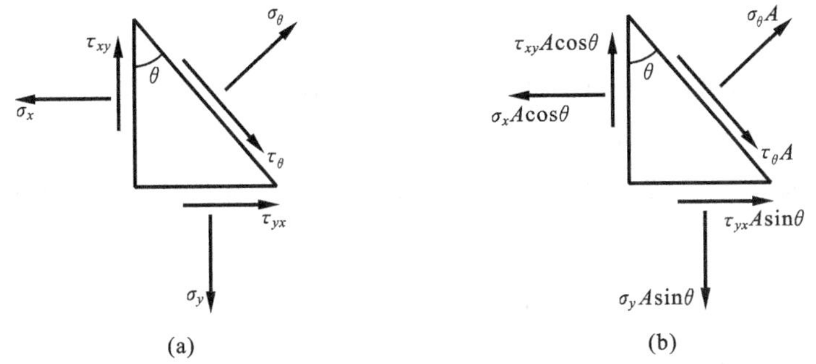

图 6-4

$$\sigma_\theta=\frac{\sigma_x+\sigma_y}{2}+\frac{\sigma_x-\sigma_y}{2}\cos 2\theta-\tau_{xy}\sin 2\theta \tag{6-1}$$

$$\tau_\theta=\frac{\sigma_x-\sigma_y}{2}\sin 2\theta+\tau_{xy}\cos 2\theta \tag{6-2}$$

例 6-1　如图 6-5 所示为一单元体的应力状态，试求所示虚线截面上的正应力和切应力，图中单位为 MPa。

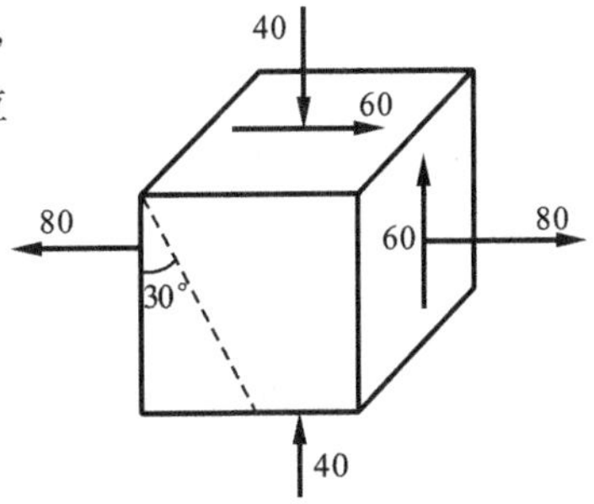

图 6-5

解　在图示应力状态下，可知

$$\theta=30^\circ,\quad \sigma_x=80\ \text{MPa},\quad \sigma_y=-40\ \text{MPa}$$
$$\tau_{xy}=-60\ \text{MPa}$$

由式(6-1)、式(6-2)得

$$\begin{aligned}\sigma_{30^\circ}&=\frac{\sigma_x+\sigma_y}{2}+\frac{\sigma_x-\sigma_y}{2}\cos 2\theta-\tau_{xy}\sin 2\theta\\&=\left[\frac{80-40}{2}+\frac{80-(-40)}{2}\cos 60^\circ+60\sin 60^\circ\right]\ \text{MPa}\\&=(50+30\sqrt{3})\ \text{MPa}=101.96\ \text{MPa}\end{aligned}$$

$$\begin{aligned}\tau_{30^\circ}&=\frac{\sigma_x-\sigma_y}{2}\sin 2\theta+\tau_{xy}\cos 2\theta\\&=\left[\frac{80-(-40)}{2}\sin 60^\circ-60\cos 60^\circ\right]\ \text{MPa}\\&=(30\sqrt{3}-30)\ \text{MPa}\\&=21.96\ \text{MPa}\end{aligned}$$

3. 主应力与最大切应力

根据式(6-1)和式(6-2)可以得出主应力和最大切应力，并确定主应力所在的斜截面即主平面。

1）主应力和主平面

对式(6-1)，欲求最大正应力，则求导，并令$\frac{d\sigma_\theta}{d\theta}=0$，经简化得

$$\frac{\sigma_x - \sigma_y}{2}\sin 2\theta + \tau_{xy}\cos 2\theta = 0 \tag{6-3}$$

上式左边刚好是切应力的数值，即正应力取到极值的位置恰好是切应力等于零($\tau_\theta=0$)，而切应力为零的面又定义为主平面，因此，两个主平面上的主应力是所有截面上正应力的极值σ_{max}(极大值)、σ_{min}(极小值)。设主平面外法线与x轴的夹角为θ_0，则

$$\tan 2\theta_0 = -\frac{2\tau_{xy}}{\sigma_x - \sigma_y} \tag{6-4}$$

其中θ_0有两个根，即θ_0和$\theta_0+90°$，这说明由式(6-4)可以确定两个互相垂直的主平面。利用三角关系，代入式(6-1)，简化后可得到主应力计算公式

$$\left.\begin{aligned}\sigma_{max} &= \frac{\sigma_x + \sigma_y}{2} + \sqrt{\left(\frac{\sigma_x - \sigma_y}{2}\right)^2 + \tau_{xy}^2}\\ \sigma_{min} &= \frac{\sigma_x + \sigma_y}{2} - \sqrt{\left(\frac{\sigma_x - \sigma_y}{2}\right)^2 + \tau_{xy}^2}\end{aligned}\right\} \tag{6-5}$$

2) 最大切应力

令$\frac{d\tau_\theta}{d\theta}=0$，则可求得切应力极值所在的平面方位角$\theta_1$的计算公式

$$\tan 2\theta_1 = \frac{\sigma_x - \sigma_y}{2\tau_{xy}} \tag{6-6}$$

由式(6-6)可以确定相差90°的两个面，其上分别作用着最大切应力和最小切应力，其值可用下式计算

$$\left.\begin{aligned}\tau_{max} &= \sqrt{\left(\frac{\sigma_x - \sigma_y}{2}\right)^2 + \tau_{xy}^2}\\ \tau_{min} &= -\sqrt{\left(\frac{\sigma_x - \sigma_y}{2}\right)^2 + \tau_{xy}^2}\end{aligned}\right\} \tag{6-7}$$

根据式(6-4)、式(6-5)和式(6-7)可得

$$\left.\begin{aligned}\tau_{max} &= \frac{\sigma_{max} - \sigma_{min}}{2}\\ \tau_{min} &= -\frac{\sigma_{max} - \sigma_{min}}{2}\end{aligned}\right\} \tag{6-8}$$

以及主平面与切应力极值平面之间的关系

$$\tan 2\theta_1 = -\cot 2\theta_0 \tag{6-9}$$

由于$\tan 2\theta_0 \times \tan 2\theta_1 = -1$，因此，两个平面夹角的2倍为90°，或者两个平面成45°角。

例 6-2 求图6-5所示单元体的主应力与最大切应力。

解
$$\sigma_{max} = \frac{\sigma_x + \sigma_y}{2} + \sqrt{\left(\frac{\sigma_x - \sigma_y}{2}\right)^2 + \tau_{xy}^2}$$

$$= \left\{ \frac{80+(-40)}{2} + \sqrt{\left[\frac{80-(-40)}{2}\right]^2 + (-60)^2} \right\} \text{MPa}$$

$$= 104.85 \text{ MPa}$$

$$\sigma_{\min} = \frac{\sigma_x + \sigma_y}{2} - \sqrt{\left(\frac{\sigma_x - \sigma_y}{2}\right)^2 + \tau_{xy}^2}$$

$$= \left\{ \frac{80-(-40)}{2} - \sqrt{\left[\frac{80-(-40)}{2}\right]^2 + (-60)^2} \right\} \text{MPa}$$

$$= -64.85 \text{ MPa}$$

最大切应力

$$\tau_{\max} = \frac{\sigma_{\max} - \sigma_{\min}}{2} = \frac{104.85-(-64.85)}{2} \text{ MPa} = 84.85 \text{ MPa}$$

6.3　平面应力状态应力圆分析(图解法)

1. 应力圆

6.2 节讨论了平面应力状态的解析法，本节介绍通过图解方法来表示平面应力状态，即利用应力圆进行分析。应力圆最早由德国学者莫尔(O. Mohr)于 1882 年提出，因此又称为莫尔圆。

利用应力圆上任一点坐标，可以表征所研究单元体上任一截面的应力，即应力圆上的点与单元体上的截面有着一一对应关系。

将式(6-1)改写为

$$\sigma_\theta - \frac{\sigma_x + \sigma_y}{2} = \frac{\sigma_x - \sigma_y}{2}\cos 2\theta - \tau_{xy}\sin 2\theta \tag{6-10}$$

再将上式和式(6-2)两边平方，然后相加，并由 $\sin^2 2\alpha + \cos^2 2\alpha = 1$，便可得出

$$\left(\sigma_\theta - \frac{\sigma_x + \sigma_y}{2}\right)^2 + \tau_\theta^2 = \left(\frac{\sigma_x - \sigma_y}{2}\right)^2 + \tau_{xy}^2 \tag{6-11}$$

对于确定的单元体，σ_x、σ_y 和 τ_{xy} 为常量，而 σ_θ、τ_θ 为变量(随 θ 的不同而不同)。若取 σ 为横坐标，τ 为纵坐标，令

$$\left.\begin{aligned} \sigma_a &= \frac{\sigma_x + \sigma_y}{2} \\ R &= \sqrt{\left(\frac{\sigma_x - \sigma_y}{2}\right)^2 + \tau_{xy}^2} \end{aligned}\right\} \tag{6-12}$$

则式(6-11)为一圆方程，且该圆圆心为$(\sigma_a, 0)$，半径等于 R。这个圆就是应力圆。应力圆中切应力方向定义：对斜截面内任一点产生顺时针力矩为正向，产生逆时针力矩为负向。图 6-6(a)表示某单元体斜截面上应力状态，当已知 σ_x、σ_y、τ_{xy}、τ_{yx}，且 $\tau_{xy} = \tau_{yx}$ 时，选取 σ-τ 坐标系，选取适当的比例尺，确定 $X(\sigma_x, \tau_{xy})$ 和 $Y(\sigma_y, \tau_{yx})$ 两点并将其用直线连接起来，连线与 σ 轴交点即为圆心。以 XY 为直径，就可画出该单元体对应

于此应力状态的应力圆，如图 6-6(b)所示。注意应力圆上两点之间的夹角为实际单元体上对应截面夹角的 2 倍。

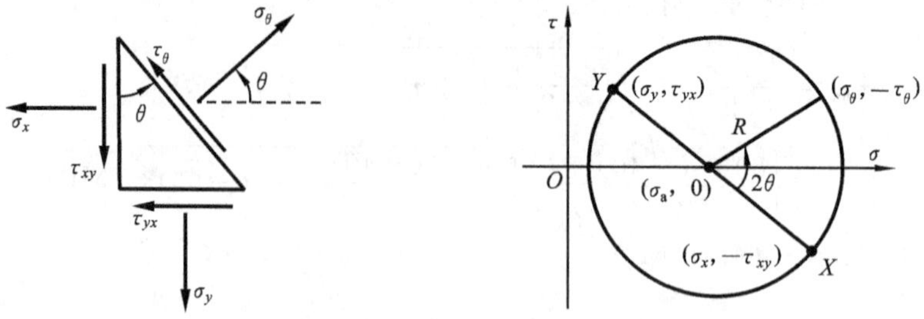

(a)　　(b)

图 6-6

2. 主应力与最大切应力

根据应力圆可以很方便地确定主应力与最大切应力的大小及所在的位置。如图 6-7 所示，应力圆与 σ 轴的交点对应于单元体上两个主平面，其横坐标即为主应力 σ_{max}、σ_{min}，而在应力圆上圆心正上方和正下方的点，其纵坐标达到最大(小)值，也就是最大(小)切应力所在。最大切应力的值等于应力圆的半径，如式(6-12)所示，其数值与由解析法所得出的结论完全一致。

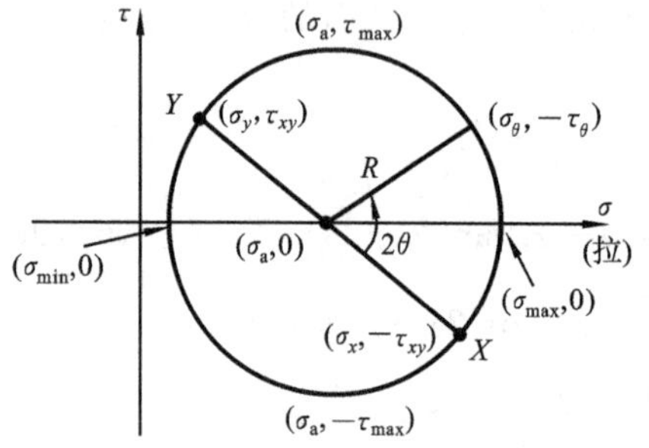

图 6-7

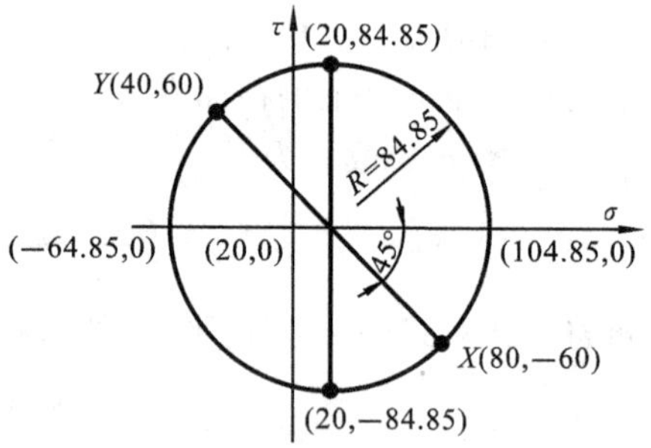

图 6-8

例 6-3　用应力圆求解图 6-5 所示单元体的主应力与最大切应力。

解　根据图 6-5 知

$$\sigma_x = 80 \text{ MPa}, \quad \sigma_y = -40 \text{ MPa}, \quad \tau_{xy} = -60 \text{ MPa}$$

确定 σ-τ 坐标系，取两点 $X(80,-60)$ 和 $Y(40,60)$，XY 与横坐标的交点即为圆心 $(\sigma_a, 0)$，根据 XY 的长度确定半径为 84.85 MPa，绘制出应力圆如图 6-8 所示。

从图中可知

$$\sigma_a = 20 \text{ MPa}, \quad \sigma_{max} = 104.85 \text{ MPa}, \quad \sigma_{min} = -64.85 \text{ MPa}$$

主平面与 XY 连线的夹角为 22.5°。同时根据图示可知最大切应力 $|\tau_{max}| = 84.85$ MPa。

6.4　广义胡克定律

第 3 章介绍了胡克定律：在材料满足线弹性条件时，材料的正应力和正应变成线性关系；第 4 章介绍了剪切胡克定律：在线弹性条件下，材料的切应力与切应变成线性关系。胡克定律与剪切胡克定律都是以实验为基础，在某单一载荷情况下材料变形规律的总结。但工程中的绝大多数构件处于复杂应力状态下，复杂应力下材料的应力与应变的关系又如何呢？

设有如图 6-9 所示单元体，其主应力分别为 σ_1、σ_2 和 σ_3。

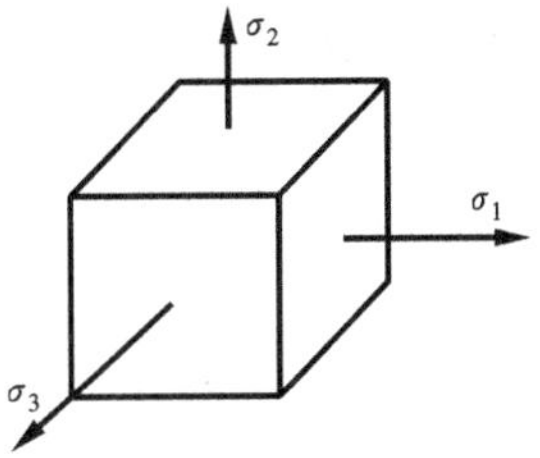

图 6-9

在第一主应力方向，根据胡克定律，材料出现拉伸，应变为 $\varepsilon_1=\dfrac{\sigma_1}{E}$，同时，在另外两个方向，材料发生收缩，其应变分别为 $\varepsilon_2=\varepsilon_3=-\mu\dfrac{\sigma_1}{E}$。

同样，对第二、三主应力进行分析，可得到类似的结果，即

对应于 σ_2 的应变：　$\varepsilon_2=\dfrac{\sigma_2}{E}$，　$\varepsilon_1=\varepsilon_3=-\mu\dfrac{\sigma_2}{E}$

对应于 σ_3 的应变：　$\varepsilon_3=\dfrac{\sigma_3}{E}$，　$\varepsilon_1=\varepsilon_2=-\mu\dfrac{\sigma_3}{E}$

当单元体处于复杂应力状态时，材料受到应力 σ_1、σ_2 和 σ_3 的共同作用。当材料处于线弹性条件下，可以应用叠加原理进行应力与应变的叠加。因此，有

$$\left.\begin{aligned}\varepsilon_1&=\frac{1}{E}[\sigma_1-\mu(\sigma_2+\sigma_3)]\\\varepsilon_2&=\frac{1}{E}[\sigma_2-\mu(\sigma_3+\sigma_1)]\\\varepsilon_3&=\frac{1}{E}[\sigma_3-\mu(\sigma_1+\sigma_2)]\end{aligned}\right\}\tag{6-13}$$

式(6-13)反映了在复杂应力状态下，应力与应变的关系，称为广义胡克定律。

当单元体为非主应力时，单元体上作用有正应力 σ_x、σ_y 和 σ_z，以及切应力 τ_{xy}、τ_{yz} 和 τ_{zx}。同样，当材料处于线弹性状态时，各正应力与正应变之间可以进行叠加，得到总的正应变与各正应力之间的关系；而对于切应力与切应变，由于各切应变所处的平面各不相同，因此，它们之间不发生相互影响，可以直接利用剪切胡克定律。因此可得

$$\left.\begin{aligned}\varepsilon_x&=\frac{1}{E}[\sigma_x-\mu(\sigma_y+\sigma_z)]\\\varepsilon_y&=\frac{1}{E}[\sigma_y-\mu(\sigma_z+\sigma_x)]\\\varepsilon_z&=\frac{1}{E}[\sigma_z-\mu(\sigma_x+\sigma_y)]\end{aligned}\right\}\tag{6-14}$$

$$\left.\begin{aligned}\gamma_{xy} &= \frac{1}{G}\tau_{xy}\\ \gamma_{yz} &= \frac{1}{G}\tau_{yz}\\ \gamma_{zx} &= \frac{1}{G}\tau_{zx}\end{aligned}\right\}\tag{6-15}$$

式(6-14)和式(6-15)反映了非主应力作用下单元体的应力-应变关系，也称为广义胡克定律。其实，式(6-14)、式(6-15)是式(6-13)的直接推广。

如果单元体表面上，某一平面不受载荷作用，则在该平面(例如法线沿 z 方向的平面)上，有 $\sigma_z=\tau_{xz}=\tau_{yz}=0$，称该单元体为平面应力。根据广义胡克定律，有

$$\gamma_{yz} = \gamma_{zx} = 0$$

因此，平面应力状态下，则应力-应变关系可表示为

$$\left.\begin{aligned}\varepsilon_x &= \frac{1}{E}(\sigma_x - \mu\sigma_y)\\ \varepsilon_y &= \frac{1}{E}(\sigma_y - \mu\sigma_x)\\ \varepsilon_z &= -\frac{\mu}{E}(\sigma_x + \sigma_y)\end{aligned}\right\}\tag{6-16}$$

或用主应力表示为

$$\left.\begin{aligned}\varepsilon_1 &= \frac{1}{E}(\sigma_1 - \mu\sigma_2)\\ \varepsilon_2 &= \frac{1}{E}(\sigma_2 - \mu\sigma_1)\\ \varepsilon_3 &= -\frac{\mu}{E}(\sigma_1 + \sigma_2)\end{aligned}\right\}\tag{6-17}$$

例 6-4　设单元体及受到的应力状态如图 6-10 所示，试计算该单元体的体积变化率。

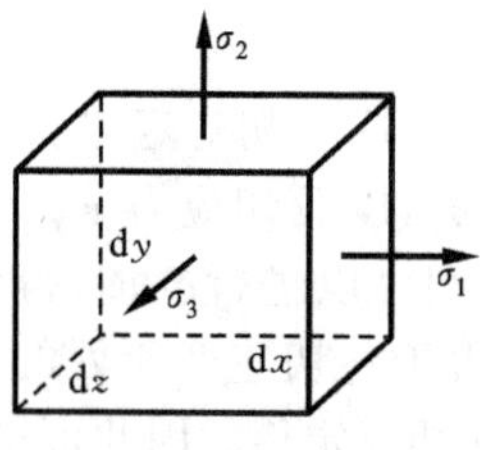

图 6-10

解　由单元体，可知其三个方向的应变可以由式(6-13)决定，即

$$\varepsilon_1 = \frac{1}{E}[\sigma_1 - \mu(\sigma_2 + \sigma_3)]$$

$$\varepsilon_2 = \frac{1}{E}[\sigma_2 - \mu(\sigma_3 + \sigma_1)]$$

$$\varepsilon_3 = \frac{1}{E}[\sigma_3 - \mu(\sigma_1 + \sigma_2)]$$

因此，单元体在三个方向的长度分别改变了 $\varepsilon_1 dx$、$\varepsilon_2 dy$、$\varepsilon_3 dz$，其长度分别为 $(1+\varepsilon_1)dx$、$(1+\varepsilon_2)dy$、$(1+\varepsilon_3)dz$，则单元体变形后的体积

$$V' = (1+\varepsilon_1)(1+\varepsilon_2)(1+\varepsilon_3)dxdydz$$

体积变化率称为体积应变，用 Θ 表示，则有

$$\Theta = \frac{V'-V}{V} = (1+\varepsilon_1)(1+\varepsilon_2)(1+\varepsilon_3)-1$$

注意到材料在线弹性条件下的小变形假设，应变 ε_1、ε_2、ε_3 均是小量。在体积应变中忽略二阶以上小量，有

$$\Theta = \varepsilon_1+\varepsilon_2+\varepsilon_3$$

则由广义胡克定律，得

$$\Theta = \varepsilon_1+\varepsilon_2+\varepsilon_3 = \frac{1-2\mu}{E}(\sigma_1+\sigma_2+\sigma_3)$$

单元体体积改变量仅与三个主应力之和有关，而与主应力各自大小无关，因此，一般可以用三个相等的 $\sigma_m=\frac{\sigma_1+\sigma_2+\sigma_3}{3}$（称为平均应力）来代替 σ_1、σ_2 和 σ_3，可以得到相同的体积改变量。

另外，在体积应变表达式中，还可以发现，当 $\mu=0.5$ 时，单元体的体积不变，这时称其为不可压缩物体。当材料处于屈服流动阶段时就是如此。

6.5　三向应力状态下最大切应力

6.2 节和 6.3 节分别介绍了平面应力状态的分析法和图解法，得到了相同的结论：平面应力状态的最大切应力

$$\tau_{max} = \sqrt{\left(\frac{\sigma_x-\sigma_y}{2}\right)^2+\tau_{xy}^2}$$

注意到所讨论的是平面应力问题，因此，必然有一个方向截面上的应力全部为0，其主应力也等于 0。不妨设为 $\sigma_3=0$，由式(6-5)，得主应力

$$\left.\begin{aligned}\sigma_1 &= \frac{\sigma_x+\sigma_y}{2}+\sqrt{\left(\frac{\sigma_x-\sigma_y}{2}\right)^2+\tau_{xy}^2}\\ \sigma_2 &= \frac{\sigma_x+\sigma_y}{2}-\sqrt{\left(\frac{\sigma_x-\sigma_y}{2}\right)^2+\tau_{xy}^2}\\ \sigma_3 &= 0\end{aligned}\right\}$$

则最大切应力可表示为

$$\tau_{max} = \frac{\sigma_1-\sigma_2}{2} \tag{6-18}$$

对于承受三向应力的结构，其最大切应力的计算可以按照平面应力的情况进行分析。设三向应力单元体如图 6-9 所示，假设单元体已经处于三向的主平面位置，因此，作用在单元体上的应力是主应力 σ_1、σ_2 和 σ_3。

作一垂直于 $z(\sigma_3)$ 轴的平面去截单元体，显然，由于 σ_3 垂直于截面，对截面不发生影响，得到的是一个平面应力状态，受到 σ_1、σ_2 的作用。在这样的截面内，最大切应力由式(6-18)决定。

同样，作垂直于 $x(\sigma_1)$ 轴的平面去截单元体，得到截面内的最大切应力为$\frac{\sigma_2-\sigma_3}{2}$；作垂直于 $y(\sigma_2)$ 轴的平面去截单元体，得到截面内的最大切应力为$\frac{\sigma_1-\sigma_3}{2}$。

在这三类特殊截面中，最大的切应力为$\frac{\sigma_1-\sigma_3}{2}$。更进一步的理论分析指出：单元体的任意斜截面上的切应力要小于$\frac{\sigma_1-\sigma_3}{2}$。因此，对三向应力状态，其最大切应力

$$\tau_{\max}=\frac{\sigma_1-\sigma_3}{2} \tag{6-19}$$

真实结构都是三维物体，其应力也都是三向应力状态，因此，式(6-19)反映的是单元体内真实的最大切应力，而式(6-18)仅反映垂直于某轴的截面内的最大切应力。在以后的理论分析或者实验数据处理中，要用到最大切应力时，应当使用式(6-19)。

6.6　应变能与应变能密度

1. 应变能

物体在外力作用下，因为变形而储存的能量称为应变能。根据能量守恒原理，材料在弹性范围工作下，其应力-应变关系符合广义胡克定律。同时，在小变形的情况下，力和位移可视为线性关系。假设材料受力为 F，变形为 Δ。根据微积分知识知，在力与变形呈线性关系情况下，应变能等于力 F 所做功，可表示为

$$U=W=\int_{\Delta}F\,\mathrm{d}\Delta=\frac{1}{2}F\Delta \tag{6-20}$$

设图 6-11 所示单元体在主应力作用下，弹性体的外力做功最终将全部转换为应变能，则储存于该微元体内应变能为

$$\mathrm{d}V_\varepsilon=\mathrm{d}W=\frac{1}{2}(\sigma_1\mathrm{d}y\mathrm{d}z)(\varepsilon_1\mathrm{d}x)+\frac{1}{2}(\sigma_2\mathrm{d}x\mathrm{d}z)(\varepsilon_2\mathrm{d}y)+\frac{1}{2}(\sigma_3\mathrm{d}x\mathrm{d}y)(\varepsilon_3\mathrm{d}z)$$

整理后可得

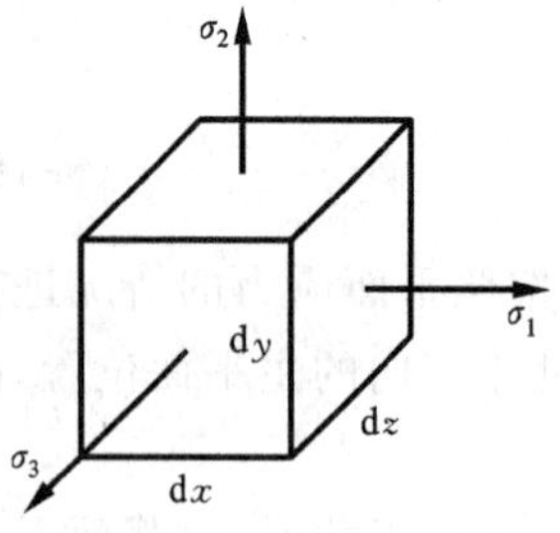

图 6-11

$$\begin{aligned}\mathrm{d}V_\varepsilon&=\frac{1}{2}(\sigma_1\varepsilon_1+\sigma_2\varepsilon_2+\sigma_3\varepsilon_3)\mathrm{d}x\mathrm{d}y\mathrm{d}z\\&=\frac{1}{2}(\sigma_1\varepsilon_1+\sigma_2\varepsilon_2+\sigma_3\varepsilon_3)\mathrm{d}V\end{aligned}$$

单位体积应变能称为应变能密度，则应变能密度为

$$\begin{aligned}u_\varepsilon&=\frac{1}{2}\sigma_1\varepsilon_1+\frac{1}{2}\sigma_2\varepsilon_2+\frac{1}{2}\sigma_3\varepsilon_3\\&=\frac{1}{2E}[\sigma_1^2+\sigma_2^2+\sigma_3^2-2\mu(\sigma_1\sigma_2+\sigma_2\sigma_3+\sigma_3\sigma_1)]\end{aligned} \tag{6-21}$$

2. 体积改变能密度和形状改变能密度

一般情况下，单元体受到应力作用后，将同时发生体积改变和形状改变。如图 6-12 所示，单元体三个主应力分别为 σ_1、σ_2 和 σ_3，材料的弹性模量为 E，泊松比为 μ。该单元体在应力作用下将发生变形：由于应力 σ_1、σ_2 和 σ_3 各不相等，因此，单元体的三棱边的伸长量也各不相同，变形后单元体的形状发生了改变；同时，由于一般情况下 $\sigma_1+\sigma_2+\sigma_3\neq 0$，由例 6-4，该单元体的体积应变也不等于 0。因此，单元体将发生形状改变和体积改变两种变化(见图 6-12)，并产生相应的应变能。应变能密度可分成由于体积改变引起的体积改变能密度和形状改变引起的形状改变能密度(或称畸变能密度)。

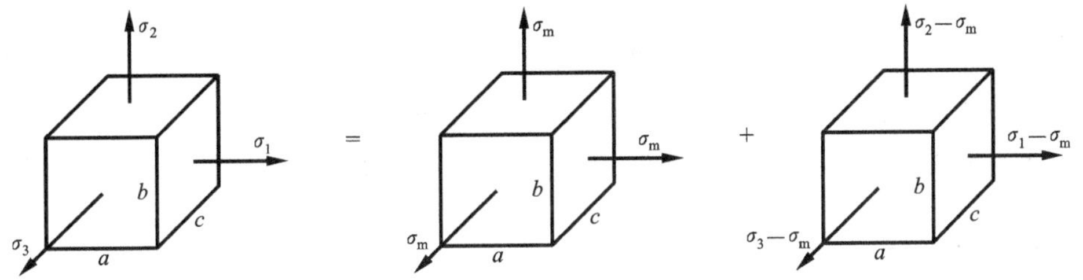

图 6-12

根据广义胡克定律，且因三个主应力的平均应力 $\sigma_m=\dfrac{\sigma_1+\sigma_2+\sigma_3}{3}$，则体积改变能密度为

$$u_V=\frac{1}{2}\sigma_m\varepsilon_m+\frac{1}{2}\sigma_m\varepsilon_m+\frac{1}{2}\sigma_m\varepsilon_m=\frac{3}{2}\sigma_m\varepsilon_m=\frac{1-2\mu}{6E}(\sigma_1+\sigma_2+\sigma_3)^2 \quad (6\text{-}22)$$

令 u_d 为形状改变能密度，又由式(6-21)知

$$u_\varepsilon=\frac{1}{2}\sigma_1\varepsilon_1+\frac{1}{2}\sigma_2\varepsilon_2+\frac{1}{2}\sigma_3\varepsilon_3$$

可得

$$u_d=u_\varepsilon-u_V=\frac{1+\mu}{6E}[(\sigma_1-\sigma_2)^2+(\sigma_2-\sigma_3)^2+(\sigma_3-\sigma_1)^2] \quad (6\text{-}23)$$

6.7 强 度 理 论

材料在外力作用下有两种不同的失效(破坏)形式：一是在不发生显著塑性变形时的突然断裂，称为脆性破坏；二是因发生显著塑性变形而不能继续承受载荷的失效，称为塑性失效。根据前面内容可知，轴向拉伸(压缩)强度条件中的许用应力是由材料的屈服极限或强度极限除以安全因数而得到的，材料的屈服极限或强度极限可直接由试验测定。由于工程受力构件多处于复杂应力状态，人们尝试利用简单应力状态下的实验结果来建立复杂应力状态的强度条件，这些判断材料在复杂应力状态

下是否破坏的相关理论称为强度理论。

相应于材料失效(破坏)的两种形式,存在两类强度理论:一类以断裂为破坏标志,主要包括最大拉应力理论与最大拉应变理论;另一类以屈服或显著塑性变形为主要失效标志,主要包括最大切应力理论与形状改变能理论。这四个强度理论是当前工程中应用较广泛的强度理论,分别称为第一、二、三、四强度理论。

1. 第一强度理论(最大拉应力理论)

17世纪,伽利略首先提出了这一理论。该理论认为,材料的断裂破坏取决于最大拉应力。当材料三个主应力中的主应力 σ_1 达到单向应力状态破坏时的正应力 σ_b 时,材料便发生断裂破坏。考虑载荷与计算的各种近似,对强度极限除以安全因数,则相应的强度条件为

$$\sigma_1 \leqslant \frac{\sigma_b}{n} = [\sigma] \tag{6-24}$$

试验表明,该理论与一些脆性材料如铸铁、大理石、混凝土等受拉伸的情况相符,但由于没有考虑到 σ_2 和 σ_3 对破坏的影响,对没有拉应力的应力状态无法应用此理论进行强度分析。

2. 第二强度理论(最大伸长线应变理论)

该理论由马里奥特(E. Mariotte)于1682年提出。该理论提出材料断裂破坏取决于最大伸长线应变。当材料主应变 ε_1、ε_2、ε_3 中的最大值达到单向应力状态破坏时的正应变 ε_b 时,材料即发生断裂破坏,即

$$\varepsilon_1 = \frac{1}{E}[\sigma_1 - \mu(\sigma_2 + \sigma_3)] = \varepsilon_b = \frac{1}{E}\sigma_b \tag{6-25}$$

考虑安全因数,第二强度理论强度条件也可用正应力表示:

$$\sigma_1 - \mu(\sigma_2 + \sigma_3) \leqslant [\sigma] \tag{6-26}$$

该理论与少数脆性材料的拉-压二向应力状态试验结果相符,但对其他应力状态符合不好,因此,该结论适用范围较小,目前已很少采用。

3. 第三强度理论(最大切应力理论)

该理论是由库仑(C. A. Coulomb)于1773年提出的,后经屈雷斯卡(Tresca)加以完善。该理论提出材料的屈服失效取决于最大切应力,只要材料最大切应力达到单向应力状态破坏时的最大切应力,材料便发生屈服。相应的强度条件为

$$\tau_{max} = \frac{1}{2}(\sigma_1 - \sigma_3) = \frac{1}{2}\sigma_s \tag{6-27}$$

考虑安全因数,第三强度理论的强度条件也可用正应力形式表示,即

$$\sigma_1 - \sigma_3 \leqslant [\sigma] \tag{6-28}$$

试验表明,该理论与塑性失效的情况较为符合,而且偏于安全。

4. 第四强度理论(形状改变比能强度理论)

该理论最早由贝尔特拉密(E. Beltrami)于1885年提出,后由波兰力学家胡勃(M. T. Huber)于1904年修改。该理论提出材料的屈服失效取决于形状改变比能,

即不论材料处于什么应力状态，只要形状改变比能达到单向应力状态破坏时的形状改变比能，材料便发生破坏。相应的强度条件为

$$u_d = \frac{1+\mu}{6E}[(\sigma_1-\sigma_2)^2+(\sigma_2-\sigma_3)^2+(\sigma_3-\sigma_1)^2] = \frac{1+\mu}{6E}(2\sigma_s^2) \qquad (6\text{-}29)$$

考虑安全因数，第四强度理论的强度条件是

$$\sqrt{\frac{1}{2}[(\sigma_1-\sigma_2)^2+(\sigma_2-\sigma_3)^2+(\sigma_3-\sigma_1)^2]} \leqslant [\sigma] \qquad (6\text{-}30)$$

试验表明，对塑性失效，该理论与试验情况很相符。

如果将以上四个强度理论统一，可将式(6-24)、式(6-26)、式(6-28)、式(6-30)四个强度条件改写如下：

$$\sigma_{ri} \leqslant [\sigma] \quad (i=1,2,3,4) \qquad (6\text{-}31)$$

其中 σ_{ri} 称为相当应力。第一至第四强度理论依次可表述为

$$\left.\begin{aligned} \sigma_{r1} &= \sigma_1 \\ \sigma_{r2} &= \sigma_1 - \mu(\sigma_2+\sigma_3) \\ \sigma_{r3} &= \sigma_1 - \sigma_3 \\ \sigma_{r4} &= \sqrt{\frac{1}{2}[(\sigma_1-\sigma_2)^2+(\sigma_2-\sigma_3)^2+(\sigma_3-\sigma_1)^2]} \end{aligned}\right\} \qquad (6\text{-}32)$$

除以上四个强度理论外，在工程地质与土力学中还经常用到莫尔强度理论。莫尔强度理论以实验资料为基础，考虑材料拉、压强度的不同，承认最大切应力是引起屈服剪断的主要原因并考虑了剪切面上正应力的影响。该强度理论本书不作介绍。

例 6-5　工程中某杆件危险截面上危险点的应力状态如图 6-13 所示，试按四个强度理论建立相应的强度条件。

解　应力状态为

$$\begin{cases} \sigma_x = \sigma \\ \sigma_y = 0 \\ \tau_{xy} = -\tau \end{cases}$$

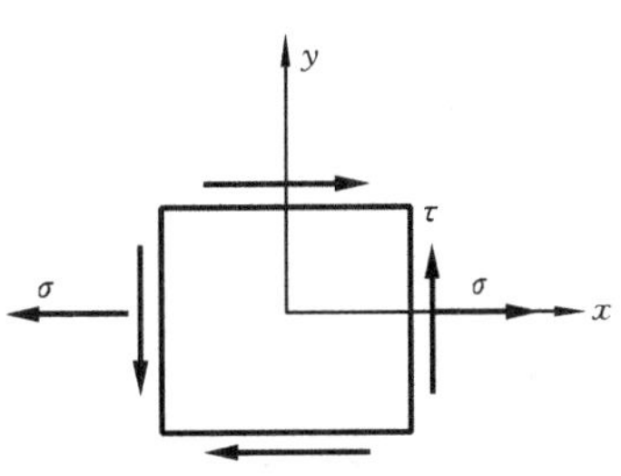

图 6-13

三个主应力分别为

$$\sigma_1 = \frac{\sigma}{2} + \sqrt{\left(\frac{\sigma}{2}\right)^2 + \tau^2}$$

$$\sigma_2 = 0$$

$$\sigma_3 = \frac{\sigma}{2} - \sqrt{\left(\frac{\sigma}{2}\right)^2 + \tau^2}$$

按强度理论统一式 $\sigma_{ri} \leqslant [\sigma]$ $(i=1,2,3,4)$，假设其许用应力为 $[\sigma]$，则其强度条件分别为

$$\sigma_{r1} = \frac{1}{2}\sqrt{\sigma^2+4\tau^2} + \frac{\sigma}{2} \leqslant [\sigma]$$

$$\sigma_{r2} = \frac{1-\mu}{2}\sigma + \frac{1+\mu}{2}\sqrt{\sigma^2 + 4\tau^2} \leqslant [\sigma]$$

$$\sigma_{r3} = \sqrt{\sigma^2 + 4\tau^2} \leqslant [\sigma]$$

$$\sigma_{r4} = \sqrt{\sigma^2 + 3\tau^2} \leqslant [\sigma]$$

习　　题

6-1　单元体各面的应力如图所示(应力单位为 MPa),试用解析法或图解法计算指定截面上的正应力和切应力。

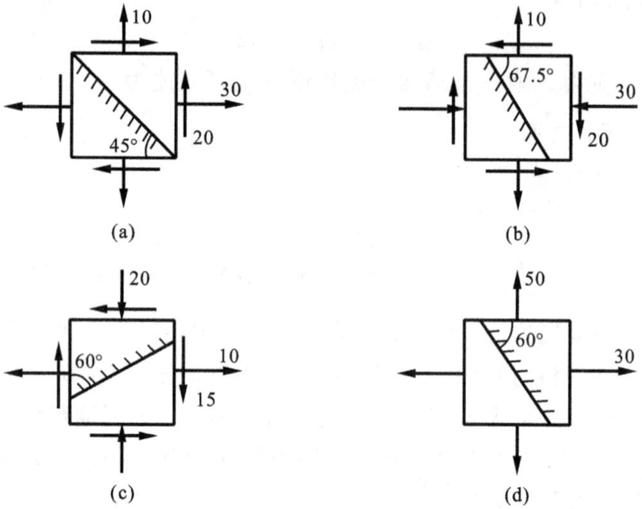

题 6-1 图

6-2　单元体各面的应力如图所示(应力单位为 MPa),试用解析法或图解法计算主应力的大小及所在截面的方位,并在单元体中画出。

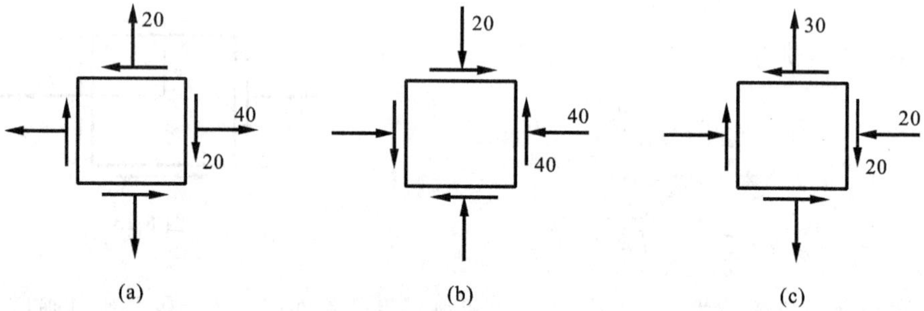

题 6-2 图

6-3　试绘出图示构件点 A 处的原始单元体,表示其应力状态,圆杆直径为 d。

6-4　试绘出图示构件点 A 处的原始单元体,表示其应力状态,矩形边长 $h=2b$。

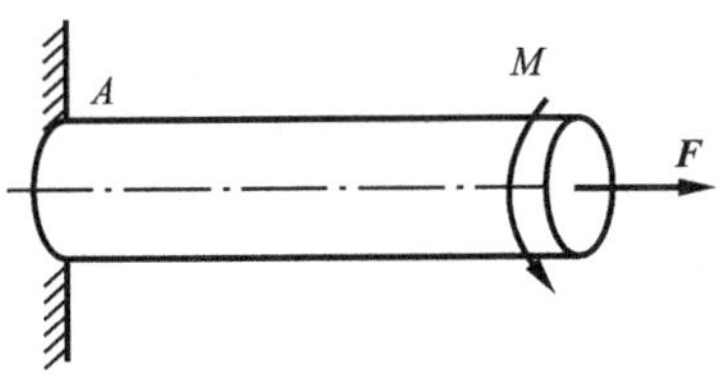

题 6-3 图

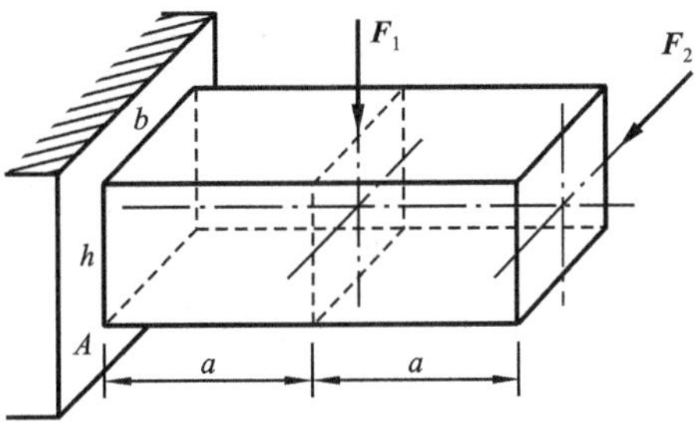

题 6-4 图

6-5　求图示单元体指定斜面上的应力(应力单位:MPa)。

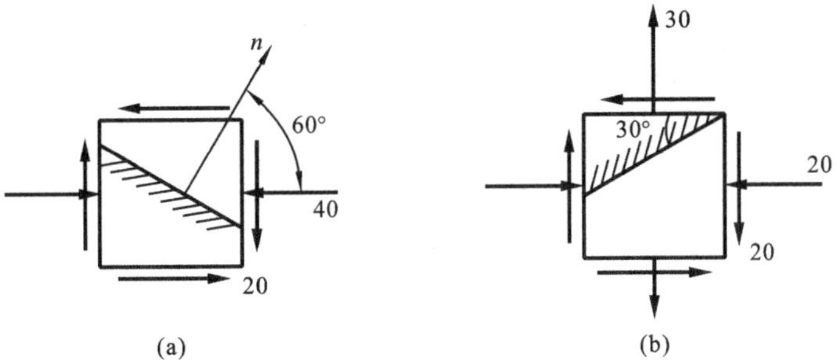

题 6-5 图

6-6　已知单元体的应力状态如图所示(应力单位:MPa)。

(1) 求主应力的大小和主平面的方位;

(2) 在图中绘出主单元体;

(3) 求最大切应力。

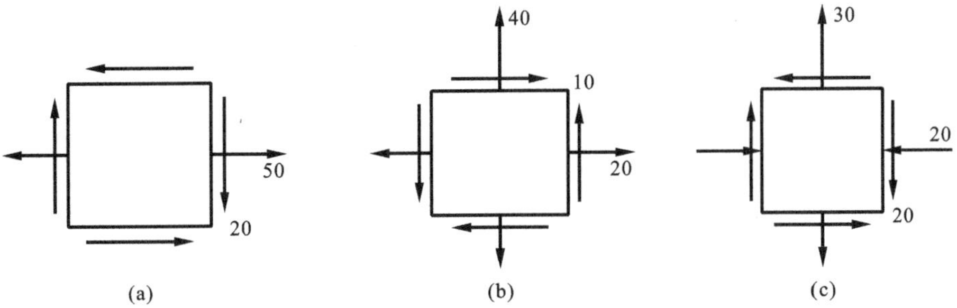

题 6-6 图

6-7　试求图示单元体的主应力和最大切应力(应力单位:MPa)。

6-8　试对钢制零件进行强度校核。已知[σ]=120 MPa,危险点的主应力为 $\sigma_1=140$ MPa,$\sigma_2=100$ MPa,$\sigma_3=40$ MPa。

6-9　试对钢制零件进行强度校核。已知[σ]=120 MPa,危险点的主应力为 $\sigma_1=60$ MPa,$\sigma_2=0$,$\sigma_3=-50$ MPa。

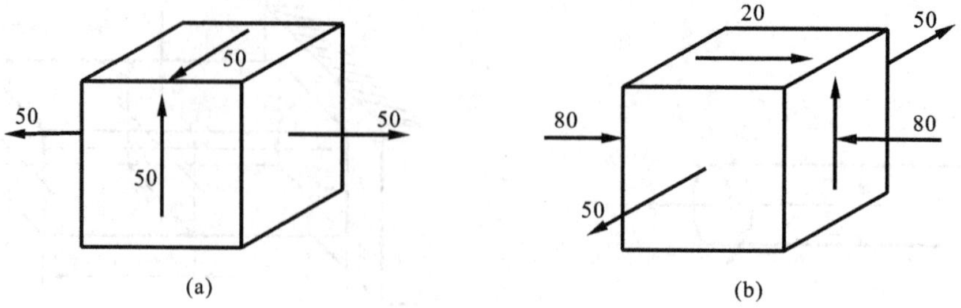

题 6-7 图

6-10　试对铸铁零件进行强度校核。已知$[\sigma]=30$ MPa，$\mu=0.3$，危险点的主应力为$\sigma_1=29$ MPa，$\sigma_2=20$ MPa，$\sigma_3=-20$ MPa。

6-11　试对铸铁零件进行强度校核。已知$[\sigma]=30$ MPa，$\mu=0.3$，危险点的主应力为$\sigma_1=30$ MPa，$\sigma_2=20$ MPa，$\sigma_3=15$ MPa。

6-12　钢制圆轴受力如图所示。已知轴径$d=20$mm，$[\sigma]=140$ MPa，试用第三和第四强度理论校核轴的强度。

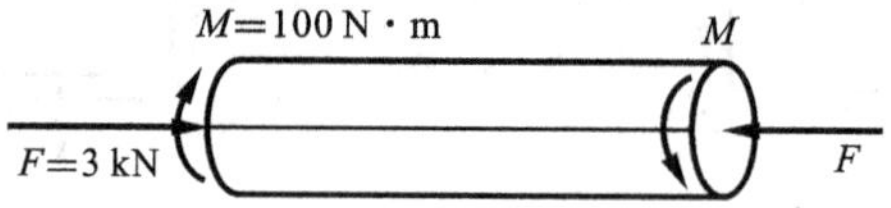

题 6-12 图

第 7 章　组 合 变 形

7.1　组合变形的工程实例

前面各章分别讨论了杆件在单一基本变形形式下的强度和刚度计算问题。对工程实际中的杆件，其在外力作用下产生的变形往往包含两种或两种以上的基本变形形式，通常称为组合变形。

常见的组合变形问题有：两个平面弯曲的组合（斜弯曲）、拉伸（或压缩）与弯曲的组合、弯曲与扭转的组合、拉伸（或压缩）与扭转或弯曲的组合等。

组合变形的工程实例很多，如图 7-1(a)所示屋架上檩条，其发生的变形是在 y、z 两个方向上的平面弯曲所组合的斜弯曲变形；图 7-1(b)所示为一悬臂吊车，当在横

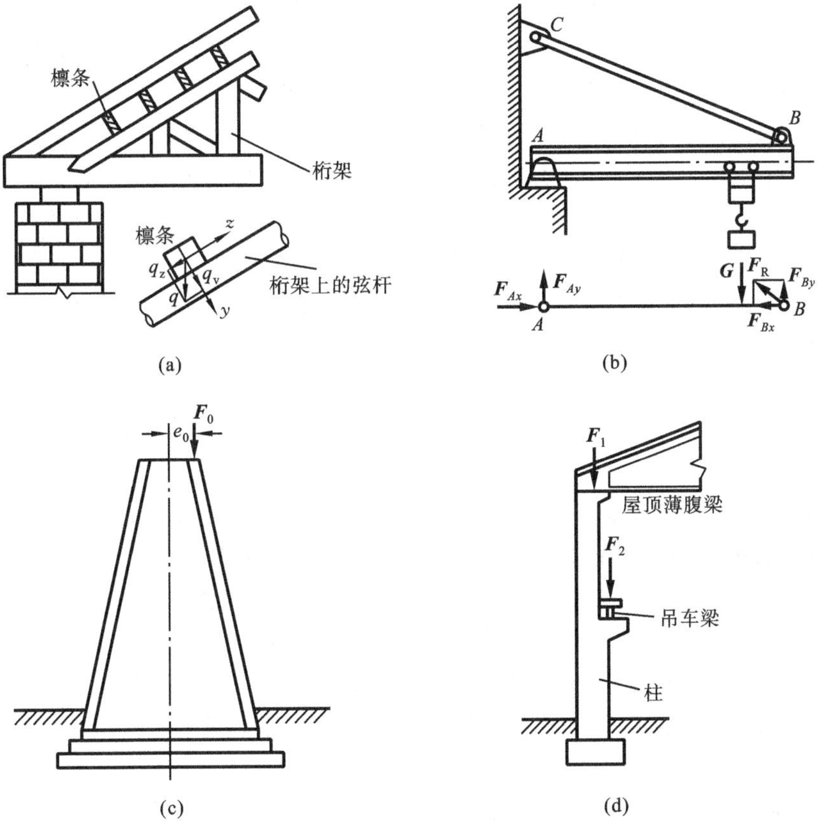

图 7-1

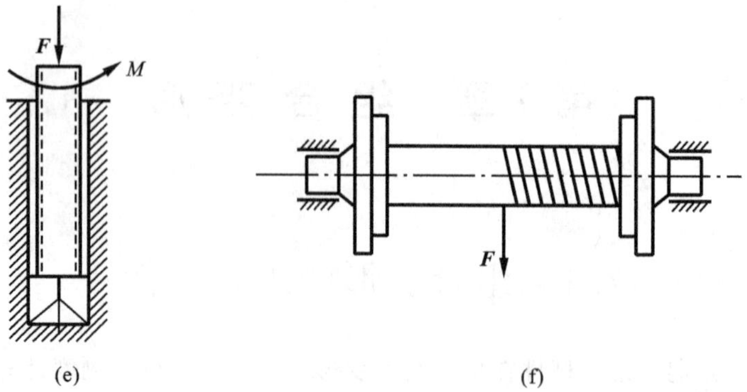

续图 7-1

梁 AB 跨中的任一点处起吊重物时，梁 AB 中不仅受弯矩的作用，而且还受轴向压力的作用，从而使梁处在压缩和弯曲的组合变形情况下；图 7-1(c)所示的空心桥墩和图 7-1(d)所示的厂房支柱，在偏心力 $\boldsymbol{F}_1$、$\boldsymbol{F}_2$ 作用下，也都会发生压缩和弯曲的组合变形；图 7-1(e)所示钻机中的钻杆工作时会发生压缩和扭转变形；图 7-1(f)所示的卷扬机机轴在力 $\boldsymbol{F}$ 的作用下，则会发生弯曲和扭转的组合变形。

由于在小变形和线弹性的前提下，载荷的作用是独立的，即每一载荷所引起的应力和变形都不受其他载荷的影响，因此计算杆件在组合变形下的应力和变形时，可应用叠加原理。即先将外力进行简化和分解，分成几组静力等效的载荷，使每一组载荷产生一种对应的基本变形，分别计算每一基本变形下杆件的内力、应力、应变或位移，然后将所得结果叠加起来，就得到构件在组合变形下的内力、应力、应变或位移。

本章将着重介绍工程实际中遇到较多的几种基本变形：弯曲与弯曲（斜弯曲）的组合变形、拉伸（或压缩）与弯曲的组合变形、拉伸（或压缩）与扭转的组合变形、弯曲与扭转的组合变形。

7.2　弯曲和弯曲（斜弯曲）的组合变形

通过前面的学习可知，只有当横向力作用于梁的纵向对称面时才会发生平面弯曲。这时，有关弯曲问题的理论公式才能成立。在工程实际中，有时并不满足平面弯曲的条件。比如，所有外力都作用在同一平面内，但这一平面不是纵向对称面或主轴平面（见图 7-2(a)），梁也会产生弯曲，但不是平面弯曲，这种弯曲称为斜弯曲。还有一种情况下也会产生斜弯曲，这就是所有外力都作用在纵向对称面或主轴平面内，但不是在同一纵向对称面（梁的横截面具有两个或两个以上的对称轴）或主轴平面内，如图 7-2(b)所示。

梁发生斜弯曲时的应力可以采用叠加法分析。图 7-3(a)所示为一长为 l 的矩形截面悬臂梁，在梁的自由端平面内受一载荷 $\boldsymbol{F}$ 的作用，此力通过截面形心（即弯曲中

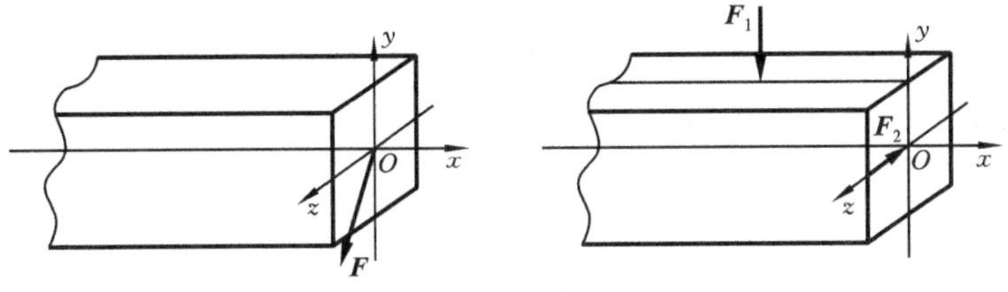

(a) (b)

图 7-2

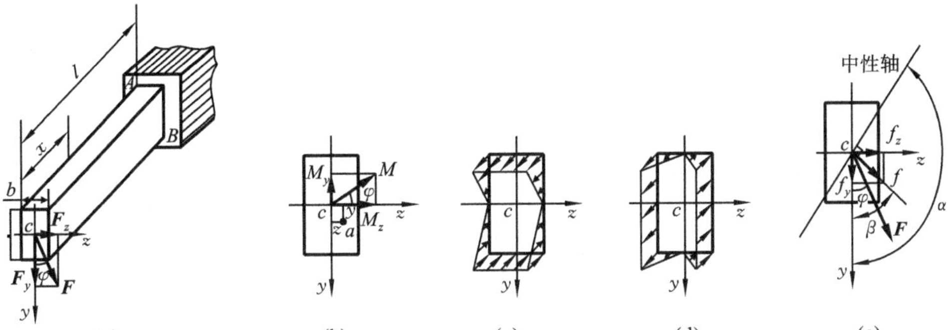

(a) (b) (c) (d) (e)

图 7-3

心)，与形心主轴 y 成一角度 φ。现讨论梁的应力情况。

1. 外力分解

分别以截面的两个对称轴为 y 轴和 z 轴(形心主轴)，将集中力 $\boldsymbol{F}$ 沿 y 轴和 z 轴分解，得

$$F_y = F\cos\varphi, \quad F_z = F\sin\varphi$$

于是，力 F 的作用可用两分力 F_y 和 F_z 来代替，而且每一个分力单独作用时，都将产生平面弯曲，这样，斜弯曲就可以看做是两个相互垂直的平面弯曲的组合。

2. 内力计算

在距自由端为 x 处的横截面上，由分力 F_y 和 F_z 单独作用时所产生的弯矩(绝对值)分别为

$$M_z = F_y x = Fx\cos\varphi = M\cos\varphi$$
$$M_y = F_z x = Fx\sin\varphi = M\sin\varphi$$

式中 $M=Fx$ 为力 F 作用所引起的 x 截面上的合成弯矩(见图 7-3(b))。

3. 应力计算

在 x 截面上任意取点 a，如图 7-3(b)所示。在分力 F_y 单独作用下以 z 轴为中性轴，截面在 z 轴以上部分为受拉区，以下部分为受压区，a 点的正压力为

$$\sigma' = -\frac{M_z y}{I_z}$$

应力 σ'沿截面高度 h 方向的分布规律如图 7-3(c)所示。

同理，在分力 F_z 单独作用下，以 y 轴为中性轴，截面在 y 轴左侧部分为受拉区，右侧部分为受压区，a 点的正压力为

$$\sigma''=-\frac{M_y z}{I_y}$$

应力 σ''沿截面宽度 b 方向的分布规律如图 7-3(d)所示。可以看出 σ' 和 σ''均为垂直于横截面方向的正应力，它们具有相同的方向。根据叠加原理，σ' 和 σ''的代数和即为 a 点的正应力，即

$$\sigma=\sigma'+\sigma''=-\frac{M_z y}{I_z}-\frac{M_y z}{I_y}$$

将 $M_z=M\cos\varphi, M_y=M\sin\varphi$ 代入，有

$$\sigma=-M\left(\frac{y\cos\varphi}{I_z}+\frac{z\sin\varphi}{I_y}\right) \tag{7-1}$$

式中 I_y、I_z 分别为横截面对 y 轴和 z 轴的惯性矩；y、z 表示 a 点的坐标值。

式(7-1)为斜弯曲时计算横截面上任意点应力的一般公式。在具体问题中，σ' 和 σ''是拉应力还是压应力可以根据杆件的变形来确定。

4. 强度计算

进行强度计算时，需要首先确定危险截面和危险截面上危险点的位置。对图 7-3(a)所示的悬臂梁来说，在固定端处 M_y 和 M_z 同时达到最大值，此处显然就是危险截面所在处。至于危险点，应是 M_y 和 M_z 引起的正应力同时到达最大值的点。图 7-3(a)中固定端截面的 A 点和 B 点就是这样的危险点，其中 A 点有最大拉应力

$$\sigma_{t,\max}=\frac{M_{z,\max}y_{\max}}{I_z}+\frac{M_{y,\max}z_{\max}}{I_y}=\frac{M_{z,\max}}{W_z}+\frac{M_{y,\max}}{W_y} \tag{7-2}$$

B 点有最大压应力

$$|\sigma_c|_{\max}=\frac{M_{z,\max}y_{\max}}{I_z}+\frac{M_{y,\max}z_{\max}}{I_y}=\frac{M_{z,\max}}{W_z}+\frac{M_{y,\max}}{W_y} \tag{7-3}$$

由于危险点处于单向应力状态。又由矩形截面的对称性，即

$$|\sigma_c|_{\max}=\sigma_{t,\max}$$

对于塑性材料，由于拉、压等强度，即$[\sigma_t]=[\sigma_c]=[\sigma]$，因此限制最大拉应力不超过许用应力就是斜弯曲的强度条件，即

$$\sigma_{t,\max}\leqslant[\sigma]$$

对于脆性材料，由于$[\sigma_t]\neq[\sigma_c]$，应分别建立强度条件

$$\sigma_{t,\max}\leqslant[\sigma_t]$$
$$|\sigma_c|_{\max}\leqslant[\sigma_c]$$

因为梁截面是具有外棱角的矩形，所以危险点的位置易于确定。对没有外棱角的截面，要先确定截面中性轴的位置，然后才能确定危险点的位置。

5. 中性轴位置的确定

中性轴是横截面上正应力等于零的各点的连线，其位置可以由 $\sigma=0$ 的条件确

定。由式(7-1)可见,应力 σ 是坐标 y、z 的函数,若设中性轴上各点的坐标为(y_0,z_0),则有

$$\sigma = -M\left(\frac{\cos\varphi}{I_z}y_0 + \frac{\sin\varphi}{I_y}z_0\right) = 0$$

因为 $M \neq 0$,故

$$\frac{\cos\varphi}{I_z}y_0 + \frac{\sin\varphi}{I_y}z_0 = 0$$

可见中性轴是通过截面形心的一条直线(见图 7-3(e))。设中性轴与 y 轴的夹角为 α,则中性轴的斜率为

$$\tan\alpha = \frac{z_0}{y_0} = -\frac{I_y}{I_z}\cot\varphi$$

一般情况下,$I_y \neq I_z$,即 $\tan\alpha \cdot \tan\varphi \neq -1$,由此可见力 F 的作用方向与中性轴不垂直。

中性轴把截面划分为拉伸和压缩两个区域,当截面形状没有明显的外棱角时(见图 7-4),为找出最大拉应力、压应力的作用点,可在截面周边上作平行于中性轴的切线,切点 A、B 就是距中性轴最远的点,也就是危险点。

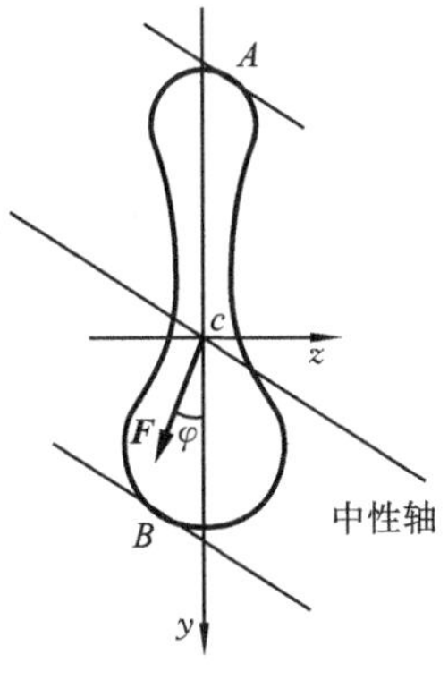

图 7-4

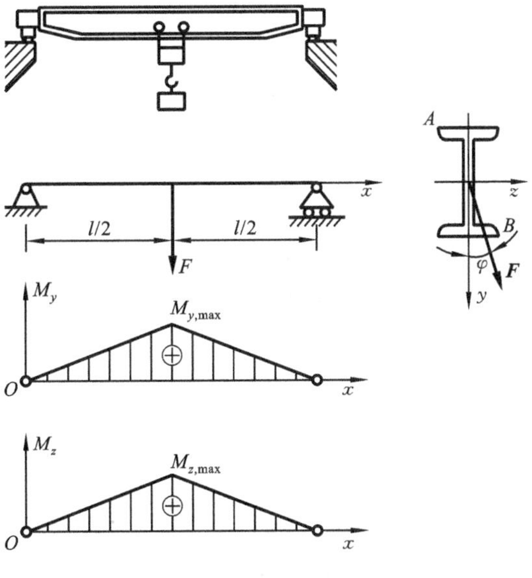

图 7-5

例 7-1　图 7-5 所示桥式起重吊车的大梁材料为 32a 工字钢,$[\sigma]=170$ MPa,$l=4$ m,$F=33$ kN,行进时由于惯性使载荷 $\boldsymbol{F}$ 偏离纵向对称面一个角度 $\varphi=15°$,试校核梁的强度并与 $\varphi=0°$的情况进行比较。

解　(1) 外力分析。

梁为斜弯曲情形,将 $\boldsymbol{F}$ 沿截面对称轴 y 轴和 z 轴分解,得

$$F_y = F\cos\varphi, \quad F_z = F\sin\varphi$$

（2）危险状态与内力分析。

当小车走到跨梁中点时，大梁处于最不利的受力状态，而这时跨度中点截面的弯矩最大，是危险截面。分力 F_y、F_z 使梁在两个相互垂直平面内产生平面弯曲，最大弯矩值分别为

$$\begin{cases} M_{z\max} = \dfrac{F_y l}{4} = \dfrac{Fl}{4}\cos\varphi = \dfrac{33 \times 4 \times \cos 15^\circ}{4}\ \text{kN}\cdot\text{m} = 31.9\ \text{kN}\cdot\text{m} \\ M_{y\max} = \dfrac{F_z l}{4} = \dfrac{Fl}{4}\sin\varphi = \dfrac{33 \times 4 \times \sin 15^\circ}{4}\ \text{kN}\cdot\text{m} = 8.54\ \text{kN}\cdot\text{m} \end{cases}$$

（3）应力计算与强度校核。

显然，危险点为跨度中点截面上的 A、B 两点，点 A 处受到最大压应力，点 B 处受到最大拉应力，且数值相等。只需要计算最大拉应力的数值，即

$$\sigma_{\max} = \frac{M_{y,\max}}{W_y} + \frac{M_{z,\max}}{W_z}$$

从型钢规格表中查得工字钢的抗弯截面模量 W_z 和 W_y 分别为

$$\begin{cases} W_z = 692\ \text{cm}^3 \\ W_y = 70.8\ \text{cm}^3 \end{cases}$$

因此

$$\sigma_{\max} = \frac{M_{y,\max}}{W_y} + \frac{M_{z,\max}}{W_z} = \frac{8.54 \times 10^3}{70.8 \times 10^{-6}}\ \text{Pa} + \frac{31.9 \times 10^3}{692 \times 10^{-6}}\ \text{Pa}$$
$$= 167 \times 10^6\ \text{Pa} = 167\ \text{MPa} < [\sigma] = 170\ \text{MPa}$$

满足强度要求。

从结果可以看出，应力的数值比较大。

若载荷 F 不偏离梁的纵向对称面，即 $\varphi = 0^\circ$，将发生平面弯曲，梁跨中点截面的最大拉应力为

$$\sigma_{\max} = \frac{M_{\max}}{W_z} = \frac{\frac{Fl}{4}}{W_z} = \frac{33 \times 10^3 \times 4}{4 \times 692 \times 10^{-6}}\ \text{Pa} = 47.7\ \text{MPa}$$

由此可见，载荷偏离一个很小的角度 φ，就使梁内的正应力是正常工作时的近 4 倍。这是由于工字钢的 W_z 和 W_y 相差很大。因此，对于 W_z 和 W_y 相差较大的梁，避免发生斜弯曲是非常必要的。对于承受斜弯曲变形的梁，最好采用箱型截面梁，以得到比较接近的 W_z 和 W_y。

7.3　拉伸（压缩）与弯曲的组合变形

前面研究的直杆弯曲问题都是针对外力垂直于杆的轴线的情况，在研究轴向拉压时，都是针对所有外力或其合力的作用线均沿着杆件的轴线的情况。然而，如果作

用于杆件上的外力除了轴向拉(压)力以外，还有垂直于轴线的横向力，如图7-6(a)所示的矩形截面杆的受力，则杆件将发生拉伸(压缩)和弯曲的组合变形。除此之外，在工程实际中，还常常遇到载荷与构件的轴线平行，但不通过横截面形心的情况，这种情况称为偏心拉伸(压缩)，它实际上是拉伸(压缩)和弯曲的组合变形。

1. 轴向力和横向力同时作用

如图7-6(a)所示一矩形截面悬臂梁，在自由端的截面形心处受集中力 **F** 的作用，作用线位于梁的纵向对称面内，与梁轴线的夹角为 φ。由于载荷的作用线既不与杆的轴线重合，又不与轴线垂直，所以不符合引起基本变形的载荷情况，而属于拉伸与弯曲的组合变形。下面对该受力构件进行强度计算。

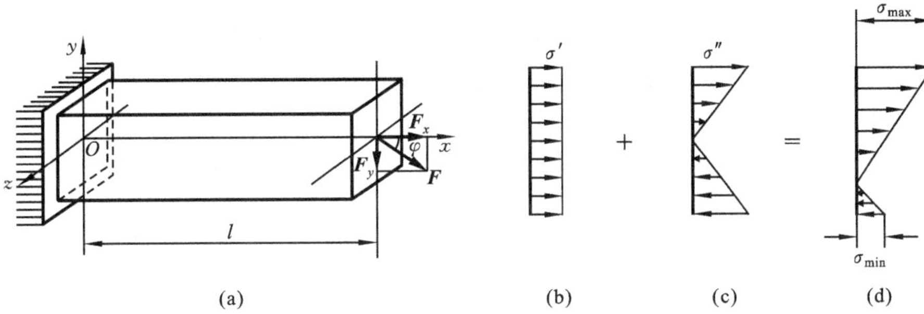

图 7-6

1) 载荷的分解

将力 **F** 沿梁的轴线即 x 轴及与轴线垂直的 y 方向分解，得到两个分量 $\boldsymbol{F}_x$ 和 $\boldsymbol{F}_y$，有

$$F_x = F\cos\varphi, \quad F_y = F\sin\varphi$$

轴向拉力 $\boldsymbol{F}_x$ 使梁发生拉伸变形，横向力 $\boldsymbol{F}_y$ 使梁发生弯曲变形。可见梁在力 **F** 的作用下，将产生拉伸与弯曲的组合变形。

2) 应力计算

在轴向拉力 $\boldsymbol{F}_x$ 的单独作用下，梁各横截面上的内力 $F_N = F_x$，与之相应的拉应力在横截面上均匀分布。拉应力为

$$\sigma' = \frac{F_N}{A} = \frac{F\cos\varphi}{A}$$

式中　A 为梁横截面的面积。

拉应力沿截面高度的分布情况如图7-6(b)所示。

在横向力 F_y 的单独作用下，梁在固定端截面上的弯矩最大，故该截面为危险截面，且

$$M_{max} = F_y l = Fl\sin\varphi$$

最大弯曲正应力为

$$\sigma'' = \pm\frac{M_{max}}{W_z} = \pm\frac{F_y l}{W_z} = \pm\frac{Fl\sin\varphi}{W_z}$$

式中　W_z为梁横截面对中性轴 z 的抗弯截面模数。

弯曲正应力沿截面高度的分布情况如图 7-6(c)所示。

3) 应力叠加

危险截面上总的正应力可由拉应力与弯曲正应力叠加而得。正应力沿截面高度按直线规律变化,如图 7-6(d)所示。危险截面上边缘各点有最大正应力

$$\sigma_{\max} = \sigma' + \sigma'' = \frac{F_N}{A} + \frac{M_{\max}}{W_z}$$

危险截面下边缘各点有最小正应力

$$\sigma_{\min} = \sigma' - \sigma'' = \frac{F_N}{A} - \frac{M_{\max}}{W_z}$$

最小正应力 $\sigma_{\min}$可能是拉应力,也可能是压应力,具体如何主要取决于等式右边两项的数值大小。图 7-6(d)所示为第一项小于第二项的情况。

4) 强度校核

由上述可知,危险截面上的危险点处于单向应力状态,上边缘各点有最大拉应力。对于塑性材料,其强度条件为

$$\sigma_{\max} = \frac{F_N}{A} + \frac{M_{\max}}{W_z} \leqslant [\sigma] \tag{7-4}$$

对于脆性材料,如最小正应力为压应力,应分别建立强度条件

$$\sigma_{\max} = \frac{F_N}{A} + \frac{M_{\max}}{W_z} \leqslant [\sigma_t] \tag{7-5}$$

$$|\sigma_{\min}| = \left|\frac{F_N}{A} - \frac{M_{\max}}{W_z}\right| \leqslant [\sigma_c] \tag{7-6}$$

以上讨论的是轴向拉伸与平面弯曲的组合情况,其计算方法也适用于平面弯曲与轴向压缩的组合变形。所不同的是轴向力引起的是压应力,而不是拉应力。

实际上,在轴向力和横向力的共同作用下,杆内的内力除了轴力和弯矩外,还有剪力。对于实心截面,剪力引起的切应力较小,一般不予考虑。

例 7-2　图 7-7(a)所示悬臂式起重机,最大起重量 $G=40$ kN,横梁 AC 为 22a 工字钢,材料的许用应力$[\sigma]=120$ MPa。试校核梁的强度。

解　(1) 横梁受力分析。

当行走小车位于横梁中点时,横梁内的弯矩最大,此时轴向力并不是最大。但由于轴向力引起的正应力一般比弯矩引起的正应力小,所以应按这种情况对梁进行计算。画出受力简图 7-7(b),由平衡方程可求出

$$F_{RA} = F_{RC} = \frac{G}{2} = 20 \text{ kN}$$

$$F_{HA} = F_{HC} = \frac{F_{RA}}{\tan 30^\circ} = \frac{20}{\tan 30^\circ} \text{ kN} = 34.6 \text{ kN}$$

故横梁为压缩与弯曲的组合变形。

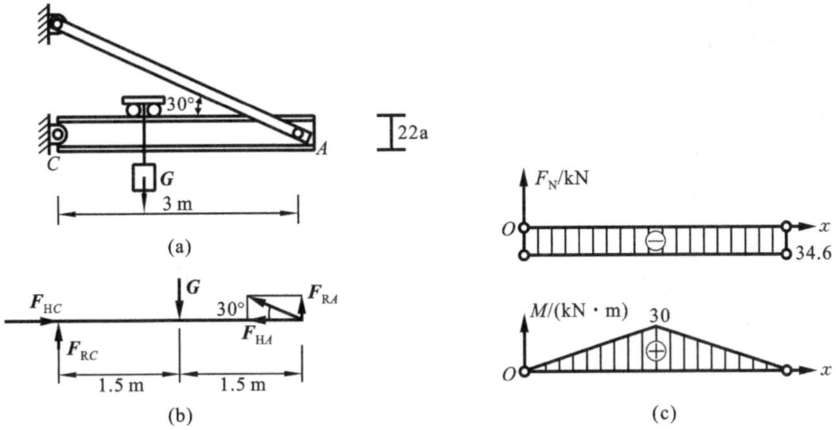

图 7-7

(2) 应力计算和强度校核。

画出梁的轴力图和弯矩图(见图 7-7(c)),由图可以看出,危险截面(跨中)上的轴力和弯矩分别为

$$F_{\mathrm{N}}=-34.6\ \mathrm{kN},\quad M_{\max}=30\ \mathrm{kN\cdot m}$$

由附录查出 22a 工字钢的横截面积 $A=42.13\ \mathrm{cm}^2$,抗弯截面模数 $W_z=309\ \mathrm{cm}^3$。将已知量代入式(7-4),得

$$\sigma_{\max}=\left|\frac{F_{\mathrm{N}}}{A}\right|+\left|\frac{M_{\max}}{W_z}\right|=\left(\frac{34.6\times10^3}{42.13\times10^2}+\frac{30\times10^6}{309\times10^3}\right)\ \mathrm{MPa}=105.3\ \mathrm{MPa}\leqslant[\sigma]$$

故横梁安全。

2. 偏心载荷引起的拉伸(压缩)与弯曲的组合及截面核心

当载荷的作用线与构件轴线平行但并不重合(见图 7-8)时,构件受到偏心拉伸(压缩)作用。把载荷简化到构件轴线上即可看出,偏心拉伸(压缩)也是拉伸(压缩)和弯曲组合变形。现以偏心压缩为例,研究偏心载荷作用下杆件的强度计算问题,如图 7-8 所示。

1) 载荷的简化

设杆的轴线为 x 轴,截面的两个形心主轴为 y 轴和 z 轴,压力 $\boldsymbol{F}$ 作用点的坐标为(y_F,z_F),如图 7-8(a)所示。将偏心压力平移到截面形心 O 处,将得到与轴线重合的压力 F,Oxy 平面内的弯矩 M_z,Oxz 平面内的弯矩 M_y,且 $M_z=Fy_F$,$M_y=Fz_F$,如图7-8(b)所示。与轴线重合的力 $\boldsymbol{F}$ 引起压缩变形,M_z 和 M_y 引起弯曲变形。所以,偏心压缩是压缩和弯曲的组合变形,并且任意两个横截面上的内力和应力都相同。

2) 应力计算

在上述力系作用下,任意截面上任一点 $B(y,z)$处(见图 7-9)与三种变形对应的正应力分别是

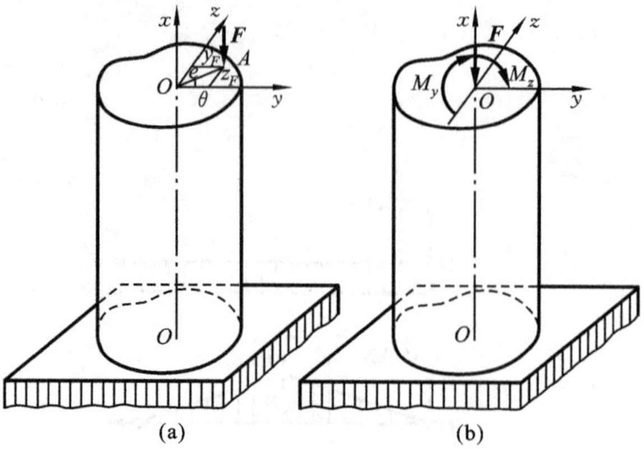

(a) (b)

图 7-8

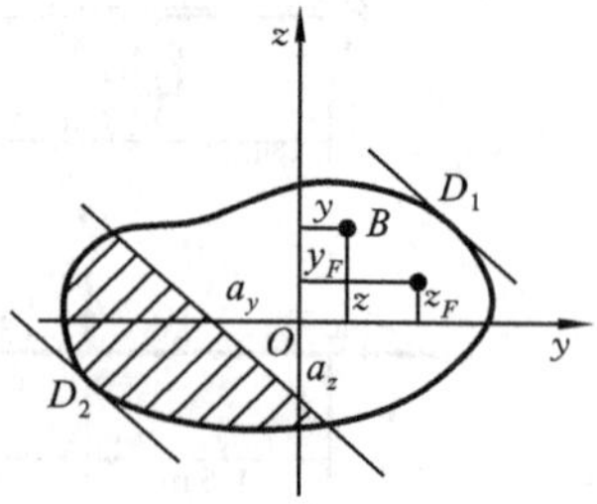

图 7-9

$$\sigma' = \frac{F_{\mathrm{N}}}{A} = -\frac{F}{A}$$

$$\sigma'' = \frac{M_z y}{I_z} = -\frac{F y_F y}{I_z}$$

$$\sigma''' = \frac{M_y z}{I_y} = -\frac{F z_F z}{I_y}$$

式中负号表示压应力。叠加以上三种应力得到 B 点应力

$$\sigma = \sigma' + \sigma'' + \sigma''' = -\frac{F}{A} - \frac{F y_F y}{I_z} - \frac{F z_F z}{I_y}$$

由于 $I_z = A i_z^2$，$I_y = A i_y^2$，有

$$\sigma = -\frac{F}{A}\left(1 + \frac{y_F y}{i_z^2} + \frac{z_F z}{i_y^2}\right) \tag{7-7}$$

3）中性轴方程、危险点及强度条件

横截面上离中性轴最远的点应力最大，为危险点，为此须先确定中性轴的位置。若以 (y_0, z_0) 表示中性轴上任意点的坐标，由于中性轴上各点的应力为零，把 y_0 和 z_0 代入式(7-7)，有

$$-\frac{F}{A}\left(1 + \frac{y_F y_0}{i_z^2} + \frac{z_F z_0}{i_y^2}\right) = 0$$

由此可得中性轴方程为 $$\frac{y_F y_0}{i_z^2} + \frac{z_F z_0}{i_y^2} = -1$$

这是一个不通过坐标原点（截面形心）的直线方程。分别令 $y_0 = 0$，$z_0 = 0$，可求出中性轴在 y、z 轴上的截距 a_y 和 a_z，即

$$a_y = -\frac{i_z^2}{y_F}, \quad a_z = -\frac{i_y^2}{z_F}$$

上两式带负号，说明中性轴与载荷作用点分别位于截面形心的两侧，如图 7-9 所示。中性轴把截面分成两部分，一部分受拉（阴影区域），一部分受压。距离中性轴最远的

点 D_1 和 D_2 为危险点，应力有极值。其强度条件为

$$|\sigma|_{max} \leqslant [\sigma] \tag{7-8}$$

对于脆性材料，由于 $[\sigma_t] \neq [\sigma_c]$，需要对极值拉应力和压应力分别进行校核。

4）截面核心

由 a_y、a_z 的表达式可以看出，偏心压力 $\boldsymbol{F}$ 越靠近形心，即 y_F 和 z_F 的数值越小，则 a_y 和 a_z 的数值越大，即中性轴离形心越远。当中性轴与截面边缘相切时，整个截面上就只有一种压应力。

工程中常用的一些脆性材料，如混凝土、砖、石、铸铁等，因其抗拉强度较差，对于用这些材料制成的杆件，在其受到偏心压缩时，应尽量使截面上不出现拉应力，这就必须使中性轴不穿过截面或仅与周边相切。要达到这个目的，必须把外力作用点的位置控制在形心附近的一个区域之内，这个区域称为截面核心。

图 7-10 所示为矩形截面和圆截面的截面核心。确定截面核心的方法是使中性轴不断与截面周边相切，则所对应的偏心压力作用点的轨迹就是截面核心的边界。

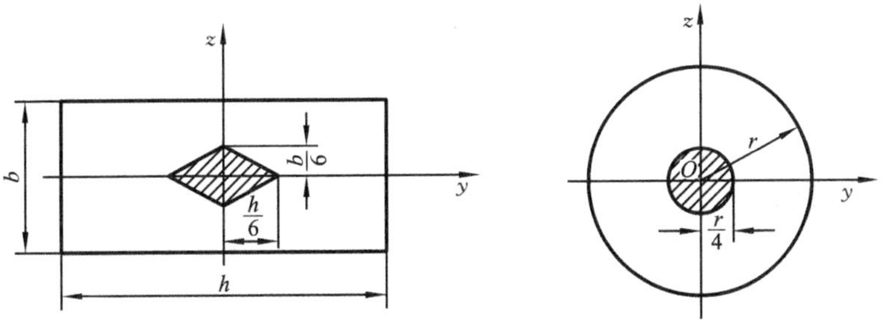

图 7-10

例 7-3　如图 7-11(a)所示的钻床，当它工作时，钻孔进刀力 $F=2$ kN，已知力 $\boldsymbol{F}$ 的作用线与立柱轴线间的距离为 $e=180$ mm，立柱的横截面为外径 $D=40$ mm、内径 $d=30$ mm 的圆环，材料的许用应力为 $[\sigma]=100$ MPa。试校核此钻床立柱的强度。

解　对于钻床立柱来说，外力 $\boldsymbol{F}$ 是偏心的拉力，它将使立柱受到偏心拉伸，如图 7-11(b)所示。在立柱任一横截面产生的内力分别为

轴力　　$F_N=F=2\ \text{kN}=2\ 000\ \text{N}$

弯矩　　$M=Fe=2\ 000\times0.18\ \text{N}\cdot\text{m}=360\ \text{N}\cdot\text{m}$

因轴向拉力 F_N 与弯矩 M 都会使立柱横截面内侧边缘的 a 点处产生拉应力，并使该处的拉应力最大，应对其进行强度校核，即

$$\sigma_a=\sigma_{max}=\frac{F_N}{A}+\frac{M}{W}=\left[\frac{2\ 000}{\frac{\pi}{4}(40^2-30^2)\times10^{-6}}+\frac{360}{\frac{\pi}{64}(40^4-30^4)\times10^{-12}\Big/\left(\frac{40}{2}\times10^{-3}\right)}\right]\text{Pa}$$

$$=(3.64\times10^6+83.86\times10^6)\ \text{Pa}=87.56\ \text{MPa}<[\sigma]=100\ \text{MPa}$$

满足强度要求。

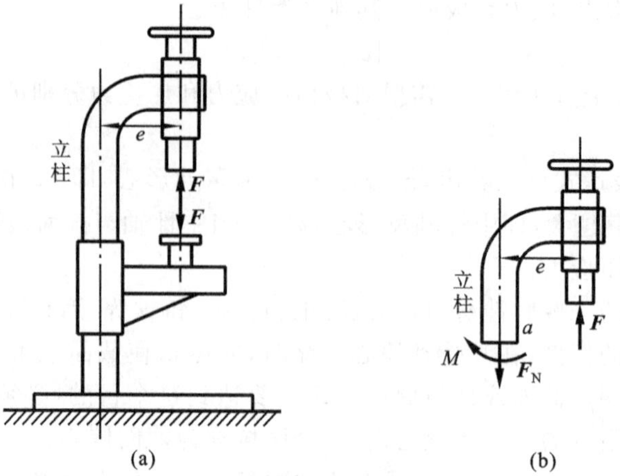

图 7-11

7.4　拉伸(压缩)与扭转的组合变形

圆轴扭转和拉伸(压缩)的组合变形在工程上也是常见的,如图 7-1(e)钻机中的钻杆将发生扭转和压缩的组合变形。又如图 7-12 所示为直升机螺旋桨轴,当直升机起飞时它受到轴向载荷 $\boldsymbol{F}$ 和力偶矩 M_e的作用,将发生扭转和拉伸的组合变形。

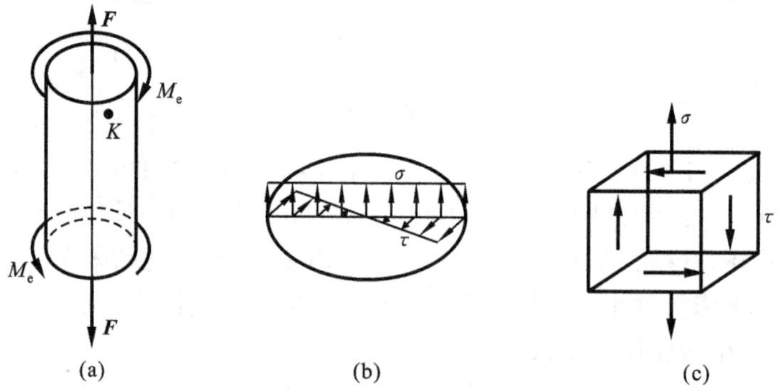

图 7-12

为了校核受拉(压)和扭转组合变形轴的强度,以此直升机螺旋桨轴为例进行分析。

1. 载荷分析

如图 7-12(a)所示,螺旋桨轴受到轴向载荷 $\boldsymbol{F}$ 和矩为 M_e 的力偶作用,将产生拉伸和扭转的组合变形。

2. 应力分析

根据载荷的特点,在螺旋桨轴的内部将产生轴力 $\boldsymbol{F}_N$ 和扭矩 T 这两种内力形式,它们在数值上分别等于轴向载荷 F 和外力偶矩 M_e,即 $F_N=F$,$T=M_e$,而且在各个横截面上具有相同的内力 $\boldsymbol{F}_N$ 和扭矩 T，即该螺旋桨轴的每一个横截面均可以看做危险截面。

任选某个确定的横截面作为危险截面，轴力 $\boldsymbol{F}_N$ 产生的拉应力在横截面上是均匀分布的，而扭矩 T 在横截面上产生的切应力不是均匀的，横截面上点的切应力的数值与该点到形心的距离成正比，如图 7-12(b)所示。因此，危险点发生在螺旋桨轴横截面边缘，因为此处由扭矩导致的切应力最大。围绕危险点，沿圆轴的横向、轴向和径向截取一个微元体，其应力状态如图 7-12(c)所示，其上正应力 σ 由轴力 $\boldsymbol{F}_N$ 引起，而切应力 τ 由扭矩 T 引起，其值分别为

$$\sigma = \frac{F_N}{A} = \frac{F}{A}, \quad \tau = \frac{T}{W_P} = \frac{M_e}{W_P}$$

显然，危险点处于平面应力状态。

3. 强度条件

由于危险点处于平面应力状态，应用强度理论分析。先求该点的主应力

$$\left.\begin{aligned} \sigma_{1,3} &= \frac{\sigma}{2} \pm \sqrt{\left(\frac{\sigma}{2}\right)^2 + \tau^2} \\ \sigma_2 &= 0 \end{aligned}\right\} \tag{7-9}$$

(1) 对于脆性材料的轴，可应用第一、第二强度理论，以确定最大拉应力和最大拉应变，然后根据强度条件计算。

(2) 对于塑性材料的轴，应用第三、第四强度理论，有

$$\sigma_{r3} = \sigma_1 - \sigma_3 \leqslant [\sigma]$$

$$\sigma_{r4} = \sqrt{\frac{1}{2}[(\sigma_1 - \sigma_2)^2 + (\sigma_2 - \sigma_3)^2 + (\sigma_1 - \sigma_3)^2]} \leqslant [\sigma]$$

将式(7-9)中求得的主应力分别代入第三和第四强度理论的强度条件，化简后得

$$\left.\begin{aligned} \sigma_{r3} &= \sqrt{\sigma^2 + 4\tau^2} \leqslant [\sigma] \\ \sigma_{r4} &= \sqrt{\sigma^2 + 3\tau^2} \leqslant [\sigma] \end{aligned}\right\} \tag{7-10}$$

对此螺旋桨轴来说

$$\left.\begin{aligned} \sigma_{r3} &= \sqrt{\sigma^2 + 4\tau^2} = \sqrt{\left(\frac{F_N}{A}\right)^2 + 4\left(\frac{M_e}{W_P}\right)^2} \leqslant [\sigma] \\ \sigma_{r4} &= \sqrt{\sigma^2 + 3\tau^2} = \sqrt{\left(\frac{F_N}{A}\right)^2 + 3\left(\frac{M_e}{W_P}\right)^2} \leqslant [\sigma] \end{aligned}\right\} \tag{7-11}$$

例 7-4 如图 7-13 所示，圆杆受力为拉扭组合，已知直径 $D=10$ mm，力偶矩 $M_e = \dfrac{FD}{10}$，试求分别采用下列两种材料时载荷的最大许用值$[F]$：

(1) 钢，其许用应力为$[\sigma]=160$ MPa；

(2) 铸铁，其许用拉应力为$[\sigma_t]=30$ MPa。

解 由于载荷有 $\boldsymbol{F}$ 和 M_e，因此在横截面上的内力将会有轴力 $\boldsymbol{F}_N$ 和扭矩 T，而

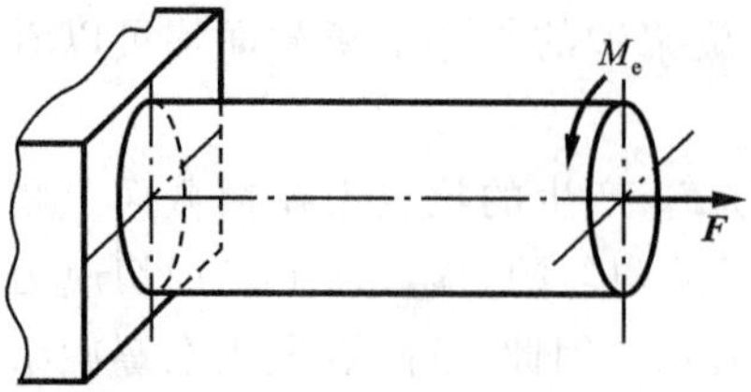

图 7-13

且 $F_N=F, T=M_e=\frac{FD}{10}$。

由于由轴力 $\boldsymbol{F}_N$ 导致的正应力 $\sigma=\frac{F_N}{A}=\frac{F}{A}=\frac{4F}{\pi D^2}$ 在横截面上均匀分布，而由扭矩 T 导致的切应力在圆杆的外表面取得最大值

$$\tau_{max}=\frac{T}{W_P}=\frac{M_e}{\pi D^3/16}=\frac{PD/10}{\pi D^3/16}=\frac{8P}{5\pi D^2}$$

因此圆杆的危险点为杆的外表面上的点。

（1）对钢轴来说，由于采用的是塑性材料，根据式(7-10)，如果采用第三强度理论

$$\sigma_{r3}=\sqrt{\sigma^2+4\tau^2}\leqslant[\sigma]$$

有
$$\sqrt{\left(\frac{4F}{\pi D^2}\right)^2+4\left(\frac{8F}{5\pi D^2}\right)^2}\leqslant[\sigma]$$

故
$$F\leqslant\frac{[\sigma]}{\sqrt{\left(\frac{4}{\pi D^2}\right)^2+4\left(\frac{8}{5\pi D^2}\right)^2}}$$
$$=\frac{160\times10^6}{\sqrt{\left[\frac{4}{\pi(10\times10^{-3})^2}\right]^2+4\times\left[\frac{8}{5\pi(10\times10^{-3})^2}\right]^2}}\text{ N}$$
$$=9813\text{ N}\approx9.81\text{ kN}$$
$$[F]=9.81\text{ kN}$$

如果采用第四强度理论

$$\sigma_{r4}=\sqrt{\sigma^2+3\tau^2}\leqslant[\sigma]$$

有
$$\sqrt{\left(\frac{4F}{\pi D^2}\right)^2+3\left(\frac{8F}{5\pi D^2}\right)^2}\leqslant[\sigma]$$

可以计算出 $[F]\approx10.33$ kN。

（2）如果是铸铁轴，由于是脆性材料，一般采用第一强度理论。

先求危险点的主应力，根据式(7-9)，有

$$\sigma_{1,3}=\frac{\sigma}{2}\pm\sqrt{\left(\frac{\sigma}{2}\right)^2+\tau^2}=\frac{2F}{\pi D^2}\pm\sqrt{\left(\frac{2F}{\pi D^2}\right)^2+\left(\frac{8F}{5\pi D^2}\right)^2}=\frac{2F}{\pi D^2}\pm\frac{2.56F}{\pi D^2}$$

即
$$\sigma_1=\frac{4.56F}{\pi D^2},\quad\sigma_3=-\frac{0.56F}{\pi D^2}$$

且
$$\sigma_2=0$$

根据第一强度理论，
$$\sigma_1=\frac{4.56F}{\pi D^2}\leqslant[\sigma_t]$$

故　$$F \leqslant \frac{\pi D^2 [\sigma_t]}{4.56} = \frac{\pi (10 \times 10^{-3})^2 \times 30 \times 10^6}{4.56}\ \text{N} = 2\ 066\ \text{N} \approx 2.066\ \text{kN}$$

即　$$[F] \approx 2.066\ \text{kN}$$

7.5　弯曲和扭转的组合变形

扭转与弯曲的组合变形是机械工程中最常见的情况。现以电动机轴为例，说明此种组合变形的强度计算。

图 7-14(a)所示为一电动机轴，其外伸端装有一个带轮，工作时，电动机给轴输入一定的转矩，通过带轮将转矩传递给其他设备。设带的紧边拉力为 $2F$，松边拉力为 F，不计带轮的自重，计算电动机轴强度。

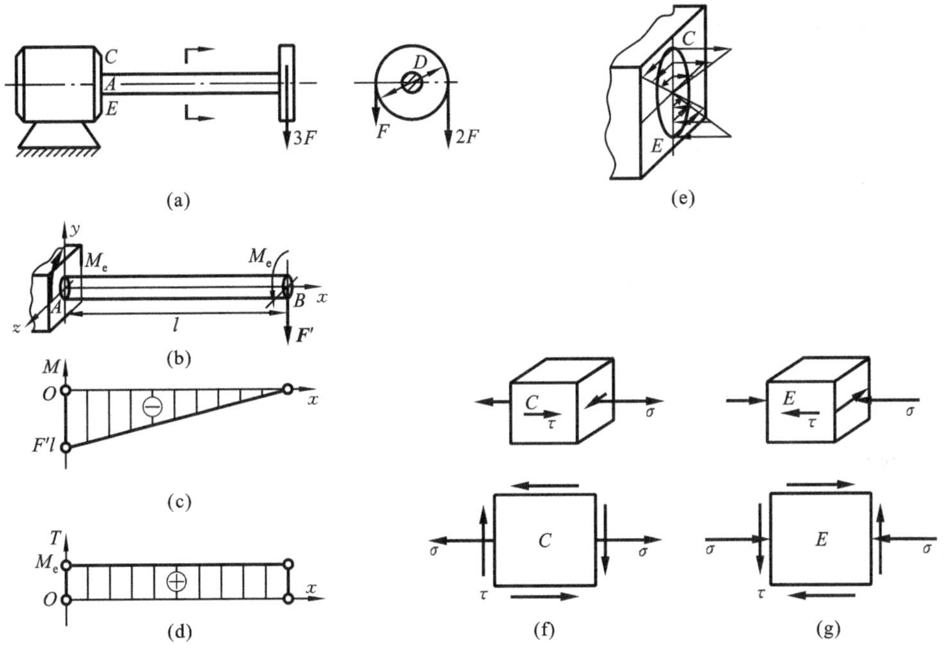

图 7-14

1. 外力分析

将电动机轴的外伸部分简化为悬臂梁，简化带上的拉力，得到一个力 $\boldsymbol{F}'$ 和一个矩为 M_e 的力偶，如图 7-14(b)所示，其值分别为

$$F' = 3F,\quad M_e = 2F\frac{D}{2} - F\frac{D}{2} = F\frac{D}{2}$$

力 $\boldsymbol{F}'$ 使轴在垂直平面内发生弯曲，矩为 M_e 的力偶使轴发生扭转，故此轴的变形为弯曲和扭转的组合变形。

2. 内力分析

轴的弯矩图和扭矩图如图 7-14(c)、(d)所示。从图中可以看到，固定端 A 处截面是危险截面，其上的弯矩和扭矩分别为

$$M = F'l, \quad T = M_e = \frac{FD}{2}$$

3. 应力分析

由于在危险截面上既有弯矩也有扭矩存在，故弯曲正应力和扭转切应力也必然同时存在，应力分布情况如图 7-14(e)所示。由应力分布图可知，点 C、E 是危险点，同时作用有最大弯曲正应力与最大扭转切应力，其值分别为

$$\sigma = \frac{M}{W}, \quad \tau = \frac{T}{W_P} \tag{7-12}$$

图 7-14(f)、图 7-14(g)所示为点 C 和点 E 的单元体，它们均处于平面应力状态，需要用强度理论来讨论强度问题。

4. 强度条件

轴一般由拉压强度相等的塑性材料制成，由于其抗拉、抗压强度相同，因此点 C 和点 E 的情况是相同的，任取一点考虑即可。由于危险点的应力状态与扭转和拉伸组合变形时完全相同，因此，式(7-10)仍然成立。

由于传动轴大都是圆截面的，因此有 $W_P = 2W$，再把式(7-12)代入式(7-10)，得到圆截面轴的第三、第四强度理论的强度条件

$$\left.\begin{aligned} \sigma_{r3} &= \frac{1}{W}\sqrt{M^2 + T^2} \leqslant [\sigma] \\ \sigma_{r4} &= \frac{1}{W}\sqrt{M^2 + 0.75T^2} \leqslant [\sigma] \end{aligned}\right\} \tag{7-13}$$

例 7-5　图 7-15(a)所示为一直径 8 cm 的圆轴，右端装有自重 5 kN 的带轮，带轮直径为 80 cm。带轮上侧受水平力 F=5 kN，下侧受水平力 $2F$。轴的许用应力 $[\sigma]$=80 MPa。试用第三强度理论校核轴的强度。

解　(1) 轴的计算简图如图 7-15(b)所示。

作用于轴上截面 C 处的水平力为 $F+2F$=15 kN，竖直力为 5 kN，作用于轴上的外力偶矩 $M_e = [(10-5)\times 0.4]$ kN · m=2 kN · m。

(2) 求扭矩与弯矩。

如图 7-15(c)所示，各截面的扭矩为 $T = M_e$=2 kN · m。

根据竖直力作出竖直平面内的弯矩图，如图 7-15(d)所示。

根据水平力作出水平面内的弯矩图，如图 7-15(e)所示。

如图 7-15(f)所示，由任一截面 M_y 和 M_z 的数值，按矢量关系可求得相应截面的合成弯矩，即

$$M = \sqrt{M_y^2 + M_z^2}$$

对于圆轴，其最大正应力发生在最大合成弯矩所在截面上。就本例而言，竖直平

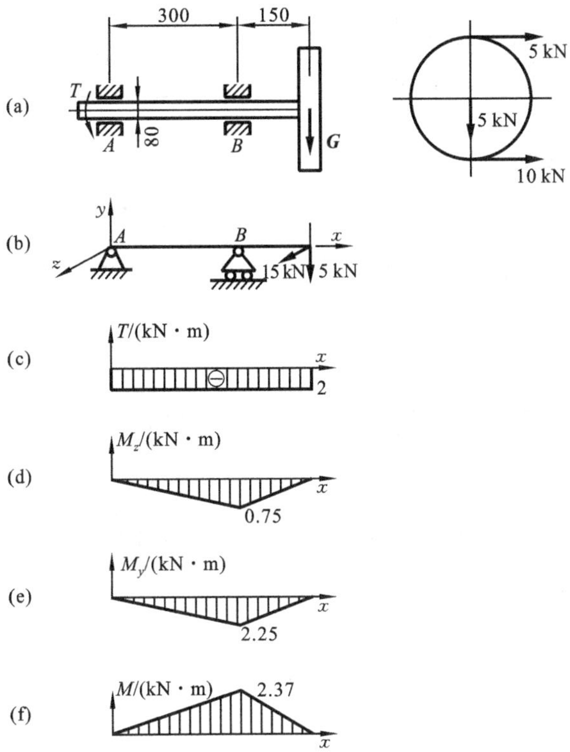

图 7-15

面最大弯矩为 0.75 kN·m，水平面最大弯矩为 2.25 kN·m，均发生在 B 截面上，故 B 截面为危险截面，其上合成弯矩的最大值为

$$M=\sqrt{M_y^2+M_z^2}=\sqrt{2.25^2+0.75^2}\ \text{kN}\cdot\text{m}=2.37\ \text{kN}\cdot\text{m}$$

(3) 强度计算。

按第三强度理论进行强度校核，有

$$\sigma_{r3}=\frac{1}{W}\sqrt{M^2+T^2}=\frac{32}{\pi\times0.08^3}\sqrt{(2.37\times10^3)^2+(2\times10^3)^2}\ \text{Pa}$$

$$=61.7\ \text{MPa}<[\sigma]=80\ \text{MPa}$$

故该轴满足强度条件。

例 7-6 图 7-16(a)所示传动轴上装有 A、B 两带轮，A 轮带水平，B 轮带竖直。两轮的直径均为 600 mm，且已知 $F_1=3.9$ kN，$F_2=1.5$ kN。轴的许用应力$[\sigma]=80$ MPa，试按第三强度理论计算轴的直径。

解 (1) 轴的计算简图如图 7-16(b)所示。

作用在带上的力都是横向力，且都不通过圆轴截面的形心，因而都需要向截面形心简化。简化后得到截面 A 的水平力为 $F_1+F_2=5.4$ kN，截面 B 的竖直力为 $F_1+F_2=5.4$ kN，作用在 AB 轴段上的外力偶矩 $M_e=(3.9-1.5)\times0.3$ kN·m$=0.72$

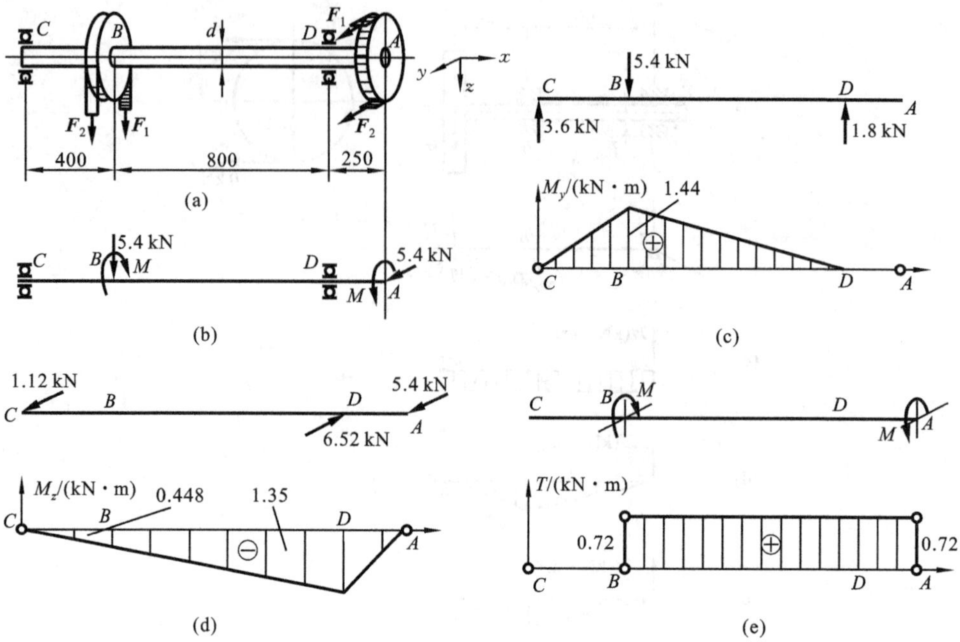

图 7-16

kN · m。

(2) 求弯矩与扭矩。

根据平衡分析，由截面 B 的已知竖直力求出轴承 C、D 处的竖直支反力，作出竖直平面内的弯矩图(见图 7-16(c))。

根据平衡分析，由截面 A 的已知水平力求出轴承 C、D 处的水平支反力，作出水平面内的弯矩图(见图 7-16(d))。

由图 7-16(e)可知，AB 轴段上各截面的扭矩为

$$T = M_e = 0.72\ \text{kN}\cdot\text{m}$$

从受力图可以看出，传动轴承受两个方向的弯矩与扭矩的联合作用。由内力图可以看出，B 轮右截面受到的弯矩最大，而扭矩在轴的整个 BA 段都相等，故 B 截面为危险截面。其上的总弯矩为

$$M = \sqrt{M_y^2 + M_z^2} = \sqrt{1.44^2 + 0.448^2}\ \text{kN}\cdot\text{m} = 1.51\ \text{kN}\cdot\text{m}$$

(3) 强度计算。

按第三强度理论进行强度计算，有

$$\sigma_{r3} = \frac{1}{W}\sqrt{M^2 + T^2} = \frac{32}{\pi \times d^3}\sqrt{(1.51^2 + 0.72^2)} \times 10^3\ \text{N}\cdot\text{m}$$

$$= \frac{32 \times 1.67 \times 10^3\ \text{N}\cdot\text{m}}{\pi \times d^3} \leqslant [\sigma] = 80\ \text{MPa}$$

所以 $$d \geqslant \sqrt[3]{\frac{32 \times 1.67 \times 10^3}{3.14 \times 80 \times 10^6}}\ \text{m} = 0.0597\ \text{m} = 59.7\ \text{mm}$$

习　题

7-1　分析图示构件的受力情况，说明其分别是哪几种基本变形的组合，并求在指定 A、B 截面上的内力。

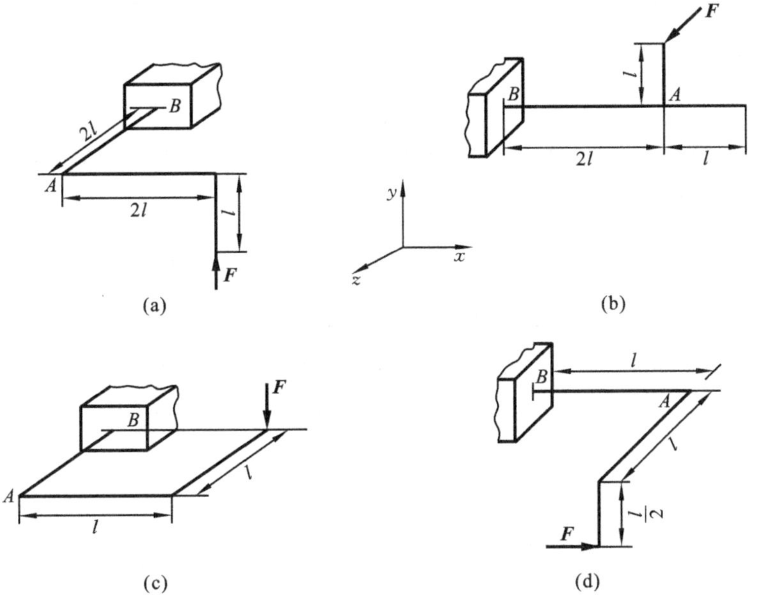

题 7-1 图

7-2　同一个强度理论，其强度条件可以写成不同的形式。以第三强度理论为例，常用的有以下形式，它们的适用范围是否相同？为什么？

(1) $\sigma_{r3} = \sigma_1 - \sigma_3 \leqslant [\sigma]$

(2) $\sigma_{r3} = \sqrt{\sigma^2 + 4\tau^2} \leqslant [\sigma]$

(3) $\sigma_{r3} = \dfrac{1}{W}\sqrt{M^2 + T^2} \leqslant [\sigma]$

7-3　一圆截面悬臂梁如图所示，同时受到轴向力、横向力和扭转力矩的作用。

(1) 试指出危险截面和危险点的位置。

(2) 画出危险点的应力状态。

(3) 下面按第三强度理论建立的两个强度条件哪一个正确？

$$\frac{F}{A} + \sqrt{\left(\frac{M}{W}\right)^2 + 4\left(\frac{T}{W_t}\right)^2} \leqslant [\sigma]$$

$$\sqrt{\left(\frac{F}{A} + \frac{M}{W}\right)^2 + 4\left(\frac{T}{W_t}\right)^2} \leqslant [\sigma]$$

7-4　图示两根构件，力 $\boldsymbol{F}$ 作用在 Oyz 平面内，并与 y 轴夹 φ 角，试问是否可用下式求其最大

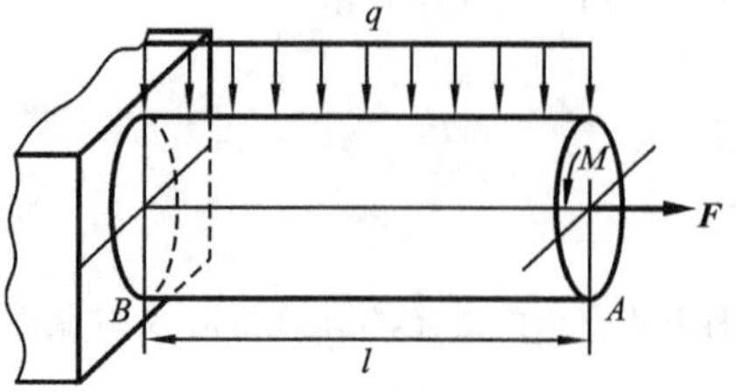

题 7-3 图

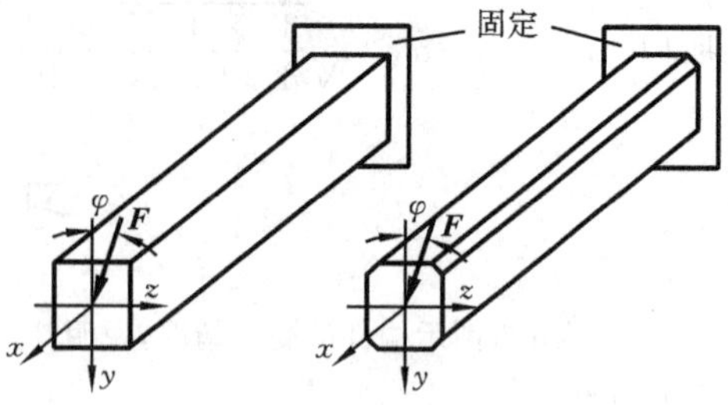

题 7-4 图

弯曲正应力：

$$\sigma_{\max}=\frac{M_{y\max}}{W_y}+\frac{M_{z\max}}{W_z}$$

7-5　32a 普通热轧工字钢简支梁受力如图所示。已知 $F=60$ kN，材料的许用应力 $[\sigma]=160$ MPa。试校核梁的强度。

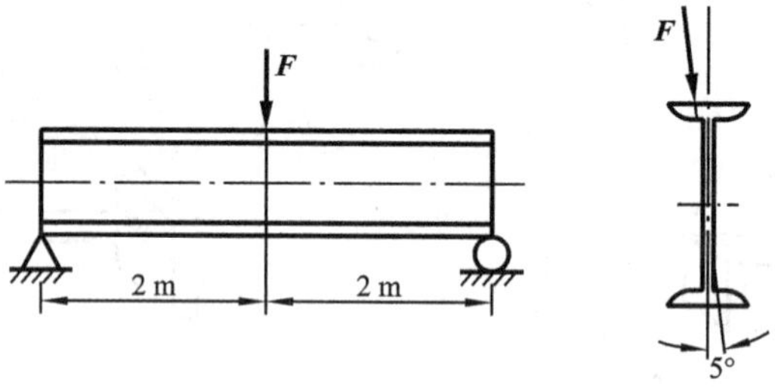

题 7-5 图

7-6　杆 AB 的尺寸如图所示，若 $F=3$ kN，试求其最大拉应力和最大压应力。

7-7　图示起重机，最大吊重 $G=8$ kN，斜杆 DC 与水平梁 AB 用铰链连接，若杆 AB 为工字钢，材料为 Q235 钢，$[\sigma]=100$ MPa，试选择工字钢的型号。

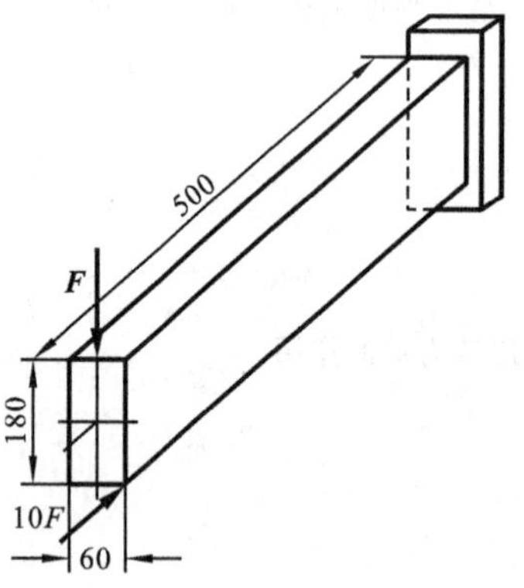

题 7-6 图

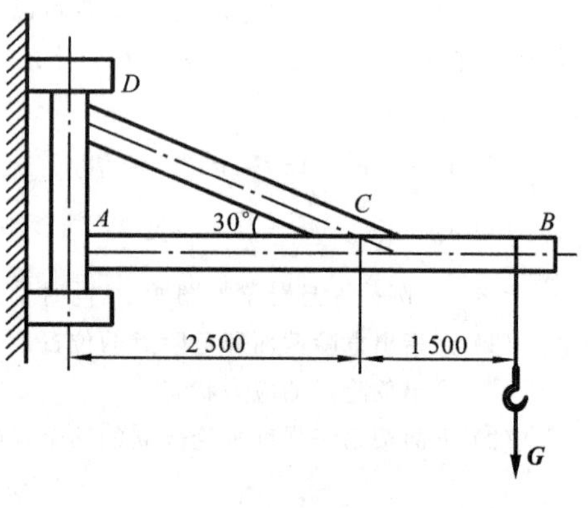

题 7-7 图

7-8　一承受轴向压力为 $F=12$ kN 的直杆，横截面是 40 mm×5 mm 的矩形，现需要在杆侧边开一切口。若材料的许用应力 $[\sigma]=160$ MPa，试确定切口的最大深度 a。

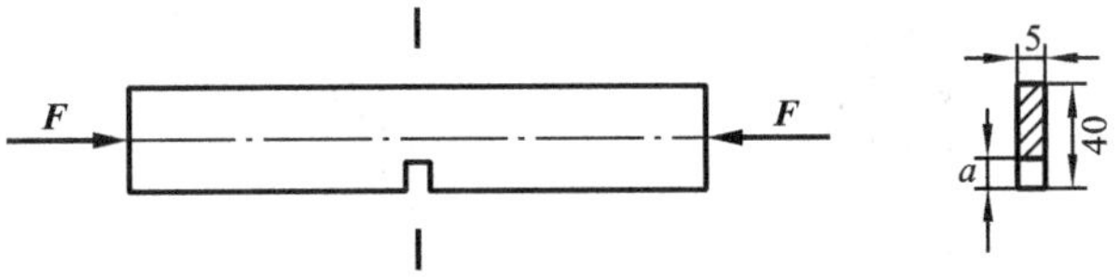

题 7-8 图

7-9 图示链条中的一环，环直径 $d=50\text{mm}$，材料许用应力$[\sigma]=120$ MPa，试按照强度条件确定链环的许可拉力 F。

7-10 如图所示，已知矩形截面杆 $h=200$ mm，$b=100$ mm，$F=20$ kN，试计算最大正应力。

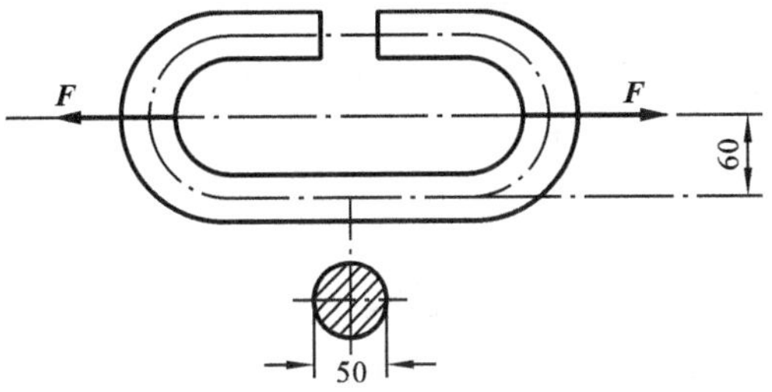

题 7-9 图

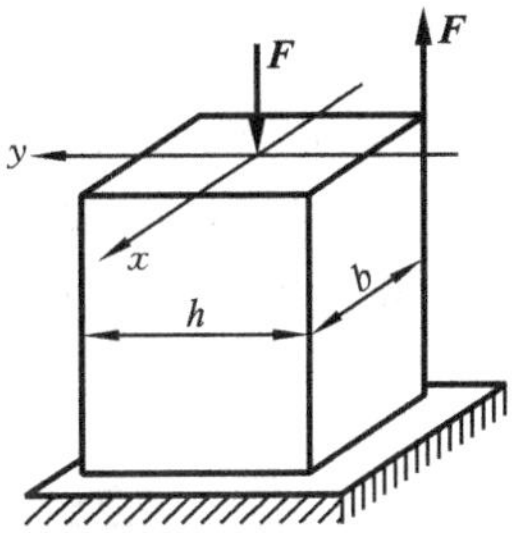

题 7-10 图

7-11 如图所示的矩形截面梁，已知其材料的许用应力$[\sigma]=200$ Mpa，试确定均布载荷 q 的许可范围。

7-12 图示薄壁圆截面折杆，在其自由端 C 处作用一矩 $M_0=8$ kN·m 的力偶，而在 B 处作用一集中载荷 $F=5$ kN，若截面平均半径 $R_0=100\text{mm}$，壁厚 $t=10\text{mm}$，$L=1\text{m}$，试校核折杆的强度。已知$[\sigma]=140$ MPa。

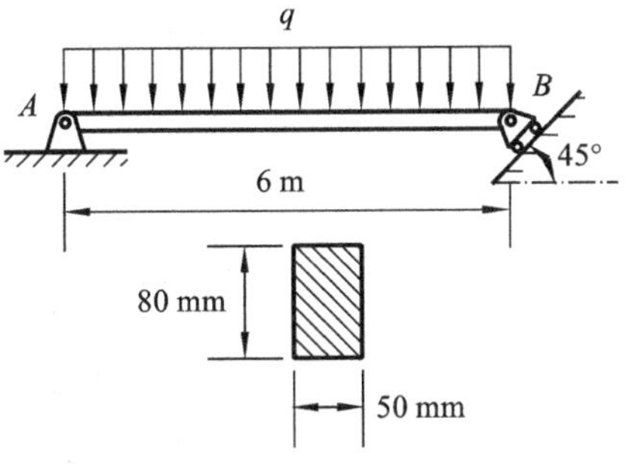

题 7-11 图

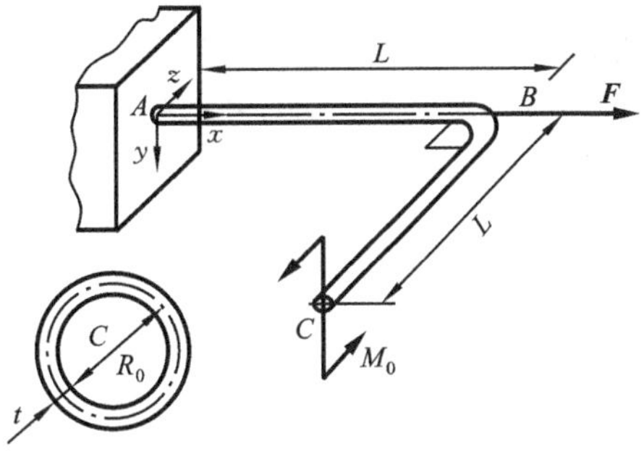

题 7-12 图

7-13 某钻杆受力如图所示，其中压力 $F=180$ kN，扭转力偶矩 $T=17.3$ kN·m。钻杆由无缝钢管制成，外径 $D=152$ mm，内径 $d=120$ mm。材料的许用应力$[\sigma]=100$ MPa。试按第三强度理论对钻杆进行强度校核。

7-14 某水轮机主轴如图所示，转速 $n=210$ r/min，机组输出功率为 $P=15\ 000$ kW。主轴承受轴向总载荷(包括自重)$F=1\ 450$ kN，轴的直径为 $d=380$ mm，材料的许用应力为$[\sigma]=110$ MPa。试按第四强度理论对水轮机的主轴进行强度校核。

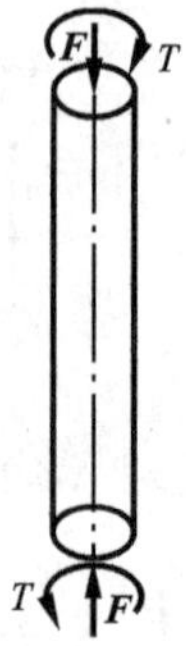

题 7-13 图

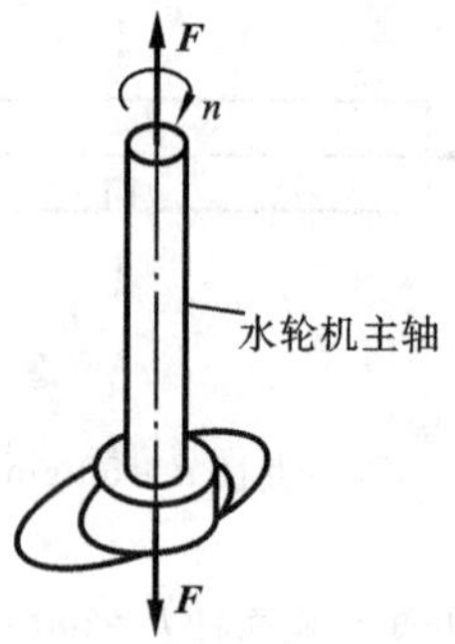

题 7-14 图

7-15　如图所示的轴 AB 上装有两个轮子，大轮直径 $2R=2$ m，小轮直径 $2r=1$ m，作用在轮子上的力有大小为 3 kN 的力 $\boldsymbol{F}$ 和 $\boldsymbol{G}$，轴处于平衡状态。若轴材料的许用应力 $[\sigma]=60$ MPa，试按第三强度理论选择轴的直径 d。

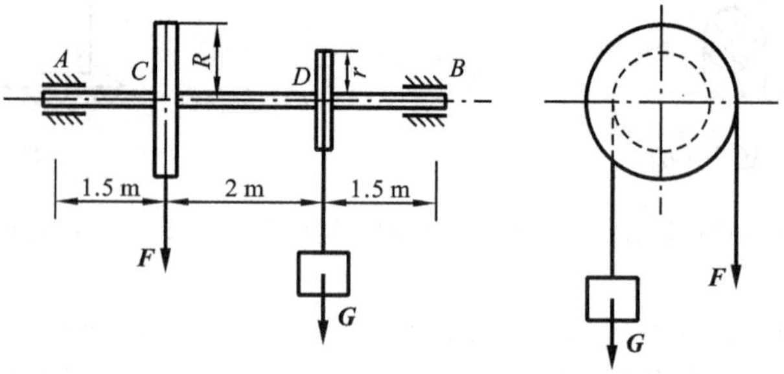

题 7-15 图

7-16　如图所示，电动机的功率为 9 kW，转速为 715 r/min，带轮直径 $D=250$ mm，主轴外伸部分长度为 $l=120$ mm，主轴直径 $d=40$ mm。若 $[\sigma]=60$ MPa，试按第三强度理论校核轴的强度。

7-17　图示钢质拐轴，承受竖直载荷 $\boldsymbol{F}$ 的作用，试按第三强度理论确定轴 AB 的直径。已知载荷 $F=1$ kN，许用应力 $[\sigma]=160$ MPa。

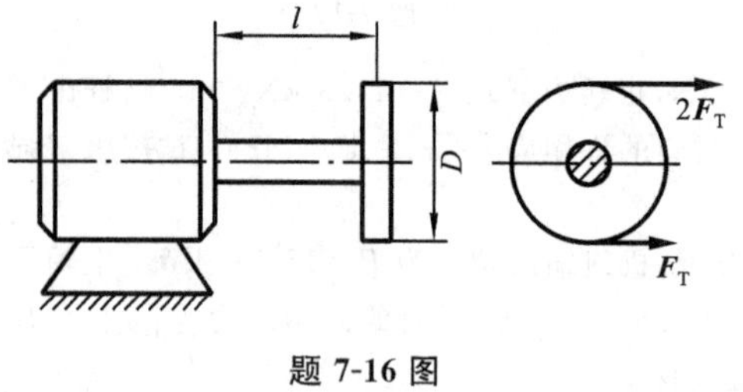

题 7-16 图

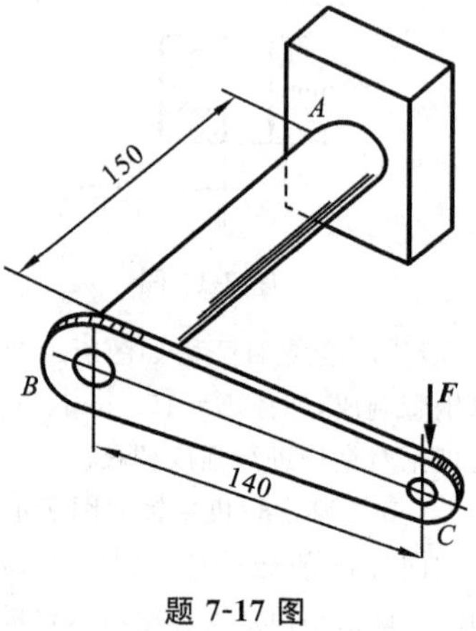

题 7-17 图

7-18　图示齿轮传动轴用钢制成。在直径为 200 mm 的齿轮Ⅰ上作用有径向力 $F_y=3.64$ kN，切向力 $F_z=10$ kN；在直径为 400 mm 的齿轮Ⅱ上作用有切向力 $F'_y=5$ kN，径向力 $F'_z=1.82$ kN。若材料的许用应力$[\sigma]=100$ MPa。试按第四强度理论设计轴径。

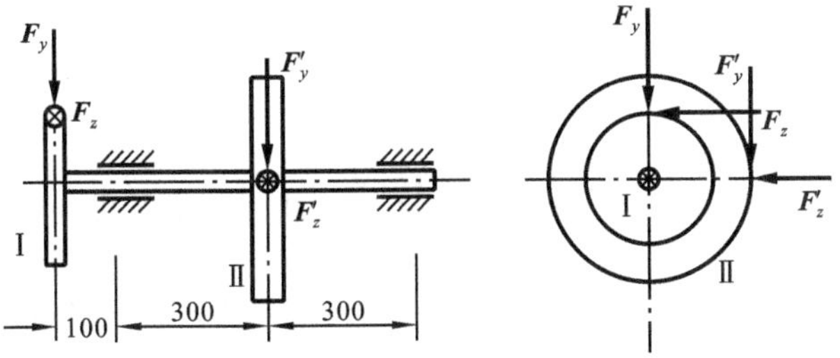

题 7-18 图

7-19　如图所示操纵装置水平杆，截面为圆环形，内径 $d=24$ mm，外径 $D=30$ mm。材料为 Q235 钢，$[\sigma]=100$ MPa，控制片受力 $F_1=600$ N。试用第三强度理论校核该杆的强度。

7-20　一端固定的半圆形曲杆，尺寸及受力如图所示。$F=1$ kN，其截面为正方形，边长 $b=3$ cm。画出危险截面的应力分布图和危险点的应力状态，并按第三强度理论求危险点的相当应力（设直杆的公式仍然可用）。

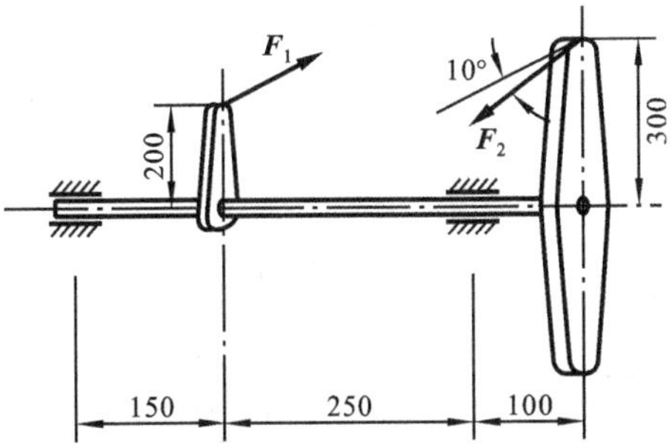

题 7-19 图

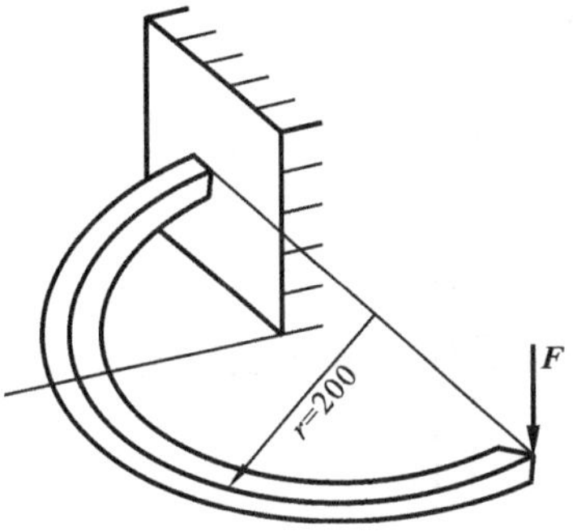

题 7-20 图

7-21　一圆截面平面直角曲柄尺寸、受力如图所示。$F_x=3$ kN，$F_y=1$ kN，$F_z=1$ kN，材料的许用应力为$[\sigma]=120$ MPa。试校核 AB 段的强度。

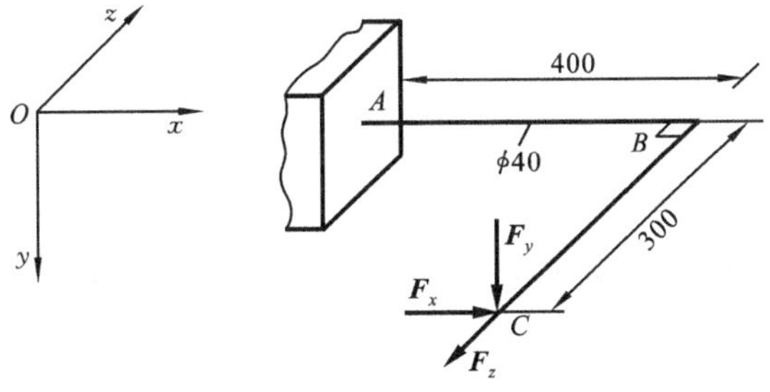

题 7-21 图

第8章 压杆稳定

8.1 压杆稳定的工程实例

由前文可知，要保证杆件能正常工作，在设计时，必须使其满足强度、刚度和稳定性三方面的要求。前面各章已经研究了强度和刚度方面的问题。对于受拉的杆件或部件，满足强度和刚度要求即能正常工作。但对于受压的杆件或部件，其除了要满足强度和刚度要求外，还要满足稳定性要求。

工程结构中受压杆件由于稳定性问题而导致重大事故的不乏其例，如：1907 年加拿大长达 584 m 的魁北克大桥，在施工时由于两根压杆稳定性失效而引起坍塌，造成数十人死亡；1909 年，德国汉堡的一个 60 万立方米的大储气罐由于支撑结构中的一根压杆发生稳定性失效而倒塌。如图 8-1(a)所示千斤顶的丝杠、图 8-1(b)所示内燃机配气机构中的挺杆、图 8-1(c)所示空气压缩机的连杆等均为受压杆件，设计时都需要考虑稳定性问题。各种桁架结构中的受压杆、建筑物中的柱等，都存在稳定性问题。

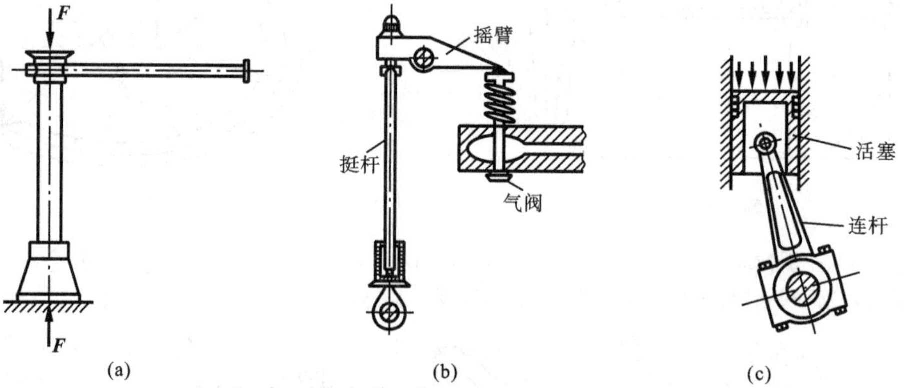

图 8-1

8.2 稳定性分析的基本概念

1. 平衡的稳定性

所谓稳定性是指构件保持原有平衡形式的能力。

为了判断原有平衡状态的稳定性，必须使研究对象微微地偏离其原有的平衡位置，观察其是否能够回归原有的平衡位置。因此，在研究压杆稳定性时，用一微小横向干扰力使处于直线平衡状态的压杆偏离原有的位置，如图 8-2(a)所示。在轴向压力 $\boldsymbol{F}$ 由小变大的过程中，可以观察到如下现象。

(1) 当压力值 F_1 较小时，如图 8-2(b)所示，若去掉横向干扰力，压杆将在直线平衡位置左右摆动，最终将回到原来的直线平衡位置。所以，该杆原有直线平衡状态是稳定的。

(2) 当外力 F_2 大于某个值时，如图 8-2(c)所示，一旦施加微小的横向干扰力，压杆就会继续弯曲，此时即使去除干扰力，压杆也不能再回到原来的直线平衡位置，而是在某个微弯状态下达到新的平衡。此时，如果进一步增加杆件压力，杆件必然被进一步压弯，直至折断。此种情况下，称原有直线平衡状态是不稳定的。

2. 临界力

如图 8-2(d)所示，介于上面提到的 F_1 和 F_2 之间，存在着一个临界载荷 F_{cr}，它是压杆由稳定的平衡状态转变为不稳定的平衡状态的临界值，称为临界压力(或临界载荷)。

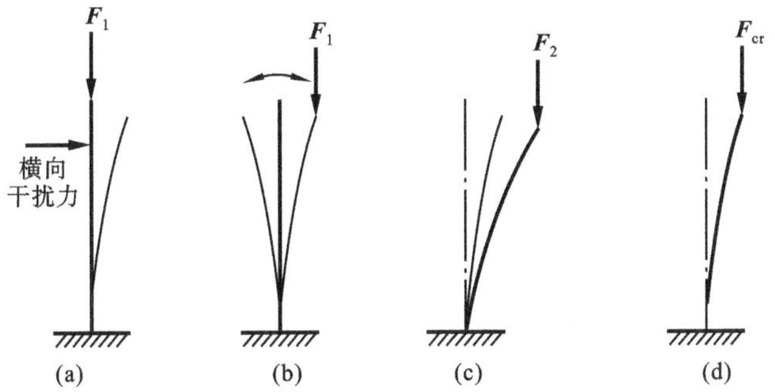

图 8-2

3. 失稳

压杆丧失其直线状态下的平衡而过渡为曲线平衡，称为丧失稳定，简称失稳，也称为屈曲。杆件失稳后，压力的微小增加将引起弯曲变形的显著增大，杆件丧失承载能力。这是因为失稳造成的失效，它可以导致整个机器或结构的破坏。

细长压杆失稳时，应力并不一定很高，常常低于比例极限。可见，产生这种失效，并非因为压杆强度不够，而是因为其稳定性不够。

8.3　细长压杆的临界压力与欧拉公式

实验表明，压杆的临界压力与压杆两端的支撑(约束)情况有关。

1. 两端铰支细长压杆的临界压力

工程结构中的很多细长压杆可简化为两端铰支的细长压杆，如内燃机配气机构中的挺杆、飞机起落架中承受轴向压力的斜撑杆等。

设两端铰支的细长压杆，轴线为直线，轴向压力与轴线重合，选取图 8-3 所示坐标系。假设压杆在轴向压力 $\boldsymbol{F}$ 作用下处于微弯的平衡状态，即压杆既不回复到原来的直线平衡状态，也不偏离微弯的平衡位置而发生更大的弯曲变形，则当杆内压力不超过材料的比例极限时，压杆挠曲线方程为

$$\omega = \omega(x)$$

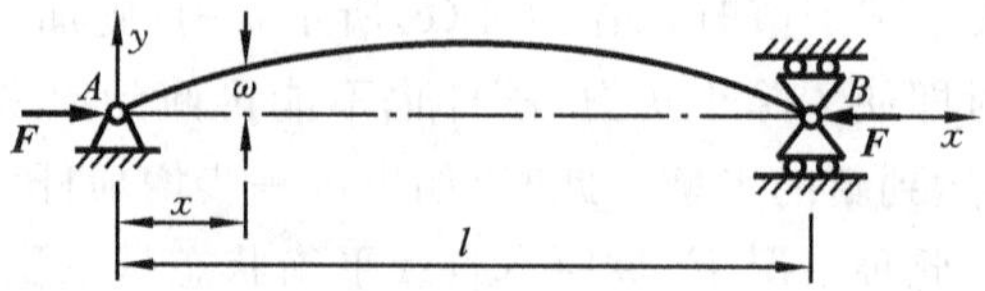

图 8-3

由图可知，压杆 x 截面的弯矩方程为

$$M(x) = -F\omega \tag{8-1}$$

压杆挠曲线近似微分方程为

$$EI\omega'' = M(x) \tag{8-2}$$

即

$$EI\omega'' = -F\omega \tag{8-3}$$

在式(8-3)中，令 $k^2 = \dfrac{F}{EI}$，则有

$$\omega'' + k^2\omega = 0 \tag{8-4}$$

这是一个二阶齐次常微分方程，其通解为

$$\omega = C_1 \sin kx + C_2 \cos kx \tag{8-5}$$

式中　C_1 和 C_2 是两个待定的积分常数，可由压杆的已知位移边界条件确定。

根据两端铰支的两个边界(约束)条件：

(1) 当 $x=0$ 时，$\omega_A=0$，代入式(8-5)，可以确定 $C_2=0$；

(2) 当 $x=l$ 时，$\omega_B=0$，可以得到 $\omega=C_1\sin kl=0$，即 $C_1=0$ 或 $\sin kl=0$。

若取 $C_1=0$，则由式(8-5)可知 $\omega\equiv 0$，即压杆轴线上各点处的挠度都等于零，这与杆在微弯状态保持平衡的前提不符，因此，只能取 $\sin kl=0$。满足这一条件的 kl 值为

$$kl = n\pi \quad (n = 1,2,\cdots\cdots)$$

由此可得

$$k = \sqrt{\frac{F}{EI}} = \frac{n\pi}{l}$$

$$F = \frac{n^2\pi^2 EI}{l^2}$$

临界压力是使压杆在微弯状态下保持平衡的最小轴向压力，所以应取 $n=1$，于

是临界压力为

$$F_{cr}=\frac{\pi^2 EI}{l^2} \tag{8-6}$$

此式即为两端铰支细长压杆的临界力计算公式。这一公式是由著名数学家欧拉(L. Euler)最先导出的，故通常称为两端铰支细长压杆的欧拉公式。

由公式可知，临界压力与杆的抗弯刚度 EI 成正比，与杆长 l 的平方成反比。

(1) 压杆总是在抗弯能力最弱的纵向平面内首先失稳，因此，当杆端各个方向的约束相同(如均为球形铰支)时，欧拉公式中的 I 值应取压杆横截面的最小惯性矩 I_{min}。

(2) 在式(8-6)所确定的临界力 F_{cr} 的作用下，$k=\pi/l$，这样式(8-5)为

$$\omega=C_1\sin kx=C_1\sin\frac{\pi}{l}x \tag{8-7}$$

上式表明，两端铰支细长压杆的挠曲线是条半波的正弦曲线。式中的常数 C_1 是压杆中点处的挠度，是一个任意微小数值。实际上，C_1 值是可以确定的，如果用挠曲线的精确微分方程

$$\frac{\omega''}{[1+(\omega')^2]^{3/2}}=\frac{M(x)}{EI}=-\frac{F\omega}{EI}$$

可以导出当 $F\geqslant F_{cr}$ 时，C_1 与 F 之间是一一对应的函数关系，从而可以确定 C_1 的数值。由该精确微分方程所得出的 F_{cr} 与由公式(8-6)所得出的是相同的，但从设计的角度来看，目的是要确定压杆在直线状态下稳定平衡的临界压力，对失稳时的最大挠度 ω_{max} 并不感兴趣，而采用近似微分方程确定临界力使得计算很简单。

2. 其他约束条件下细长压杆的临界压力

工程中还有很多不能简化为两端铰支情形的压杆。例如，千斤顶螺杆的下端可简化为固定端，上端可简化为自由端，如图 8-4 所示。又如，连杆在垂直于摆动面的平面内发生弯曲时，连杆的两端就可以简化成固定端支座。这些压杆由于支撑方式有异，所以边界条件不同，临界压力的计算公式也与两端铰支细长压杆有所不同。

应用与 8.2 节类似的方法，可以得到不同支承条件下压杆临界压力的计算公式。但为简化起见，通常是将各种不同支承条件下的压杆在临界状态时的微弯变形曲线，与两端铰支压杆的临界微弯变形曲线(半波正弦曲线)相比较，确定这些压杆微弯时与一个半波正弦曲线相当部分的长度，并用 μl 表示，然后用 μl 代替式(8-6)中的 l，便得到计算各种支承条件下压杆临界力的一般公式(欧拉公式)：

$$F_{cr}=\frac{\pi^2 EI}{(\mu l)^2} \tag{8-8}$$

式中 μl 称为压杆的相当长度；μ 称为长度系数，它反映支承对压杆临界压力的影响。

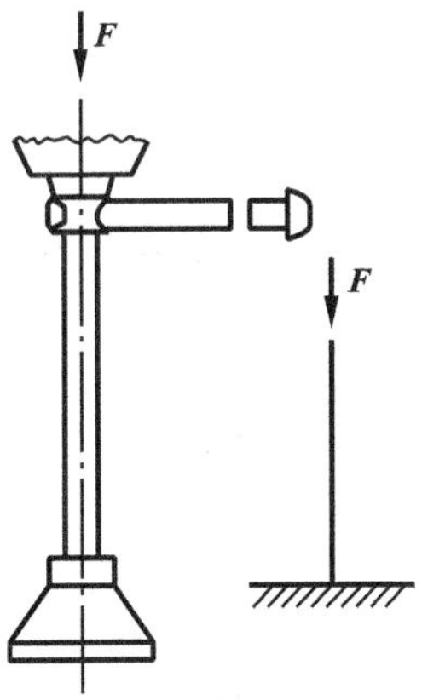

图 8-4

图 8-5 中对四种常见支承压杆的微弯曲线作了比较，分别给出了两端铰支(见图 8-5(a))、一端固定一端自由(见图 8-5(b))、两端固定(见图 8-5(c))、一端固定一端铰支(见图 8-5(d))各情况下相应的 μ 值。对工程实际中其他的支承情况，其长度系数 μ 值可从相关的设计手册或规范中查到。

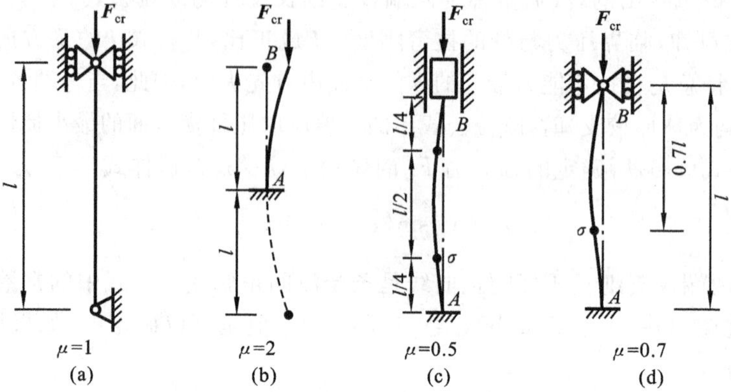

图 8-5

从图中可见，一端固定、另一端自由并在自由端承受轴向压力的压杆(见图 8-5(b))，其微弯曲线相当于半个正弦半波，因此，它与一个正弦半波相当的长度为 $2l$，所以有 $\mu=2$。

3. 临界应力和柔度

把压杆的临界力除以压杆的横截面面积，所得到的应力为临界应力，用 σ_{cr} 表示，由式(8-8)得

$$\sigma_{cr}=\frac{F_{cr}}{A}=\frac{\pi^2 E}{(\mu l)^2}\frac{I}{A} \tag{8-9}$$

因为 $i=\sqrt{I/A}$ 为截面的惯性半径，是一个与截面形状和尺寸有关的几何量，将此关系式代入式(8-9)，得

$$\sigma_{cr}=\frac{\pi^2 E}{(\mu l)^2}i^2=\frac{\pi^2 E}{\left(\frac{\mu l}{i}\right)^2} \tag{8-10}$$

引入符号 λ，令其值为

$$\lambda=\frac{\mu l}{i} \tag{8-11}$$

则临界应力为

$$\sigma_{cr}=\frac{\pi^2 E}{\lambda^2} \tag{8-12}$$

式中 λ 称为压杆的柔度(长细比)，是一个无量纲的量，它综合反映了压杆的约束、截面尺寸和形状及压杆长度对临界应力的影响。

此式称为欧拉临界应力公式。从式(8-12)可以看出，压杆的临界应力与柔度的

平方成反比，柔度越大，则压杆的临界应力越低，压杆越容易失稳。因此，在压杆的稳定性问题中，柔度 λ 是一个重要的参数。当压杆的长度、截面、约束条件一定时，压杆的柔度是一个完全确定的量。

4. 欧拉公式的适用范围

欧拉公式是根据压杆的挠曲线近似微分方程推导出来的，只有在线弹性范围内该微分方程才能成立。因此，只有当压杆的临界应力 σ_{cr} 不超过材料的比例极限 σ_P 时，欧拉公式才适用。具体来说，欧拉公式的适用条件是

$$\sigma_{cr} = \frac{\pi^2 E}{\lambda^2} \leqslant \sigma_P \tag{8-13}$$

解得

$$\lambda \geqslant \pi \sqrt{\frac{E}{\sigma_P}}$$

即欧拉公式的适用条件转化为

$$\lambda \geqslant \lambda_P \tag{8-14}$$

式中

$$\lambda_P = \pi \sqrt{\frac{E}{\sigma_P}} \tag{8-15}$$

λ_P 只与材料性质有关，是材料参数。

于是欧拉公式的适用范围可用压杆的柔度值 λ_P 来表示，即要求压杆的实际柔度 λ 不能小于压杆所用材料的 λ_P，即 $\lambda \geqslant \lambda_P$，只有这样才能保证 $\sigma_{cr} \leqslant \sigma_P$（即材料处于线弹性范围之内）。能满足上述条件的压杆，工程中称为大柔度杆或细长杆。对于工程上常用的 Q235 钢，弹性模量 $E=200$ GPa，比例极限 $\sigma_P=200$ MPa，代入式(8-15)可得 $\lambda_P=99.3$。

8.4　非细长压杆的临界应力

在工程上常用的压杆，有些杆件柔度往往小于 λ_P。实验结果表明，这种压杆丧失承载能力的部分原因仍然是失稳，对于这类非细长杆，一般不能完全照搬欧拉公式，因为非细长杆的稳定性比细长杆要好一些。因此，有必要研究非细长压杆，即柔度 $\lambda<\lambda_P$ 的压杆的临界应力计算方法。

对于非细长压杆，按其柔度 λ 的大小，又可分为中等柔度杆（中长杆）和小柔度杆（短粗杆）。它们受到超过临界值的轴向压力时，失效的机理是不同的。

1. 中柔度杆的临界应力公式

工程中对这类压杆的临界应力的计算，一般使用以试验结果为依据的经验公式。这里介绍两种经常使用的经验公式：直线公式和抛物线公式。

1）直线公式

把临界应力与压杆的柔度表示成如下的线性关系：

$$\sigma_{cr} = a - b\lambda \tag{8-16}$$

式中 a、b 是与材料性质有关的参数。

表 8-1 中列出了一些常用材料的 a、b 值。

表 8-1 直线公式中的 a、b 值

材料(σ_P、σ_s 的单位为 MPa)	a/MPa	b/MPa
Q235 钢($\sigma_P \geqslant 372$,$\sigma_s = 235$)	304	1.118
优质碳钢($\sigma_P \geqslant 471$,$\sigma_s = 306$)	461	2.568
硅钢($\sigma_P \geqslant 510$,$\sigma_s = 353$)	578	3.744
铬钼钢	980	5.296
铸铁	332.2	1.454
硬铝	373	2.143
松木	39.2	0.199

由式(8-16)可见,临界应力 σ_{cr} 随着柔度 λ 的减小而增大。

必须指出,直线公式虽然是针对 $\lambda < \lambda_P$ 的压杆建立的,但决不能认为凡是 $\lambda < \lambda_P$ 的压杆都可以应用直线公式。因为当 λ 值很小时,按直线公式得到的临界应力值较大,可能早已超过了材料的屈服极限 σ_s 或强度极限 σ_b,这是杆件强度条件所不允许的。因此,只有在临界应力 σ_{cr} 不超过屈服极限 σ_s(或强度极限 σ_b)时,直线公式才能适用。以塑性材料为例,它的应用条件可表示为

$$\sigma_{cr} = a - b\lambda \leqslant \sigma_s \quad \text{或} \quad \lambda \geqslant \frac{a - \sigma_s}{b}$$

若用 λ_s 表示对应于 σ_s 时的柔度值,则

$$\lambda_s = \frac{a - \sigma_s}{b} \tag{8-17}$$

这里,柔度值 λ_s 是直线公式成立时压杆柔度 λ 的最小值,它仅与材料有关。对于 Q235 钢来说,$\sigma_s = 235$ MPa,$a = 304$ MPa,$b = 1.12$ MPa。将这些数值代入式(8-17)可得 $\lambda_s = 61.6$,当压杆的柔度 λ 值满足条件 $\lambda_s \leqslant \lambda < \lambda_P$ 时,临界应力用直线公式计算,这样的压杆称为中柔度杆或中长杆。

2) 抛物线公式

在某些工程设计规范中,对中、小柔度压杆采用统一的抛物线经验公式计算其临界应力,即

$$\sigma_{cr} = \sigma_s\left[1 - 0.43\left(\frac{\lambda}{\lambda_c}\right)^2\right] \quad (\lambda < \lambda_c) \tag{8-18}$$

式中 σ_s 是材料的屈服强度;λ_c 是欧拉公式与抛物线公式适用的分界柔度,对低碳钢和低锰钢,有

$$\lambda_c = \sqrt{\frac{\pi^2 E}{0.57\sigma_s}}$$

2. 小柔度压杆

当压杆的柔度满足 $\lambda<\lambda_s$ 时，这样的压杆称为小柔度杆或短粗杆。实验证明，小柔度杆主要是由于应力达到材料的屈服极限 σ_s（或者抗压强度极限 σ_b）而发生破坏，破坏时很难观察到失稳现象。所以说小柔度杆是由于强度不足而引起破坏的，应当以材料的屈服极限或抗压强度极限作为极限应力，属于强度问题。若形式上也作为稳定性问题来考虑，临界应力可写成为

$$\sigma_{cr}=\sigma_s \quad (\text{或 } \sigma_b) \tag{8-19}$$

需要注意的是，在稳定计算中，临界力（应力）的值总是取决于杆件的整体变形。而压杆横截面的局部削弱，对杆件的整体变形影响很小。因而，在计算临界应力时，可以采用未经削弱的惯性矩 I 和横截面积 A。

8.5 临界应力总图

以柔度 λ 为横轴，临界应力 σ_{cr} 为纵轴，可以绘制临界应力随压杆柔度变化的曲线，称为临界应力总图，如图 8-6 所示，其中，中柔度杆采用直线公式。

（1）当 $\lambda\geqslant\lambda_P$ 时，对应图 8-6 所示 AC 段，为根据式（8-12）绘制的双曲线形式。此时，压杆为细长杆，存在着材料比例极限内的稳定性问题，临界应力用欧拉公式计算。

（2）当 λ_s（或 λ_b）$\leqslant\lambda<\lambda_P$ 时，对应图 8-6 所示 AB 段，为根据式（8-16）绘制的直线形式。此时，压杆为中长杆，存在超过比例极限的稳定性问题，临界应力公式用直线公式计算。

（3）当 $\lambda<\lambda_s$（或 λ_b）时，对应图 8-6 所示 BD 段，为根据式（8-19）绘制的水平直线形式。此时，压杆为短粗杆，不存在稳定性问题，只有强度问题，临界应力就是屈服极限 σ_s 或抗压强度极限 σ_b。

从图 8-6 可以看出，随着柔度的增大，压杆的破坏性质由强度破坏逐渐向失稳破坏转化。如果 AD 段采用抛物线公式即式（8-18）绘制，可得临界应力总图，如图 8-7 所示。

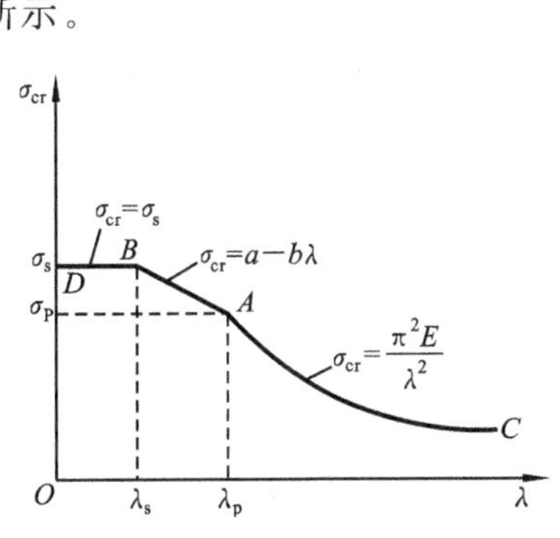

图 8-6

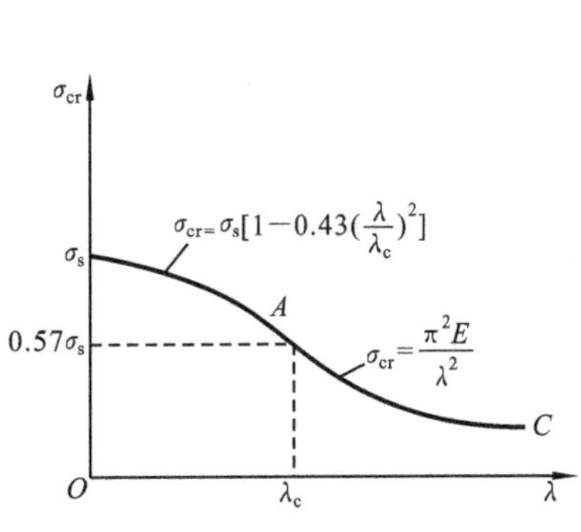

图 8-7

8.6 安全因数与稳定性分析

为了保证压杆具有足够的稳定性，设计中必须使杆件所承受的实际压缩载荷（又称工作载荷）小于杆件的临界载荷，并且具有一定的安全裕度。压杆的稳定性设计一般采用安全因数法与折减因数法。

1. 安全因数法

在此方法中压杆的稳定条件为

$$n_{st} \geqslant [n_{st}] \tag{8-20}$$

式中 $[n_{st}]$为规定的安全因数；n_{st}为工作安全因数，且

$$n_{st} = \frac{F_{cr}}{F} = \frac{\sigma_{cr}}{\sigma} \tag{8-21}$$

因此，压杆的稳定安全条件又可表示为

$$F \leqslant \frac{F_{cr}}{[n_{st}]} = [F_{st}] \quad 或 \quad \sigma \leqslant \frac{\sigma_{cr}}{[n_{st}]} = [\sigma_{st}] \tag{8-22}$$

式中 $[F_{st}]$为稳定许用压力；$[\sigma_{st}]$为稳定许用应力。

在规定稳定安全因数时，除应遵循确定强度安全因数的一般原则外，还应考虑加载偏心与压杆有初始曲率等不利因素的影响，因此，稳定安全因数一般大于强度安全因数。其值可以从有关设计规范和手册中查得。几种常见压杆的$[n_{st}]$值如表 8-2 所示。

表 8-2 几种常见压杆的稳定安全因数

实际压杆	金属结构中的压杆	机床的丝杠	低速发动机的挺杆	高速发动机的挺杆	矿山、冶金设备中的压杆	起重螺杆	木质压杆
$[n_{st}]$	1.8～3.0	2.5～4	4～6	2～5	4～8	3.5～5	2.8～3.2

在进行稳定性计算时，需要根据实际压杆 λ 的柔度值，选用相应的 F_{cr}计算公式。

2. 折减因数法

借助于强度许用应力，将其乘以一个小于 1 的因数，以此作为稳定许用应力，得到压杆安全工作的条件为

$$\sigma \leqslant [\sigma_{st}] = \varphi[\sigma] \tag{8-23}$$

式中 $[\sigma]$为强度问题中的许用应力；φ 称为折减因数，且

$$\varphi = \frac{[\sigma_{st}]}{[\sigma]} = \frac{\sigma_{cr}}{n_{st}} \cdot \frac{n}{\sigma_u} \tag{8-24}$$

式中 σ_u 和 n 分别为屈服或断裂时的极限应力和相应的安全因数。

由式(8-24)不难看出，折减因数 φ 与极限应力 σ_u、临界应力 σ_{cr}有关，因此也与材料性能及压杆柔度有关。表 8-3 给出了几种材料的 φ-λ 对应数值。对于表中没有列出的柔度值，其折减因数由相邻柔度及对应的折减系数用直线内插法求得。

表 8-3 几种常用材料的折减因数 φ

$\lambda=\frac{\mu l}{i}$	φ			
	Q235 钢	16Mn 钢	铸铁	木材
0	1.000	1.000	1.00	1.00
10	0.995	0.993	0.97	0.99
20	0.981	0.973	0.91	0.97
30	0.958	0.940	0.81	0.93
40	0.927	0.895	0.69	0.87
50	0.888	0.840	0.57	0.80
60	0.842	0.776	0.44	0.71
70	0.789	0.705	0.34	0.60
80	0.731	0.627	0.26	0.48
90	0.669	0.546	0.20	0.38
100	0.604	0.462	0.16	0.31
110	0.536	0.384	—	0.26
120	0.466	0.325	—	0.22
130	0.401	0.279	—	0.18
140	0.349	0.242	—	0.16
150	0.306	0.213	—	0.14
160	0.272	0.188	—	0.12
170	0.243	0.168	—	0.11
180	0.218	0.151	—	0.10
190	0.197	0.136	—	0.09
200	0.180	0.124	—	0.08

类似于前面已经介绍过的强度计算和刚度计算，根据压杆的稳定条件同样可以解决三类问题：

(1) 校核压杆的稳定性；

(2) 确定许用载荷；

(3) 利用稳定条件设计截面尺寸。

但需要指出，利用稳定条件设计截面尺寸时，由于 λ 与截面尺寸有关，必须先由 λ 定出是哪类压杆，才能选择正确的计算临界力的公式。因此，往往采用试算法，即先由欧拉公式确定截面尺寸，然后再检查是否满足欧拉公式的条件，如果不满足，再采用直线经验公式试算，再验算，直到满足条件为止。

例 8-1 如图 8-8 所示一转臂起重机机架 ABC，其中 AB 为空心圆杆，$D=76$ mm，$d=68$ mm，BC 为实心圆杆，$D_1=20$ mm。材料均为 Q235 钢（$E=200$ GPa，$\sigma_P=200$ MPa，$\sigma_s=235$ MPa，$a=304$ MPa，$b=1.12$ MPa），取强度安全因数 $n=1.5$，稳定安全因数 $[n_{st}]=4$。最大起重量 $G=20$ kN，试校核此结构的安全性。

解 (1) 对节点 B 进行受力分析，由平衡方程可得

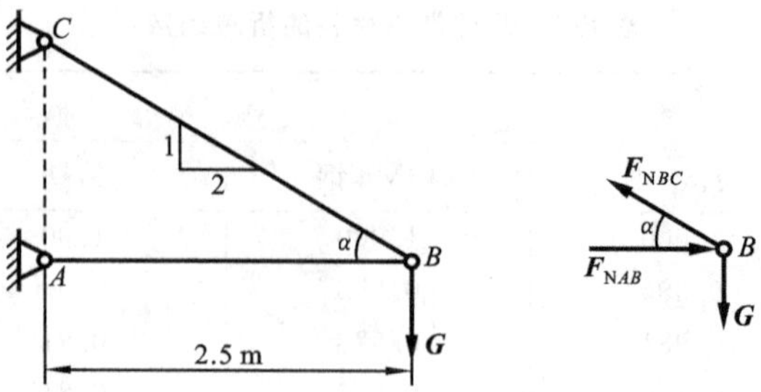

图 8-8

$$F_{NBC} = \frac{G}{\sin\alpha} = \frac{20}{1/\sqrt{1^2+2^2}} \text{ kN} = 44.7 \text{ kN(拉)}$$

$$F_{NAB} = \frac{G}{\tan\alpha} = \frac{20}{1/2} \text{ kN} = 40 \text{ kN(压)}$$

(2) 校核压杆 AB 的稳定性。

首先计算柔度。据题意,有 $\mu=1, l=2.5 \text{ m}=2\ 500 \text{ mm}$,且

$$i = \sqrt{\frac{I}{A}} = \frac{D}{4}\sqrt{1+\left(\frac{d}{D}\right)^2} = \frac{76}{4}\sqrt{1+\left(\frac{68}{76}\right)^2} \text{ mm} = 25.5 \text{ mm}$$

则

$$\lambda = \frac{\mu l}{i} = \frac{1 \times 2\ 500}{25.5} = 98$$

又

$$\lambda_P = \pi\sqrt{\frac{E}{\sigma_P}} = \pi\sqrt{\frac{200\times 10^9}{200\times 10^6}} = 99.3$$

$$\lambda_s = \frac{a-\sigma_s}{b} = \frac{304-235}{1.12} = 61.6$$

所以

$$\lambda_s < \lambda < \lambda_P$$

故杆 AB 为中柔度杆。由直线经验公式,有

$$\sigma_{cr} = a - b\lambda$$

$$F_{cr} = (a-b\lambda)A = (304-1.12\times 98)\times 10^6 \times \frac{3.14\times(76^2-68^2)\times 10^{-6}}{4} \text{ N}$$

$$= 175.6\times 10^3 \text{ N} = 175.6 \text{ kN}$$

因此
$$n_{st} = \frac{F_{cr}}{F} = \frac{175.6}{40} = 4.39 > [n_{st}] = 4$$

故压杆 AB 满足稳定条件。

(3) 校核拉杆 BC 的强度。

$$\sigma_{BC} = \frac{F_{NBC}}{A_{BC}} = \frac{44.7\times 10^3}{\pi\times 2^2\times 10^{-4}/4} \text{ Pa} = 142.4 \text{ MPa}$$

而 $$[\sigma]=\frac{\sigma_s}{n}=\frac{235}{1.5}\ \text{MPa}=156.6\ \text{MPa}>\sigma_{BC}$$

故拉杆 BC 满足强度条件。

故此结构是安全的。

例 8-2 如图 8-9 所示某型平面磨床的工作台液压驱动装置，液压缸活塞直径 $D=65$ mm，油压 $p=1.2$ MPa，活塞杆长度 $l=1.25$ m，材料为 35 钢，$\sigma_P=220$ MPa，$E=210$ GPa，$[n_{st}]=6$。试确定活塞杆的直径。

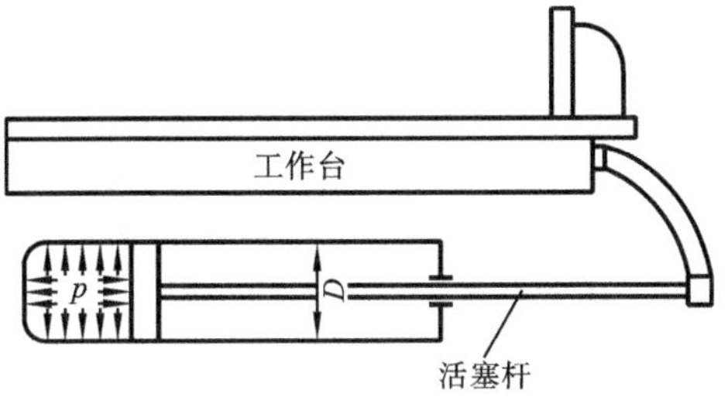

图 8-9

解 (1) 计算活塞杆所承受的轴向压力。

$$F=\frac{\pi D^2}{4}p=\frac{\pi}{4}\times 65^2\times 10^{-6}\times 1.2\times 10^6\ \text{N}=3\ 982\ \text{N}$$

(2) 计算活塞杆的临界压力。由式(8-22)得

$$F_{cr}\geqslant [n]_{st}F=6\times 3\ 982\ \text{N}=23\ 892\ \text{N}$$

(3) 设计活塞杆直径。

因为活塞杆直径未知，无法求出活塞杆的柔度，也就不能判定用什么临界力公式进行计算。为此，可采用试算法，即先按欧拉公式设计活塞杆的直径，然后再检查是否满足欧拉公式的条件。

把活塞杆简化为两端铰支压杆($\mu=1$)

$$F_{cr}=\frac{\pi^2 EI}{(\mu l)^2}=\frac{\pi^2 E\,\frac{\pi d^4}{64}}{l^2}\geqslant 23\ 892\ \text{N}$$

$$d\geqslant\sqrt[4]{\frac{23\ 892\times 64\times 1.25^2}{3.14^3\times 210\times 10^9}}\ \text{m}=0.024\ 6\ \text{m}$$

取 $d=25$ mm。

(4) 检查是否满足欧拉公式的条件。

用所得的 d 计算活塞杆的柔度

$$\lambda=\frac{\mu l}{i}=\frac{1\times 1\ 250}{25/4}=200$$

对所选用的材料，有

$$\lambda_P=\pi\sqrt{\frac{E}{\sigma_P}}=\pi\sqrt{\frac{210\times 10^9}{220\times 10^6}}\approx 97$$

由于 $\lambda > \lambda_P$，所以用欧拉公式进行试算是正确的。

若按设计出的 d 值，杆的 λ 值不满足大柔度杆条件，则要重新设计。

*__例 8-3__　如图 8-10 所示的压杆，两端为球铰约束，杆长 $l=2.4$ m，杆由两根 125 mm×125 mm×12 mm 的等边角钢铆接而成。铆钉孔直径为 23 mm。若压杆承受轴向压力 $F=750$ kN，材料为 Q235 钢，$[\sigma]=160$ MPa，试校核此压杆是否安全。

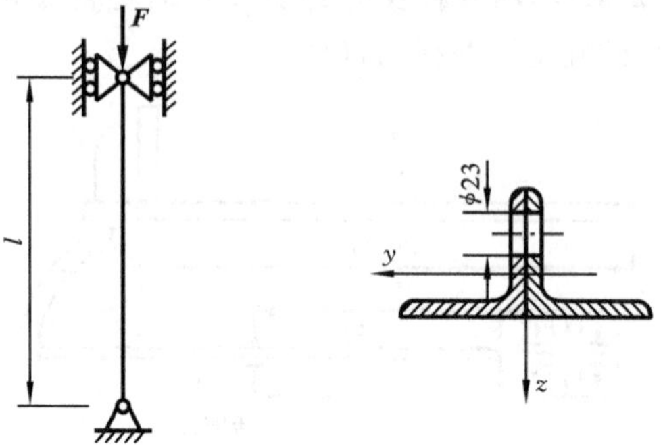

图 8-10

解　因为铆接时在角钢上开孔，所以此压杆可能发生两种情形：一是失稳，局部截面的削弱影响不大，故不考虑铆钉孔对压杆截面的削弱，即在稳定性计算中仍采用未开孔时的横截面积（称为毛面积）；二是强度问题，即在开有铆钉孔的横截面上，压应力由于面积的削弱而增加，有可能超过许用应力值，所以在进行强度计算时，要用削弱后的面积（称为净面积）。现分别就这两类问题校核如下。

(1) 稳定性校核。

因为压杆的两端为球铰，各个方向的约束相同，所以 $\mu=1$，又因为两根角钢铆接在一起，失稳时二者形成一整体而挠曲，其横截面将绕惯性矩最小的主轴（图 8-10 中的 y 轴）转动，所以临界应力公式中

$$I_y = 2I'_y, \quad A = 2A'$$

$$i_y = \sqrt{\frac{I_y}{A}} = \sqrt{\frac{I'_y}{A'}} = i'_y$$

其中 I'_y、i'_y 分别为每根角钢的横截面对于 y 轴的惯性矩与惯性半径，A' 为其面积，均可由型钢表查得。对于 125 mm×125 mm×12 mm 的等边角钢，表中给出

$$i'_y = 38.3 \text{ mm}, \quad A' = 28.9 \times 10^2 \text{ mm}^2$$

于是，压杆的柔度

$$\lambda = \frac{\mu l}{i_y} = \frac{1 \times 2.4 \times 10^3}{38.3} = 62.66$$

据此，查表 8-3 并由直线内插法求得

$$\varphi = 0.842 + \frac{0.789 - 0.842}{70 - 60} \times (62.66 - 60) = 0.828$$

于是稳定的许用应力为

$$[\sigma]_{st}=\varphi[\sigma]=0.828\times 160\ \text{MPa}=132\ \text{MPa}$$

在外力作用下，压杆的工作应力为

$$\sigma=\frac{F}{A}=\frac{750\times 10^{3}}{2\times 28.9\times 10^{2}\times 10^{-6}}\ \text{Pa}=130\ \text{MPa}<[\sigma_{st}]$$

所以压杆的稳定性是安全的。

(2) 强度校核。

在开有铆钉孔的压杆横截面上，正应力为

$$\sigma=\frac{F}{(A-2\times 23\ \text{mm}\times 12\ \text{mm})\times 10^{-6}}=\frac{750\times 10^{3}}{(2\times 28.9\times 10^{2}-552)\times 10^{-6}}\ \text{Pa}$$

$$=143\times 10^{6}\ \text{Pa}=143\ \text{MPa}<[\sigma]$$

所以压杆的强度也是安全的。

以上分析表明，稳定安全条件 $\sigma\leqslant\varphi[\sigma]$ 和强度条件 $\sigma\leqslant[\sigma]$ 在形式上是相似的，而实质上是根本不同的。前者反映压杆的整体承载能力，不说明各个截面上的真实应力，它是为了计算方便，由 $F\leqslant F_{cr}/[n]_{st}$ 演变过来的，而强度条件却反映了各个截面上的真实受力情况。

8.7　提高压杆稳定性的措施

由临界载荷和临界应力的计算公式可知，影响压杆稳定性的主要因素是压杆的柔度或长细比，即 $\lambda=\frac{\mu l}{i}$。一般来说，压杆的柔度愈大，其临界应力就愈低。因此，可以从压杆的截面形状、压杆长度、杆端约束条件以及材料的力学性质等方面着手，在设计允许的条件下，采取一些工程措施，尽量提高压杆抵抗失稳的能力。

1. 合理选择截面形状

无论从欧拉公式、经验公式还是从表 8-3 均可以看出，柔度 λ 增大，临界应力 σ_{cr} 将降低。由于柔度 $\lambda=\frac{\mu l}{i}$，所以在压杆截面积不变的前提下，若能有效地增大截面的惯性半径，就能减小 λ 的数值。可见，如果不增加截面面积，尽可能地把材料放在离截面形心较远处，得到较大的 I 和 i，就相当于提高了临界载荷。由此可知，若实心圆截面与空心环形截面面积相等，则后者的 I 和 i 值要比前者大得多，因此，采用空心环形截面比实心圆形截面合理，如图 8-11 所示。同理，若用四根等边角钢组成起重机臂(见图 8-12(a))的组合截面，应将四根角钢放在组合截面的四个角上(见图 8-12(b))，而不是集中地放置在截面形心附近(见图 8-12(c))。由型钢组成的桥梁桁架中的压杆或厂房等建筑物的立柱，也都是将型钢分开放置，如图 8-13(a)所示。但应注意，对于由型钢组成的压杆，应用足够的缀条或缀板将若干分开放置的型钢连接成一个整体构件，如图 8-13(b)所示，以保证(一般钢结构设计规范中有具体规定)组合截面的

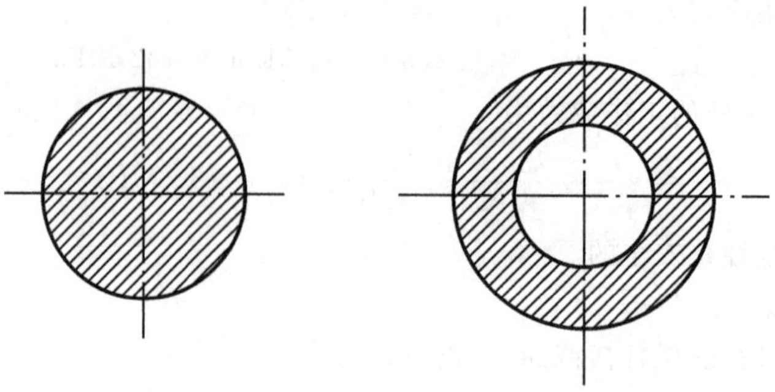

图 8-11

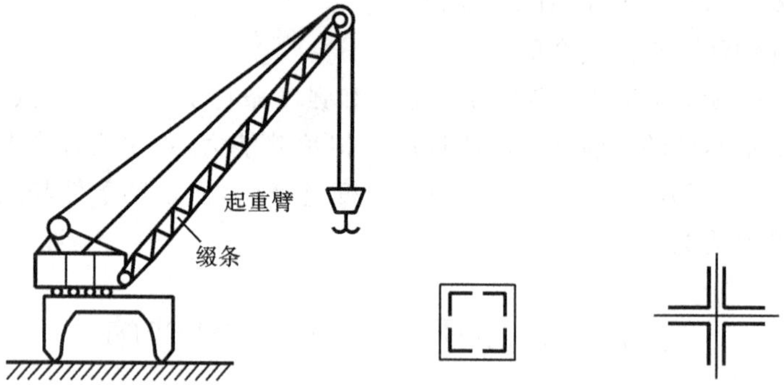

图 8-12

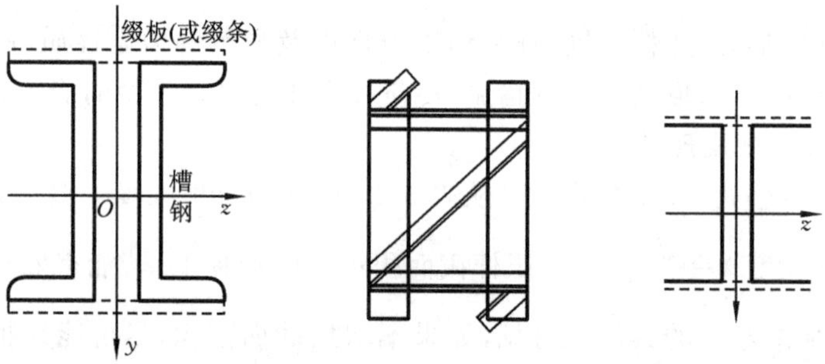

图 8-13

整体稳定，否则，各独立型钢将可能因单独压杆的局部失稳而导致整体破坏。类似地，若采用环形截面，也不能为了增大 I 和 i 而无限制地增加环形截面的平均直径，使壁变得很薄，因为这种薄壁管柱也易局部失稳，发生局部屈曲，从而使整个压杆失去承载能力。

由于压杆的失稳平面必然在某截面的最小惯性平面内，如果压杆的相当长度 μl

在各平面内均相等，则应使截面对任一形心轴的 i 也都相等，或接近相等。这样在任一平面内压杆的柔度 λ 都相等或接近相等，以保证压杆在各平面内有大致相同的稳定性，例如圆形、圆环形、正多边形截面等都可以满足这一要求。对于组合截面，也应尽量使截面对其形心主轴的惯性矩 I_y 和 I_z 相等，从而使 λ_y 和 λ_z 相等，如图 8-12(b)和图 8-13(b)所示，以保证组合截面在主惯性平面内有大致相同的稳定性。相反，某些压杆在不同的平面内，其相当长度 μl 难以保持相同，而不同平面内的约束条件也可能不相同。例如发动机的连杆，在摆动平面内，其两端可以简化为铰支座，如图 8-14(a)所示，$\mu_z=1.0$，而在垂直摆动的平面内，其两端可简化为固定端，如图 8-14(b)所示，$\mu_y=0.5$。这时可以使连杆截面对其形心主轴 y 和 z 有不同的 i_y 和 i_z，这样仍然可以使 $\lambda_y=\frac{\mu_y l_2}{i_y}$ 与 $\lambda_z=\frac{\mu_z l_1}{i_z}$ 大致相等，使连杆在两个主惯性平面内仍然有接近的稳定性。

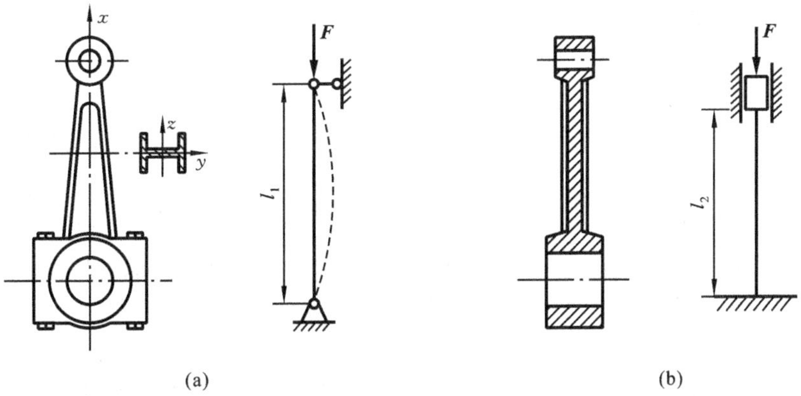

图 8-14

2. 合理安排压杆约束与选择杆长

压杆的长度越大，其柔度越大，稳定性就越差。因此，在可能的情况下，应尽量减小压杆的长度。但一般情况下，压杆的长度是由结构要求决定的，通常不允许改变。这时可通过增加中间支座来减小压杆的支承长度，以使柔度减小。例如，图 8-15(a)所示的两端铰支轴向受压细长杆，失稳时挠曲线形状如图所示，l 为一个正弦曲线对应的长度。如图 8-15(b)所示，在两端铰支轴向受压细杆中加一个支座，显然，其中杆的临界力是图 8-15(a)中杆的临界力的 4 倍（图 8-15(a)中 $F_{cr}=\frac{\pi^2 EI}{l^2}$，图 8-15(b)中 $F_{cr}=\frac{\pi^2 EI}{(l/2)^2}$）。

压杆的杆端约束条件不同，压杆的长度系数 μ 就不同。从图 8-15 中可以看出，杆端约束的刚性越好，压杆的长度系数就越小，其柔度值也就越小，临界应力就越大。因此，增强杆端约束的刚性，可达到提高压杆稳定性的目的。例如，图 8-16(a)所示的

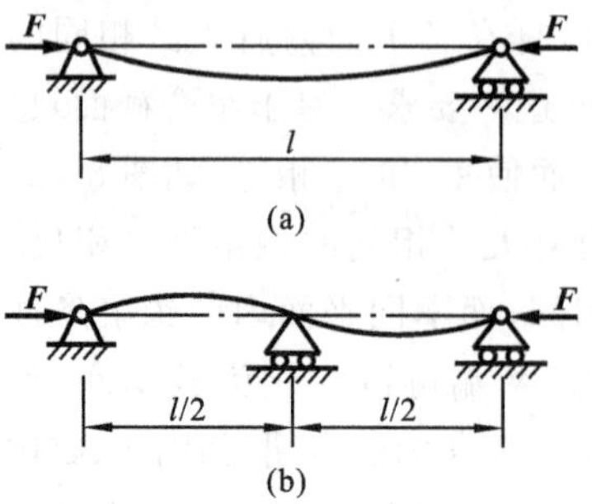

图 8-15

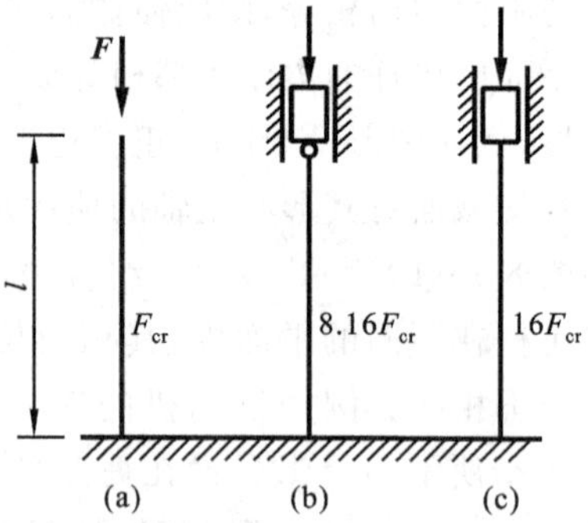

图 8-16

一端固定、另一端自由的轴向受压细长杆，其长度系数 $\mu_1=2$。如果在上端加一铰链约束，如图 8-16(b)所示，其长度系数 $\mu_2=0.7$，压杆的临界力提高 $(\mu_1/\mu_2)^2=8.16$ 倍；如果上端再改为固定端，如图 8-16(c)所示，其长度系数 $\mu_3=0.5$，则临界应力提高 16 倍。

3. 合理选用材料

对于大柔度杆，临界应力与材料的弹性模量 E 成正比，因此，钢压杆比铜、铸铁或铝制压杆的临界载荷高。但各种钢材的 E 基本相同，所以对大柔度杆选用优质钢材与选用低碳钢相比并无多大差别。对于中柔度杆，由临界应力总图可以看到，材料的屈服极限 σ_s 和比例极限 σ_p 越高，则临界压力就越大，这时选用优质钢材会提高压杆的承载能力。至于小柔度杆，本来就只存在强度问题，优质钢材的强度高，选用优质钢材时压杆的承载能力提高是必然的。

最后尚需指出，对于压杆，除了可以采取上述几个方面的措施以提高其承载能力外，在可能的条件下，还可以从结构方面采取相应的措施。例如，将结构中的压杆转换成拉杆，这样，就可以从根本上避免失稳问题。以图 8-17 所示的托架为例，在不影响结构使用的条件下，若将图 8-17(a)所示的结构改换为图 8-17(b)所示的结构，则杆 AB 由承受压力变为承受拉力，从而避免了压杆的失稳问题。

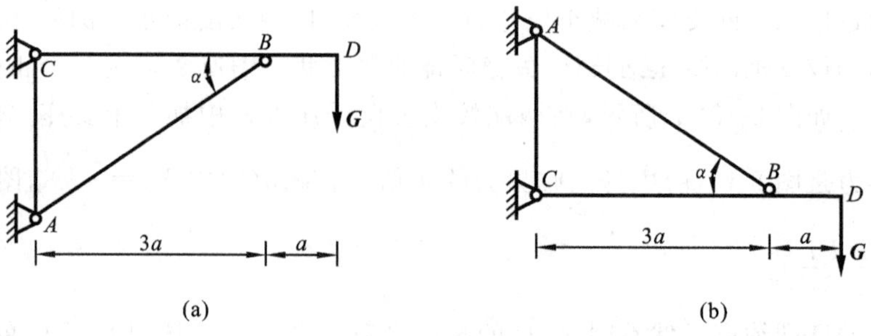

图 8-17

习　　题

8-1　三根圆截面压杆，直径均为 $d=160$ mm，材料为 Q235 钢，$E=200$ GPa，$\sigma_P=200$ MPa，$\sigma_s=235$ MPa，$a=304$ MPa，$b=1.12$ MPa，两端均铰支，长度分别为 l_1、l_2 和 l_3，且 $l_1=2l_2=4l_3=5$ m。试求各杆的临界力 F_{cr}。

8-2　某型飞机起落架中承受轴向压力的斜撑杆如图所示。杆件为空心圆管，外径 $D=52$ mm，内径 $d=44$ mm，$l=950$ mm。材料的 $\sigma_P=1\ 200$ MPa，$\sigma_b=1\ 600$ MPa，$E=210$ GPa。试求斜撑杆的临界压力和临界应力。

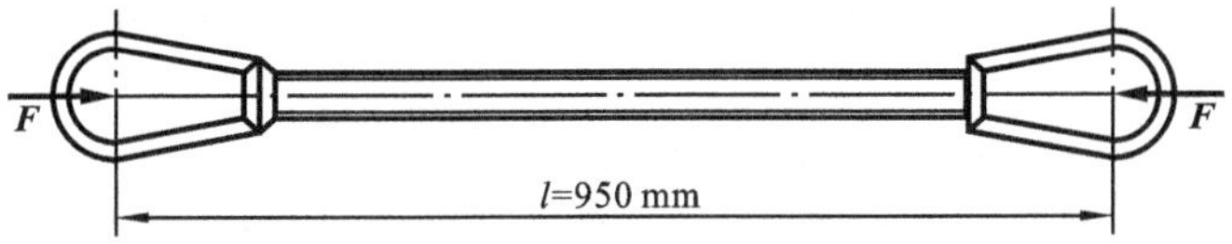

题 8-2 图

8-3　如图所示压杆，其直径均为 d，材料为 Q235 钢。试问：

(1) 哪一根杆的临界压力大？

(2) 若 $d=160$ mm，$E=205$ GPa，$\sigma_P=200$ MPa，两根杆的临界压力分别为多少？

8-4　在图示铰接杆系 ABC 中，AB 和 BC 皆为细长压杆，且截面、材料相同，A、C 之间的距离为 l。若杆系因在 ABC 平面内失稳而破坏，并规定 $0<\theta<\dfrac{\pi}{2}$，试确定 F 取最大值时的 θ 角。

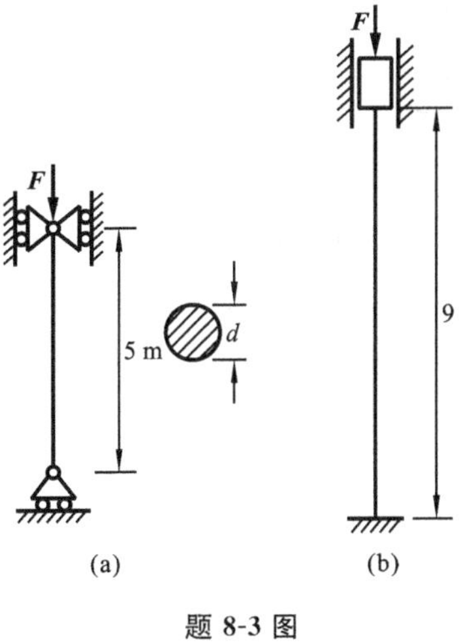

题 8-3 图

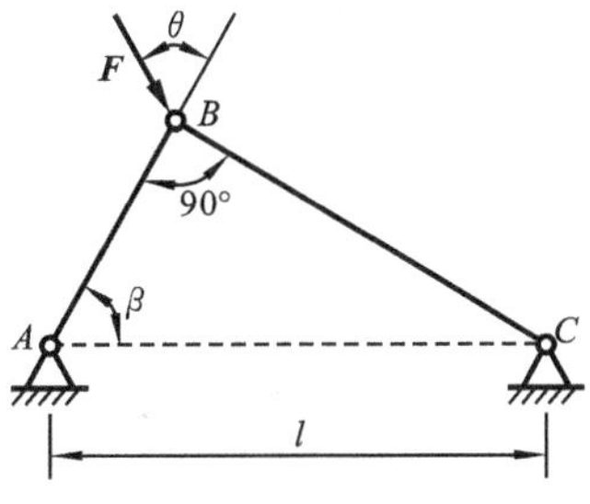

题 8-4 图

8-5　一木柱两端铰支，其横截面为 120 mm×200 mm 的矩形，长度为 4 m。木材的 $E=10$ GPa，$\sigma_P=20$ MPa。试求木柱的临界应力。(计算临界应力的公式有：①欧拉公式；②直线公式 $\sigma_{cr}=28.7-0.19\lambda$。)

8-6　如图所示蒸汽机的活塞杆 AB，所受的压力为 $F=120$ kN，$l=180$ cm，横截面为圆形，直径 $d=7.5$ cm。材料为碳钢，$E=210$ GPa，$\sigma_P=240$ MPa，规定$[n_{st}]=8$。试校核活塞杆的稳定性。

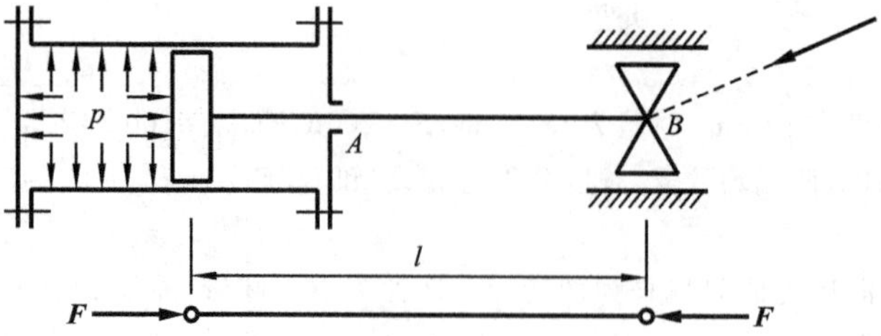

题 8-6 图

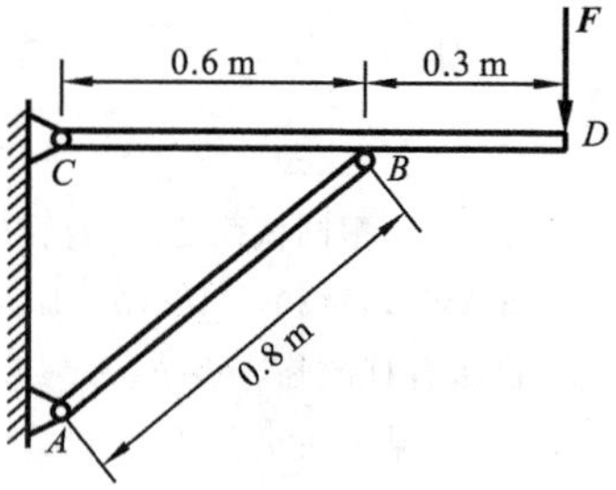

题 8-7 图

8-7 如图所示托架中杆 AB 的直径 $d=4$ cm，长度 $l=80$ cm，两端可视为铰支，材料为 Q235 钢。

(1) 试按杆 AB 的稳定条件求托架的临界力 F_{cr}；

(2) 若已知实际载荷 $F=70$ kN，稳定安全因数 $[n_{st}]=2$，问此托架是否安全。

8-8 如图所示结构中，杆 AC 和 CD 均用相同钢材制成，C、D 两处均为球铰。已知：CD 为圆截面，$d=20$ mm；AC 为矩形截面。$b=100$ mm，$h=180$ mm；$E=200$ GPa，$\sigma_s=235$ MPa，$\sigma_P=200$ MPa，强度安全因数为 $n=2.0$，稳定安全因数 $[n_{st}]=3.0$。试确定该结构的最大许可载荷 F。

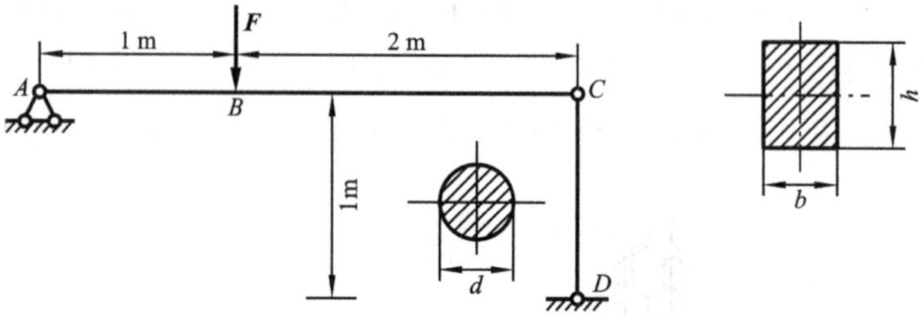

题 8-8 图

8-9 如图所示结构中，梁 AB 为 14 号普通热轧工字钢，支承柱 CD 的直径 $d=20$ mm，二者的材料均为 Q235 钢，$E=206$ GPa，$\sigma_P=200$ MPa，$[\sigma]=165$ MPa。A、C、D 三处均为球形铰链约束。已知 $F=25$ kN，$l_1=1.25$ m，$l_2=0.55$ m，规定的稳定安全因数 $[n_{st}]=3.0$。试校核此结构的安全性。

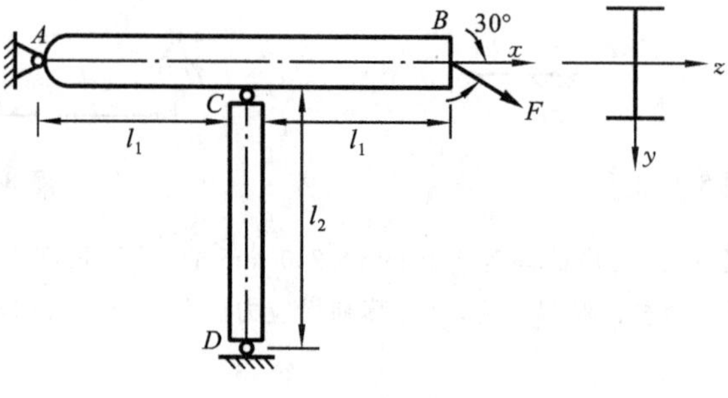

题 8-9 图

8-10　如图所示正方形桁架，五根杆均为直径为 $d=5$ cm 的圆截面杆，杆长 $a=1$ m，材料为 Q235 钢，$E=200$ GPa，$\sigma_P=200$ MPa，$\sigma_s=240$ MPa。

（1）试求结构的临界载荷；

（2）若载荷 F 的方向相反，结构的临界载荷值又为多少？

8-11　如图所示压杆两端用柱形铰连接（在 xy 平面内视为两端铰支，在 Oxz 平面内视为两端固定）。杆的横截面为 $b\times h$ 的矩形截面。已知压杆的材料为 Q235 钢，$E=200$ GPa，$\sigma_P=200$ MPa。

（1）当 $b=40$ mm，$h=60$ mm，$l=2.4$ m 时，求压杆的临界载荷；

（2）若使压杆在 Oxy 和 Oxz 平面内失稳的可能性相同，求 b 和 h 的比值。

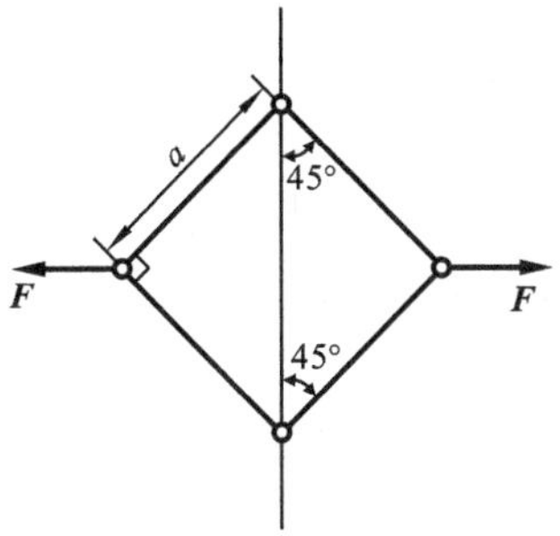

题 8-10 图

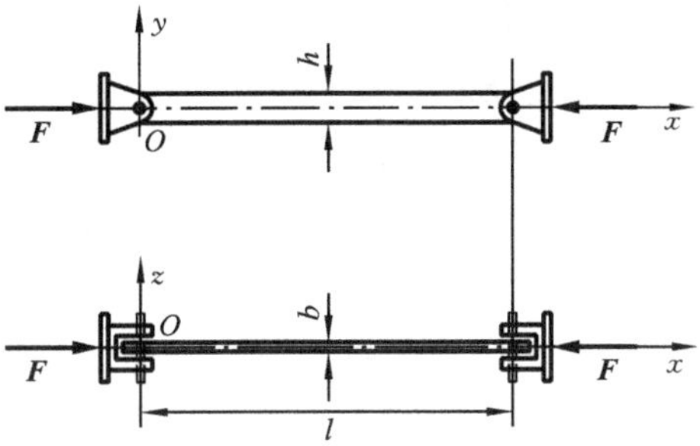

题 8-11 图

8-12　压杆的一端固定，另一端自由，如图(a)所示，为提高其稳定性，在中点增加支座，如图(b)所示。试求加强后压杆的欧拉公式，并与加强前的压杆相比较。

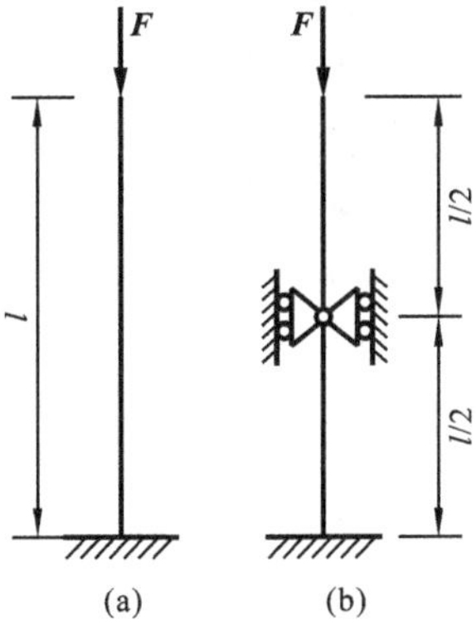

题 8-12 图

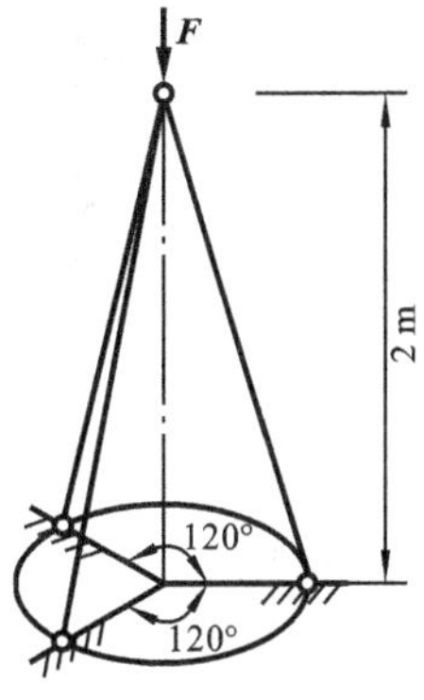

题 8-13 图

8-13　由三根钢管构成的支架如图所示。钢管的外径为 30 mm，内径为 22 mm，长度 $l=2.5$ m，看做细长杆，$E=210$ GPa。在支架的顶点三杆铰接。如取稳定安全因数为$[n_{st}]=3$，试求许可载荷。

8-14　如图所示压杆由两根 10 槽钢组成，长度为 $l=6$ m，A 端球形铰支，B 端固定。材料弹性模量 $E=200$ GPa，比例极限 $\sigma_P=200$ MPa。试确定使压杆临界载荷为最大时的 b 值，并计算此时的临界载荷。

8-15　如图所示螺旋千斤顶，丝杠长度 $l=500$ mm，内径 $d_1=52$ mm，最大载荷 $F=150$ kN。

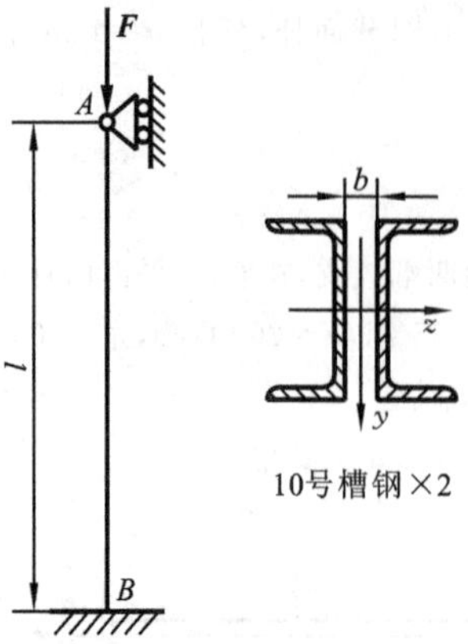

题 8-14 图

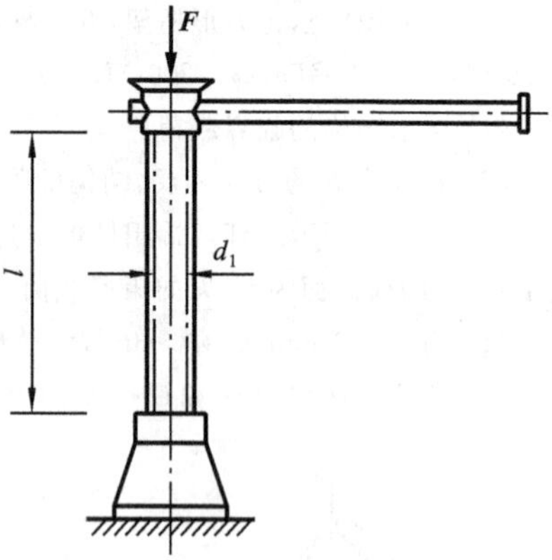

题 8-15 图

丝杠工作时可以认为下端固定，上端自由。材料的 $E=210$ GPa，比例极限 $\lambda_P=100$，$\lambda_s=60$，$a=304$ MPa，$b=1.12$ MPa。试计算该丝杠的工作安全因数。

8-16　某塔架的横撑杆长 $l=6$ m，截面形式如图(a)所示，材料为 Q235 钢，$E=210$ GPa，$\sigma_P=200$ MPa，稳定安全因数为$[n_{st}]=1.75$。若按一端固定、一端铰支的压杆考虑，试求此杆所能承受的最大轴向安全压力。若将组合截面改为图(b)的形式，则最大轴向安全压力提高多少？(取 $a=2\times75$ mm，中长杆 $\sigma_{cr}=240-0.008\,8\lambda^2$)

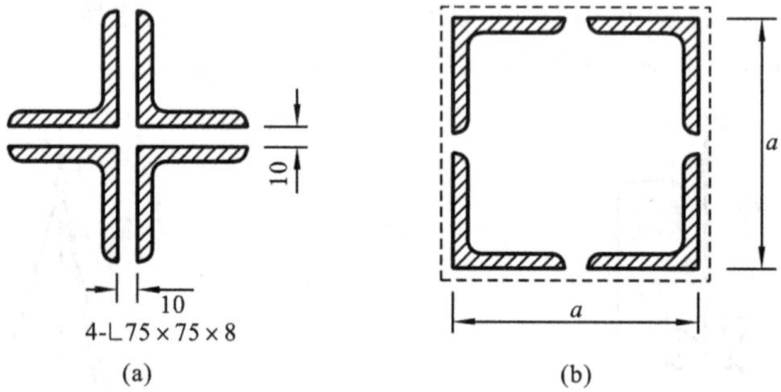

题 8-16 图

8-17　如图所示，AB 为 $b=40$ mm，$h=60$ mm 的矩形截面梁，AC 及 CD 为 $d=40$ mm 的圆形截面杆，$l=1$ m，材料均为 Q235 钢。若取强度安全因数 $n=1.5$，规定稳定安全因数$[n_{st}]=4$，试求许可载荷$[F]$。

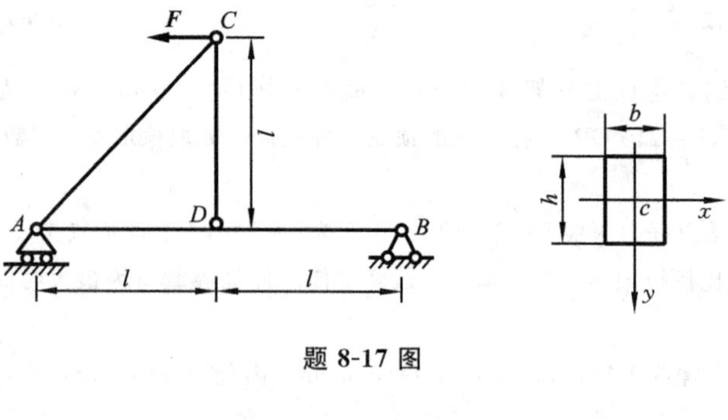

题 8-17 图

8-18　某钢材的比例极限 $\sigma_p = 230$ MPa，屈服应力 $\sigma_s = 274$ MPa，弹性模量 $E = 200$ GPa，中柔度杆的临界应力公式为 $\sigma_{cr} = 338\ \text{MPa} - (1.12\ \text{MPa})\lambda$，试计算 λ_p 与 λ_s 值，并绘制临界应力总图（$0 \leqslant \lambda \leqslant 150$）。

8-19　在图示结构中，AB 为圆截面杆，直径 $d = 80$ mm，BC 为正方形截面杆，边长 $a = 70$ mm，两杆材料均为 Q235 钢，$E = 200$ GPa，$\sigma_P = 200$ MPa。两杆可以各自独立发生弯曲而不相互影响。已知 A 端固定，B、C 处为球铰，$l = 3$ m，稳定安全因数为 $[n_{st}] = 2.5$。试求结构的许可载荷 $[F]$。

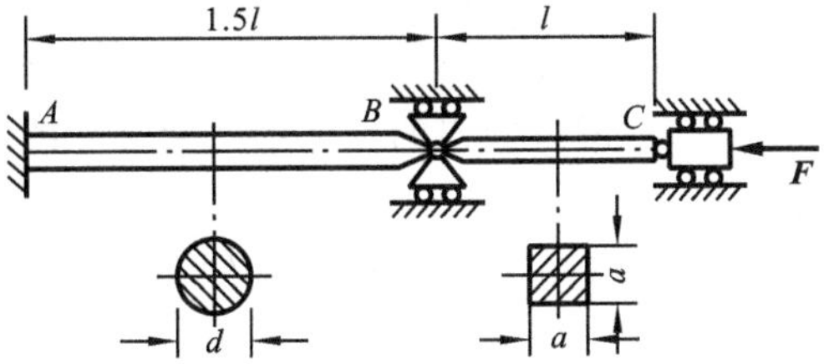

题 8-19 图

第 9 章　点与刚体的运动分析

运动学研究物体机械运动的规律，但是不涉及引起运动变化的原因。

物体的运动都具有相对性，因此在研究物体运动时必须选取另一个物体作为参考，这个物体称为参考体。与参考体固连的坐标系称为参考系。一般工程问题中，都取与地面固连的坐标系为参考系。

本章研究物体的外效应，即研究对象主要为刚体和质点。本章采用矢量方法研究物体的运动，即以矢量表示点或刚体的空间位置和运动特性，利用几何关系进行计算。

9.1　点的运动分析

点的运动是研究一般物体运动的基础，又具有独立的应用意义。本节研究点相对于某一个参考系的几何位置随时间变化的规律，包括点的运动方程、运动轨迹、速度和加速度等。

点的运动主要有直线运动和曲线运动两种。曲线运动又包括平面曲线运动和空间曲线运动。

1. 矢量法

1）运动方程

运动方程是运动学研究的基础。那么，什么是运动方程？要回答这一问题，首先需要明确什么是运动。对点来说，运动是点相对于其他物体的位置变化。这里的其他物体就是所谓的参考体，在运动研究中被认为是固定不动的。由于参考体是以物体的形式出现的，通常可以在参考体上建立一个坐标系，称为参考系。因此，运动也可以理解为点相对于参考系的位置变化。如果用某种方法表示了点的位置，那么，位置的变化就可以表示为时间的函数，一般要求这一函数是单值、连续、可导（至少二阶可导）的。该函数称为运动方程。因此，运动方程表示了所研究的动点的空间位置与时间的函数关系，实际上，所有描述点的运动的函数，都可以称为运动方程。因此，有直角坐标法运动方程、极坐标法运动方程、自然坐标法运动方程、矢量法运动方程等。其中在理论分析中比较重要的是矢量法运动方程。矢量法用矢量来表示点的空间位置，超脱于具体的坐标系之上，表达比较简洁、方便，是各种具体坐标系运动分析的基础。只要把矢量分析的结果投影到坐标系中，就可以得到某一坐标系下的运动分析结果。

如图 9-1 所示，自坐标原点 O 向动点 M 作矢量 $\boldsymbol{r}$，称 $\boldsymbol{r}$ 为点 M 相对于原点 O 的

位置矢量，简称矢径。在动点 M 的运动过程中，矢径随时间而变化，且是时间的单值函数：

$$\boldsymbol{r} = \boldsymbol{r}(t) \tag{9-1}$$

$\boldsymbol{r}=\boldsymbol{r}(t)$即为用矢量表示的点的运动方程。点 M 在运动过程中，矢径的端点描绘出一条连续曲线，称为矢端曲线，这就是动点 M 的运动轨迹。

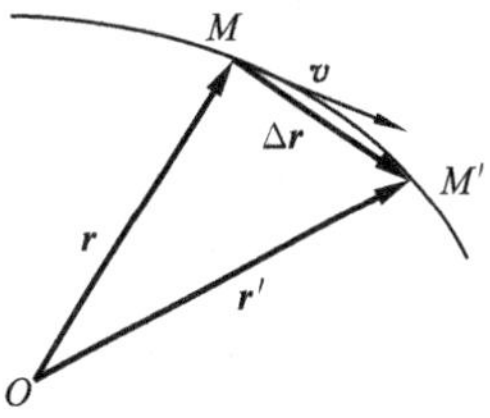

图 9-1

2）速度

动点的速度等于矢径对时间的一阶导数，即

$$\boldsymbol{v} = \lim_{\Delta t \to 0} \frac{\Delta \boldsymbol{r}}{\Delta t} = \frac{\mathrm{d}\boldsymbol{r}}{\mathrm{d}t} \tag{9-2}$$

其方向沿轨迹的切线方向，指向点的运动方向。

3）加速度

动点 M 的加速度定义为点的速度的导数，即

$$\boldsymbol{a} = \frac{\mathrm{d}\boldsymbol{v}}{\mathrm{d}t} = \frac{\mathrm{d}^2\boldsymbol{r}}{\mathrm{d}t^2} \tag{9-3}$$

速度 $\boldsymbol{v}$ 和加速度 $\boldsymbol{a}$ 都是变矢量。

用矢量建立的点的运动方程以及由运动方程所导出的速度、加速度等方程，能够表示动点的运动情况，而且超脱于坐标系之上，因此，其表达式非常简洁，在进行理论分析和推演中能比较方便地得到所需要的结果。但当需要具体地计算动点的位移、速度、加速度时，需要把用矢量表示的速度、加速度等投影到某一具体的坐标系下，进行计算。

2. 直角坐标法

1）运动方程

在直角坐标系 $Oxyz$ 中，动点 M 在空间的位置既可以用相对于坐标原点 O 的矢径 $\boldsymbol{r}$ 表示，也可以用点 M 在直角坐标系中的三个坐标 x、y、z 来表示，如图 9-2 所示。

由于矢径的原点与直角坐标系的原点重合，因此有

$$\boldsymbol{r} = x\boldsymbol{i} + y\boldsymbol{j} + z\boldsymbol{k} \tag{9-4}$$

式中　$\boldsymbol{i}$、$\boldsymbol{j}$、$\boldsymbol{k}$ 分别是沿三个定坐标轴的单位矢量。

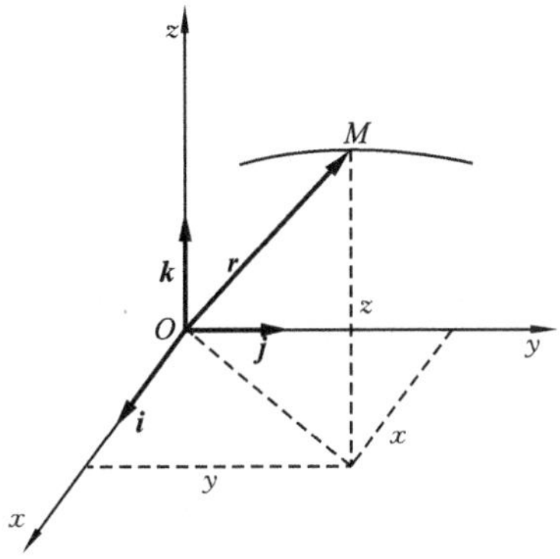

图 9-2

由于 $\boldsymbol{r}$ 是时间的单值连续函数，所以 x、y、z 也是时间的单值连续函数，即

$$\begin{cases} x = f_1(t) \\ y = f_2(t) \\ z = f_3(t) \end{cases} \tag{9-5}$$

该方程称为以直角坐标表示的点的运动方程，它确定了任一瞬时点 M 的空间位置。

上述方程实际上也是点的轨迹的参数方程，只

要给定时间 t 的不同数值，依次得到点的坐标 x、y、z 的相应数值，根据这些数值就可以描述出动点的轨迹。因为动点的轨迹与时间无关，因此将运动方程中的时间 t 消去，就可以得到点的轨迹方程。

2）速度

将式(9-4)代入式(9-2)，由于 $\boldsymbol{i}$、$\boldsymbol{j}$、$\boldsymbol{k}$ 为大小和方向都不变的矢量，因此有

$$\boldsymbol{v}=\frac{\mathrm{d}\boldsymbol{r}}{\mathrm{d}t}=\frac{\mathrm{d}x}{\mathrm{d}t}\boldsymbol{i}+\frac{\mathrm{d}y}{\mathrm{d}t}\boldsymbol{j}+\frac{\mathrm{d}z}{\mathrm{d}t}\boldsymbol{k} \tag{9-6}$$

设速度在直角坐标轴上的投影为 v_x、v_y、v_z，即

$$\boldsymbol{v}=v_x\boldsymbol{i}+v_y\boldsymbol{j}+v_z\boldsymbol{k} \tag{9-7}$$

比较式(9-6)和式(9-7)，得

$$\begin{cases} v_x=\dfrac{\mathrm{d}x}{\mathrm{d}t} \\ v_y=\dfrac{\mathrm{d}y}{\mathrm{d}t} \\ v_z=\dfrac{\mathrm{d}z}{\mathrm{d}t} \end{cases} \tag{9-8}$$

速度在各坐标轴上的投影等于动点的各坐标对时间的一阶导数。

3）加速度

同理，将式(9-6)代入式(9-3)，并设 a_x、a_y、a_z 为加速度在直角坐标轴上的投影，则

$$\boldsymbol{a}=\frac{\mathrm{d}\boldsymbol{v}}{\mathrm{d}t}=\frac{\mathrm{d}\boldsymbol{v}_x}{\mathrm{d}t}\boldsymbol{i}+\frac{\mathrm{d}\boldsymbol{v}_y}{\mathrm{d}t}\boldsymbol{j}+\frac{\mathrm{d}\boldsymbol{v}_z}{\mathrm{d}t}\boldsymbol{k}=a_x\boldsymbol{i}+a_y\boldsymbol{j}+a_z\boldsymbol{k} \tag{9-9}$$

即

$$\begin{cases} a_x=\dfrac{\mathrm{d}\boldsymbol{v}_x}{\mathrm{d}t}=\dfrac{\mathrm{d}^2x}{\mathrm{d}t^2} \\ a_y=\dfrac{\mathrm{d}\boldsymbol{v}_y}{\mathrm{d}t}=\dfrac{\mathrm{d}^2y}{\mathrm{d}t^2} \\ a_z=\dfrac{\mathrm{d}\boldsymbol{v}_z}{\mathrm{d}t}=\dfrac{\mathrm{d}^2z}{\mathrm{d}t^2} \end{cases} \tag{9-10}$$

因此，加速度在直角坐标轴上的投影等于动点的各对应坐标对时间的二阶导数。

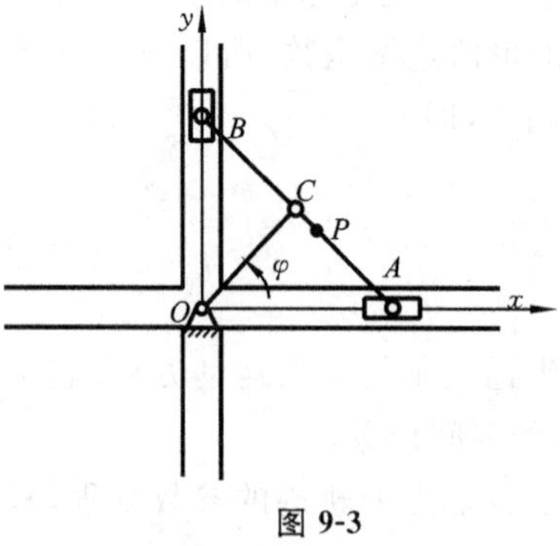

图 9-3

例 9-1　如图 9-3 所示椭圆规机构，曲柄 OC 可绕定轴 O 转动，其端点 C 与规尺 AB 的中点以铰链相连接，而规尺 A、B 两端分别在相互垂直的滑槽中运动。已知 $\omega=\dot{\varphi}=$ 常数，$OC=BC=AC=l$，$BP=d$，求点 P 的运动方程、速度和加速度。

解　因为点 P 的运动轨迹未知，故采用直角

坐标法。

建立固定参考系 Oxy，把所考查的点 P 置于参考系中的一般位置。根据已知的约束条件写出点 P 的运动方程。

点 P 的运动方程为

$$x = d\cos\varphi = d\cos\omega t$$

$$y = (2l - d)\sin\varphi = (2l - d)\sin\omega t$$

从以上方程中消去 t，得到点 P 的轨迹方程：

$$\left(\frac{x}{d}\right)^2 + \left(\frac{y}{2l - d}\right)^2 = 1$$

点 P 的速度为

$$v_x = \frac{\mathrm{d}x}{\mathrm{d}t} = -\omega d\sin\omega t$$

$$v_y = \frac{\mathrm{d}y}{\mathrm{d}t} = (2l - d)\omega\cos\omega t$$

点 P 的加速度为

$$a_x = \frac{\mathrm{d}^2 x}{\mathrm{d}t^2} = -\omega^2 d\cos\omega t$$

$$a_y = \frac{\mathrm{d}^2 y}{\mathrm{d}t^2} = -(2l - d)\omega^2\sin\omega t$$

3. 弧坐标法

采用直角坐标法求解点的运动学问题，需要知道用点的直角坐标表示的运动方程，但当运动比较复杂时，动点在直角坐标下的运动描述可能会很困难，这时就需要采用另外的坐标系统了，也就是所谓的弧坐标。弧坐标系统的坐标定义在轨迹之上，因此，采用弧坐标法进行点的运动分析，在运动方程中不包含轨迹的因素，形式特别简单，非常适合于分析点的复杂运动。

1）运动方程

若动点的轨迹已知，可在轨迹上任取一定点 O 为原点，并沿轨迹定出正负方向，如图 9-4 所示。则动点 M 在任意瞬时的位置，可由带正负号的弧坐标 s 来表示：

$$s = f(t) \tag{9-11}$$

上式称为动点的弧坐标形式的运动方程。

当轨迹是空间曲线时，可形象地将动点 M 附近无限小的轨迹微段近似为平面曲线，其所在平面即为点 M 处的密切面。而当动点的轨迹是平面曲线时，其所在的平面称为动点的密切面。

通过点 M 可以作出相互垂直的三条直线：切线和主法线（位于密切面内）以及副法线（垂直于密切面），如图 9-5 所示。沿这三个方向的单位矢量分别记作 $\boldsymbol{\tau}$、$\boldsymbol{n}$、$\boldsymbol{b}$。其中 $\boldsymbol{\tau}$ 指向弧坐标的正向，$\boldsymbol{n}$ 指向轨迹曲线的曲率中心，而 $\boldsymbol{b} = \boldsymbol{\tau} \times \boldsymbol{n}$。以动点 M 为原点，由该点切线、主法线和副法线所组成的正交轴系，称为点 M 处的自然轴系。自然

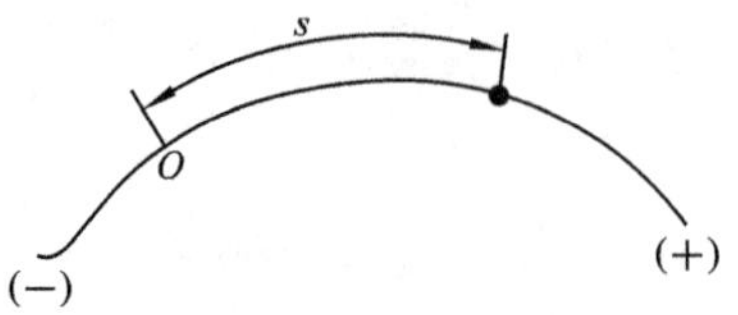

图 9-4

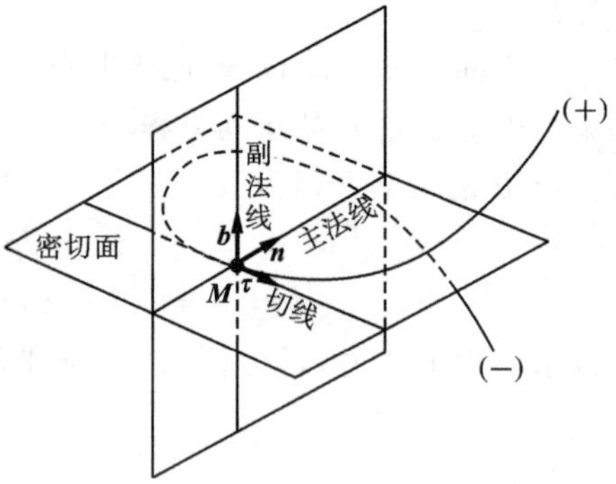

图 9-5

轴系就是弧坐标的坐标系。显然，自然轴系的方向随动点的变化而变化。

2）速度

动点沿轨迹由 M 到 M'，经过 Δt 时间，其矢径有增量 $\Delta \boldsymbol{r}$，如图 9-6 所示。

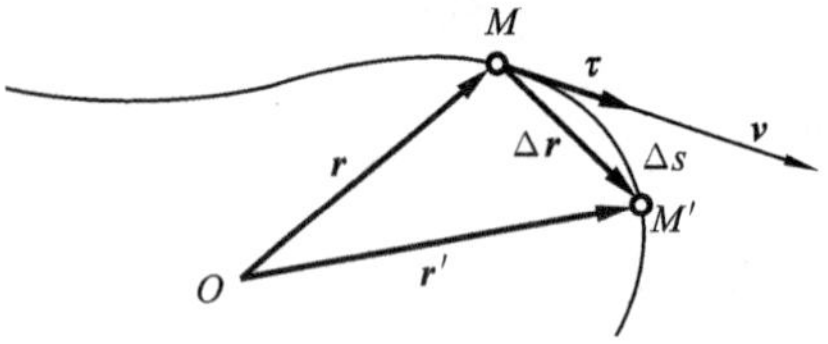

图 9-6

由速度定义得

$$\boldsymbol{v}=\frac{\mathrm{d}\boldsymbol{r}}{\mathrm{d}t}=\frac{\mathrm{d}s}{\mathrm{d}t}\cdot\frac{\mathrm{d}\boldsymbol{r}}{\mathrm{d}s} \tag{9-12}$$

其中，$\frac{\mathrm{d}\boldsymbol{r}}{\mathrm{d}s}$是矢径 $\boldsymbol{r}$ 对弧长 s 的导数，需分别讨论其大小、方向。

其大小为

$$\left|\frac{\mathrm{d}\boldsymbol{r}}{\mathrm{d}s}\right|=\lim_{\Delta t\to 0}\left|\frac{\Delta\boldsymbol{r}}{\Delta s}\right|=1 \tag{9-13}$$

$\frac{\mathrm{d}\boldsymbol{r}}{\mathrm{d}s}$是单位矢量，方向沿切线方向，即

$$\frac{\mathrm{d}\boldsymbol{r}}{\mathrm{d}s}=\boldsymbol{\tau} \tag{9-14}$$

因此，有

$$\boldsymbol{v}=\frac{\mathrm{d}s}{\mathrm{d}t}\cdot\frac{\mathrm{d}\boldsymbol{r}}{\mathrm{d}s}=\frac{\mathrm{d}s}{\mathrm{d}t}\boldsymbol{\tau} \tag{9-15}$$

点的速度在切线轴上的投影等于弧坐标对时间的一阶导数。

3）加速度

将式(9-15)对时间取一阶导数，注意到 $\boldsymbol{v}$、$\boldsymbol{\tau}$ 都是变量，得

$$\boldsymbol{a}=\frac{\mathrm{d}\boldsymbol{v}}{\mathrm{d}t}=\frac{\mathrm{d}v}{\mathrm{d}t}\boldsymbol{\tau}+v\frac{\mathrm{d}\boldsymbol{\tau}}{\mathrm{d}t} \tag{9-16}$$

上式右端两项都是矢量，第一项是反映速度大小变化的加速度，记为 $\boldsymbol{a}_{\mathrm{t}}$；第二项是反映速度方向变化的加速度，记为 $\boldsymbol{a}_{\mathrm{n}}$。

由 $\boldsymbol{a}_{\mathrm{t}}=\frac{\mathrm{d}v}{\mathrm{d}t}\boldsymbol{\tau}$ 知，$\boldsymbol{a}_{\mathrm{t}}$ 是一个沿轨迹切线的矢量，因此称为切向加速度。可得出结

论：切向加速度反映点的速度大小对时间的变化率，它的代数值等于速度的代数值对时间的一阶导数，或弧坐标对时间的二阶导数，它的方向沿轨迹切线。

$\boldsymbol{a}_{\mathrm{n}}=v\dfrac{\mathrm{d}\boldsymbol{\tau}}{\mathrm{d}t}$，它反映速度方向 $\boldsymbol{\tau}$ 的变化。

$$\frac{\mathrm{d}\boldsymbol{\tau}}{\mathrm{d}t}=\frac{\mathrm{d}\boldsymbol{\tau}}{\mathrm{d}\varphi}\cdot\frac{\mathrm{d}\varphi}{\mathrm{d}s}\cdot\frac{\mathrm{d}s}{\mathrm{d}t} \tag{9-17}$$

由图 9-7 得

$$\left|\frac{\mathrm{d}\tau}{\mathrm{d}\varphi}\right|=\lim_{\Delta\varphi\to 0}\left|\frac{\Delta\tau}{\Delta\varphi}\right|=\lim_{\Delta\varphi\to 0}\frac{2\,|\tau|\sin\dfrac{\Delta\varphi}{2}}{\Delta\varphi}=\lim_{\Delta\varphi\to 0}\frac{\sin\dfrac{\Delta\varphi}{2}}{\dfrac{\Delta\varphi}{2}}=1 \tag{9-18}$$

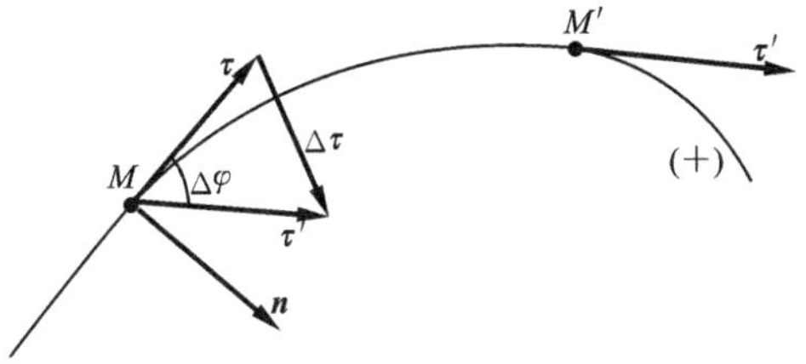

图 9-7

当 $\Delta\varphi\to 0$ 时，$\Delta\tau$ 的极限方向垂直于 $\boldsymbol{\tau}$ 且在密切面内，亦即沿 $\boldsymbol{n}$ 方向，有

$$\frac{\mathrm{d}\boldsymbol{\tau}}{\mathrm{d}\varphi}=\boldsymbol{n} \tag{9-19}$$

曲率定义为曲线切线的转角对弧长一阶导数的绝对值。曲率的倒数称为曲率半径，曲率半径以 ρ 表示，则

$$\frac{1}{\rho}=\lim_{\Delta s\to 0}\left|\frac{\Delta\varphi}{\Delta s}\right|=\left|\frac{\mathrm{d}\varphi}{\mathrm{d}s}\right| \tag{9-20}$$

因此

$$\boldsymbol{a}_{\mathrm{n}}=\frac{v^2}{\rho}\boldsymbol{n} \tag{9-21}$$

$\boldsymbol{a}_{\mathrm{n}}$ 的方向与主法线的方向一致，称为法向加速度。可得出结论：法向加速度反映点的速度方向改变的快慢程度，它的大小等于点的速度平方除以曲率半径，它的方向为沿着主法线，指向曲率中心。

全加速度为

$$\boldsymbol{a}=\boldsymbol{a}_{\mathrm{t}}+\boldsymbol{a}_{\mathrm{n}}=a_{\mathrm{t}}\boldsymbol{\tau}+a_{\mathrm{n}}\boldsymbol{n} \tag{9-22}$$

由于 $\boldsymbol{a}_{\mathrm{t}}$、$\boldsymbol{a}_{\mathrm{n}}$ 均在密切面内，因此全加速度 $\boldsymbol{a}$ 也必须在密切面，这表明加速度沿副法线方向的分量为零，即

$$\boldsymbol{a}_{\mathrm{b}}=\boldsymbol{0} \tag{9-23}$$

全加速度的大小为

$$a=\sqrt{a_{\mathrm{t}}^2+a_{\mathrm{n}}^2} \tag{9-24}$$

它与法线间的夹角的正切为

$$\tan\theta = \frac{|a_t|}{a_n} \tag{9-25}$$

加速度的分量关系如图 9-8 所示。

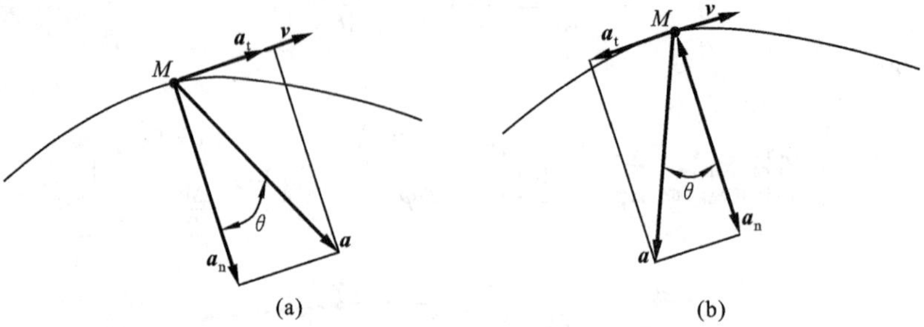

图 9-8

例 9-2　如图 9-9(a)所示，杆 AB 绕点 A 转动时，小环 M 沿固定圆环运动，已知固定圆环半径为 R，$\varphi=\omega t$（ω 为常量）。试求小环 M 的运动方程、速度和加速度。

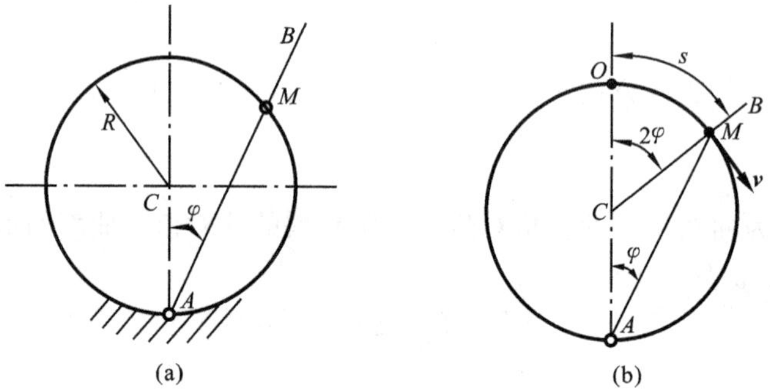

图 9-9

解　已知动点（小环 M）轨迹是半径为 R 的圆，可以用弧坐标法来求 M 的速度和加速度。

以点 C 为原点量取弧坐标 s，并规定沿轨迹的顺时针方向为正向（见图 9-9(b)）。动点在任意瞬时的运动方程为

$$s = R \cdot 2\varphi = 2R\omega t$$

对上式求一阶导数得

$$v = \frac{\mathrm{d}s}{\mathrm{d}t} = 2R\omega$$

方向沿轨迹切线。

M 的加速度为

$$a_t=\frac{\mathrm{d}v}{\mathrm{d}t}=\frac{\mathrm{d}^2 s}{\mathrm{d}t^2}=0,\quad a_n=\frac{v^2}{\rho}=\frac{(2R\omega)^2}{R}=4R\omega^2$$

所以，全加速度沿点 M 的主法线方向，即由点 M 指向点 O。

本题也可用直角坐标法求解。

9.2　刚体的平行移动与定轴转动

9.1 节介绍了点的运动分析，这里点的尺寸与大小是不考虑的。但实际工程中的物体都是有一定的具体大小的，对于这样的物体，考虑其运动时应将其作为刚体进行分析。

1. 刚体的平行移动

刚体运动时，如果其上任意直线永远平行于初始位置，这种运动称为刚体的平行移动，简称平移或平动，如图 9-10 所示的偏心机构中顶杆 AB 的运动。

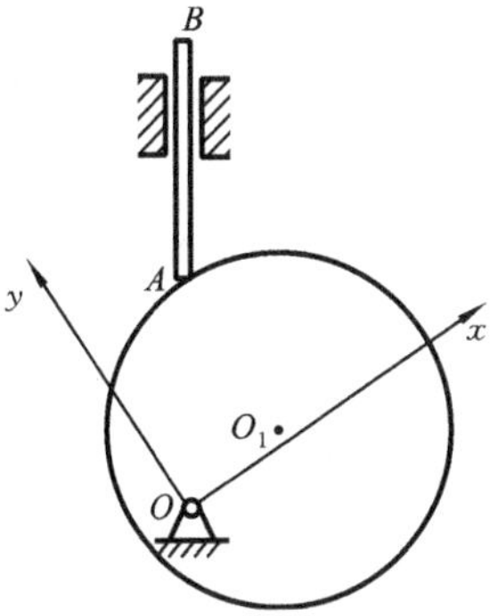

图 9-10

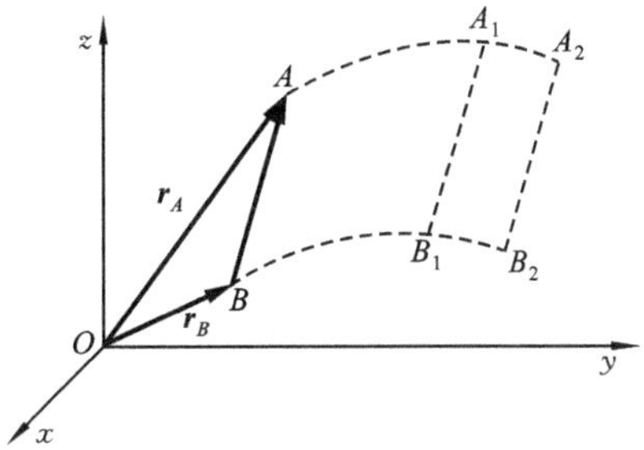

图 9-11

若在平移刚体内任选两点 A、B(见图 9-11)，令点 A、B 的矢径分别为 $\boldsymbol{r}_A$ 和 $\boldsymbol{r}_B$，则两条矢端曲线就是两点的轨迹。由图可知

$$\boldsymbol{r}_A=\boldsymbol{r}_B+\boldsymbol{r}_{AB} \tag{9-26}$$

由于 AB 为刚体，$\boldsymbol{r}_{AB}$ 的大小、方向均不会改变，即 $\boldsymbol{r}_{AB}$ 为常矢量，故有

$$\frac{\mathrm{d}\boldsymbol{r}_{AB}}{\mathrm{d}t}=\boldsymbol{0}$$

对式(9-26)求一阶导数，有

$$\frac{\mathrm{d}\boldsymbol{r}_A}{\mathrm{d}t}=\frac{\mathrm{d}\boldsymbol{r}_B}{\mathrm{d}t}$$

即

$$\boldsymbol{v}_A=\boldsymbol{v}_B \tag{9-27}$$

类似地，有 $\frac{\mathrm{d}\boldsymbol{v}_A}{\mathrm{d}t}=\frac{\mathrm{d}\boldsymbol{v}_B}{\mathrm{d}t}$，即

$$\boldsymbol{a}_A=\boldsymbol{a}_B \tag{9-28}$$

式(9-27)和式(9-28)表明,平移时,同一瞬时刚体上各点的速度相同,各点的加速度也相同。因此刚体平移时,可以用刚体上的任一点(例如质心)的运动表示刚体的运动。于是,研究平移刚体的运动可归结为研究点的运动。

2. 刚体的定轴转动

刚体运动时,若其上(或其扩展部分)有一条直线始终保持不动,则称这种运动为定轴转动,这条固定的直线称为转轴,如图 9-12 所示。轴线上各点的速度和加速度值均恒为零,其他各点围绕轴线做圆周运动。电动机转子、机床主轴、传动轴等的运动都是定轴转动。

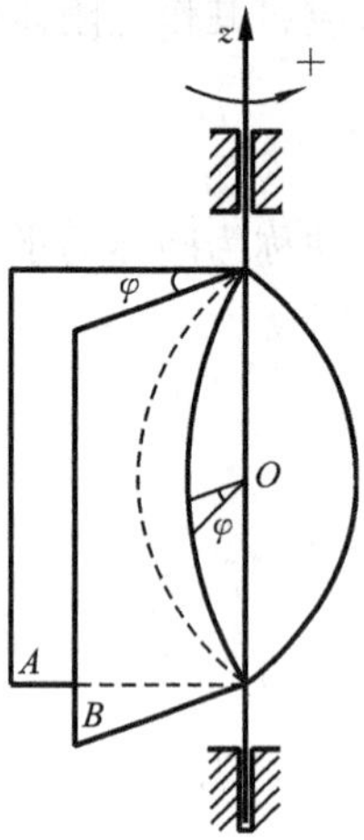

图 9-12

1) 转动方程

定轴转动与点的运动不同,因此,需要重新确定运动方程。首先需要确定转动刚体的空间位置。如图 9-12 所示,为确定刚体在任一瞬时的位置,通过转轴作一固定平面 A,再作一与刚体固接的平面 B,平面 B 与刚体一起转动。两个平面的夹角用 φ 表示,称为刚体的转角。显然,利用转角可以确定转动刚体的空间位置。转角的单位是 rad,为代数量,其正负号规定如下:从转轴的正向向负向看,逆时针方向为正,顺时针方向为负。当刚体转动时,转角 φ 随时间 t 变化,它是时间的单值连续函数,即

$$\varphi = f(t) \tag{9-29}$$

上式是刚体的定轴转动方程,它反映了刚体绕定轴转动的规律。

2) 角速度

转角对时间的一阶导数,称为刚体的角速度,用 ω 表示,单位是 rad/s,且有

$$\omega = \frac{\mathrm{d}\varphi}{\mathrm{d}t} \tag{9-30}$$

角速度反映了刚体转动的快慢程度。

工程中经常用转速 n(r/min)来表示刚体转动的快慢,ω 与 n 之间的换算关系为

$$\omega = \frac{2\pi n}{60} = \frac{\pi n}{30} \tag{9-31}$$

3) 角加速度

角速度对时间的一阶导数,称为刚体的角加速度,用 α 表示,反映了角速度变化的快慢程度,其单位是 rad/s^2。

角速度和角加速度都是描述刚体整体运动的物理量。对刚体来说,角速度和角加速度都是唯一的。

4) 定轴转动刚体上各点的速度和加速度

当刚体定轴转动时,刚体内任一点都在垂直于转轴的平面内做圆周运动。在转

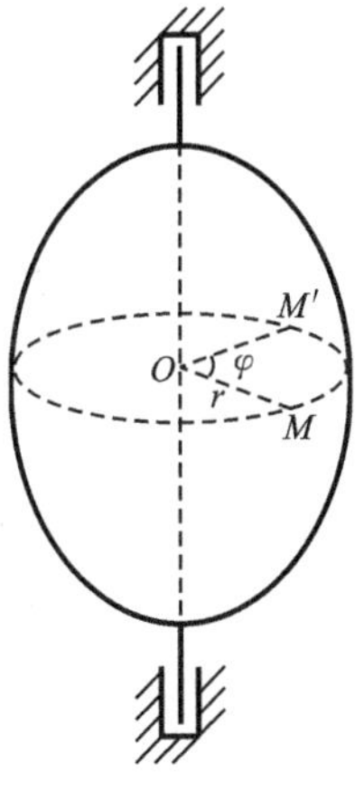

图 9-13

动刚体上任取一点 M，设其到转轴 O 的垂直距离是 r，如图 9-13 所示。点 M 的运动是以 O 为圆心，r 为半径的圆周运动。转动刚体的角速度为 ω，角加速度为 α。

设刚体绕转轴 O 转动任一角度 φ，点 M 相应运动到点 M' 处，则有

$$s = r\varphi$$

$$v = \frac{\mathrm{d}s}{\mathrm{d}t} = \frac{\mathrm{d}}{\mathrm{d}t}(r\varphi) = r\frac{\mathrm{d}\varphi}{\mathrm{d}t} = r\omega \tag{9-32}$$

式(9-32)表明：某瞬时转动刚体内任一点的速度大小，等于该点的转动半径与该瞬时刚体角速度的乘积。速度方向沿着圆周的切线，指向刚体的转动方向。

动点 M 的切向加速度和法向加速度分别为

$$a_{\mathrm{t}} = \frac{\mathrm{d}v}{\mathrm{d}t} = \frac{\mathrm{d}}{\mathrm{d}t}(r\omega) = r\alpha \tag{9-33}$$

$$a_{\mathrm{n}} = \frac{v^2}{\rho} = \frac{(r\omega)^2}{r} = r\omega^2 \tag{9-34}$$

上述结果表明，转动刚体上任一点切向加速度的大小，等于该点的转动半径与该瞬时刚体角加速度的乘积，方向与转动半径垂直，指向与角加速度的方向一致；法向加速度的大小等于该点的转动半径与该瞬时刚体角速度平方的乘积，方向指向转动中心。

刚体上任一点的加速度为

$$a = \sqrt{a_{\mathrm{t}}^2 + a_{\mathrm{n}}^2} \tag{9-35}$$

加速度与法线的夹角为

$$\theta = \arctan\frac{a_{\mathrm{t}}}{a_{\mathrm{n}}} \tag{9-36}$$

以上各式表示定轴转动刚体的角速度和角加速度时采用了标量，实际上这是一种简化的描述方式。角速度和角加速度本身也都是既有大小属性，又有方向属性的，一般情况下，宜用矢量来表示。

如图 9-14 所示，设圆柱体为定轴转动刚体，选择适当位置建立参考坐标系 $Oxyz$，使 z 轴与转轴重合。以矢量表示的圆柱体的角速度 $\boldsymbol{\omega}$ 和角加速度 $\boldsymbol{\alpha}$ 的方向均沿 z 轴向上或向下。

再来看圆柱体上任一点 A，其运动轨迹为绕点 A' 的圆周。速度 $\boldsymbol{v}_A$ 的大小为回转半径 R_A 与角速度的乘积，即 ωR_A；方向则沿着圆周的切线方向，也就是 $A'A$ 连线的垂线方向。若从坐标圆点引点 A 的矢径 $\boldsymbol{r}_A$，不难验证，速度矢量 $\boldsymbol{v}_A$ 可按式(9-37)来计算：

$$\boldsymbol{v}_A = \boldsymbol{\omega} \times \boldsymbol{r}_A \tag{9-37}$$

也即，速度等于角速度和矢径的叉乘。将式(9-37)对时间取一阶导数，则有

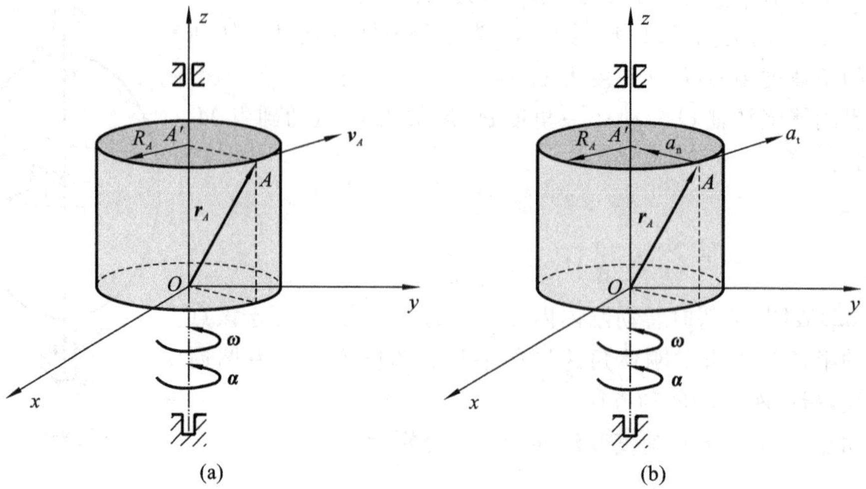

图 9-14

$$\frac{\mathrm{d}\boldsymbol{v}_A}{\mathrm{d}t}=\frac{\mathrm{d}\boldsymbol{\omega}}{\mathrm{d}t}\times\boldsymbol{r}_A+\boldsymbol{\omega}\times\frac{\mathrm{d}\boldsymbol{r}_A}{\mathrm{d}t}$$

式中的$\frac{\mathrm{d}\boldsymbol{v}_A}{\mathrm{d}t}$即为点 A 的加速度 $\boldsymbol{\alpha}_A$，$\frac{\mathrm{d}\boldsymbol{\omega}}{\mathrm{d}t}$为角加速度 $\boldsymbol{\alpha}$，而$\frac{\mathrm{d}\boldsymbol{r}_A}{\mathrm{d}t}$则为点 A 的速度，故有

$$\boldsymbol{\alpha}_A=\boldsymbol{\alpha}\times\boldsymbol{r}_A+\boldsymbol{\omega}\times\boldsymbol{v}_A$$

据右手螺旋法则不难判断，式中第一项 $\boldsymbol{\alpha}\times\boldsymbol{r}_A$沿 A 运动轨迹的切线方向，而第二项 $\boldsymbol{\omega}\times\boldsymbol{v}_A$的方向则为由 A 指向 A'，它们分别为切向加速度和法向加速度，即

$$\boldsymbol{\alpha}_A^{\mathrm{t}}=\boldsymbol{\alpha}\times\boldsymbol{r}_A$$

$$\boldsymbol{\alpha}_A^{\mathrm{n}}=\boldsymbol{\omega}\times\boldsymbol{v}_A=\boldsymbol{\omega}\times(\boldsymbol{\omega}\times\boldsymbol{r}_A)$$

例 9-3　图 9-15 中，杆 AB 和 CD 分别用铰链 A、C 与固定水平面连接，杆和板之间用铰链 B、D 连接。已知 $AB=CD=l$，$AB/\!/CD$，已知杆 AB 的角速度与角加速度分别为 ω 和 α，试求吊钩上点 M 的运动轨迹、速度和加速度。

解　分析杆和板的运动形式：杆 AB 和 CD 做定轴转动，板做平移。因此，点 B 和点 M 运动轨迹的形状、同一瞬时的速度与加速度都相同。

点 B 的运动轨迹是以点 A 为圆心，l 为半径的圆弧。

过点 M 作线段 OM，使 $OM/\!/AB=l$，点 M 的轨迹即是以点 O 为圆心，l 为半径的圆弧（见图 9-16）。

点 M 的速度与加速度大小分别为

$$v_M=v_B=\omega l$$

$$a_M=a_B=\sqrt{(a_{\mathrm{t}})^2+(a_{\mathrm{n}})^2}=\sqrt{(\omega^2 l)^2+(\alpha l)^2}=l\sqrt{\alpha^2+\omega^4}$$

二者的方向分别如图 9-16 所示。

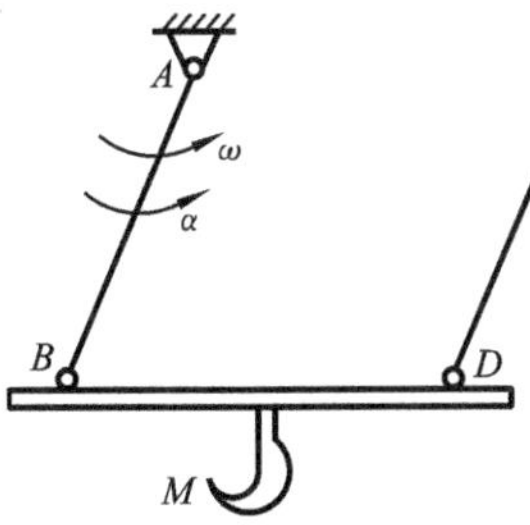

图 9-15

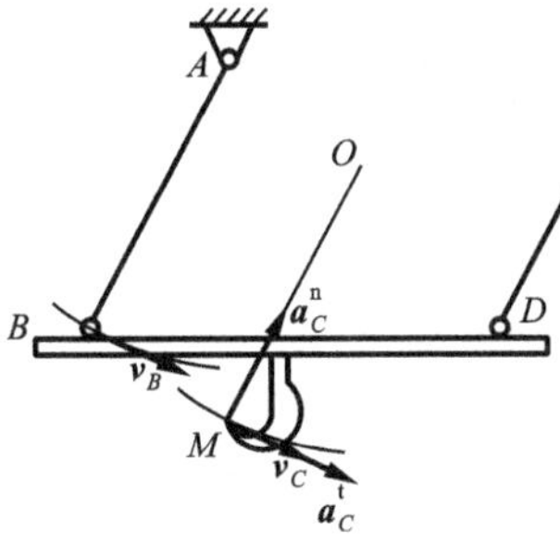

图 9-16

9.3　牵连运动为平移时点的合成运动

对点的运动可以用矢量法建立运动方程来分析，也可以投影到直角坐标系或弧坐标系等具体的坐标系统进行运动计算，但这里的坐标系统一般都是某一确定的单一坐标系。而实际中对某些点进行运动分析时，用一个坐标系表示点的运动比较困难，需要建立不同的两个坐标系来对点的运动进行描述，这样的分析方法就称为运动的合成分析。点的合成运动分析是应用运动相对性观点建立同一动点相对于两个不同的参考系表现出的不同的运动学特征之间的关系，主要分析的是速度之间和加速度之间的关系。

1. 点的合成运动的基本概念

采用不同的参考系来描述同一点的运动，结果会不同，这就是运动的相对性。如图 9-17 所示，车床在工作时，车刀刀尖 P 相对于地面做直线运动，但是它相对于旋转的工件来说，却做圆柱面螺旋运动，因此，车刀在工件表面上切出螺旋线。车刀刀尖 P 相对于两个参考体的速度和加速度也都不同。

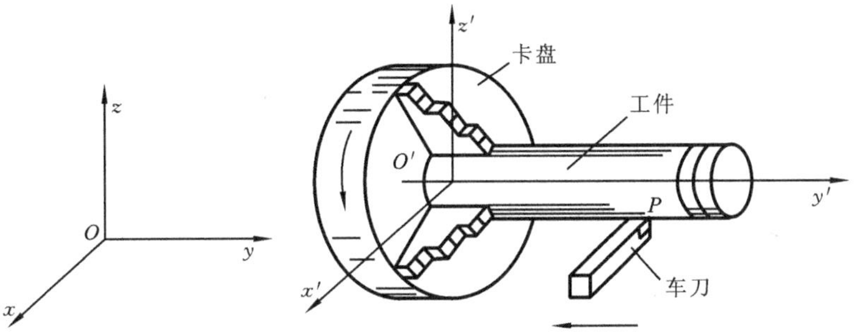

图 9-17

虽然参考系不同导致所描述的运动状况不同，但这毕竟是同一点的运动，它们之间自然存在一定的联系。

分析点相对于两个参考系的运动时，通常：将固连在地球上或相对于地球不动的坐标系称为定参考系，简称定系，以 $Oxyz$ 表示；将固定在其他相对于地球运动的参考体上的坐标系称为动参考系，简称动系，以 $O'x'y'z'$ 表示。

由于建立了两个坐标系，因此，在分析点的运动时，就存在三种不同的运动，分别是：

（1）动点相对于定系的运动，称为动点的绝对运动；

（2）动点相对于动系的运动，称为相对运动；

（3）动系本身相对于定系的运动，称为牵连运动。

绝对运动与相对运动指的是点的运动，牵连运动是指固连在动系上刚体的运动。例如图 9-16 中车刀刀尖的绝对运动是直线运动，车刀相对于工件的运动是相对运动。牵连运动是工件的旋转运动。

在绝对运动中的位移、速度、加速度称为绝对位移、绝对速度、绝对加速度，分别用 $\boldsymbol{r}_a$、$\boldsymbol{v}_a$、$\boldsymbol{a}_a$ 表示。

在相对运动中的位移、速度、加速度称为相对位移、相对速度、相对加速度，分别用 $\boldsymbol{r}_r$、$\boldsymbol{v}_r$、$\boldsymbol{a}_r$ 表示。

动系上在当前瞬时与动点相重合的点称为牵连点，该点的位移、速度、加速度称为牵连位移、牵连速度、牵连加速度，分别用 $\boldsymbol{r}_e$、$\boldsymbol{v}_e$、$\boldsymbol{a}_e$ 表示。

2. 点的速度合成定理

如图 9-18 所示，$Oxyz$ 为定系，设想有一刚体金属丝(其形状为一确定的空间任意曲线)由 t 时刻的位置Ⅰ，经过时间间隔 Δt 后运动至位置Ⅱ。金属丝上套一小环 M，在金属丝运动过程中，小环 M 也沿金属丝运动，因此小环 M 也在同一时间间隔 Δt 内由 M 运动至 M'。将小环 M 视为动点，动系固连于金属丝上。动点 M 的绝对运动轨迹是 MM'，绝对运动位移为 $\Delta\boldsymbol{r}_a$。在 t 时刻，动点 M 与动系上的点 M_1 相重合，在 $t+\Delta t$ 时刻，重合点 M_1 运动至 M'_1。显然，动点 M 在同一时间间隔中的相对运动轨迹为 M'_1M'，相对运动位移为 $\Delta\boldsymbol{r}_r$。而在 t 时刻，动系上与动点 M 相重合的点即牵连点 M_1 的绝对运动轨迹为 $M_1M'_1$，牵连点的绝对位移为 $\Delta\boldsymbol{r}_e$。

根据速度定义，点 M 在 t 时刻的绝对速度为

$$\boldsymbol{v}_a=\lim_{\Delta t\to 0}\frac{\Delta\boldsymbol{r}_a}{\Delta t}$$

方向沿弧 MM' 的切线方向。

相对速度为

$$\boldsymbol{v}_r=\lim_{\Delta t\to 0}\frac{\Delta\boldsymbol{r}_r}{\Delta t}$$

点 M_1 是 t 瞬时动点 M 的牵连点，所以点 M_1 的速度是

$$\boldsymbol{v}_e=\lim_{\Delta t\to 0}\frac{\Delta\boldsymbol{r}_e}{\Delta t}$$

$\boldsymbol{v}_e$ 即为该瞬时动点 M 的牵连速度。

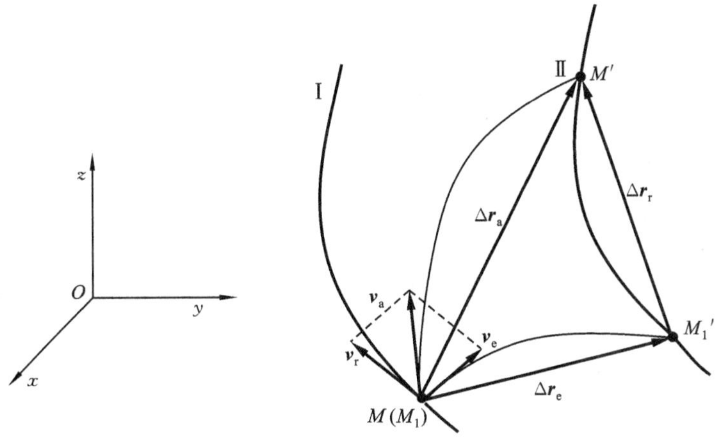

图 9-18

由几何关系,有

$$\Delta \boldsymbol{r}_a = \Delta \boldsymbol{r}_r + \Delta \boldsymbol{r}_e$$

将上式除以 Δt,并令 $\Delta t \to 0$,因此有

$$\lim_{\Delta t \to 0} \frac{\Delta \boldsymbol{r}_a}{\Delta t} = \lim_{\Delta t \to 0} \frac{\Delta \boldsymbol{r}_r}{\Delta t} + \lim_{\Delta t \to 0} \frac{\Delta \boldsymbol{r}_e}{\Delta t}$$

故

$$\boldsymbol{v}_a = \boldsymbol{v}_r + \boldsymbol{v}_e \tag{9-38}$$

即动点的绝对速度等于其牵连速度与相对速度的矢量和,此即为速度合成定理。

例 9-4　如图 9-19 所示,摇杆机构的滑杆 AB 以等速 $\boldsymbol{v}$ 向上运动,初瞬时摇杆 OC 水平。摇杆长 $OC=a$,O、D 两点的距离 $OD=l$,试求 $\varphi=\frac{\pi}{4}$ 时点 C 的速度大小。

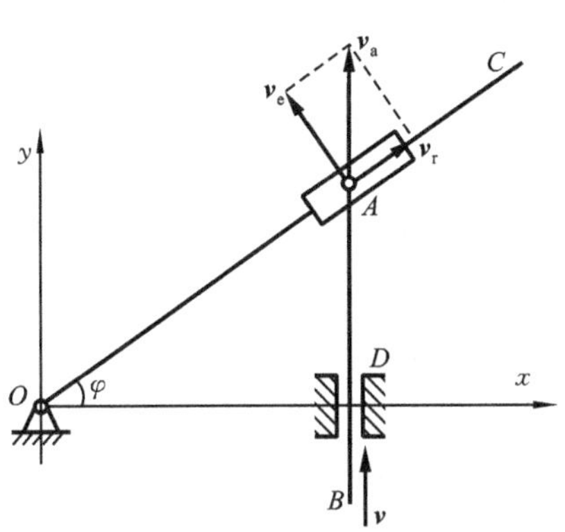

图 9-19

解　(1)选择动点和动系。

由于滑杆 AB 做平移,所以其上点 A 的速度即为顶杆 AB 的速度,故选杆 AB 上

的点 A 作为动点。动系固结在摇杆 OC 上，定系固结于地面。

(2) 分析三种运动。

绝对运动是动点沿竖直方向的直线运动；相对运动是动点沿摇杆 OC 的运动；牵连运动是摇杆 OC 的定轴转动。

(3) 速度分析。

由速度合成定理，有

$$\boldsymbol{v}_{\mathrm{a}} = \boldsymbol{v}_{\mathrm{r}} + \boldsymbol{v}_{\mathrm{e}}$$

如图 9-18 所示，其中：$v_{\mathrm{a}}=v$，方向沿杆 AB；$v_{\mathrm{e}}=OA\cdot\omega_{OC}$，方向垂直于杆 OC；$\boldsymbol{v}_{\mathrm{r}}$ 的方向沿杆 OC。

又由平行四边形法则得

$$v_{\mathrm{e}} = v_{\mathrm{a}}\cos\varphi$$

故有

$$\omega_{OC} = \frac{v}{l}\cos^2\varphi$$

$$v_C = OC\cdot\omega_{OC} = \frac{va}{2l}$$

由以上例题可总结速度合成定理的解题步骤如下。

(1) 选取动点、动系和定系。所选的参考系能将动点的运动分解为相对运动和牵连运动，因此，动点和动系不能选择在同一物体上，一般应使相对运动易于看清。

(2) 分析三种运动和三种速度。各种运动都有大小和方向两个要素，只有已知四个要素时才能画出平行四边形。

(3) 应用速度合成定理，作出平行四边形。注意：作图时要使绝对速度成为平行四边形的对角线。

(4) 利用速度平行四边形中的几何关系解出未知数。

3. 牵连运动为平移时点的加速度合成定理

点的合成运动中，加速度之间的关系比较复杂，首先分析当动系做平移时的情形。

建立固定坐标系 $Oxyz$，如图 9-20 所示，设 $O'x'y'z'$ 为平移参考系，x'、y'、z' 各轴方向与固定坐标系中各轴方向一致。

设动点 M 相对于动系的坐标为 (x',y',z')，由于 $\boldsymbol{i}'$、$\boldsymbol{j}'$、$\boldsymbol{k}'$ 为平移动坐标轴的单位常矢量，则点 M 的相对速度和相对加速度为

$$\boldsymbol{v}_{\mathrm{r}} = \frac{\mathrm{d}x'}{\mathrm{d}t}\boldsymbol{i}' + \frac{\mathrm{d}y'}{\mathrm{d}t}\boldsymbol{j}' + \frac{\mathrm{d}z'}{\mathrm{d}t}\boldsymbol{k}'$$

$$\boldsymbol{a}_{\mathrm{r}} = \frac{\mathrm{d}^2x'}{\mathrm{d}t^2}\boldsymbol{i}' + \frac{\mathrm{d}^2y'}{\mathrm{d}t^2}\boldsymbol{j}' + \frac{\mathrm{d}^2z'}{\mathrm{d}t^2}\boldsymbol{k}'$$

利用点的速度合成定理，即

$$\boldsymbol{v}_{\mathrm{a}} = \boldsymbol{v}_{\mathrm{e}} + \boldsymbol{v}_{\mathrm{r}}$$

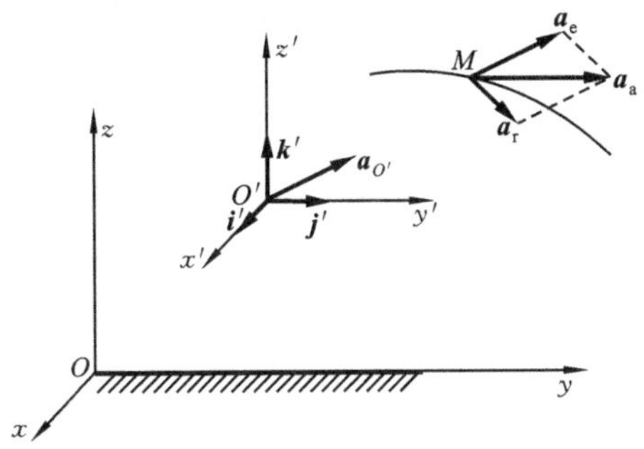

图 9-20

以及因为牵连运动为平移而得到的

$$v_e = v_{O'}$$

$$v_a = v_{O'} + \frac{dx'}{dt}i' + \frac{dy'}{dt}j' + \frac{dz'}{dt}k'$$

两边对时间求导，得

$$a_a = \frac{dv_{O'}}{dt} + \frac{d^2x'}{dt^2}i' + \frac{d^2y'}{dt^2}j' + \frac{d^2z'}{dt^2}k'$$

又

$$\frac{dv_{O'}}{dt} = a_{O'}$$

$$a_{O'} = a_e$$

所以

$$a_a = a_e + a_r \tag{9-39}$$

牵连运动为平移时点的加速度合成定理：当牵连运动为平移时，动点在某瞬时的绝对加速度等于该瞬时它的牵连加速度与相对加速度的矢量和。

例 9-5　如图 9-21(a)所示，铰接四边形 $O_1A = O_2B = 100$ mm，$O_1O_2 = AB$，杆 O_1A 以等角速度 $\omega = 2$ rad/s 绕轴 O_1 转动。杆 AB 上有一套筒 C，此套筒与杆 CD 相铰接，机构的各部件都在同一竖直平面内。试求：当 $\varphi = 60°$ 时，杆 CD 的加速度。

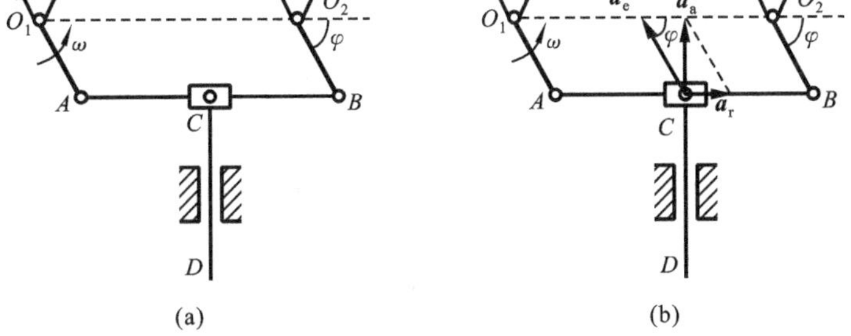

图 9-21

解　由于 O_1O_2BA 是平行四边形，因而 AB 做平移。

(1) 运动分析。

动点为杆 CD 上的点 C，动系固连于杆 AB 上。

绝对运动为上下直线运动，相对运动为沿杆 AB 的直线运动，牵连运动为竖直平面内的曲线平移运动。

(2) 加速度分析。

根据点的加速度合成定理，如图 9-20(b)所示，有

$$\boldsymbol{a}_{\mathrm{a}} = \boldsymbol{a}_{\mathrm{e}} + \boldsymbol{a}_{\mathrm{r}}$$

其中由于动系做平移，故杆 AB 上各点的加速度相同，因此杆 AB 上与动点套筒 C 相重合点 C_1（图中未示出）的加速度即牵连加速度。

由题意知，

$$a_{\mathrm{e}} = a_A,\quad a_A = O_1A \cdot \omega^2 = 0.4\ \mathrm{m/s^2}$$

故

$$a_{CD} = a_{\mathrm{a}} = a_{\mathrm{e}}\sin\varphi = 0.346\ \mathrm{m/s^2}$$

4. 牵连运动为定轴转动时点的加速度合成定理

当牵连运动为定轴转动时，加速度的计算稍显复杂一些，这里仍然沿用铁丝滑环法来予以说明。

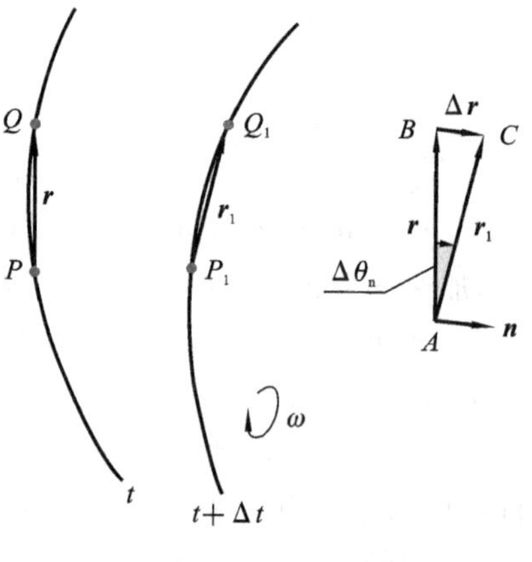

图 9-22

如图 9-22 所示，取刚性线条（铁丝）作为研究对象，设其角速度为 $\boldsymbol{\omega}$。取刚性线条上两个固连点 P 和 Q，连接两点得相对矢径 $\overrightarrow{PQ}$，若考虑在刚性线条上设置一个动系，则 $\overrightarrow{PQ}$ 为该动系上的一个固连矢量。经过微小时间 Δt 后，刚性线条运动到新位置，两个参考点也各自到达新位置，其相对矢径变为 $\overrightarrow{P_1Q_1}$。

令 $\boldsymbol{r}=\overrightarrow{PQ}$，$\boldsymbol{r}_1=\overrightarrow{PQ}$，由于 P、Q 是刚性线条上的两个固连点，其距离保持不变，故相对矢径 $\boldsymbol{r}$ 和 $\boldsymbol{r}_1$ 的长度相等。将两个矢量适当平移，引入 $\Delta\boldsymbol{r}=\boldsymbol{r}_1-\boldsymbol{r}$，则可构成等腰三角形 ABC。取该三角形的法向并记为 $\boldsymbol{n}$。

经过微小时间 Δt 之后，刚性线条的转角为

$$\Delta\boldsymbol{\theta}=\boldsymbol{\omega}\Delta t$$

将 $\Delta\boldsymbol{\theta}$ 投影于 ΔABC 的法向 $\boldsymbol{n}$ 及 $\boldsymbol{r}$ 方向，有

$$\Delta\boldsymbol{\theta}=\Delta\theta_{\mathrm{n}}\boldsymbol{n}+\Delta\theta_{\mathrm{t}}\boldsymbol{\tau} \tag{9-40}$$

其中 $\boldsymbol{\tau}$ 为 $\boldsymbol{r}$ 的单位方向矢量。对照图 2-22 可知，式(9-40)中的 $\Delta\theta_{\mathrm{n}}$ 即为 ΔABC 顶点 A 处的夹角。据等腰三角形底边长与夹角之间的关系得

$$|\Delta\boldsymbol{r}|=\overline{BC}=2\cdot|\boldsymbol{r}|\cdot\sin\frac{\Delta\theta_{\mathrm{n}}}{2}$$

当 $\Delta t\to 0$ 时有

$$|\Delta\boldsymbol{r}|\doteq 2\cdot|\boldsymbol{r}|\cdot\frac{\Delta\theta_{\mathrm{n}}}{2}=|\boldsymbol{r}|\cdot\Delta\theta_{\mathrm{n}} \tag{9-41}$$

另外，当 $\Delta t\to 0$ 时 $\Delta\boldsymbol{r}$ 会趋向于与 $\boldsymbol{r}$ 垂直，同时 $\Delta\boldsymbol{r}$ 也与 $\boldsymbol{n}$ 垂直，再结合式(9-41)来看，$\Delta\boldsymbol{r}$ 的大小和方向均符合如下叉乘关系：

$$\Delta\boldsymbol{r}=(\Delta\theta_{\mathrm{n}}\boldsymbol{n})\times\boldsymbol{r} \tag{9-42}$$

由于 $\boldsymbol{\tau}$ 与 $\boldsymbol{r}$ 同向，故必有

$$(\Delta\theta_{\mathrm{t}}\boldsymbol{\tau})\times\boldsymbol{r}=\boldsymbol{0} \tag{9-43}$$

因此

$$\Delta\boldsymbol{r}=(\Delta\theta_{\mathrm{n}}\boldsymbol{n}+\Delta\theta_{\mathrm{t}}\boldsymbol{\tau})\times\boldsymbol{r}=\Delta\boldsymbol{\theta}\times\boldsymbol{r}=(\omega\cdot\Delta_{t})\times\boldsymbol{r} \tag{9-44}$$

将式(9-44)两端同时除以 Δt，并注意到式(9-42)至(9-44)均是在 $\Delta t\to 0$ 的设定下成立，故有

$$\frac{\mathrm{d}\boldsymbol{r}}{\mathrm{d}t}=\lim_{\Delta t\to 0}\frac{\Delta\boldsymbol{r}}{\Delta t}=\lim_{\Delta t\to 0}\frac{\boldsymbol{r}_1-\boldsymbol{r}}{\Delta t}=\boldsymbol{\omega}\times\boldsymbol{r} \tag{9-45}$$

式(9-45)即为泊松公式，其反映了动系上固连矢量对时间导数的一种内在关系。

如图 9-23 所示，以动点 M 为研究对象，它可以比作一个滑环串在铁丝(刚性线条)上做相对运动，同时刚性线条本身也在运动，并具有角速度 $\boldsymbol{\omega}$。动系置于此刚性线条之上。

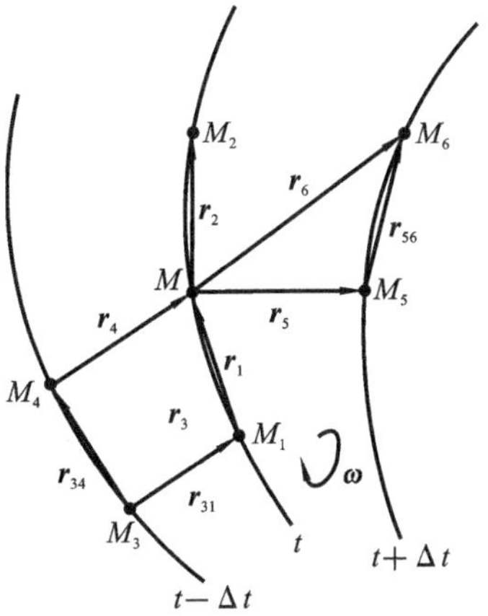

图 9-23　动点动系在三个瞬时的相对矢径及其关系

现取三个时刻来研究动点的运动情况。图中点 M 为时刻 t 时动点的绝对位置，点 M_3 为 $t-\Delta t$ 时刻动点的绝对位置，点 M_6 则为 $t+\Delta t$ 时刻动点的绝对位置。以 t 时刻为当前时刻，其绝对加速度为

$$\boldsymbol{a}_{\mathrm{a}}=\lim_{\Delta t\to 0}\frac{\boldsymbol{v}_{\mathrm{a}}(t+\frac{\Delta t}{2})-\boldsymbol{v}_{\mathrm{a}}(t-\frac{\Delta t}{2})}{\Delta t} \tag{9-46}$$

按图 9-23 所示的相对矢径关系，有

$$\boldsymbol{v}_{\mathrm{a}}(t+\frac{\Delta t}{2})=\lim_{\Delta t\to 0}\frac{\boldsymbol{r}_6}{\Delta t},\quad \boldsymbol{v}_{\mathrm{a}}(t-\frac{\Delta t}{2})=\lim_{\Delta t\to 0}\frac{\boldsymbol{r}_3}{\Delta t} \tag{9-47}$$

代入式(9-46)得

$$\boldsymbol{a}_{\mathrm{a}}=\lim_{\Delta t\to 0}\frac{\boldsymbol{r}_6-\boldsymbol{r}_3}{(\Delta t)^2} \tag{9-48}$$

在当前时刻，牵连点是与动点 M 位置重合的动系(即刚性线条)上的一个固连点，该固连点在 $t-\Delta t$、$t+\Delta t$ 时刻的位置在图中分别标记为点 M_4 和点 M_5，则与式(9-48)的推导过程类似，可得当前时刻的牵连加速度为

$$\boldsymbol{a}_{\mathrm{e}}=\lim_{\Delta t\to 0}\frac{\boldsymbol{v}_{\mathrm{e}}(t+\frac{\Delta t}{2})-\boldsymbol{v}_{\mathrm{e}}(t-\frac{\Delta t}{2})}{\Delta t}=\lim_{\Delta t\to 0}\frac{\boldsymbol{r}_5-\boldsymbol{r}_4}{(\Delta t)^2} \tag{9-49}$$

同理，在“感受”相对加速度的时候，以当前时刻的 M 点为基准取 $t\pm\frac{\Delta t}{2}$ 两个时刻的相对速度，然后取其差并除以 Δt 再求极限，代入相对矢径有

$$\boldsymbol{a}_{\mathrm{r}}=\lim_{\Delta t\to 0}\frac{\boldsymbol{v}_{\mathrm{r}}(t+\frac{\Delta t}{2})-\boldsymbol{v}_{\mathrm{r}}(t-\frac{\Delta t}{2})}{\Delta t}=\lim_{\Delta t\to 0}\frac{\boldsymbol{r}_2-\boldsymbol{r}_1}{(\Delta t)^2} \tag{9-50}$$

其中 $\boldsymbol{r}_1$ 的起点 M_1 是 $t-\Delta t$ 时刻的牵连点在 t 时刻的对应位置，而 $\boldsymbol{r}_2$ 的终点 M_2 是 $t+\Delta t$ 时刻的牵连点在 t 时刻的对应位置。

据图 9-23 所示相对矢径封闭关系，可得

$$\boldsymbol{r}_3=\boldsymbol{r}_1+\boldsymbol{r}_{31}=\boldsymbol{r}_4+\boldsymbol{r}_{34} \tag{9-51a}$$

$$\boldsymbol{r}_6=\boldsymbol{r}_5+\boldsymbol{r}_{56} \tag{9-51b}$$

以式(9-51b)减去式(9-51a)，得

$$\begin{aligned}\boldsymbol{r}_6-\boldsymbol{r}_3&=(\boldsymbol{r}_5+\boldsymbol{r}_{56})-(\boldsymbol{r}_1+\boldsymbol{r}_{31})\\&=(\boldsymbol{r}_5-\boldsymbol{r}_4+\boldsymbol{r}_4+\boldsymbol{r}_{56})-(\boldsymbol{r}_1-\boldsymbol{r}_2+\boldsymbol{r}_2+\boldsymbol{r}_{31})\\&=(\boldsymbol{r}_5-\boldsymbol{r}_4)+(\boldsymbol{r}_4+\boldsymbol{r}_{56})+(\boldsymbol{r}_2-\boldsymbol{r}_1)-(\boldsymbol{r}_2+\boldsymbol{r}_{31})\\&=(\boldsymbol{r}_5-\boldsymbol{r}_4)+(\boldsymbol{r}_2-\boldsymbol{r}_1)+(\boldsymbol{r}_{56}-\boldsymbol{r}_2)+(\boldsymbol{r}_4-\boldsymbol{r}_{31})\end{aligned}$$

取该式最后一步的结果，将两端分别除以 $(\Delta t)^2$ 并求极限，得

$$\lim_{\Delta t\to 0}\frac{\boldsymbol{r}_6-\boldsymbol{r}_3}{(\Delta t)^2}=\lim_{\Delta t\to 0}\frac{\boldsymbol{r}_5-\boldsymbol{r}_4}{(\Delta t)^2}+\lim_{\Delta t\to 0}\frac{\boldsymbol{r}_2-\boldsymbol{r}_1}{(\Delta t)^2}+\lim_{\Delta t\to 0}\frac{\boldsymbol{r}_{56}-\boldsymbol{r}_2}{(\Delta t)^2}+\lim_{\Delta t\to 0}\frac{\boldsymbol{r}_4-\boldsymbol{r}_{31}}{(\Delta t)^2} \tag{9-52}$$

对比式(9-48)、式(9-49)、式(9-50)，可见式(9-50)左端即是绝对加速度 $\boldsymbol{a}_{\mathrm{a}}$，右端

前两项则分别为牵连加速度 $\boldsymbol{a}_e$ 和相对加速度 $\boldsymbol{a}_r$，故有

$$\boldsymbol{a}_a = \boldsymbol{a}_e + \boldsymbol{a}_r + \lim_{\Delta t \to 0} \frac{\boldsymbol{r}_{56} - \boldsymbol{r}_2}{(\Delta t)^2} + \lim_{\Delta t \to 0} \frac{\boldsymbol{r}_1 - \boldsymbol{r}_{31}}{(\Delta t)^2} \tag{9-53a}$$

观察式(9-50a)右端最后一项，据式(9-51a)可得

$$\boldsymbol{r}_4 - \boldsymbol{r}_{31} = \boldsymbol{r}_1 - \boldsymbol{r}_{34}$$

代入(9-53a)得

$$\boldsymbol{a}_a = \boldsymbol{a}_e + \boldsymbol{a}_r + \lim_{\Delta t \to 0} \frac{\boldsymbol{r}_{56} - \boldsymbol{r}_2}{(\Delta t)^2} + \lim_{\Delta t \to 0} \frac{\boldsymbol{r}_1 - \boldsymbol{r}_{34}}{(\Delta t)^2} \tag{9-53b}$$

以该式中的 $\boldsymbol{r}_{56}$、$\boldsymbol{r}_2$、$\boldsymbol{r}_1$、$\boldsymbol{r}_{34}$ 在图中的位置去对比图 2-22 可知，它们都是动系上固连矢量在对应时刻的相对矢径，和 $\overrightarrow{PQ}$、$\overrightarrow{P_1Q_1}$ 相类似。其中 $\boldsymbol{r}_{56}$、$\boldsymbol{r}_2$ 是一对，$\boldsymbol{r}_1$、$\boldsymbol{r}_{34}$ 是另一对。代入泊松公式，式(9-53b)右端第三项可变形如下：

$$\lim_{\Delta t \to 0} \frac{\boldsymbol{r}_{56} - \boldsymbol{r}_2}{(\Delta t)^2} = \lim_{\Delta t \to 0} \frac{\lim\limits_{\Delta t \to 0} \dfrac{\boldsymbol{r}_{56} - \boldsymbol{r}_2}{(\Delta t)^2}}{\Delta t} = \lim_{\Delta t \to 0} \frac{\boldsymbol{\omega} \times \boldsymbol{r}_2}{\Delta t} = \boldsymbol{\omega} \times \lim_{\Delta t \to 0} \frac{\boldsymbol{r}_2}{\Delta t} \tag{9-54}$$

由理论力学中速度合成定理相关内容可知，式(9-54)中 $\lim\limits_{\Delta t \to 0} \dfrac{\boldsymbol{r}_2}{\Delta t}$ 是当前时刻的相对速度 $\boldsymbol{v}_r$，于是有

$$\lim_{\Delta t \to 0} \frac{\boldsymbol{r}_{56} - \boldsymbol{r}_2}{(\Delta t)^2} = \boldsymbol{\omega} \times \boldsymbol{v}_r \tag{9-55a}$$

同理，式(9-53)右端第四项可变形如下：

$$\lim_{\Delta t \to 0} \frac{\boldsymbol{r}_1 - \boldsymbol{r}_{34}}{(\Delta t)^2} = \boldsymbol{\omega}(t - \mathrm{d}t) \times \boldsymbol{v}_r(t - \mathrm{d}t) = (\boldsymbol{\omega} - \mathrm{d}\boldsymbol{\omega}) \times (\boldsymbol{v}_r - \mathrm{d}\boldsymbol{v}_r) \tag{9-55b}$$

将(9-55a)、(9-55b)代回(9-53)整理并略去高阶项，得到加速度合成定理表达式

$$\boldsymbol{a}_a = \boldsymbol{a}_e + \boldsymbol{a}_r + 2\boldsymbol{\omega} \times \boldsymbol{v}_r \tag{9-56}$$

其中

$$\boldsymbol{a}_c = 2\boldsymbol{\omega} \times \boldsymbol{v}_r$$

即为科氏加速度。

科氏加速度的存在为诸多的实验所证实，比如著名的傅科摆。另外很多实际现象也可以用科氏加速度来解释，例如北半球台风的固定旋向现象，还有北半球河流右岸受到更严重的冲刷等地理现象等。

例 9-6　试计算例 9-4 中，当 $\varphi = \dfrac{\pi}{4}$ 时，摇杆 OC 的角加速度。

解　(1)仍然选择滑块 A 作为动点，动系放在摇杆 OC 之上，据例 9-4 已求得 $\omega_{OC} = \dfrac{v}{2l}$，而相对速度

$$v_r = v_a \sin\varphi = \frac{\sqrt{2}}{2} v$$

(2)对 A 点的加速度进行分析。如图 9-24 所示。由于点 A 的绝对运动是沿滑

槽 BD 的匀速直线运动，故其绝对加速度为0；点 A 的相对运动为沿杆 OC 的直线运动，故相对加速度为一个沿杆 OC 的矢量；牵连点为与当前点 A 重合且位于杆 OC 上的一点，而杆 OC 绕点 O 定轴转动，故其加速度有切向分量 $\boldsymbol{a}_e^t$ 和法向分量 $\boldsymbol{a}_e^n$，科氏加速度根据右手螺旋法则，可判定其方向为垂直于杆 OC 指向左上方，其大小为

$$a_c = 2\omega_{OC} \times v_r = \frac{\sqrt{2}v^2}{2l}$$

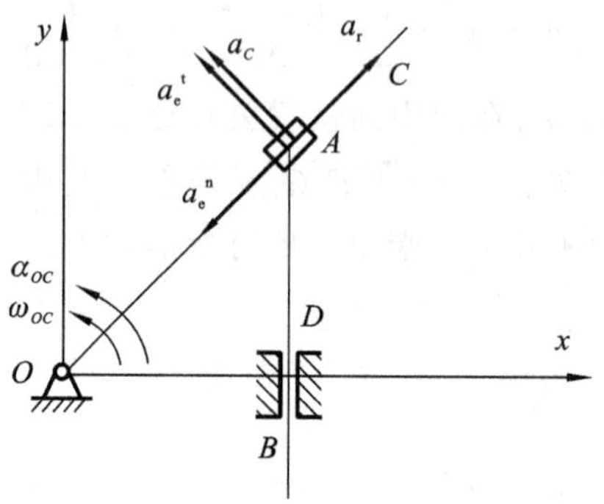

图 9-24

根据式(9-56)并建立投影关系，可求得

$$a_c^t = -a_c = -\frac{\sqrt{2}v^2}{2l}$$

因而 OC 的角加速度为

$$\alpha_{OC} = \frac{a_e^t}{\sqrt{2}l} = -\frac{v^2}{2l^2}$$

其方向与图中所标相反。

9.4　刚体平面运动

1. 刚体平面运动概述

图 9-25 所示曲柄滑块连杆机构中，杆 OA 绕轴 O 做定轴转动，滑块 B 做水平直线平移，而连杆 AB 的运动既不是平移，也不是定轴转动，但它运动时具有一个特点，即在运动过程中，连杆 AB 上任意点与某一固定平面（例如 Oxy 平面）的距离始终保持不变。刚体的这种运动称为平面运动。刚体平面运动时，其上各点的运动轨迹各不相同，但都是平行于某一固定平面的平面曲线。

设图 9-26 所示为做平面运动的一般刚体，刚体上各点至平面 P_0 的距离保持不变。过刚体上某点 M 作平面 P 平行于平面 P_0，再过点 M 作与固定平面 P_0 相垂直的直线段 M_1M_2，直线段 M_1M_2 的运动为平移，其上各点的运动均与点 M 的运动相同。因此，用 M 一个点的运动就可以代表直线段 M_1M_2 的运动。同样，整个刚体可

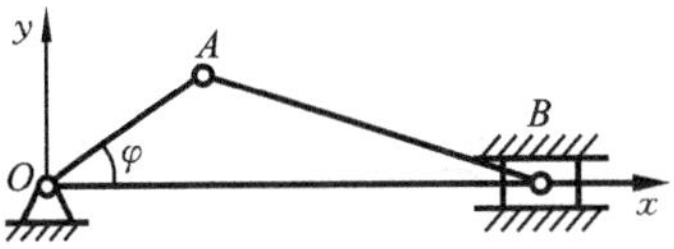

图 9-25

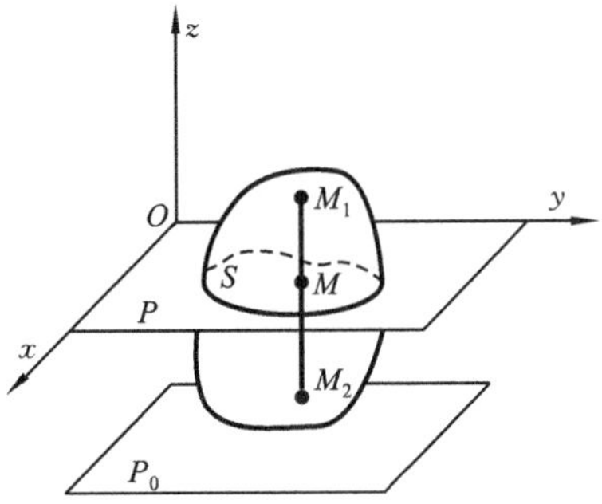

图 9-26

以划分为无数个直线段，而这无数直线段的运动均可以由各自的点“M”的运动来代替。这样，刚体做平面运动时，只需研究点“M”的集合即平面图形 S 在其自身平面 P 内的运动即可。利用平面运动的概念，实现了运动分析的简化，也就是把刚体(三维物体)的运动简化为平面图形(二维图形)的运动。

如图 9-27 所示，在平面图形 S 所在平面内建立直角坐标系 Oxy，确定平面图形 S 的位置。为确定平面图形 S 的位置只需确定其上任意直线段 AB 的位置，线段 AB 的位置可由点 A 的坐标和线段 AB 与 x 轴或者与 y 轴的夹角来确定。即有

$$\begin{cases} x_A = f_1(t) \\ y_A = f_2(t) \\ \varphi = f_3(t) \end{cases} \tag{9-57}$$

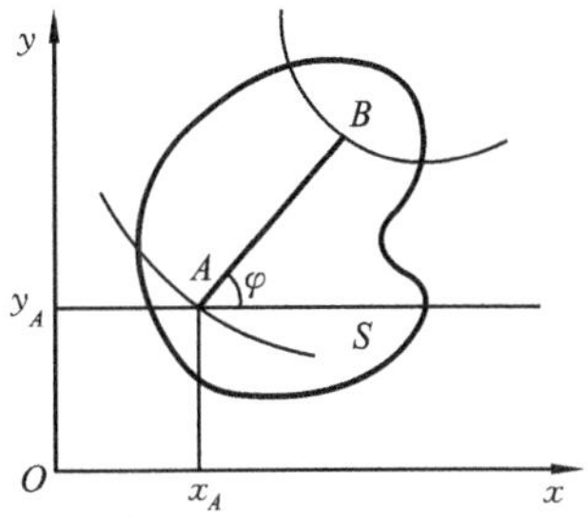

图 9-27

式中　x_A、y_A、φ 均为时间 t 的单值连续函数。

式(9-57)称为平面图形 S 的运动方程，即刚体平面运动的运动方程。点 A 称为基点。

平面运动刚体的角速度 ω 和角加速度 α 分别为

$$\omega = \frac{d\varphi}{dt} = f'_3(t) \tag{9-58}$$

$$\alpha = \frac{d^2\varphi}{dt^2} = f''_3(t) \tag{9-59}$$

2. 平面运动的分解

由式(9-57)可知：若基点 A 不动，基点 A 的坐标 x_A、y_A 均为常数，则平面图形 S 绕基点 A 做定轴转动；若 φ 为常数，平面图形 S 无转动，则平面图形 S 以方位不变的 φ 角做平移。由此可见，当二者都变化时，平面图形 S 的运动可以看成是随着基点的平移和绕基点的转动的合成运动。

基点的选择是任意的。选择不同的基点，平面图形上各点的运动情况一般是不相同的。如图 9-28 所示，设在时间间隔内，平面图形由位置Ⅰ运动到位置Ⅱ，图形内

线段 AB 运动到 $A'B'$。在基点 A 处建立平移坐标系 $Ax'y'$，线段 AB 的位移可以分解为随点 A 平移到 $A'B''$，再绕 A' 点由 $A'B''$ 转动角 $\Delta\varphi_1$ 到达位置 $A'B'$。若取点 B 为基点，线段 AB 的位移可以分解为随点 B 平移到 $A''B'$，再绕点 B' 由 $A''B'$ 转动角 $\Delta\varphi_2$ 到达位置 $A'B'$。由图可知，A 和 B 为平面图形上的两个不同点，此两点的速度和加速度是不相等的，因此平面图形随着基点平移的速度和加速度与基点的选择有关。

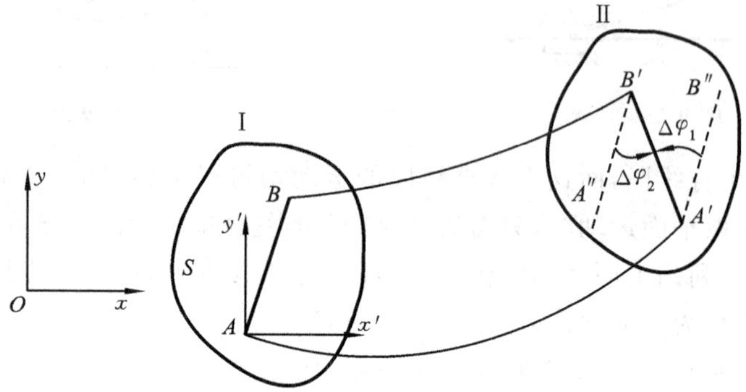

图 9-28

但对于转动部分，绕不同基点转过的角位移 $\Delta\varphi_1=\Delta\varphi_2=\Delta\varphi$，因此，

$$\omega=\lim_{\Delta t\to 0}\frac{\Delta\varphi}{\Delta t}=\frac{\mathrm{d}\varphi}{\mathrm{d}t}$$

$$\alpha=\frac{\mathrm{d}\omega}{\mathrm{d}t}=\frac{\mathrm{d}^2\varphi}{\mathrm{d}t^2}$$

可以得出结论：平面图形绕基点转动的角速度和角加速度与基点的选择无关。因而，以后凡涉及平面运动图形相对转动的角速度和角加速度时，不必指明基点。

3. 刚体平面运动速度分析

1）基点法

在图 9-29 中，在平面图形上任选点 A 为基点，建立平移坐标系 $Ax'y'$，平面图形 S 的绝对运动可以看成是随点 A 的平移(牵连运动)和绕点 A 的转动(相对运动)。

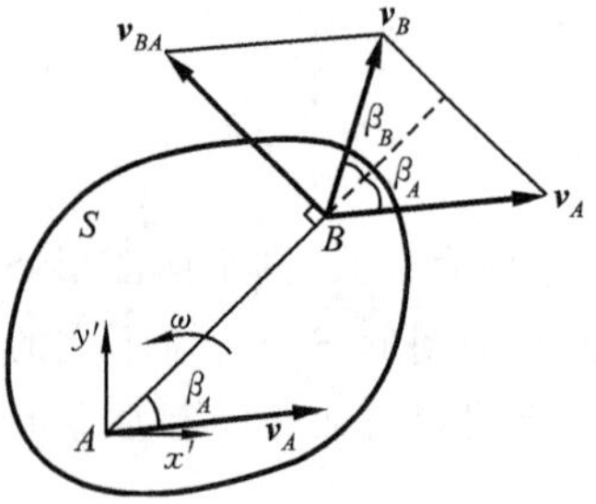

图 9-29

B 是平面图形上任一点，因为动系做平移，所以点 B 的牵连速度 $\boldsymbol{v}_e$ 就等于基点 A 的速度 $\boldsymbol{v}_A$，点 B 的相对速度 $\boldsymbol{v}_r$ 记为 $\boldsymbol{v}_{BA}$，由定轴转动的速度公式得

$$v_{BA}=\omega\cdot AB$$

根据速度合成定理

$$\boldsymbol{v}_B=\boldsymbol{v}_a=\boldsymbol{v}_e+\boldsymbol{v}_r=\boldsymbol{v}_A+\boldsymbol{v}_{BA} \tag{9-60}$$

由此可得求平面图形 S 内任一点速度的基点法：在任一瞬时，平面图形内任一点的速度等于基点的速度和绕基点转动速度的矢量和。

用基点法分析平面图形上点的速度是速度合成定理的具体应用。

例 9-7　如图 9-30 所示，曲柄滑块机构中，曲柄 $OA=r$，以等角速度 ω 绕轴 O 转动，连杆 $AB=\sqrt{3}r$。求当 $\varphi=60°$时，滑块的速度 v_B 和连杆 AB 的角速度 ω_{AB}。

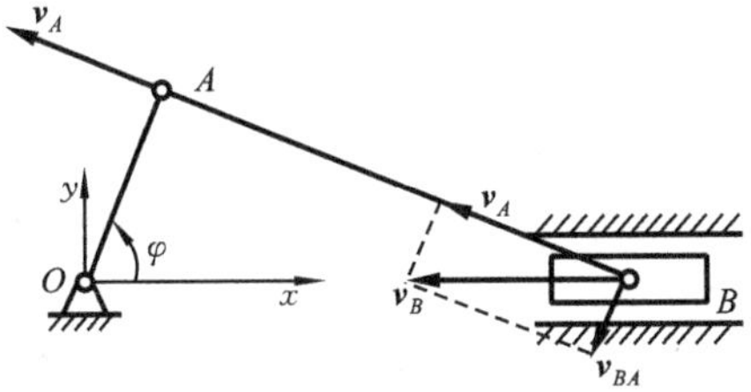

图 9-30

解　连杆 AB 做平面运动，选择点 A 为基点（速度已知），因此

$$\boldsymbol{v}_B = \boldsymbol{v}_A + \boldsymbol{v}_{BA}$$

各速度方向如图所示，故有

$$v_B = \frac{v_A}{\cos 30°} = \frac{2}{3}\sqrt{3}\omega r$$

$$v_{BA} = v_A \tan 30° = \frac{\sqrt{3}}{3}\omega r, \quad \omega_{BA} = \frac{v_{BA}}{AB} = \frac{1}{3}\omega$$

2）速度投影定理

在图 9-29 中，将式(9-60)中各项分别向 AB 连线投影。由于 $\boldsymbol{v}_{BA}$ 始终垂直于线段 AB，因此：

$$v_B \cos\beta_B = v_A \cos\beta_A \tag{9-61}$$

式中　β_A、β_B 分别为速度 $\boldsymbol{v}_A$、$\boldsymbol{v}_B$ 与线段 AB 的夹角。

式(9-61)表明，平面图形 S 内任意两点的速度在两点连线上的投影相等，称为速度投影定理。

速度投影定理也可以这样理解：平面图形是从刚体上截取的，图形上 A、B 两点的距离应保持不变，所以这两点的速度在 AB 方向上的分量必须相等，否则两点距离必将伸长或缩短。速度投影定理对刚体的所有运动形式都是适用的。

3）速度瞬心法

由于采用基点法分析平面运动时，把点的速度看做基点速度与动点绕基点相对转动速度之和。如果在分析过程中，基点速度为零，则动点速度就相当于动点绕基点的定轴转动的速度，这将大大简化平面运动的速度分析。从理论分析知道，在平面运动刚体中，必然存在这样的一个点，它在某瞬时的运动速度为零（这里，需要有平面图形运动角速度不等于零这样的前提条件）。平面图形（或其延伸部分）上某瞬时速度为零的点称为图形在该瞬时的速度中心，简称速度瞬心。若以瞬心 C 为基点，则点 B 的速度为

$$\boldsymbol{v}_B = \boldsymbol{v}_{BC} \tag{9-62}$$

即刚体的平面运动可看做绕瞬心 C 的瞬时转动。这种求速度的方法称为速度瞬心法，简称瞬心法。

应当注意：由于速度瞬心的位置是随时间的变化而变化的，因此平面图形相对速度瞬心的转动具有瞬时性。

确定速度瞬心的方法如下。

(1) 若已知某一瞬时平面图形上任意两点的速度矢量 $\boldsymbol{v}_A$、$\boldsymbol{v}_B$ 的方向，作点 A、B 速度矢量的垂线，其交点 C 即为平面图形在该瞬时的速度瞬心，如图 9-31(a)所示。

(2) 平面图形沿某一固定表面做无滑动的滚动(称为纯滚动)，平面图形与固定表面接触的点 C 速度为零，故点 C 为平面图形在该瞬时的速度瞬心。如图 9-31(b)所示的点 C。

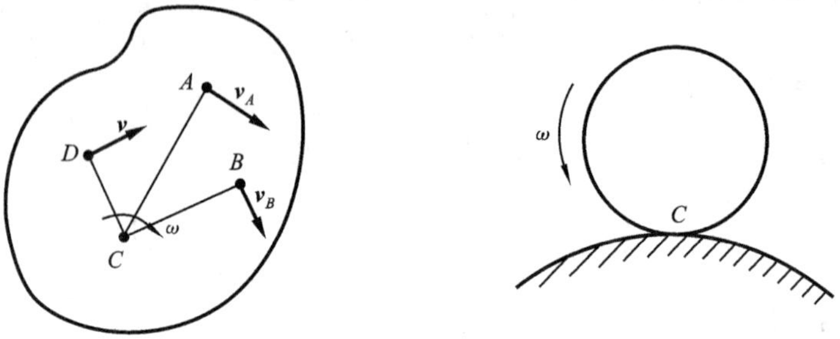

(a) (b)

图 9-31

(3) 若已知某一瞬时，平面图形上任意两点的速度矢量 $\boldsymbol{v}_A$、$\boldsymbol{v}_B$ 彼此平行，且两个速度方向垂直于 A、B 两点连线，则图 9-32(a)、(b)中速度矢量 $\boldsymbol{v}_A$、$\boldsymbol{v}_B$ 端点连线与线段 AB 的交点 C 为该瞬时平面图形的速度瞬心。

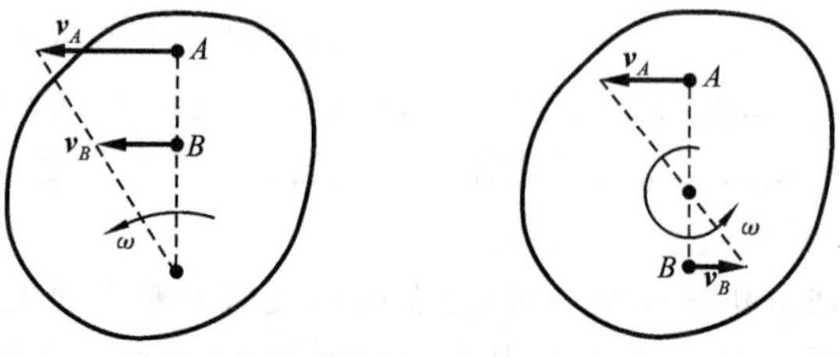

(a) (b)

图 9-32

(4) 若两个点的速度平行且不垂直 A、B 两点连线(见图 9-33(a))，或者与 A、B 点连线方向垂直且速度大小相等(见图 9-33(b))，则过 A、B 点作速度矢量 $\boldsymbol{v}_A$、$\boldsymbol{v}_B$ 的垂线，两垂线均为平行直线，交点在无穷远处。此时的角速度为

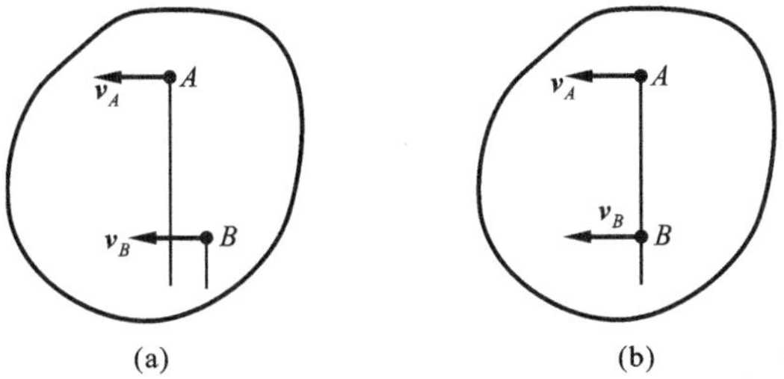

图 9-33

$$\omega = \frac{v_A}{PA} = \frac{v_A}{\infty} = 0$$

则 A、B 两点的速度相等，此时平面图形做平移，称为瞬时平移。平面图形内各点的速度相等，但加速度一般不相等。

综上所述，平面运动速度问题可用三种方法求解。速度基点法是一种基本方法，可以用于求解图形上一点的速度或图形的角速度，作图时必须保证所求点的速度为平行四边形的对角线。当已知平面图形上某一点的速度大小和方向以及另一点的速度方向时，用速度投影定理可方便地求得该点的速度大小，但不能直接求出图形的角速度。速度瞬心法既可用于求解平面图形的角速度，也可用于求解平面图形上一点的速度，是一种直观、方便的方法。

例 9-8　椭圆规尺的 A 端以速度 $\boldsymbol{v}_A$ 沿 x 轴的负向运动，如图 9-34 所示。已知 $AB=l$，求 B 端的速度、杆 AB 的角速度以及杆 AB 中点 D 的速度。

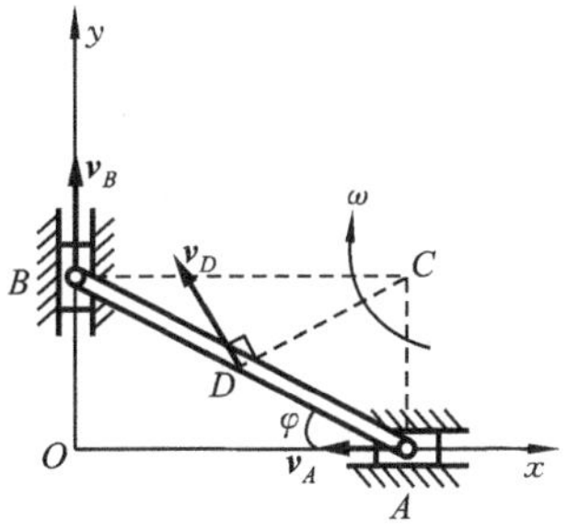

图 9-34

解　方法一：速度瞬心法

杆 AB 做平面运动，点 A 和点 B 的速度方向已知，所以用速度瞬心法很方便。分别作 OB 和 OA 方向的垂线，两线的交点 C 就是速度瞬心，如图 9-34 所示，所以杆 AB 的角速度为

$$\omega_{AB} = \frac{v_A}{AC} = \frac{v_A}{l\sin\varphi}$$

点 B 的速度为

$$v_B = \omega_{AB} \cdot BC = v_A \cdot \cot\varphi$$

点 D 的速度为

$$v_B = \omega_{AB} \cdot DC = \frac{l}{2} \cdot \frac{v_A}{l\sin\varphi} = \frac{v_A}{2\sin\varphi}$$

其方向如图 9-34 所示。

方法二：速度投影定理

由速度投影定理，杆 AB 上点 A、B 的速度在 AB 连线上的投影相等，即

$$v_A \cos\varphi = v_B \sin\varphi, \quad v_B = v_A \cdot \cot\varphi$$

至于要求杆 AB 的角速度以及杆 AB 中点 D 的速度还是利用速度瞬心法求解较为简单。

4. 刚体平面运动加速度分析

由于平面图形的运动可看成随着基点的平移和相对基点的转动的合成，因此根据牵连运动为平移时的加速度合成定理，便可求平面图形内各点的加速度。如图9-35所示，选取点 A 作为基点，其加速度为$\boldsymbol{a}_A$，某一瞬时平面图形的角速度和角加速度分别为 ω、α，则

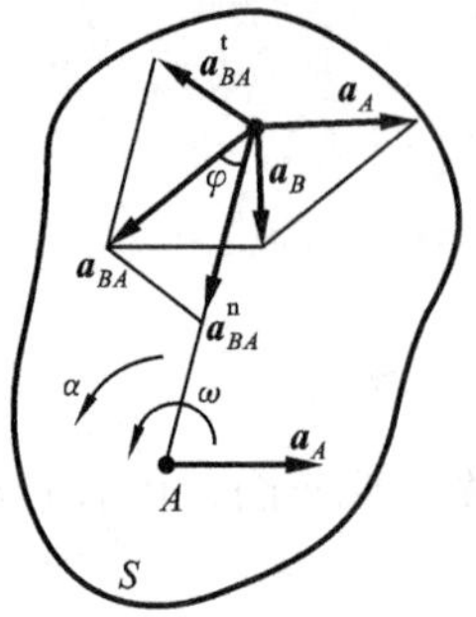

图 9-35

牵连加速度为

$$a_e = a_A$$

相对加速度为

$$a_{BA} = a_{BA}^t + a_{BA}^n$$

相对切向加速度为

$$a_{BA}^t = \alpha \cdot AB$$

相对法向加速度为

$$a_{BA}^n = \omega^2 \cdot AB$$

相对加速度的全加速度为

$$a_{BA} = \sqrt{(a_{BA}^t)^2 + (a_{BA}^n)^2} = AB \cdot \sqrt{\alpha^2 + \omega^4}$$

加速度与 AB 线的夹角的正切为

$$\tan\theta = \frac{|\alpha|}{\omega^2}$$

B 的加速度为

$$\boldsymbol{a}_B = \boldsymbol{a}_A + \boldsymbol{a}_{BA} = \boldsymbol{a}_A + \boldsymbol{a}_{BA}^t + \boldsymbol{a}_{BA}^n \quad (9\text{-}63)$$

由此得求平面图形 S 内各点的加速度的基点法：在任一瞬时，平面图形内任一点的加速度等于基点的加速度和相对于基点转动的加速度的矢量和。

式(9-63)中有四个矢量（包括四个大小和四个方向），共八个要素，必须已知其中的六个要素，才可以求出剩余的两个要素，一般采用向坐标投影的方法进行求解。

例 9-9 如图 9-36 所示，在椭圆规机构中，曲柄 OD 以匀角速度 ω 绕轴 O 转动。已知 $OD=AD=BD=l$，求当 $\varphi=60°$时，杆 AB 的角加速度和点 A 的加速度。

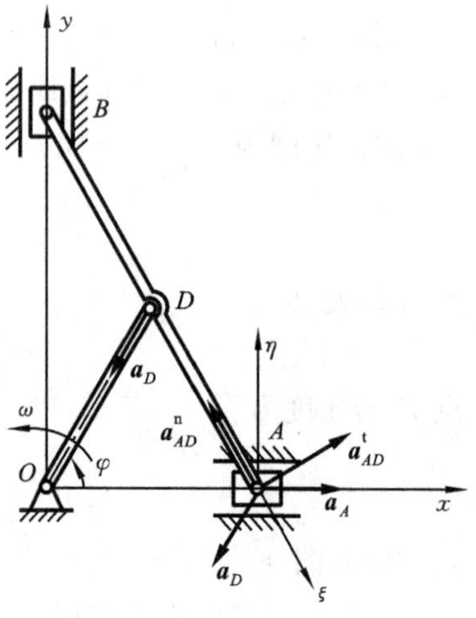

图 9-36

解　曲柄 OD 绕轴 O 转动，杆 AB 做平面运动。

取杆 AB 上的点 D 为基点，其加速度为

$$a_D = l\omega^2$$

它的方向沿 OD 指向点 O。

点 A 的加速度为

$$\boldsymbol{a}_A = \boldsymbol{a}_D + \boldsymbol{a}_{AD}^{t} + \boldsymbol{a}_{AD}^{n}$$

其中 $\boldsymbol{a}_D$ 以及 $\boldsymbol{a}_{AD}^{n}$ 的大小和方向都是已知的。因为点 A 做直线运动，可设 $\boldsymbol{a}_A$ 的方向如图所示；$\boldsymbol{a}_{AD}^{t}$ 垂直于 AD，其方向如图 9-36 所示。

用瞬心法求得

$$\omega_{AB} = \omega, a_{AD}^{n} = \omega_{AB}^2 \cdot AD = \omega^2 \cdot AD$$

将这些加速度分别向 η 和 ξ 轴进行投影，得

$$0 = -a_D \sin\varphi + a_{AD}^{t}\cos\varphi + a_{AD}^{n}\sin\varphi$$

$$a_A\cos\varphi = a_{AD}^{n} - a_D\cos(\pi - 2\varphi)$$

解得

$$a_A = -l\omega^2,\quad a_{AD}^{t} = 0,\quad a_{AB} = \frac{a_{AD}^{t}}{AD} = 0$$

由于 a_A 为负值，所以 a_A 的实际方向与原假设方向相反。

习　题

9-1　如图所示，杆 AB 长为 l，以等角速度 ω 绕点 B 转动，其转动方程为 $\theta=\omega t$。而与杆连接的滑块 B 按规律 $x=a+b\sin\omega t$ 沿水平线做谐振动，其中 a、b 均为常数。求点 A 的轨迹。

9-2　如图所示的凸轮机构中，偏心凸轮的半径为 R，偏心矩 $OC=e$，绕轴 O 以等角速度转动，从而带动顶板 A 做平移。求顶板的运动方程、速度和加速度。

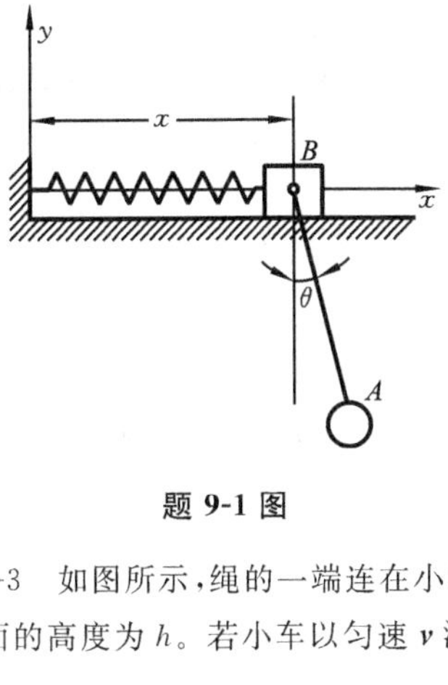

题 9-1 图

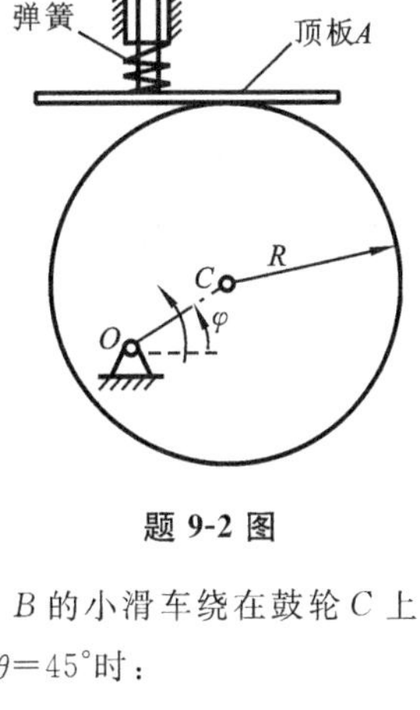

题 9-2 图

9-3　如图所示，绳的一端连在小车的点 A 上，另一端跨过点 B 的小滑车绕在鼓轮 C 上，滑车离地面的高度为 h。若小车以匀速 $\boldsymbol{v}$ 沿水平方向向右运动，求当 $\theta=45°$ 时：

(1) 点 B、C 之间绳上一点 P 的速度、加速度；

(2) 绳 AB 与竖直线夹角对时间的二阶导数$\frac{d^2\theta}{dt^2}$。

9-4 如图所示，摇杆滑道机构中的滑块 M 同时在固定的圆弧槽 BC 和摇杆 OA 的滑道中滑动。弧 BC 的半径为 R，摇杆 OA 的轴 O 在弧 BC 的圆周上，摇杆绕轴 O 以等角速度 ω 转动，当运动开始时，摇杆在水平位置。试分别用自然法和直角坐标法给出点 M 的运动方程，并求出其速度和加速度。

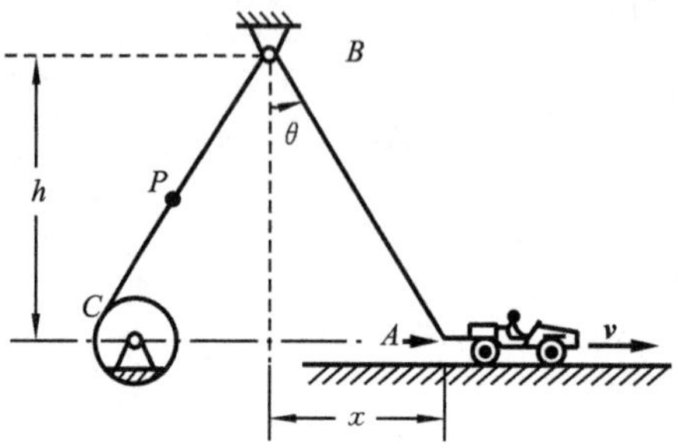

题 9-3 图

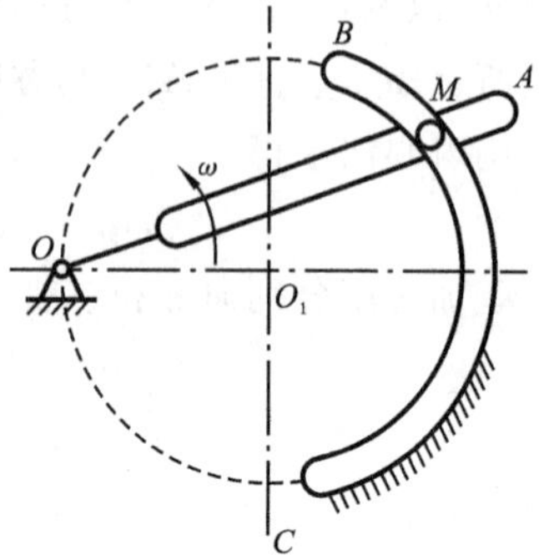

题 9-4 图

9-5 摩擦传动机构的主动轮Ⅰ的转速为 $n=600$ r/min，它与轮Ⅱ的接触点按箭头所示的方向移动，距离 d 按规律 $d=10-0.5t$ 变化，单位为 cm，t 以 s 计，摩擦轮的半径 $r=5$ cm，$R=15$ cm。求：

(1) 以距离 d 表示轮Ⅱ的角加速度；

(2) 当 $d=r$ 时，轮Ⅱ边缘上一点的加速度的大小。

9-6 如图所示的曲柄滑杆机构中，滑杆上有一圆弧形滑道，其半径 $R=100$ mm，圆心 O_1 在导杆 BC 上，曲柄长 $OA=100$ mm，以等角速度 $\omega=4$ rad/s 绕轴 O 转动，求导杆 BC 的运动规律及当曲柄与水平线间的夹角 $\theta=30°$时，导杆 BC 的速度和加速度。

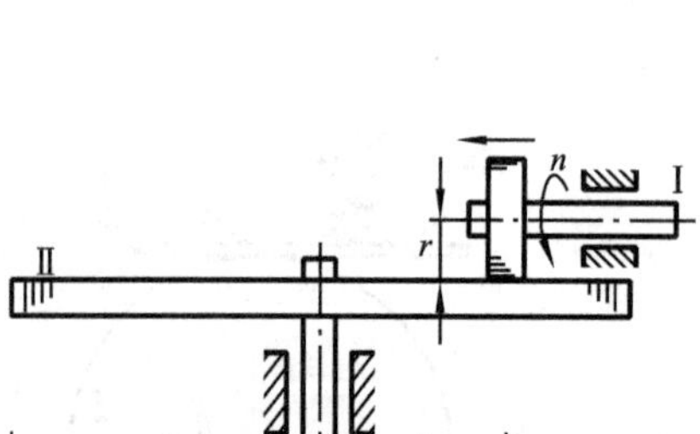

题 9-5 图

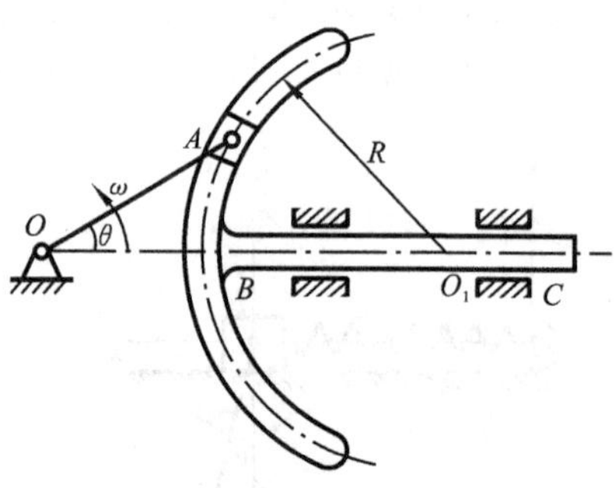

题 9-6 图

9-7 如图所示，曲柄 CB 以等角速度 ω_0 绕轴 C 转动，其转动方程为 $\beta=\omega_0 t$。滑块 B 带动摇杆 OA 绕轴 O 转动。设 $OC=h$，$CB=r$，求摇杆的转动方程。

9-8 如图所示机构中，齿轮Ⅰ紧固在杆 AC 上，$AB=O_1O_2$，齿轮Ⅰ和半径为 r_2 的齿轮Ⅱ相啮合，齿轮Ⅱ可绕轴 O_2 转动且和曲柄 O_2B 没有联系。设 $O_1A=O_2B=l$，$\varphi=b\sin\omega t$。试求当 $t=\frac{\pi}{2\omega}$时，

轮Ⅱ的角速度和角加速度。

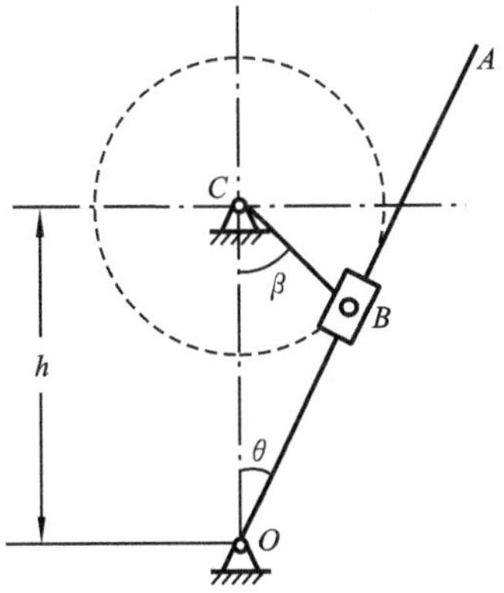

题 9-7 图

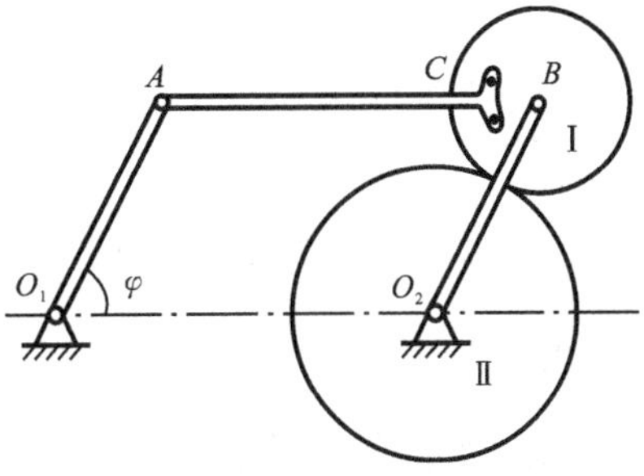

题 9-8 图

9-9　如图所示，曲柄 OA 的长为 0.4 m，以等角速度 $\omega=0.5$ rad/s 绕轴 O 逆时针方向转动。由于曲柄的 A 端推动水平板 B，而使滑杆 C 沿竖直方向上升，求当曲柄与水平线间的夹角 $\theta=30°$ 时，滑杆 C 的速度和加速度。

9-10　如图所示，半径为 R 的半圆形凸轮 D 以等速 v_0 沿水平线向右运动，带动从动杆 AB 沿竖直方向上升。求当 $\theta=30°$时，杆 AB 相对于凸轮的速度和加速度。

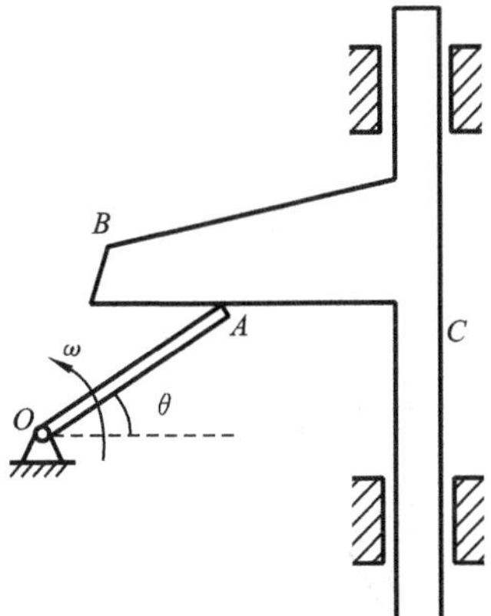

题 9-9 图

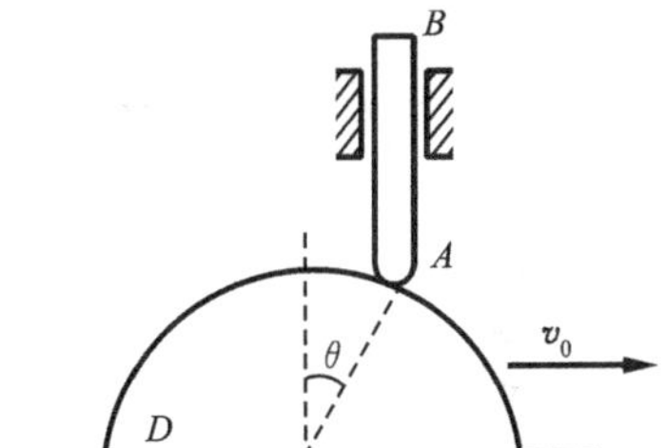

题 9-10 图

9-11　如图所示，直角曲杆 OBC 绕轴 O 转动，使套在其上的小环 M 沿固定直杆 OA 滑动。已知：$OB=0.1$ m，OB 与 BC 垂直，曲杆的角速度 $\omega=0.5$ rad/s，角加速度为零。求当 $\theta=60°$时，小环 M 的速度。

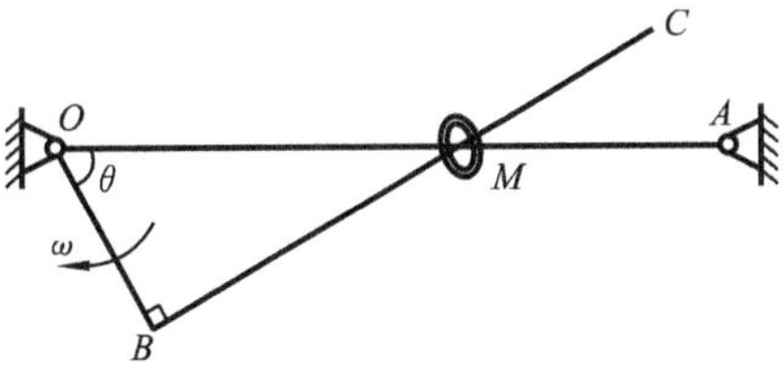

题 9-11 图

9-12　如图所示，半径为 r 的车轮在地面上滚动而不滑动，在图示瞬时轮心 O 的速度和加速度分别

为 $\boldsymbol{v}_0$ 和 $\boldsymbol{a}_0$，试求轮缘上与地面接触点 P 的加速度。

9-13 如图所示的四杆机构中，$OA=CB=0.5AB$，曲柄 OA 以匀角速度 $\omega=3$ rad/s 绕轴 O 转动，求该机构在图示位置时，杆 AB 和杆 BC 的角速度。

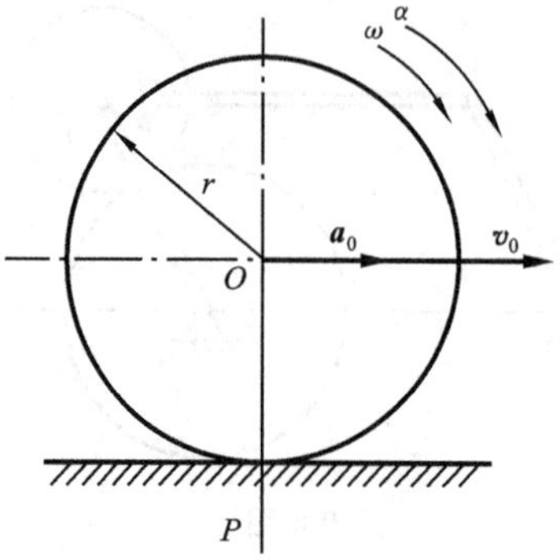

题 9-12 图

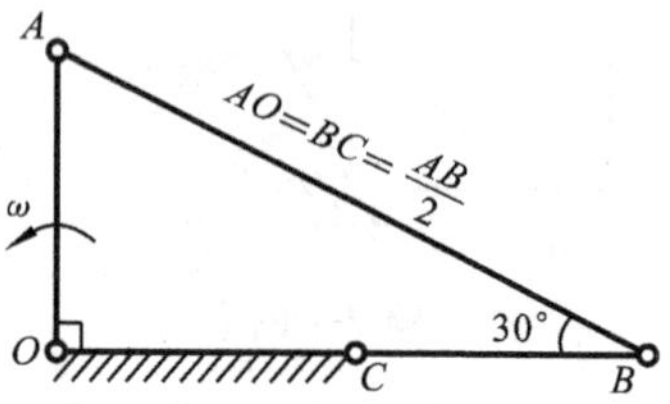

题 9-13 图

9-14 如图所示，滑块以匀速度 $v_B=2$ m/s 沿竖直滑槽向下滑动，通过连杆 AB 带动轮子 A 沿水平面做纯滚动。设连杆长 $l=800$ mm，轮子半径 $r=200$ mm。当 AB 与竖直线成 $\theta=30°$时，求此时点 A 的加速度及连杆、轮子的角加速度。

9-15 如图所示为牛头刨床机构，曲柄 $OA=r$，以等角速度 ω 绕轴 O 转动。当曲柄处于水平位置时，连杆 BC 与竖直线的夹角 $\theta=30°$。求此时滑块 C 的速度。

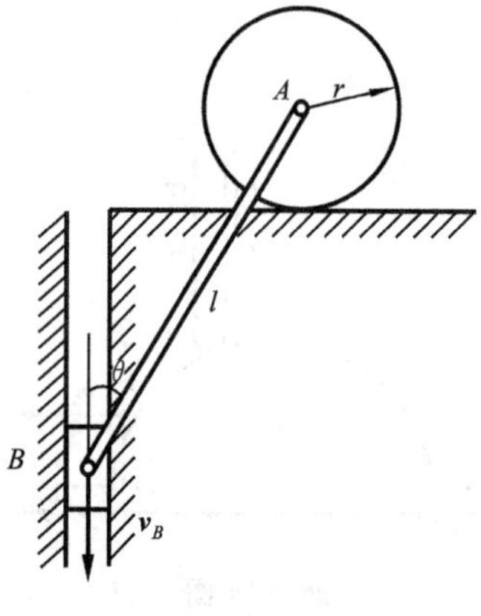

题 9-14 图

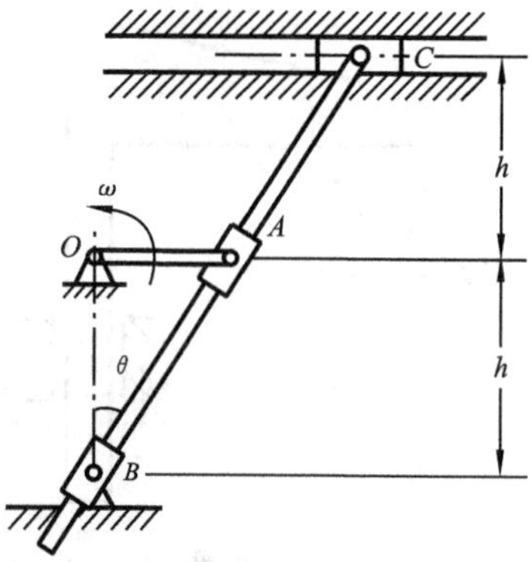

题 9-15 图

9-16 如图所示，摇杆 AB 具有角速度 $\omega=3$ rad/s 以及角加速度 $\alpha=5$ rad/s^2。滑块 C 与杆 CD 的上端点铰接在一起并可以在杆 AB 上滑动。试计算杆 CD 的角速度和角加速度。

9-17 如图所示的系统，摇杆 AC 绕点 A 定轴转动，半径为 R 的圆轮 O 在水平面上以恒定速度 v 做纯滚动，销钉 B 固结于圆轮的轮缘上并在摇杆 AC 上的滑槽内滑动。若在当前时刻 $\theta=30°$，试求摇杆 AC 的角速度和角加速度。

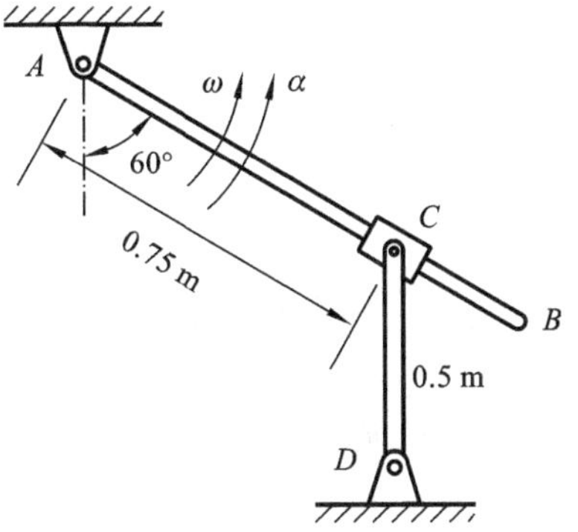

题 9-16 图

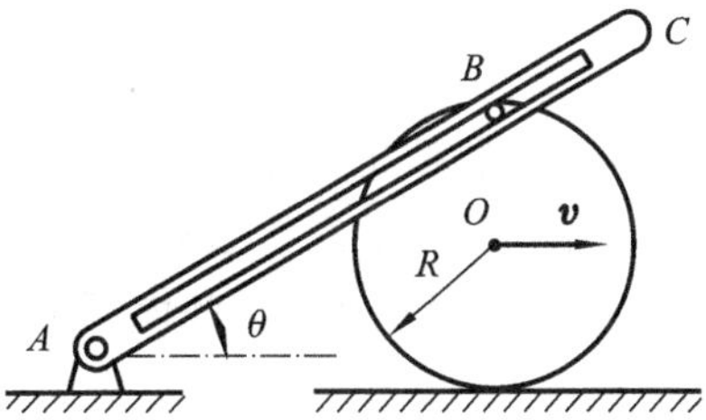

题 9-17 图

第 10 章　动 能 定 理

动能是物体机械能的一种形式，也是做功的一种能力。动能定理是从功与能量的角度来研究质点系机械运动状态的变化规律。

本章讨论功、动能和势能等重要概念及动能定理和机械能守恒定律的推导。

10.1　功 的 计 算

质点 M 在大小和方向都不变的力 $\boldsymbol{F}$ 的作用下，沿直线走过一段路程 s，力 $\boldsymbol{F}$ 在这段路程内所做的功为

$$W = F\cos\theta \cdot s \tag{10-1}$$

式中　θ 是力 $\boldsymbol{F}$ 与位移方向之间的夹角。

功是代数量，在国际单位制中，功的单位为焦耳(J)。

如图 10-1 所示，质点 M 在变力 $\boldsymbol{F}$ 的作用下沿曲线运动，力 $\boldsymbol{F}$ 在无限小位移 $\mathrm{d}\boldsymbol{r}$ 中可以看做是常力，所经过的一小段弧长 $\mathrm{d}s$ 可视为直线，$\mathrm{d}\boldsymbol{r}$ 可视为点 M 的切线。力 $\boldsymbol{F}$ 在无限小位移 $\mathrm{d}\boldsymbol{r}$ 上所做的功称为元功，用 δW 表示。于是，有

$$\delta W = \boldsymbol{F} \cdot \mathrm{d}\boldsymbol{r} = F\cos\theta \cdot \mathrm{d}s \tag{10-2}$$

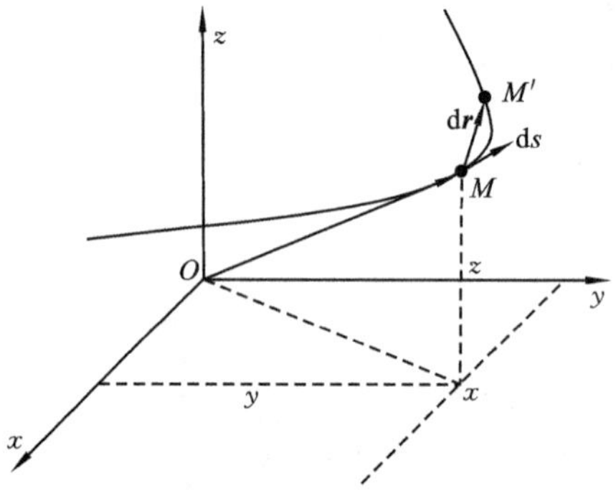

图 10-1

力在全路程上做的功等于元功之和，即

$$W = \int_{M_1}^{M_2} \boldsymbol{F}\mathrm{d}\boldsymbol{r} = \int_0^s F\cos\theta \mathrm{d}s \tag{10-3}$$

用直角坐标系表示为

$$W = \int_{M_1}^{M_2} \boldsymbol{F}\mathrm{d}\boldsymbol{r} = \int_{M_1}^{M_2} (F_x\mathrm{d}x + F_y\mathrm{d}y + F_z\mathrm{d}z) \tag{10-4}$$

下面是几种常见力所做的功。

1. 重力的功

设有重为 mg 的质点 M，由 M_1 处沿曲线移至 M_2 处，如图 10-2 所示。重力 mg 在坐标轴上的投影为

$$F_x = 0,\quad F_y = 0,\quad F_z = mg$$

应用式(10-4)，重力做功为

$$W = \int_{z_1}^{z_2} -mg\,\mathrm{d}z = mg(z_1 - z_2) \tag{10-5}$$

故重力所做的功仅与物体的重量及始末位置有关，而与路径无关。

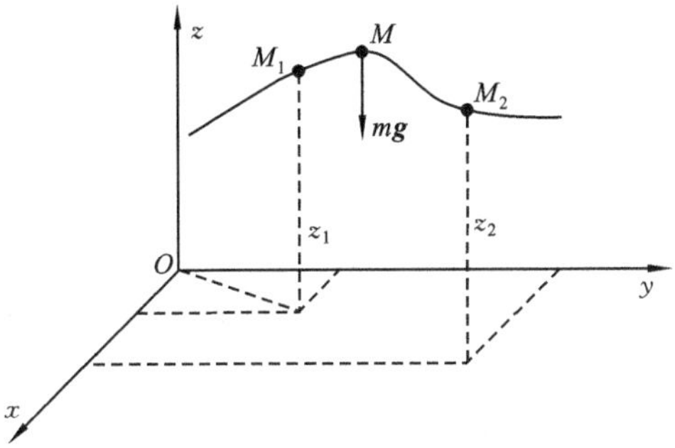

图 10-2

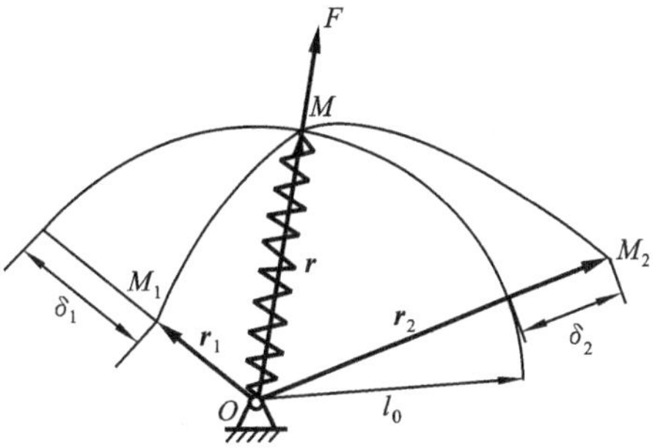

图 10-3

2. 弹性力的功

设原长为 l_0 的弹簧一端固定于点 O，另一端 M 沿任一空间曲线从 M_1 运动到 M_2，如图 10-3 所示。设弹簧的刚度系数为 k，在国际单位制中，k 的单位为 N/m，则弹性力为

$$\boldsymbol{F} = -k(r - l_0)\frac{\boldsymbol{r}}{r}$$

弹性力的元功为

$$\delta W = \boldsymbol{F}\cdot \mathrm{d}\boldsymbol{r} = -k(r - l_0)\frac{\boldsymbol{r}}{r}\cdot \mathrm{d}\boldsymbol{r}$$

$$\boldsymbol{r}\mathrm{d}\boldsymbol{r} = \mathrm{d}\left(\frac{\boldsymbol{r}\cdot\boldsymbol{r}}{2}\right) = \mathrm{d}\left(\frac{r^2}{2}\right)$$

弹性力 F 在曲线上的功为

$$W = \int_{M_1}^{M_2} -k(r - l_0)\mathrm{d}r = \frac{k^2}{2}[(r_1 - l_0)^2 - (r_2 - l_0)^2]$$

$$W = \frac{k^2}{2}(\delta_1 - \delta_2) \tag{10-6}$$

式中　$\delta_1 = r_1 - l_0$；$\delta_2 = r_2 - l_0$。

可见，弹性力的功也与质点的路径无关，仅取决于起止位置时弹簧的变形。

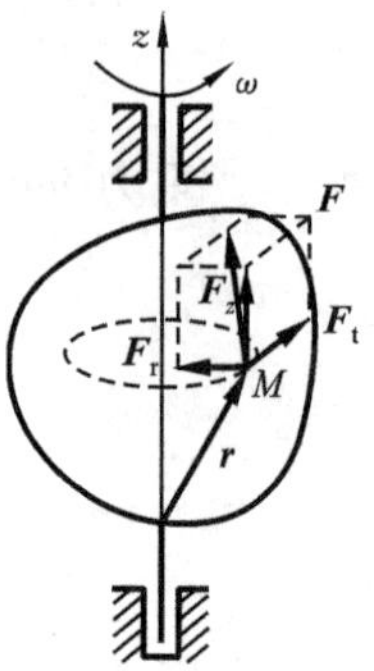

图 10-4

3. 定轴转动刚体上力的功

设刚体可绕固定轴 z 转动，作用在转动刚体上的力 $\boldsymbol{F}$ 可分解成相互正交的三个分力，即平行于 z 轴的轴向力 $\boldsymbol{F}_z$，沿半径的径向力 $\boldsymbol{F}_r$，沿轨迹切线的切向力 $\boldsymbol{F}_t$，如图 10-4 所示。当刚体有微小转角 $d\varphi$ 时，力作用点的位移为

$$ds = R d\varphi$$

式中　R 为力作用点 M 到轴的垂直距离。

力 F 的元功为

$$\delta W = \boldsymbol{F} \cdot d\boldsymbol{r} = F_t ds = F_t R d\varphi$$

因为 $M_z = F_t R$，所以

$$\delta W = M_z d\varphi \qquad (10\text{-}7)$$

力 F 在刚体从角 φ_1 到角 φ_2 转动过程中做的功为

$$W = \int_{M_1}^{M_2} M_z d\varphi \qquad (10\text{-}8)$$

当刚体绕定轴转动时，作用在刚体上的力所做的功，等于该力对转轴的力矩对刚体转角的定积分。

当力矩 M_z 不变时，则相应的功为力矩与转动的角位移的乘积。

4. 任意运动刚体上力系的功

无论刚体做怎样的运动，力系的功都等于力系中所有各力做功的代数和。对刚体来说，力系的简化及等效原理对动力学同样适用。因此，可以将力系向刚体上某一点（例如质心）简化，得到力系的主矢（一个力）和主矩（一个力偶），这时，分别计算主矢（力）和主矩（力偶）所做的元功就得到原力系中所有力所做元功的代数和。

10.2　动能的计算

1. 质点的动能

设质点的质量为 m，速度为 v，则质点的动能为

$$T = \frac{1}{2} m v^2 \qquad (10\text{-}9)$$

动能是标量，恒为正值。在国际单位制中，动能的单位是 J。

2. 质点系的动能

质点系的动能定义为质点系内各质点动能的和，即

$$T = \sum \frac{1}{2} m_i v_i^2 \qquad (10\text{-}10)$$

刚体是工程实际中常见的质点系，随着刚体运动形式的不同，其动能的表达式也不同。

1）平移刚体的动能

当刚体平移时，刚体内各点的速度都相同，可以以质心速度 v_C 为代表，于是平移刚体的动能为

$$T = \sum \frac{1}{2}m_i v_i^2 = \frac{1}{2}v_C^2 \sum m_i = \frac{1}{2}mv_C^2 \tag{10-11}$$

式中　m 是刚体的质量，$m = \sum m_i$ 。

因此，平移刚体的动能等同于集中了刚体全部质量于其质心位置的质点的动能，也就是刚体的质量与刚体质心点速度平方乘积的一半。

2）定轴转动刚体的动能

当刚体绕定轴转动时，刚体内所有各点的角速度都相同，于是转动刚体的动能为

$$T = \sum \frac{1}{2}m_i v_i^2 = \sum \frac{1}{2}m_i (r_i\omega)^2 = \frac{1}{2}\omega^2 \sum m_i r_i^2 = \frac{1}{2}J_z\omega^2 \tag{10-12}$$

式中　J_z 是刚体对于转轴 z 的转动惯量。

因此，定轴转动刚体的动能等于刚体对转轴的转动惯量与角速度平方乘积的一半。

3）平面运动刚体的动能

刚体做平面运动时，选取质心 C 为基点，刚体的运动可看做是随质心 C 的平移和绕质心的转动，其动能表达式可写为

$$T = \sum\left[\frac{1}{2}m_i v_C^2 + \frac{1}{2}m_i (r_i\omega)^2\right] = \frac{1}{2}v_C^2 \sum m_i + \frac{1}{2}\omega^2 \sum m_i r_i^2 = \frac{1}{2}mv_C^2 + \frac{1}{2}J_C\omega^2 \tag{10-13}$$

式中　ω 是平面图形的角速度；r_i 是平面图形中任一点到质心的距离；J_C 是刚体对过质心 C 的转轴的转动惯量。

因此，做平面运动刚体的动能，等于随质心平移的动能加上刚体绕质心定轴转动的动能。

10.3　转动惯量的计算

质点系对某转轴的转动惯量等于质点系内所有质点的质量与该质点到轴的距离平方的乘积之和，即

$$J_z = \sum_{i=1}^{n} m_i r_i^2 \tag{10-14}$$

J_z 称为刚体对 z 轴的转动惯量。

转动惯量是刚体转动时惯性的度量，其值决定于轴的位置、刚体的质量及其分布，而与刚体的运动状态无关，其单位为 $kg \cdot m^2$ 。

在实际工程中，常常需要确定转动惯量。确定刚体对于轴的转动惯量可用计算方法和实验方法。对于形状规则的刚体可以用积分法直接求得；对于组合形状的物

体可用类似求重心的组合法来求得，这时要用到转动惯量的平行移轴定理；对于形状复杂的或非均质的刚体，通常采用实验法进行测定。

1. 简单形状的均质物体的转动惯量计算

1）均质细直杆对 z 轴的转动惯量

如图 10-5 所示，杆长为 l，质量为 m，单位长度的质量为 ρ。取杆上任一微段 $\mathrm{d}x$，则杆对于过质心 C 的 z 轴的转动惯量为

$$J_z=\int_{-\frac{l}{2}}^{\frac{l}{2}}(\rho\mathrm{d}x)\cdot x^2=\frac{\rho l^3}{12}=\frac{ml^2}{12} \tag{10-15}$$

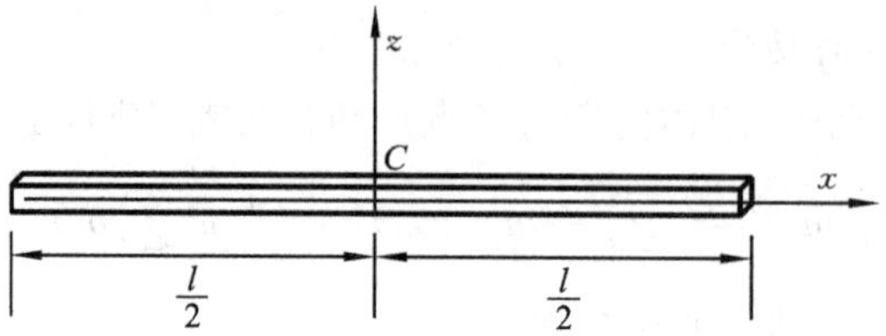

图 10-5

2）均质薄圆环对中心轴的转动惯量

如图 10-6 所示，圆环质量为 m，质量 m_i 到中心轴的距离都等于半径 R，所以圆环对中心轴 z 的转动惯量为

$$J_z=\sum m_iR^2=R^2\sum m_i=mR^2 \tag{10-16}$$

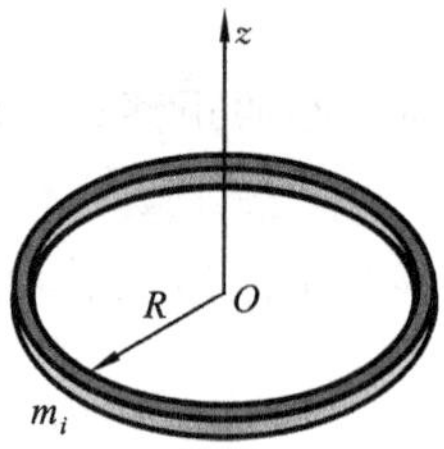

图 10-6

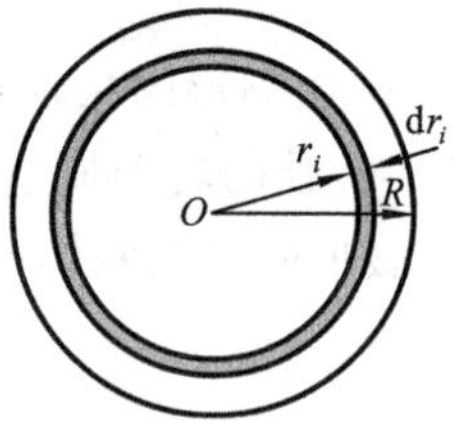

图 10-7

3）均质圆板对中心轴的转动惯量

如图 10-7 所示，圆板的质量为 m，半径为 R，$\rho=\dfrac{m}{\pi R^2}$为圆板的单位面积质量。将圆板分为无数同心的薄圆环，任一圆环的半径为 r_i，宽度为 $\mathrm{d}r_i$，则薄圆环的质量为

$$m_i=2\pi r_i\mathrm{d}r_i\cdot\rho$$

因此，圆板对中心轴的转动惯量为

$$J_z=\int_0^R 2\pi r\rho\mathrm{d}r\cdot r^2=2\pi\rho\frac{R^4}{4}=\frac{1}{2}mR^2 \tag{10-17}$$

2. 回转半径

不同形状构成的刚体具有不同的转动惯量，当刚体运动时也将产生不同的动能。

为了对刚体运动的动能进行比较，就要对刚体的转动惯量进行比较。显然刚体的质量对转动惯量有着重要的影响。当比较刚体的形状对转动惯量的影响时，需要把质量因素去除，因此，提出了回转半径的概念。定义刚体对轴 z 的回转半径或惯性半径为

$$\rho_z = \sqrt{\frac{J_z}{m}} \tag{10-18}$$

若已知刚体对某一轴 z 的回转半径和刚体的质量 m，则其转动惯量可按下式计算：

$$J_z = m\rho_z^2 \tag{10-19}$$

式(10-19)表明，若将物体的质量全部集中于一点，并令该质点对 z 轴的转动惯量等于物体的转动惯量，则质点到 z 轴垂直距离即为回转半径。

其实，转动惯量、回转半径以及平行移轴定理都和前面材料力学部分的惯性矩、回转半径、平行移轴定理相类似。在材料力学中讨论的是平面图形的性质，不包含质量因素。本章所讨论的是平面形状的刚体的性质，需要考虑质量因素。因此，如果在材料力学中平面图形几何性质的基础上，适当考虑质量(密度)因素，则可得到关于刚体转动惯量的相应结论。因此，可以直接得到转动惯量的平行移轴定理：刚体对任一轴的转动惯量，等于刚体对通过质心并与该轴平行的轴的转动惯量，加上刚体的质量与两轴间距离平方的乘积，即

$$J_z = J_{zC} + md^2 \tag{10-20}$$

例 10-1　钟摆简化模型如图 10-8 所示。已知均质细长杆和均质圆盘的质量分别为 m_1 和 m_2，杆长为 l，圆盘直径为 d。求钟摆对通过悬挂点 O 的水平轴的转动惯量 J_O。

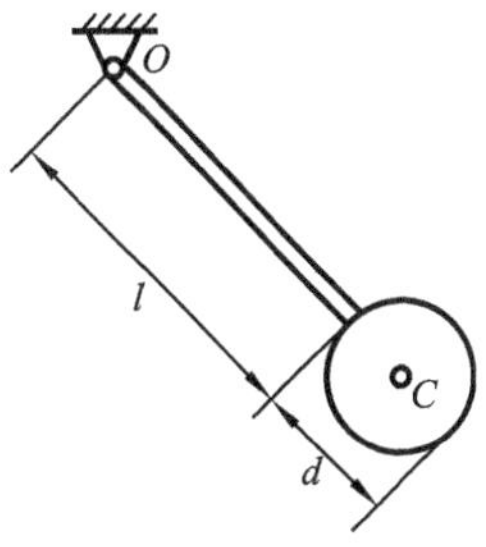

图 10-8

解　钟摆对水平轴的转动惯量即细长杆的转动惯量和圆盘的转动惯量的和，故有

$$J_O = J_{O杆} + J_{O盘}$$

其中

$$J_{O杆} = \frac{1}{12}m_1 l^2 + m_1\left(\frac{l}{2}\right)^2 = \frac{1}{3}m_1 l^2$$

设 J_C 为圆盘对于中心 C 的转动惯量，则

$$J_{O盘} = J_C + m_2\left(l+\frac{d}{2}\right)^2 = \frac{1}{2}m_2\left(\frac{d}{2}\right)^2 + m_2\left(l+\frac{d}{2}\right)^2 = m_2\left(\frac{3}{8}d^2 + l^2 + ld\right)$$

因此

$$J_O = \frac{1}{3}m_1 l^2 + m_2\left(\frac{3}{8}d^2 + l^2 + ld\right)$$

在工程实际中，对于几何形状复杂的物体，经常用实验方法测定转动惯量。如图 10-9(a)所示曲柄的转动惯量，可将曲柄在轴 O 处悬挂起来，并使其做微幅摆动，得到微摆的周期，根据周期和转动惯量之间的关系计算转动惯量。如欲求圆轮对于中心轴的转动惯量，可用单轴扭振图(见图 10-9(b))、三线悬挂扭振图(见图 10-9(c))等方法测定扭振周期，根据周期与转动惯量之间的关系计算转动惯量。求解过程本书不作详述。

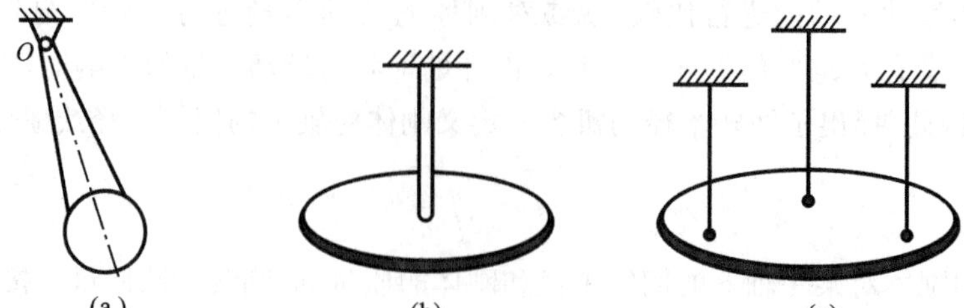

图 10-9

10.4 质点系的动能定理

1. 质点的动能定理

根据牛顿第二运动定律

$$m\boldsymbol{a} = m\frac{\mathrm{d}\boldsymbol{v}}{\mathrm{d}t} = \boldsymbol{F} \tag{10-21}$$

在方程式两边乘以 $\mathrm{d}\boldsymbol{r}$，得

$$m\frac{\mathrm{d}\boldsymbol{v}}{\mathrm{d}t}\cdot\mathrm{d}\boldsymbol{r} = \boldsymbol{F}\cdot\mathrm{d}\boldsymbol{r}$$

因为 $\mathrm{d}\boldsymbol{r}=\boldsymbol{v}\mathrm{d}t$，于是上式可写成

$$m\boldsymbol{v}\cdot\mathrm{d}\boldsymbol{v} = \boldsymbol{F}\cdot\mathrm{d}\boldsymbol{r} \tag{10-22}$$

或者

$$\mathrm{d}\left(\frac{1}{2}mv^2\right) = \delta W \tag{10-23}$$

式(10-23)是质点动能定理的微分形式。由此可得出结论：质点动能的增量等于作用在质点上力的元功。将上式积分得

$$\int_{v_1}^{v_2}\mathrm{d}\left(\frac{1}{2}mv^2\right) = W_{12}$$

$$\frac{1}{2}mv_2^2 - \frac{1}{2}mv_1^2 = W_{12} \tag{10-24}$$

式(10-24)是质点动能定理的积分形式。由此可得出结论：质点运动的某个过程中，质点动能的改变量等于作用在质点上力做的功。

2. 质点系的动能定理

设有质点系，其中任一质点，质量为 m_i，速度为 v_i，根据质点的动能定理的微分形式，有

$$\mathrm{d}\left(\frac{1}{2}m_iv_i^2\right) = \delta W_i$$

式中　δW_i 表示作用于这个质点的力 F_i 所做的元功。

设质点系有 n 个质点，对于每个质点都可列出一个如上的方程，将 n 个方程相加，得

$$\sum \mathrm{d}\left(\frac{1}{2}m_i v_i^2\right) = \sum \delta W_i$$

$$\mathrm{d}\left[\sum \left(\frac{1}{2}m_i v_i^2\right)\right] = \sum \delta W_i$$

式中　$\sum\left(\frac{1}{2}m_i v_i^2\right)$ 是质点系的动能，以 T 表示。

于是上式可写成

$$\mathrm{d}T = \sum \delta W_i \tag{10-25}$$

式(10-25)是质点系动能定理的微分形式。由此可得出结论：质点系动能的增量，等于作用于质点系全部力所做元功的和。

对上式积分，得

$$T_2 - T_1 = \sum W_i \tag{10-26}$$

式中　T_1 和 T_2 分别是质点系在某一段运动过程的起点和终点的动能。

式(10-26)是质点系动能定理的积分形式。由此可得出结论：质点系在某一段运动过程中，动能的改变量等于作用于质点系全部力在这段过程中所做的功之和。

3. 内力做功与理想约束

在一般情况下，质点系内力做功的和并不一定等于零。如两质点 M_1 和 M_2 受引力作用而互相靠近时，两个引力 $\boldsymbol{F}_1$ 和 $\boldsymbol{F}_2$ 都做正功。如将两个质点视为质点系，而引力 $\boldsymbol{F}_1$ 和 $\boldsymbol{F}_2$ 就是质点系的内力，因此这时质点系内力做功的和不等于零。其实，写出该对内力的功的表达式，可以得到，内力的元功等于内力与两质点的相对位置的微分的乘积，即

$$\delta W = F\mathrm{d}r_{12} \tag{10-27}$$

因此，在动能定理的表达式中，计算的功应该是包含内力在内的全部力的功。但是，由于一般质点系(物体系)的内力无穷多，计算内力的功是不可能的，这样就造成动能定理无法在物体系动力学中得到应用。若主要研究刚体，根据刚体的特性，其内任意质点间的距离是不会改变的。只要有内力作用的两质点的相对位置没有改变，则内力的元功就等于零。因此，刚体内力做功的和等于零。在应用动能定理时不用考虑刚体内力的功。

在许多情况下，约束力做功的和等于零，这种约束称为理想约束。常见的理想约束主要有以下几种。

1）光滑接触面

如图 10-10(a)所示，圆球与地面间光滑接触。由于作用于质点的约束力 $\boldsymbol{F}_\mathrm{N}$ 与质点的微小位移 $\mathrm{d}\boldsymbol{r}$ 垂直，所以约束力的元功等于零。

2）不可伸长的柔性约束

如图 10-10(b)所示，由于柔性体约束任意两点间位置在柔性绳方向的投影保持不变(绳子是不可伸长的)，所以对应的约束力在微小位移上的元功的和为零。

3）光滑圆柱铰链约束

如图 10-10(c)所示，铰链处相互作用的约束力 $\boldsymbol{F}$ 和 $\boldsymbol{F}'$ 是等值反向的，它们在铰链中心的任何位移 $\mathrm{d}\boldsymbol{r}$ 上做功之和都等于零。

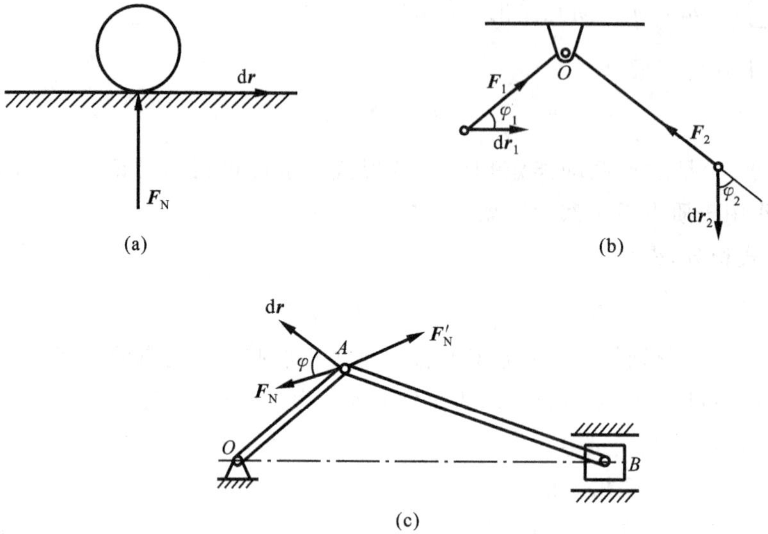

图 10-10

由于在理想约束下约束力不做功，在式(10-26)中，把质点系上所有力分成主动力和约束力。其中的约束力不做功，因此，方程中需要计算讨论的只有主动力的功。

这样，动能定理又可以表示为

$$T_2 - T_1 = \sum W_i^F \tag{10-28}$$

式中　W_i^F 表示第 i 个主动力所做的功。

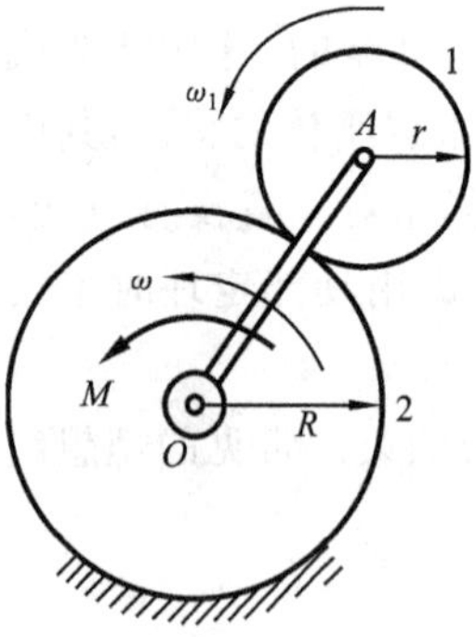

图 10-11

例 10-2　置于水平面内的行星齿轮机构的曲柄 OA 受不变的矩为 M 的力偶作用而绕固定轴 O 转动，由曲柄带动的齿轮 1 在固定齿轮 2 上滚动，如图 10-11 所示。已知曲柄 OA 长 l，均质杆质量为 m，齿轮 1 的半径为 r，均质圆盘质量为 m_1。不计各处摩擦，求曲柄由静止转过 φ 角后的角速度和角加速度。

解　取整个系统为研究对象。曲柄 OA 做定轴转动，齿轮 1 做平面运动。设曲柄的角速度为 ω，齿轮 1 的角速度为 ω_1，由运动分析可知，$r\omega_1 = l\omega$，故系统的动能为

$$T=\frac{1}{2}J_O\omega^2+\frac{1}{2}m_1v_A^2+\frac{1}{2}J_A\omega_1^2$$
$$=\frac{1}{2}\frac{ml^2}{3}\omega^2+\frac{1}{2}m_1(l\omega)^2+\frac{1}{2}\frac{m_1r_1^2}{2}\left(\frac{l\omega}{r_1}\right)^2$$
$$=\frac{1}{2}\left(\frac{m}{3}+\frac{3m_1}{2}\right)l^2\omega^2$$

系统在水平面内运动，重力不做功，各处摩擦不计，因此理想约束力不做功，只有矩为 M 的力偶做正功，应用动能定理得

$$\frac{1}{2}\left(\frac{m}{3}+\frac{3m_1}{2}\right)l^2\omega^2=M\varphi$$

由上式可得曲柄 OA 的角速度为

$$\omega=\sqrt{\frac{12M\varphi}{(2m+9m_1)l^2}}$$

对上式两边求导，得曲柄 OA 的角加速度为

$$\alpha=\frac{6M}{(2m+9m_1)l^2}$$

例 10-3　如图 10-12(a)所示，均质圆盘 A 和滑块 B 质量均为 m，圆盘的半径为 r，杆 AB 的质量不计，平行于斜面，斜面倾角为 θ。已知斜面与滑块间的摩擦因数为 f，圆盘在斜面上做纯滚动，系统在斜面上无初速地运动，求滑块的加速度。

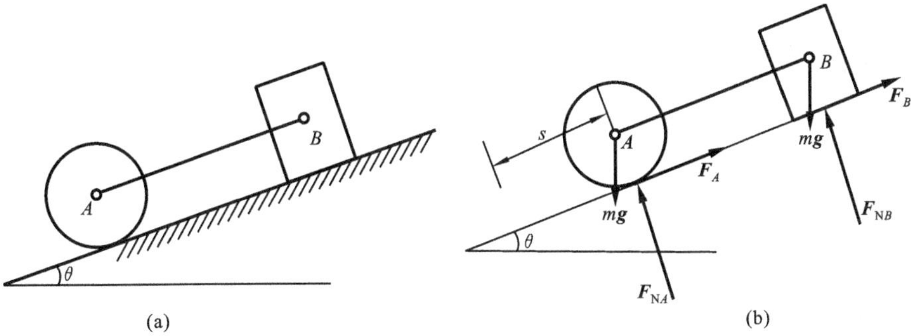

图 10-12

解　取整个系统为研究对象，圆盘 A 做平面运动，滑块 B 做平移。

系统的受力分析如图 10-12(b)所示。因为圆盘做纯滚动，所以摩擦力 $\boldsymbol{F}_A$ 不做功，法向约束力 $\boldsymbol{F}_{NA}$、$\boldsymbol{F}_{NB}$ 均不做功。

设圆盘质心沿斜面下滑距离为 s，则重力所做的功为

$$W_1=2mg\sin\theta\cdot s$$

摩擦力 F_B 所做的功为

$$W_2=-F_B\cdot s=-fF_{NB}\cdot s$$

当圆盘质心沿斜面下滑的距离为 s 时，其速度为 v，圆盘转动的角速度为 ω，则系

统的动能为

$$T_1 = 0$$

$$T_2 = 2 \times \frac{1}{2} m v^2 + \frac{1}{2} J_A \omega^2$$

其中

$$\omega = \frac{v}{r}$$

所以

$$T_2 = \frac{5}{4} m v^2$$

根据动能定理

$$T_2 - T_1 = W_1 + W_2$$

可得

$$\frac{5}{4} m v^2 = 2mg \sin\theta \cdot s - f F_{NB} \cdot s$$

将上式对时间求一阶导数得

$$\frac{5}{2} m v \frac{\mathrm{d}v}{\mathrm{d}t} = mg \frac{\mathrm{d}s}{\mathrm{d}t} (2\sin\theta - f\cos\theta)$$

因为

$$\frac{\mathrm{d}v}{\mathrm{d}t} = a, \frac{\mathrm{d}s}{\mathrm{d}t} = v$$

所以滑块的加速度为

$$a = \frac{2}{5} g (2\sin\theta - f\cos\theta)$$

10.5　机械能守恒

1. 势力场与势能

场是某一类具有特定性质的空间，这些特定性质一般与空间内位置有关，是空间位置的函数。如质点在空间内任一位置都受一定大小和方向的力的作用，具有这样的特性的空间就称为力场。当质点在某一力场内运动时，力对质点所做的功仅与质点的起止位置有关，而与质点运动的路径无关，这样的力场称为有势力场。质点在有势力场内所受的力称为有势力。重力和引力都是有势力，而重力场和引力场都是有势力场。

有势力所做的功与质点运动时所沿路径无关，而只取决于运动始末两位置。一般地说，质点位于势力场中的某一位置时，相对于选定的基准位置来讲，具有一定的能量，这种能量称为质点相对于基准位置的势能，其大小以质点从该位置运动到基准位置时，势力做的功来度量。质点在基准位置时势能为零，该基准位置称为零势能位置。

质点在势力场中某一位置 $M(x, y, z)$ 的势能，等于质点从该位置运动到零位置

$M_0(x_0, y_0, z_0)$时势力所做的功。如果用 V 表示质点的势能，则有

$$V = \int_M^{M_0} F \cdot dr = \int_M^{M_0} (F_x dx + F_y dx + F_z dx) \tag{10-29}$$

常见的势能为重力势能和弹性力势能。

1）重力势能

如图 10-13 所示，在重力场中，取 M_0 为零势能点，则点 M 的势能为

$$V = \int_z^{z_0} F \cdot dr = \int_M^{M_0} -mg dz = mg(z - z_0) \tag{10-30}$$

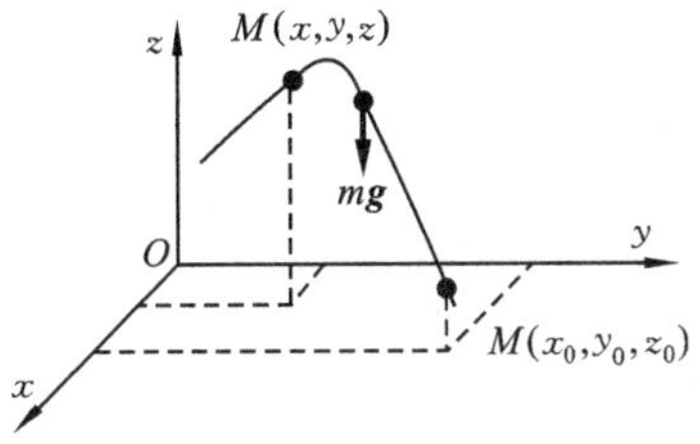

图 10-13

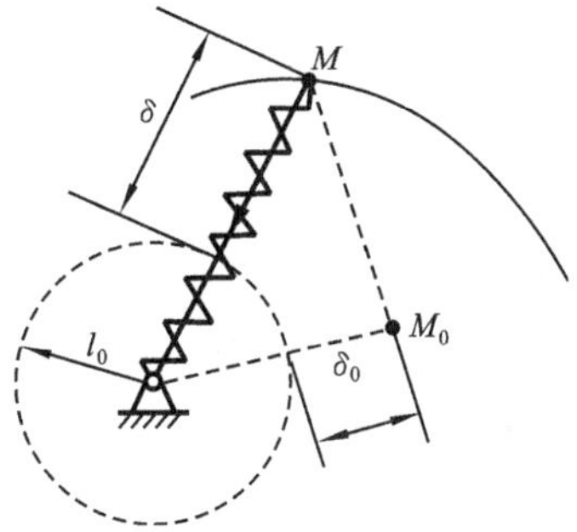

图 10-14

2）弹性力势能

如图 10-14 所示，设弹簧的一端固定，另一端与物体相连接，弹簧的刚度系数为 k。以变形量为 δ_0 处为零势能点，则变形量为 δ 的弹簧势能 V 为

$$V = \frac{k}{2}(\delta^2 - \delta_0^2) \tag{10-31}$$

如果取弹簧的自然位置为零势能点，则有 $\delta_0 = 0$，于是可得

$$V = \frac{k}{2}\delta^2 \tag{10-32}$$

2. 机械能守恒定律

质点在空间运动，它在某位置时的动能和势能的总和称为质点的机械能。

质点在有势力作用下运动时，它的机械能保持不变。对于在有势力作用下的质点系来说，也有同样的结论，即

$$T + V = \text{常量} \tag{10-33}$$

式中　T 和 V 分别表示质点系在任意位置的动能和势能。

式(10-33)表明，质点或质点系在有势力作用下运动时，其机械能是守恒的。这就是机械能守恒定律。

例 10-4　如图 10-15(a)所示，均质杆 AB 长 l，质量为 m，上端 B 靠在光滑墙上，另一端 A 用光滑铰链与车轮轮心相连接，已知车轮质量为 M，半径为 R，在水平面上做纯滚动，设系统从图示位置($\theta = 45°$)无初速开始运动，求该瞬时轮心 A 的加速度。

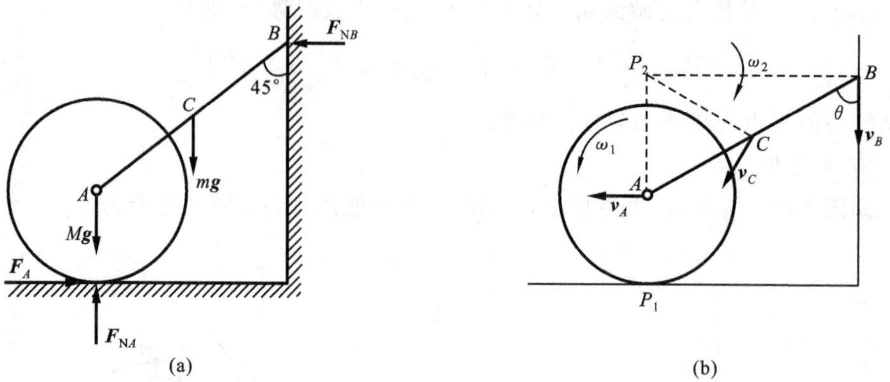

图 10-15

解　本题中，由于系统中只有有势力做功，可用机械能守恒定律求解。

以系统为研究对象，其受力分析如图 10-15(a)所示。设杆 AB 由图 10-15(a)所示位置运动到图 10-15(b)所示位置，考察此时杆的动能和势能。

以水平面为零势能位置，则两位置系统的势能分别为

$$V_1 = 常量$$

$$V_2 = mg\left(R + \frac{l}{2}\cos\theta\right) + MgR$$

根据运动学关系，有

$$\omega_1 = \frac{v_A}{R},\quad \omega_2 = \frac{v_A}{l\cos\theta},\quad v_C = \frac{l}{2}\omega_2 = \frac{v_A}{2\cos\theta}$$

故系统在两位置的动能分别为

$$T_1 = 0$$

$$T_2 = \frac{1}{2}Mv_A^2 + \frac{1}{2}J_A\omega_1^2 + \frac{1}{2}mv_C^2 + \frac{1}{2}J_C\omega_2^2$$

$$J_A = \frac{1}{2}MR^2,\quad J_C = \frac{1}{12}ml^2$$

故

$$T_2 = \left(\frac{3}{4}M + \frac{m}{6\cos^2\theta}\right)v_A^2$$

由 $V_1 + T_1 = V_2 + T_2$，有

$$V_1 = \left(\frac{3}{4}M + \frac{m}{6\cos^2\theta}\right)v_A^2 + mg\left(R + \frac{l}{2}\cos\theta\right) + MgR$$

将上式对时间求一阶导数得

$$\left(\frac{3}{2}M + \frac{m}{3\cos^2\theta}\right)v_A \cdot \frac{\mathrm{d}v_A}{\mathrm{d}t} + \frac{\sin\theta \cdot \frac{\mathrm{d}\theta}{\mathrm{d}t}}{3\cos^2\theta}mv_A^2 - mg\,\frac{l}{2}\sin\theta \cdot \frac{\mathrm{d}\theta}{\mathrm{d}t} = 0$$

因
$$\frac{\mathrm{d}v_A}{\mathrm{d}t}=a_A,\quad \frac{\mathrm{d}\theta}{\mathrm{d}t}=\omega_2=\frac{v_A}{l\cos\theta}$$

当 $\theta=45°$时，系统处于刚开始运动的时刻，则有 $v_A=0$，故有

$$a_A=\frac{3mg}{9M+4m}$$

例 10-5　如图 10-16 所示，鼓轮 D 匀速转动，使绕在轮上钢索下端的重物以 $v=0.5$ m/s 匀速下降，重物质量 $m=250$ kg，钢索的刚度系数为 $k=3.35\times10^6$ N/m。设当鼓轮突然被卡住时，钢索的最大张力。

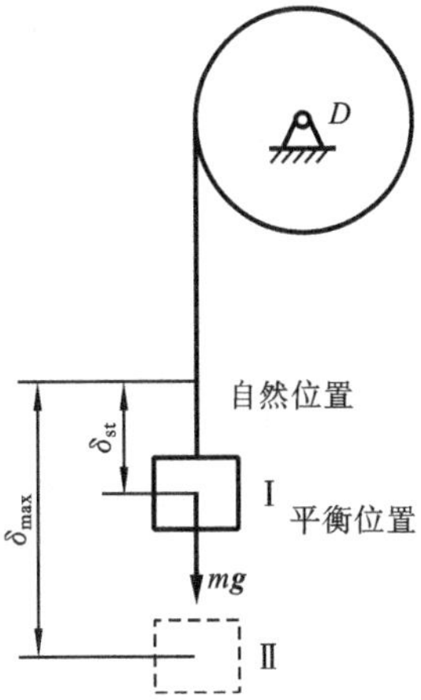

图 10-16

解　鼓轮匀速转动时，重物处于平衡状态，钢索的伸长量为

$$\delta_{st}=\frac{mg}{k}$$

钢索的张力为

$$F=k\delta_{st}=mg=2.45\ \text{kN}$$

当鼓轮被卡住后，由于惯性，重物将继续下降，钢索继续伸长，钢索的弹性力逐渐增大，重物的加速度逐渐减小。当速度等于零时，弹性力达到最大值。

本系统中重物只受重力和弹性力的作用，因此系统的机械能守恒。

取重物平衡位置 I 为重力和弹性力的零势能点，在位置 II 处张力最大。在这两处的势能分别为

$$V_1=0$$

$$V_2=\frac{1}{2}k(\delta_{max}^2-\delta_{st}^2)-mg(\delta_{max}-\delta_{st})$$

因
$$T_1=\frac{1}{2}mv^2$$

$$T_2=0$$

由 $V_1+T_1=V_2+T_2$ 得

$$\frac{1}{2}mv^2+0=0+\frac{1}{2}k(\delta_{max}^2-\delta_{st}^2)-mg(\delta_{max}-\delta_{st})$$

其中 $k\delta_{st}=mg$，所以可得

$$\delta_{max}^2-2\delta_{max}\delta_{st}+\delta_{st}^2-\frac{v^2}{g}\delta_{st}=0$$

$$\delta_{max}=\delta_{st}\left(1\pm\sqrt{\frac{v^2}{g\delta_{st}}}\right)$$

因 δ_{max}大于 δ_{st}，上式应取正号。

钢索的最大张力为

$$F_{max} = k\delta_{max} = k\delta_{st}\left(1+\sqrt{\frac{v^2}{g\delta_{st}}}\right) = 16.9\ \text{kN}$$

习　题

10-1　半径为 R 的均质圆轮质量均为 m，其中图(a)、(b)所示圆轮绕固定轴 O 转动，角速度为 ω，图(c)圆轮在水平面上做纯滚动，质心速度为 $\boldsymbol{v}$，求各轮的动能。

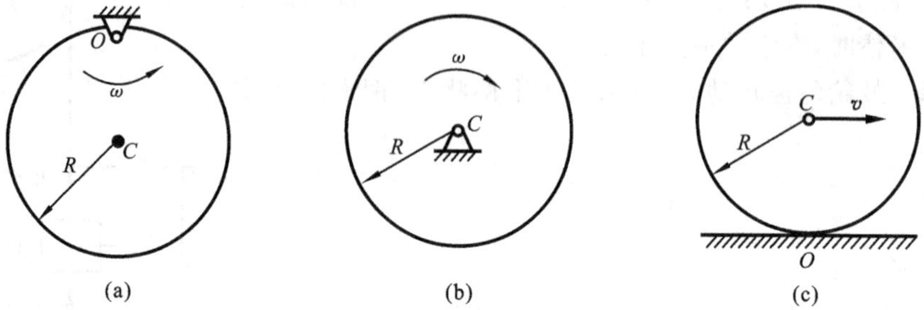

题 10-1 图

10-2　图示均质杆长 l，质量为 m，绕轴 O 转动，角速度为 ω，均质圆盘半径为 R，质量为 m，求下列三种情况下系统的动能：

(1) 圆盘固接于杆上；

(2) 圆盘绕轴 A 转动，相对于杆的角速度为 $-\omega$；

(3) 圆盘绕轴 A 转动，相对于杆的角速度为 ω。

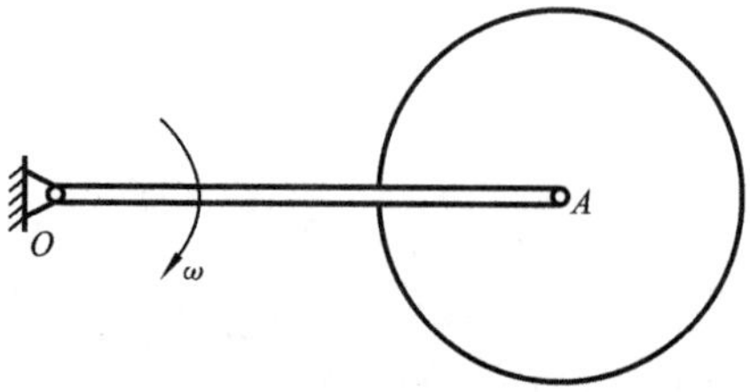

题 10-2 图

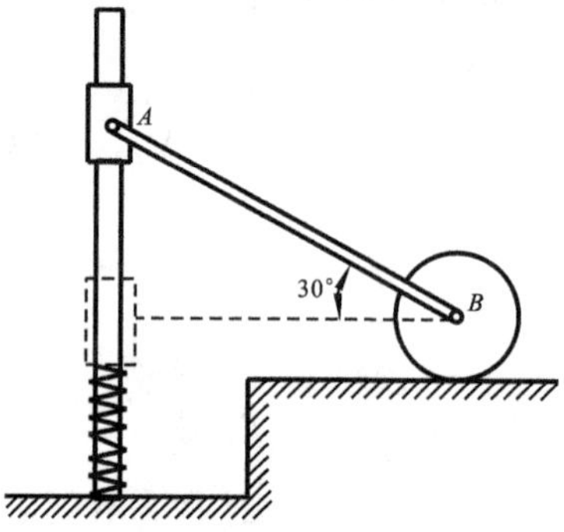

题 10-3 图

10-3　均质连杆 AB 的质量为 4 kg，长 l=600 mm。均质圆盘质量为 6 kg，半径 r=100 mm，弹簧刚度系数为 k=2 N/mm，不计套筒 A 及弹簧的质量。如连杆在图示位置被无初速释放后，A 端沿光滑杆滑下，圆盘做纯滚动。求：

(1) 当杆 AB 到达水平位置而接触弹簧时，圆盘与连杆的角速度；

(2) 弹簧的最大压缩量。

10-4　如图所示，物块及两均质轮的质量均为 m，轮半径均为 R。滚轮上缘绕一刚度系数为 k 的无重水平弹簧，轮与地面间无滑动。现于弹簧的原长处自由释放重物，试求重物下降 h 时的速

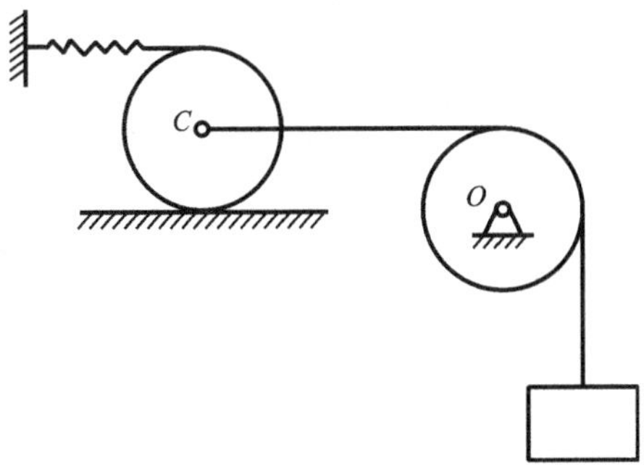

题 10-4 图

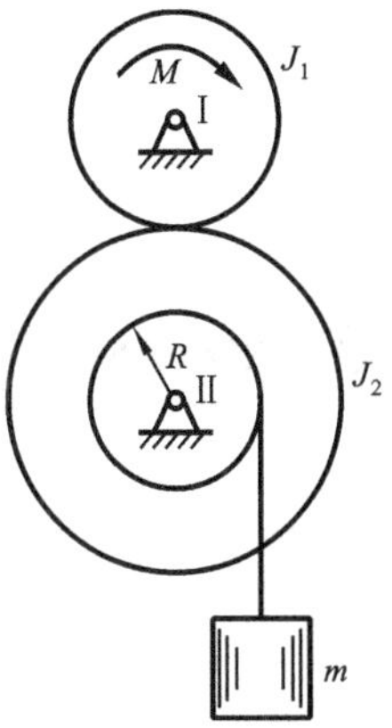

题 10-5 图

度、加速度以及滚轮与地面间的摩擦力。

10-5　如图所示，用电绞车提升质量为 m 的物体，在其主动轴Ⅰ上作用一矩为 M 的主动力偶。已知：主动轴Ⅰ和从动轴Ⅱ连同安装在两轴上的附属零件的转动惯量分别为 J_1 和 J_2，传动比 $\omega_1:\omega_2=i$；吊索绕在鼓轮上，鼓轮半径为 R。不计轴Ⅰ、Ⅱ的轴承摩擦阻力偶，求重物的加速度。

10-6　如图所示，一圆轮 A 沿倾角为 θ 的斜面向下做纯滚动。圆轮借一跨过滑轮 B 的绳子提升一质量为 m 的物体 E，同时带动滑轮 B 绕轴 O 转动。圆轮和滑轮可看成均质圆盘，半径为 r，质量为 m_1。滑轮与绳子间无滑动，绳子质量不计。试求：

(1) 圆轮 A 的质心加速度；

(2) CD 段绳子的拉力。

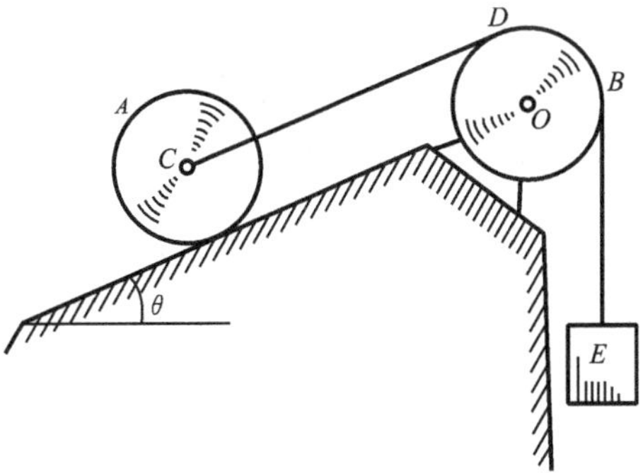

题 10-6 图

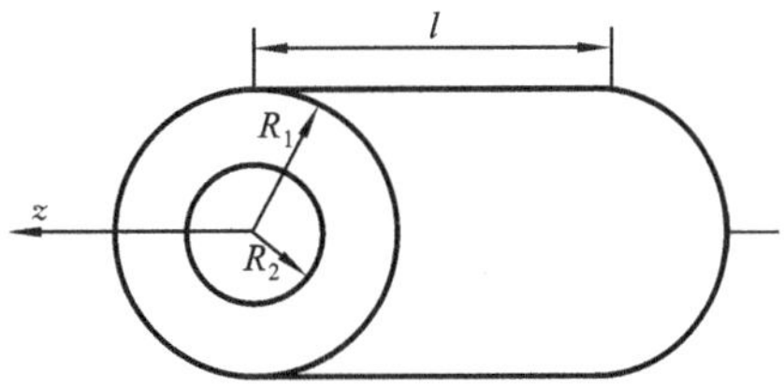

题 10-7 图

10-7　如图所示，质量为 m 的均质空心圆柱体外径为 R_1，内径为 R_2，求其对中心轴 z 的转动惯量。

10-8　如图所示，已知均质圆盘的质量为 m，半径为 r，可沿水平面做纯滚动，刚度系数为 k 的弹簧一端固定于墙上，另一端与圆盘中心 O 相连。运动开始时，弹簧保持原长，此时圆盘的角速度为 ω，试求：

(1) 圆盘向右运动到达最右位置时，弹簧的伸长量；

(2) 圆盘到达最右位置时的角加速度 α。

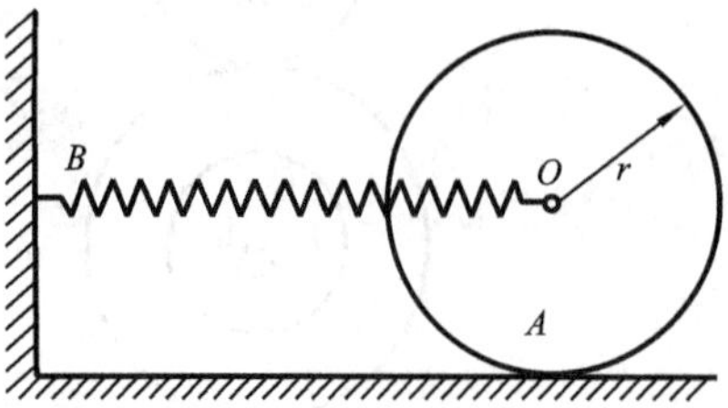

题 10-8 图

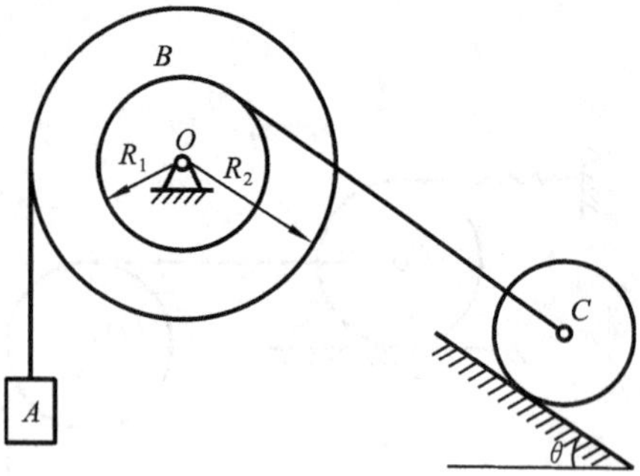

题 10-9 图

10-9　如图所示，鼓轮 B 的质量为 m，内外半径分别为 R_1 和 R_2，转轴 O 的回转半径为 ρ，其上绕一细绳，一端吊一质量为 m 的物块 A，另一端与质量为 M、半径为 R_1 的均质圆轮 C 相连，斜面倾角为 θ，绳的倾斜段与斜面平行。试求鼓轮的角加速度。

10-10　如图所示，弹簧原长 $l=100$ mm，刚度系数 $k=4.9$ kN/m，一端固定在点 O，此点在半径为 $R=100$ mm 的固定圆环上。将弹簧的另一端由点 B 拉至点 A 和由点 A 拉至点 D，已知 OA 垂直于 BD，OA 和 BD 为直径，试分别计算弹簧力所做的功。

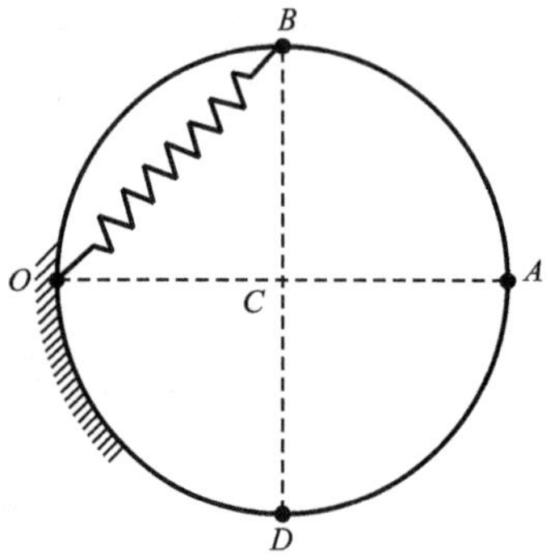

题 10-10 图

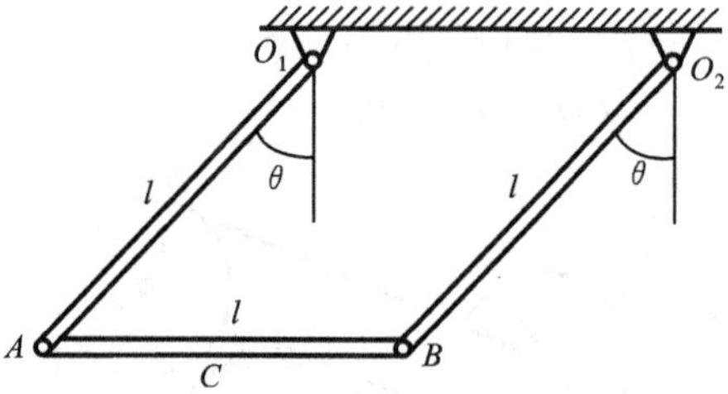

题 10-11 图

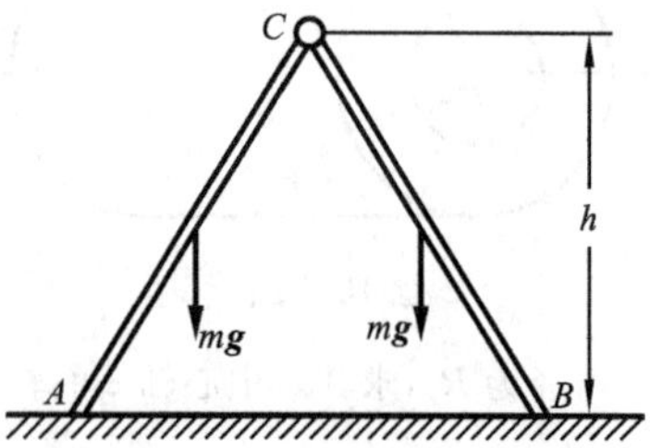

题 10-12 图

10-11　如图所示，等重的三根均质杆通过铰链连接，在竖直平面内运动，各杆长均为 l，质量均为 m，初始位置 $\theta=45°$，无初速释放后，求运动到竖直位置时，杆 O_1A 的角速度。

10-12　如图所示，两均质杆 AC 和 BC 的质量均为 m，长均为 l，在 C 处用铰链连接，放在光滑的水平面上。设 C 点的初始高度为 h，两杆由静止开始下落，求铰链 C 到达地面时的速度(两杆下落时，两杆轴线保持在竖直平面内)。

10-13　如图所示，已知轮子半径为 r，对转轴 O 的转动惯量为 J_O，连杆 AB 长为 l，质量为 m_1，滑块质量为 m_2，可沿光滑竖直导轨滑动。滑块由最高位置从静止开始运动，求当滑块达到最低位置时轮子的角速度。

10-14　如图所示，木块质量 $m_1=7$ kg，放在两个相同的均质圆柱上，圆柱质量为 $m_2=2$ kg，半

径 $r=0.1$ m，圆柱做纯滚动，求木块从静止开始移动至 1 m 后的速度和加速度。

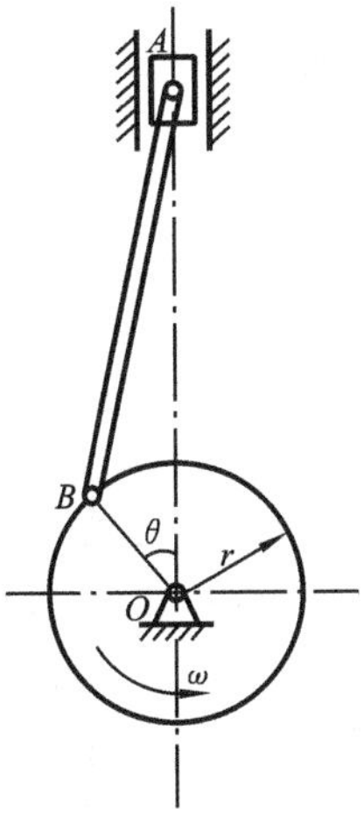

题 10-13 图

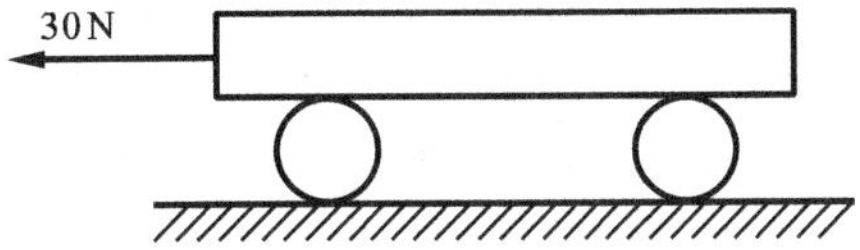

题 10-14 图

10-15　如图所示，均质圆轮 O 半径为 R，质量为 m_1，绕轴 O 无摩擦转动，上绕一个刚度系数为 k 的弹簧。均质杆 AB 长度为 l，质量为 m_2，固结于轮 O 上，图示位置杆 AB 水平，弹簧无变形，此时将系统由静止释放，求当杆 AB 到达图示竖直位置的时候，圆轮 O 的角速度和角加速度（假定弹簧刚度系数足够小，确保系统可以到达目标位置）。

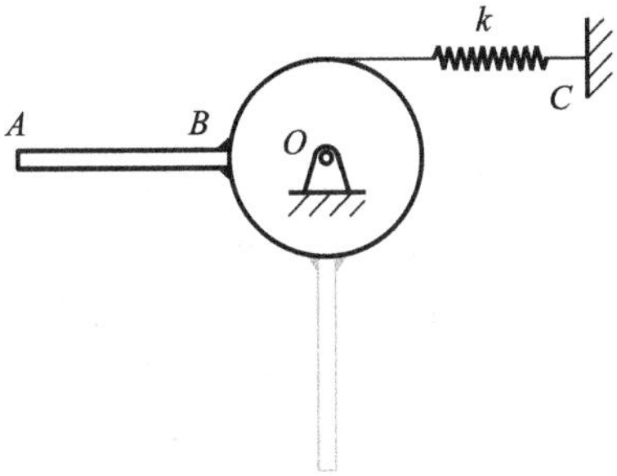

题 10-15 图

第11章　达朗贝尔原理

11.1　惯性力的概念

当物体处于运动状态时，由于存在加速度，物体所受到的力与其运动之间的关系可以由动力学基本方程得到。但由于加速度的存在，动力学基本方程相对静力学平衡方程比较复杂，同时，由于动力学基本方程通常是不封闭的，因此，在求解时需要从运动学方面寻找补充方程（物体加速度或者速度之间的联系方程），与动力学基本方程联立，构成封闭的方程组，从而完成求解。法国的达朗贝尔（1717—1783年）提出了一种新的解决物体动力学问题的原理，称为达朗贝尔原理。将该原理与虚位移原理结合，可以推导出著名的拉格朗日方程，该方程是分析力学、多体系统动力学等研究的基础。达朗贝尔原理也是物体动力学分析的常用原理。

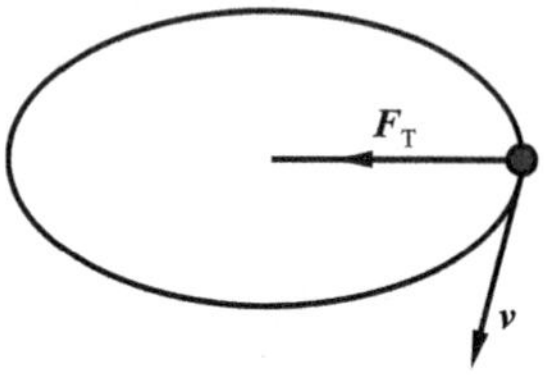

图 11-1

达朗贝尔原理采用惯性力概念来表述加速度的影响。如图11-1所示，用细绳一头系一颗石子，另一头捏在手上，然后，伸直手臂，让绳子带动石子转动起来，可以感觉到绳子被绷紧，这意味着在手与石子之间通过绳子发生了力的传递作用。对石子进行受力分析：石子受到重力作用，其方向是垂直于水平面的，在水平面上的投影为0；在水平面上石子仅受到绳子的拉力。有人说，石子还受到一个离心力的作用，该离心力与绳子的拉力平衡。但注意到，力是两个物体间的相互作用，一般一个力必须有受力体和施力体。对石子受到的“离心力”来说，有受力体——石子，但没有施力体，因此说“离心力”是一种特殊的力，它是一种虚拟的力，其实质是惯性力的一种。从感觉上可发现，“离心力”的方向沿着绳子的方向向外（石子的加速度为向心加速度，沿着绳子方向向里），其大小与石子的质量以及转动的角速度有关，石子的质量越大、转动越快（石子的加速度越大），离心力也就越大。

考察一般运动情况下的质点，设质点的质量 m，受到力 $\boldsymbol{F}$ 作用，产生加速度 $\boldsymbol{a}$，根据牛顿第二定律，有

$$m\boldsymbol{a} = \boldsymbol{F} \tag{11-1}$$

把加速度项移到方程的右边，有

$$\boldsymbol{F} + (-m\boldsymbol{a}) = \boldsymbol{0} \tag{11-2}$$

式(11-2)中，$-m\boldsymbol{a}$ 具有力的量纲，达朗贝尔称其为惯性力，用 $\boldsymbol{F}_I$ 表示。可以看到，惯性力的大小与质点的质量、加速度成正比，方向与加速度方向相反。利用惯性力的概

念，达朗贝尔把质点动力学基本方程(11-1)改写为

$$\boldsymbol{F} + \boldsymbol{F}_{\mathrm{I}} = \boldsymbol{0} \tag{11-3}$$

即作用在质点上的所有外力与质点的惯性力的合力为零，它们组成了一个平衡力系。注意到平衡力系的表达是静力学所特有的，其中所用的原理就称为达朗贝尔原理。利用达朗贝尔原理，可以用静力学方法解决动力学问题。

例 11-1　有一小球，质量为 m，用长 l 的绳子系于点 O，如图 11-2 所示。小球与绳子一起绕竖直轴匀速转动，绳子与竖直轴恰成 30°角，求绳子的张力以及转动角速度。

解　系统绕竖直轴转动，设转动的角速度为 ω，质点的运动为圆周运动，其运动加速度为

$$a = r\omega^2 = l\sin 30^\circ \omega^2 = \frac{1}{2} l\omega^2$$

小球受力分析如图 11-2 所示。小球受到三个力作用：重力、绳子张力、惯性力。

根据达朗贝尔原理，质点受到的力与惯性力组成平衡力系

则有

$$F_{\mathrm{T}} \cos 30^\circ - mg = 0$$

$$F_{\mathrm{T}} \sin 30^\circ - ma = 0$$

注意到加速度 $a = \frac{1}{2} l\omega^2$，因此可以解得

$$F_{\mathrm{T}} = \frac{2\sqrt{3}}{3} mg = 1.155mg$$

$$\omega = \sqrt{\frac{2\sqrt{3}}{3} \frac{g}{l}} = 1.075\sqrt{\frac{g}{l}}$$

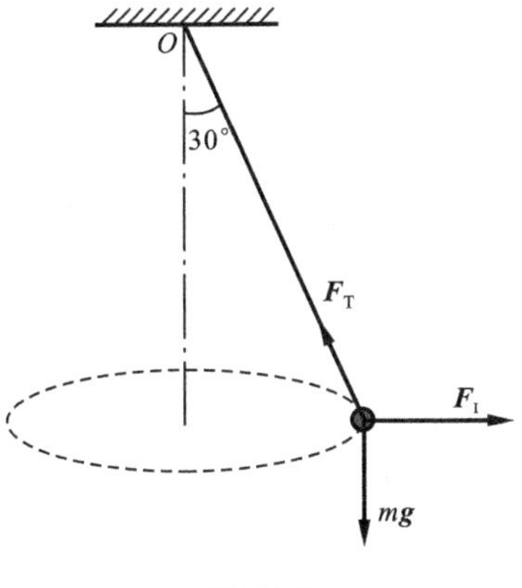

图 11-2

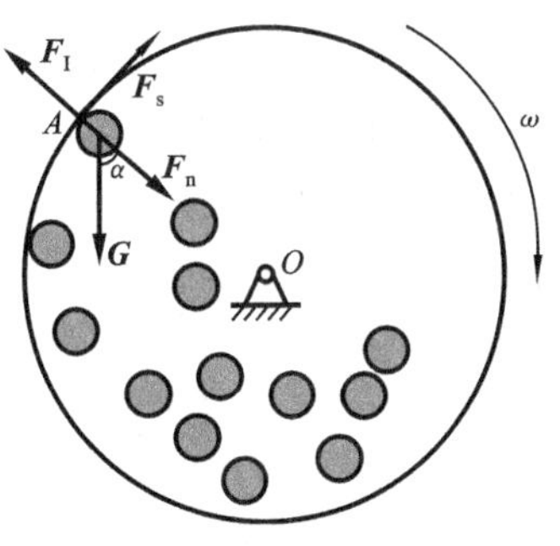

图 11-3

例 11-2　如图 11-3 所示，球磨机滚筒以匀角速度 ω 绕水平轴 O 转动，滚筒内装有待粉碎的物料和钢球。当滚筒滚动时，钢球被滚筒壁带动上升，到某点 A 处时脱离筒壁并下落，并击打在物料上，从而达到粉碎物料的目的。设滚筒半径为 R，求点

A 处半径与竖直线的夹角 α。

解 假设某一钢球重为 $\boldsymbol{G}$,随着滚筒壁一起上升。钢球受到重力作用,还受到筒壁的正压力以及摩擦力的作用,其中,正压力沿径向,指向滚筒的中心,摩擦力沿切向。另外,由于钢球受滚筒带动做匀速圆周运动,其加速度为向心加速度 $\omega^2 R$,则存在惯性力,如图 11-3 所示。根据达朗贝尔原理,重力、正压力、摩擦力和惯性力组成一个平衡力系。将力系向半径方向投影,则有平衡方程

$$\sum F_n = 0, \quad F_N + G\cos\alpha - F_I = 0$$

其中 $F_I = m\omega^2 R$,故可解得

$$F_N = -G\cos\alpha + F_I = G\left(\frac{R\omega^2}{g} - \cos\alpha\right)$$

随着钢球的上升,夹角 α 也减小,正压力 F_N 也随之减小。如果在某个角度,正压力减小到零,则由于无正压力的支持,钢球就在该位置与滚筒发生脱离。因此,

$$F_N = G\left(\frac{R\omega^2}{g} - \cos\alpha\right) = 0$$

$$\cos\alpha = \frac{R\omega^2}{g}, \quad \alpha = \arccos\frac{R\omega^2}{g}$$

在例 11-2 中,由 $\cos\alpha = \frac{R\omega^2}{g}$ 知,$\cos\alpha$ 存在的条件是

$$\frac{R\omega^2}{g} \leqslant 1$$

当 $\frac{R\omega^2}{g} = 1$ 时,脱离角为零,意味着钢球可以一直附着在滚筒壁上而不脱离,钢球不能下落,也就不能达到粉碎物料的目的。这时,相应的角速度为临界角速度 $\omega_n = \sqrt{\frac{g}{R}}$。

显然,滚筒的半径越大,临界频率就越低。当滚筒转动的频率大于临界频率时,钢球在转动过程中附着于筒壁上而不下落,达不到粉碎物料的目的。但对于另外一些机械设备,如离心浇铸机来说,恰恰需要使浇注进去的金属贴附于筒壁,达到成形的目的,这时就需要滚筒的转速超过临界频率了。

11.2 刚体惯性力系的简化

研究刚体的动力学问题时,同样可以引入惯性力概念,并运用达朗贝尔原理,将动力学问题转换为一个等效的静力学问题来处理。但需要注意的是,刚体是由无数质点所组成的,而这无数个质点在运动中产生的加速度各不相同,它们所形成的惯性力也就不同。这样的惯性力作用在刚体上,成为一个比较复杂的惯性力系,因而需要对其进行简化。根据刚体运动的情况不同,惯性力系的简化也有着不同的结果。

1. 刚体平移

刚体做平移时，刚体上所有点的运动状况相同，即各质点的加速度相同，相应的惯性力大小与质点的质量成正比，方向相同，这些惯性力组成平行力系，可以进行合成。

如图 11-4 所示，设刚体平行移动的加速度为 $\boldsymbol{a}$，其中某一任意质点，质量为 m_i，有惯性力 $\boldsymbol{F}_{\mathrm{I}i}=-m_i\boldsymbol{a}$，则

$$\boldsymbol{F}_{\mathrm{I}} = \sum \boldsymbol{F}_{\mathrm{I}i} = \sum(-m_i\boldsymbol{a}) = -\left(\sum m_i\right)\boldsymbol{a} = -M\boldsymbol{a} \tag{11-4}$$

显然，由于惯性力是与质量成正比的平行力系，因此，其分布的情况与重力是完全一样的，惯性力简化后的作用点也与重力的作用点(质心)重合。同时，注意到对于平移刚体，质心点的加速度也与任意点的加速度(刚体的加速度)是一致的，因此，可以得到结论：刚体做平移时，刚体的惯性力系简化为合力，其大小和方向由矢量 $\boldsymbol{F}_{\mathrm{I}}=-M\boldsymbol{a}_C$ 决定，合力作用在刚体的质心，如图 11-4 所示。

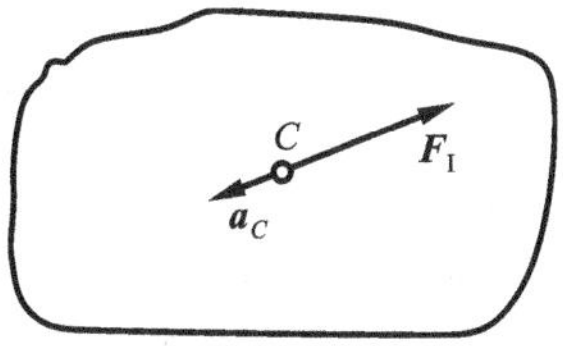

图 11-4

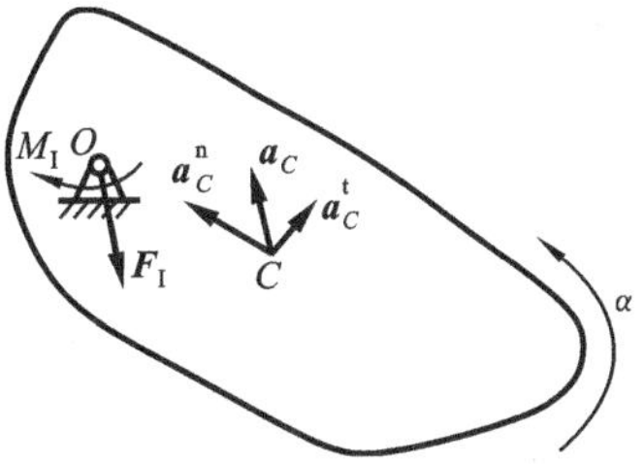

图 11-5

2. 刚体定轴转动

刚体定轴转动时，刚体上的质点均绕转轴做圆周运动，存在切向与法向加速度，也就产生了切向和法向惯性力。对于一般的转动刚体，由于结构的任意性，所产生的惯性力系的分布比较复杂，本书不作介绍，而只讨论刚体在垂直于转轴的方向上存在对称面的特殊情况。这时，由于对称面的存在，可以把定轴转动刚体的三维问题简化为对称面(平面图形)在自身平面内转动的二维问题。大多数工程机构中都存在这样的对称面，如齿轮、曲柄、凸轮等，也就可以将其运动转化为平面图形的转动。

设有刚体绕转轴 O 以角速度 $\boldsymbol{\omega}$、角加速度 $\boldsymbol{\alpha}$ 做定轴转动(见图 11-5)。对其中任意某质点 m_i，其与转轴中心 O 的矢径为 $\boldsymbol{r}_i$，则有加速度

$$\boldsymbol{a}_i = \boldsymbol{\alpha}\times\boldsymbol{r}_i+\boldsymbol{\omega}\times\boldsymbol{\omega}\times\boldsymbol{r}_i$$

因此惯性力系 $\boldsymbol{F}_i=-m_i\boldsymbol{a}_i$，这些惯性力系为分布力系。将其向转轴中心简化，并注意到质心的定义，即

$$\boldsymbol{r}_C = \frac{\sum\limits_i m_i\boldsymbol{r}_i}{\sum m_i}$$

由此求导而得到质心的速度与加速度表达式：

$$\left.\begin{aligned} \boldsymbol{v}_C &= \frac{\mathrm{d}\boldsymbol{r}_C}{\mathrm{d}t} = \frac{\sum m_i \dfrac{\mathrm{d}\boldsymbol{r}_i}{\mathrm{d}t}}{\sum m_i} = \frac{\sum m_i \boldsymbol{v}_i}{M} \\ \boldsymbol{a}_C &= \frac{\mathrm{d}\boldsymbol{v}_C}{\mathrm{d}t} = \frac{\sum m_i \dfrac{\mathrm{d}\boldsymbol{v}_i}{\mathrm{d}t}}{\sum m_i} = \frac{\sum m_i \boldsymbol{a}_i}{M} \end{aligned}\right\}$$

则惯性力的主矢为

$$\boldsymbol{F}_{\mathrm{I}} = \sum_i \boldsymbol{F}_{\mathrm{I}i} = \sum_i (-m_i \boldsymbol{a}_i) = -M\boldsymbol{a}_C \tag{11-5}$$

式中 $\boldsymbol{a}_C = \alpha \times \boldsymbol{r}_C + \omega \times \omega \times \boldsymbol{r}_C$ 为质心 C 的加速度。

定义惯性力系的主矩为所有质点的惯性力对转轴 O 的矩之和，即

$$M_{\mathrm{I}} = \sum_i M_O(F_{\mathrm{I}i})$$

由于质点加速度分为切向加速度和法向加速度，因此，惯性力也可以分为切向惯性力和法向惯性力两个部分。法向惯性力都通过转轴中心点 O，显然，这部分惯性力对转轴的力矩为零，计算主矩时只需要讨论惯性力的切向分量的矩，即

$$M_{\mathrm{I}} = \sum_i M_O(\boldsymbol{F}_{\mathrm{I}i}) = \sum_i (-m_i r_i^2)\alpha = -J_O \alpha \tag{11-6}$$

由此可得出结论：刚体做定轴转动时，刚体惯性力简化结果为一主矢和一主矩。其中：主矢的大小为刚体质量与质心加速度的乘积，方向与质心加速度方向相反，作用于转轴上；主矩大小为刚体对转轴的转动惯量与转动的角加速度的乘积，方向与角加速度方向相反。即

$$\left.\begin{aligned} F_{\mathrm{I}} &= -Ma_C \\ M_{\mathrm{I}} &= -J_O \alpha \end{aligned}\right\} \tag{11-7}$$

由(11-7)可知，当刚体质心位于转轴上时，质心的加速度等于零，惯性力的主矢也为零，这样的系统称为静平衡系统。对于大型主轴以及高速转子，静平衡条件是必须满足的。例如，汽车的轮胎爆胎经修补后，需要做轮胎的平衡处理。另外，当刚体匀角速度转动时，惯性力的主矩为零。

3. 刚体做平面运动

刚体做平面运动时，整个刚体运动可以分解为随着某一个基点的平移加上刚体相对于该基点的定轴转动。在运动学中，基点的选取是任意的，但在动力学分析中，通常以质心作为基点。设刚体上任意质点的质量为 m_i，其加速度为

$$\boldsymbol{a}_i = \boldsymbol{a}_C + \boldsymbol{a}_{iC}^{\mathrm{t}} + \boldsymbol{a}_{iC}^{\mathrm{n}} = \boldsymbol{a}_C + \boldsymbol{\alpha} \times \boldsymbol{r}_i + \boldsymbol{\omega} \times \boldsymbol{\omega} \times \boldsymbol{r}_i$$

式中 a_C 是质心加速度；α、ω 分别是刚体平面运动的角加速度和角速度；$\boldsymbol{r}_i$ 为质心 C 到质点 i 的矢径。

在该质点上，有惯性力 $\boldsymbol{F}_i$，且

$$\boldsymbol{F}_i = -m_i \boldsymbol{a}_i = -m_i(\boldsymbol{a}_C + \boldsymbol{\alpha} \times \boldsymbol{r}_i + \boldsymbol{\omega} \times \boldsymbol{\omega} \times \boldsymbol{r}_i)$$

表明质点的惯性力可以分成三部分：由质心加速度 $\boldsymbol{a}_C$ 引起的惯性力、由质点相对质

心的切向加速度引起的惯性力、由质点相对质心的法向加速度引起的惯性力。这些惯性力分别作用在刚体的每一个质点上，组成了平面任意力系，可简化为惯性力系的主矢和主矩（见图 11-6）。

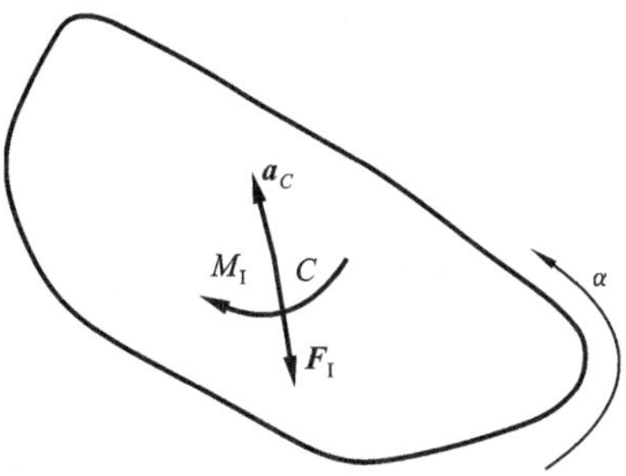

图 11-6

在力系简化中，以质心为简化中心，把所有惯性力向质心简化，其主矢为

$$\boldsymbol{F}_I = \sum \boldsymbol{F}_{Ii} = \sum(-m_i\boldsymbol{a}_i) = -M\boldsymbol{a}_C$$

与刚体平行移动、定轴转动时一样，惯性力的主矢仍然为刚体的质量与质心加速度的乘积，作用在刚体质心上。

考虑到惯性力可以分解成三个部分，则主矩等于三部分的惯性力对质心的矩的和。

1）由质心加速度引起的惯性力

考虑其对质心的力矩，有

$$\boldsymbol{M}_{I1} = \sum \boldsymbol{r}_i \times \boldsymbol{F}_{Ii1} = \sum \boldsymbol{r}_i \times (-m_i\boldsymbol{a}_C) = \left(\sum m_i\boldsymbol{r}_i\right)\times \boldsymbol{a}_C = M\boldsymbol{r}_C \times \boldsymbol{a}_C$$

式中　$\boldsymbol{r}_C$ 为质心的矢径。

由于采用的坐标系本身就是质心坐标系，因此，在计算中，坐标原点就取在质心位置，必然有质心的矢径 $\boldsymbol{r}_C=0$，故第一部分的主矩为零。

2）法向惯性力的主矩

由于该部分惯性力是由法向加速度引起的，根据惯性力的定义，其方向与加速度方向相反，即沿着质心到质点的方向指向质点，这也就意味着这些惯性力的方向都是沿着径向的，或者说，它们都过简化中心——质心。这样，每个质点的法向惯性力对质心的矩都等于零，整个刚体法向惯性力的主矩也相应为零，故有

$$M_{I2} = 0$$

3）切向惯性力的主矩

切向惯性力的方向是质点运动的切线方向，与质心到所讨论质点的径向垂直，因此，惯性力对质心的力矩等于惯性力与其力臂（质点到质心的距离）的乘积，有

$$M_{I3} = \sum r_i F_{Ii} = -\sum(m_i r_i^2)\alpha = -J_C\alpha$$

故

$$M_I = M_{I1} + M_{I2} + M_{I3} = -J_C\alpha$$

因此，可以得出结论：刚体做平面运动时，刚体惯性力系简化为一作用于质心的惯性力（主矢）和一惯性力偶（主矩）。其中：主矢大小等于刚体质量与质心加速度的乘积，方向与质心加速度方向相反；惯性力偶的大小等于刚体对质心的转动惯量与刚体角加速度的乘积，方向与角加速度方向相反。即

$$\begin{cases} F_I = -Ma_C \\ M_I = -J_C\alpha \end{cases} \tag{11-8}$$

式(11-8)中带有“－”号,表示惯性力(偶)的方向与加速度(角加速度)方向相反。在具体求解问题时,如果已经把惯性力方向表示为(角)加速度方向的反向,则可以不再加“－”号。利用刚体惯性力系的简化结果,可以从刚体运动情况出发,从整体上把握刚体的惯性力的作用,以利于刚体动力学问题的求解。

例 11-3 设有偏心圆盘,质量为 m,偏心距为 e,圆盘半径为 r,对质心回转半径为 ρ,分别就以下情况讨论圆盘惯性力:

(1) 圆盘以加速度 $\boldsymbol{a}$ 沿水平面平移(见图 11-7(a));

(2) 圆盘在圆心处用铰链支承,以角速度 ω、角加速度 α 做定轴转动(见图 11-7(b));

(3) 圆盘在水平面上以速度 $\boldsymbol{v}$ 做纯滚动(见图 11-7(c))。

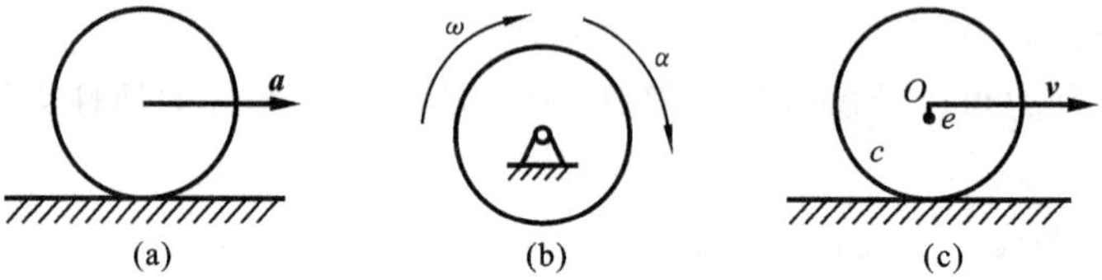

图 11-7

解 (1) 圆盘做平移,则惯性力为

$$F_I = -ma$$

该力作用于质心,方向与加速度 $\boldsymbol{a}$ 相反。

(2) 圆盘做定轴转动,则惯性力作用于转轴上。

质心 C 加速度为

$$a_C^t = \alpha e$$

$$a_C^n = \omega^2 e$$

则有惯性力

$$F_I^t = -m\alpha e$$

$$F_I^n = -m\omega^2 e$$

故

$$F_I = \sqrt{(F_I^t)^2 + (F_I^n)^2} = me\sqrt{\alpha^2 + \omega^4}$$

圆盘对转轴的转动惯量为

$$J_O = J_C + me^2 = m(\rho^2 + e^2)$$

则惯性力偶

$$M_I = -J_O\alpha = -m(\rho^2 + e^2)\alpha$$

(3) 圆盘做纯滚动,轮心 O 的加速度为

$$a_O = \alpha r$$

则以 O 为基点,质心 C 的加速度为

$$a_C = a_O + \alpha \cdot OC - \omega^2 \cdot OC$$

其中

$$a_C^{\mathrm{t}} = a_O - \alpha e = \alpha(r - e)$$

$$a_C^{\mathrm{n}} = \omega^2 e$$

故惯性力

$$F_{\mathrm{I}}^{\mathrm{t}} = -ma_C^{\mathrm{t}} = -m(r-e)\alpha$$

$$F_{\mathrm{I}}^{\mathrm{n}} = -ma_C^{\mathrm{n}} = -me\omega^2$$

故

$$F_{\mathrm{I}} = \sqrt{(F_{\mathrm{I}}^{\mathrm{t}})^2 + (F_{\mathrm{I}}^{\mathrm{n}})^2} = m\sqrt{(r-e)^2\alpha^2 + e^2\omega^4}$$

作用于质心 C。

惯性力偶

$$M_{\mathrm{I}} = -J_C\alpha = -m\rho^2\alpha$$

11.3　达朗贝尔原理

质点系在外力作用下，对其中的任意质点，满足牛顿第二定律，也就是质点动力学基本方程

$$\boldsymbol{F}_i = m_i\boldsymbol{a}_i$$

利用惯性力的概念，同时，注意到质点所受到的力既包含主动力 $\boldsymbol{F}_{i\mathrm{F}}$，也包含约束力 $\boldsymbol{F}_{i\mathrm{N}}$，则质点动力学基本方程又可以表示为

$$\boldsymbol{F}_{i\mathrm{F}} + \boldsymbol{F}_{i\mathrm{N}} + \boldsymbol{F}_{i\mathrm{I}} = \boldsymbol{0} \tag{11-9}$$

式(11-9)表明，对质点系内任意一个质点，质点所受到的主动力、约束力和质点的惯性力组成平衡力系。由于质点的任意性，由式(11-9)可以列出 n 个方程，把这 n 个方程相加，可以得到质点系整体的动力学方程：

$$\sum\boldsymbol{F}_{i\mathrm{F}} + \sum\boldsymbol{F}_{i\mathrm{N}} + \sum\boldsymbol{F}_{i\mathrm{I}} = \boldsymbol{0} \tag{11-10}$$

考虑到质点系所受到的真实力，既可以区分为主动力和约束力，也可以区分为内力和外力。其中，内力 F_i^{i} 表示该力是质点 i 受到的来自质点系内部其他质点的作用力，外力 F_i^{e} 表示质点 i 受到的来自质点系外的物体对它的作用力，则方程(11-10)也可以改写为

$$\sum\boldsymbol{F}_i^{\mathrm{e}} + \sum\boldsymbol{F}_i^{\mathrm{i}} + \sum\boldsymbol{F}_{i\mathrm{I}} = \boldsymbol{0} \tag{11-11}$$

$\boldsymbol{F}_i^{\mathrm{i}}$ 是质点 i 所受到的内力，$\sum\boldsymbol{F}_i^{\mathrm{i}}$ 代表质点系所有质点所受到的内力的和。由于内力总是成对出现的，而且每一对内力都是大小相等、方向相反，且作用在同一直线上的，因此，这样的内力相加，必然有内力和 $\sum\boldsymbol{F}_i^{\mathrm{i}}$ 等于零。其实，不仅是内力和为零，内力对某一点的力矩的和也必然等于零。

这样，质点系动力学基本方程可以改写为

$$\sum\boldsymbol{F}_i^{\mathrm{e}} + \sum\boldsymbol{F}_{i\mathrm{I}} = \boldsymbol{0} \tag{11-12}$$

式(11-12)表明,质点系受到的所有外力与质点系的惯性力组成平衡力系。

对工程中大量的结构部件,在进行动力学分析、确定构件的力与运动的关系时,都不考虑构件的材料性质,而采用刚体模型。刚体也是质点系,也满足质点系的动力学方程即式(11-12),但对于刚体,由于其惯性力可以进一步简化,因此,可以采用更加明确的平衡方程的形式。

当刚体运动时,刚体的惯性力按照刚体运动情况的不同,可以简化为主矢$-ma_C$和主矩$-J\alpha$,统称为惯性力系。

当刚体受到平面力系作用而平衡时,力系需满足平面力系平衡方程,即该力系的主矢和对任意点的主矩为零,有

$$\begin{cases}\sum \boldsymbol{F}_i = \boldsymbol{0} \\ \sum M_O(\boldsymbol{F}_i) = 0\end{cases}$$

也可表示为

$$\begin{cases}\sum F_{ix} = 0 \\ \sum F_{iy} = 0 \\ \sum M_O(\boldsymbol{F}_i) = 0\end{cases}$$

当刚体处于运动状态时,根据达朗贝尔原理,由式(11-12),只要在平衡方程的各部分分别加上相应的惯性力的影响,静力学的平衡方程就成为动力学基本方程了,即

$$\begin{cases}\sum \boldsymbol{F}_i + \sum \boldsymbol{F}_{i\mathrm{I}} = \boldsymbol{0} \\ \sum M_O(\boldsymbol{F}_i) + \sum M_{i\mathrm{I}} = 0\end{cases}$$

也可表示为

$$\begin{cases}\sum F_{ix} + \sum F_{i\mathrm{I}x} = 0 \\ \sum F_{iy} + \sum F_{i\mathrm{I}y} = 0 \\ \sum M_O(\boldsymbol{F}_i) + \sum M_{i\mathrm{I}} = 0\end{cases} \tag{11-13}$$

式(11-13)为平衡方程的标准式,也就是一矩式,它表示刚体平衡时主矢(包括真实力和惯性力)和主矩(包括真实力矩和惯性力矩)为零。根据达朗贝尔原理,在引入了惯性力后,刚体动力学问题转变为静力学问题,因此,对静力学平衡方程的一些变化也可以在动力学中得到应用,平衡方程的二矩式和三矩式也成立。

平衡方程的二矩式为

$$\begin{cases}\sum F_{ix} + \sum F_{i\mathrm{I}x} = 0 \\ \sum M_A(\boldsymbol{F}_i) + \sum M_A(\boldsymbol{F}_{i\mathrm{I}}) = 0 \\ \sum M_B(\boldsymbol{F}_i) + \sum M_B(\boldsymbol{F}_{i\mathrm{I}}) = 0\end{cases} \tag{11-14}$$

其成立的条件是刚体上 A、B 两点的连线与 x 轴不垂直。

平衡方程的三矩式为

$$\begin{cases}\sum M_A(\boldsymbol{F}_i)+\sum M_A(\boldsymbol{F}_{i\mathrm{I}})=0\\ \sum M_B(\boldsymbol{F}_i)+\sum M_B(\boldsymbol{F}_{i\mathrm{I}})=0\\ \sum M_C(\boldsymbol{F}_i)+\sum M_C(\boldsymbol{F}_{i\mathrm{I}})=0\end{cases}\tag{11-15}$$

其成立的条件是 A、B、C 三点不共线。

达朗贝尔原理把动力学问题转换成了静力学问题，因此，在求解静力平衡方程时的一些技巧均能够在动力学问题中得到使用，如对物体系的拆分(需要注意每个拆分后的物体的惯性力的表示方法)、矩点的选取技巧等。达朗贝尔原理建立的平衡方程仅仅是形式上的平衡，其实质还是动力学基本微分方程组。只要进行移项处理，并把加速度、角加速度表示出来，方程就回复到动力学基本微分方程组的形式。要求解由达朗贝尔原理建立的方程组，还需要寻找补充方程。通常是利用运动学原理，建立刚体加速度、角加速度之间的联系。由运动学补充方程，再加上达朗贝尔原理建立的平衡方程组，就构成了刚体动力学的封闭方程组，可以进行求解分析。

例 11-4　图 11-8 所示滑轮系统，定滑轮质量为 m，看做均质圆盘。一不计质量的绳子绕过滑轮，并连接于 A、B 两物体，其质量分别为 m_A 和 $m_B(m_A>m_B)$，绳子与滑轮之间不打滑，滑轮轴承的摩擦不计。求重物的加速度以及 A、B 两段绳子的拉力。

解　滑轮和两个物体由绳子连接起来成为整体，但由于绳子不计质量，所以，在分析时只需要考虑滑轮与物体。滑轮做定轴转动，由于质心位于转轴处(无偏心)，因此，在滑轮的惯性力系中，主矢为零，只有主矩存在；两个物体做平移，存在加速度，其惯性力分别作用于物体上，并与各自的加速度方向相反。因此有

$$M_{\mathrm{I}}=J\alpha=\frac{1}{2}mr^2\alpha \qquad ①$$

$$F_{A\mathrm{I}}=m_Aa \qquad ②$$

$$F_{B\mathrm{I}}=m_Ba \qquad ③$$

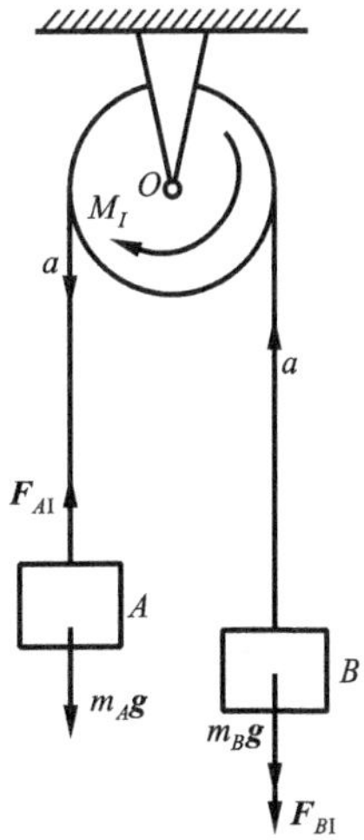

图 11-8

系统受力如图 11-8 所示。整个力系对定滑轮中心取矩，得

$$\sum M_{Oi}(\boldsymbol{F})+\sum M_{Oi\mathrm{I}}(\boldsymbol{F})=0$$

$$(G_A-F_{A\mathrm{I}})r-M_{\mathrm{I}}-(G_B+F_{B\mathrm{I}})r=0 \qquad ④$$

定滑轮转动时，轮缘加速度与转动角加速度之间的关系如下：

$$a=r\alpha \qquad ⑤$$

由式①至式⑤，有

$$(m_A-m_B)gr=\left(m_A+m_B+\frac{1}{2}m\right)r^2\alpha$$

解得

$$\alpha=\frac{(m_A-m_B)g}{\left(m_A+m_B+\frac{1}{2}m\right)r}$$

$$a = r\alpha = \frac{(m_A - m_B)g}{m_A + m_B + \frac{1}{2}m}$$

分别对 A、B 两物体建立达朗贝尔原理的动力学方程。

对 A，有

$$F_A + F_{AI} - G_A = 0$$

$$F_A = G_A - F_{AI} = m_A g\left(1 - \frac{m_A - m_B}{m_A + m_B + \frac{1}{2}m}\right) = \frac{m_A m_B g\left(2 + \frac{m}{2m_B}\right)}{m_A + m_B + \frac{1}{2}m}$$

同样，对 B，有

$$F_B - F_{BI} - G_B = 0$$

$$F_B = G_B + F_{BI} = m_B g\left(1 + \frac{m_A - m_B}{m_A + m_B + \frac{1}{2}m}\right) = \frac{m_A m_B g\left(2 + \frac{m}{2m_A}\right)}{m_A + m_B + \frac{1}{2}m}$$

从例 11-4 的计算结果可以得到，物体运动的加速度(定滑轮转动的角加速度)与 A、B 两个物体的质量差成正比。当两个物体的质量相等时，加速度等于零。更重要的是，由计算结果可知两个物体所受到的绳子的拉力是不相等的，A 物体所受的拉力要大于 B 物体所受的拉力。当二者的质量相等时，拉力也相等。

例 11-5 碳子 A 沿倾角为 θ 的斜面无滑动地向下滚动，通过绕定滑轮 O 的不可伸长的细绳带动物块 D 沿粗糙水平面滑动，如图 11-9 所示。设碳子 A 与定滑轮 D 均为半径为 r 的均质圆盘，其质量均为 m_1；物块 D 的质量为 m_2，与水平面之间的摩擦因数为 f，绳子与滑轮之间无相对滑动。忽略轴承摩擦与绳子质量，系统从静止开始运动。求碳子中心 A 的加速度，绳子倾斜段 AB 的拉力及斜面作用于碳子的摩擦力。

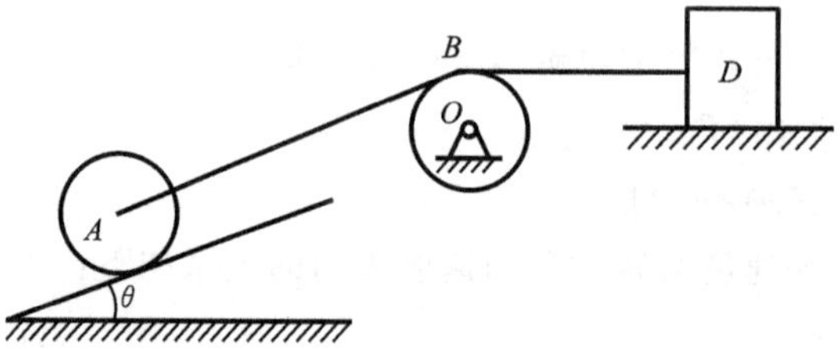

图 11-9

解 题中共有三个物体需要考虑：碳子 A 做平面运动(纯滚动)，其惯性力有主矢($m_1\boldsymbol{a}_A$，作用于碳子的中心 A)、主矩($J_A\alpha_A$)；定滑轮做定轴转动，中心 O 与转轴重合，惯性力的主矢为零，只有主矩($J_O\alpha_O$)；物块 D 做平行移动，惯性力只有主矢($m_2\boldsymbol{a}_D$)。碳子 A、定滑轮 O 和物块 D 的受力分析分别如图 11-10(a)、(b)、(c)所示。

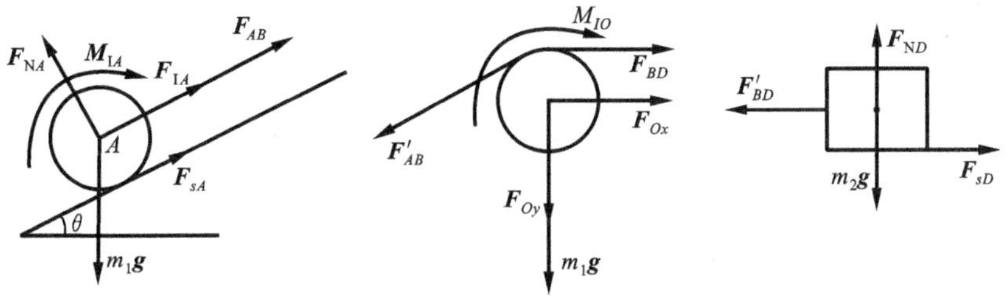

(a)　(b)　(c)

图 11-10

对碾子 A,建立沿斜面方向的力平衡方程以及对中心 A 的力矩平衡方程:

$$\begin{cases} \sum F_x + \sum F_{xI} = 0, & m_1 g\sin\theta - F_{As} - F_{AI} - F_{AB} = 0 \quad ① \\ \sum M_A(\boldsymbol{F}) + \sum M_{AI}(\boldsymbol{F}) = 0, & F_{As} r - M_{AI} = 0 \quad ② \end{cases}$$

对定滑轮 O,考虑定滑轮为定轴转动,其轴承约束力并不需要求解,故只需建立力矩平衡式:

$$\sum M_O + \sum M_{OI} = 0,\quad F'_{AB} r - F_{BD} r - M_{OI} = 0 \quad ③$$

物块 D 做平移,只需要建立水平方向的平衡方程:

$$\sum F_x + \sum F_{xI} = 0,\quad F'_{BD} - F_{sD} - F_{DI} = 0 \quad ④$$

由式①至式④及 $F_{AB} = F'_{AB}$,$F_{BD} = F'_{BD}$,有:

$$m_1 g\sin\theta - F_{AI} - \frac{M_{AI}}{r} - \frac{M_{OI}}{r} - F_{sD} - F_{DI} = 0 \quad ⑤$$

其中,

$$F_{AI} = m_1 a_A,\quad M_{AI} = J_A \alpha_A = \frac{1}{2} m_1 r^2 \alpha_A$$

$$M_{OI} = J_O \alpha_O = \frac{1}{2} m_1 r^2 \alpha_O,\quad F_{DI} = m_2 a_D,\quad F_{sD} = m_2 g f$$

同时,注意到碾子与定滑轮的半径相同,绳子与斜面保持平行,且绳子是不可伸长的,则有

$$a_A = \alpha_A r = \alpha_O r = a_D$$

将以上结果代入式⑤得

$$m_1 g\sin\theta - m_2 g f = \left(m_1 + \frac{1}{2} m_1 + \frac{1}{2} m_1 + m_2\right) a_A$$

故碾子中心的加速度为

$$a_A = \frac{m_1 \sin\theta - m_2 f}{2m_1 + m_2} g$$

由式①和式②,可得斜面作用于碾子的摩擦力为

$$F_{sA} = \frac{M_{AI}}{r} = \frac{1}{2} m_1 r \alpha_A = \frac{m_1(m_1 \sin\theta - m_2 f) g}{2(2m_1 + m_2)}$$

绳子倾斜段 AB 的拉力为

$$F_{AB}=m_1g\sin\theta-F_{sA}-F_{AI}=m_1g\sin\theta-\frac{3(m_1\sin\theta-m_2f)}{2(2m_1+m_2)}m_1g$$

例 11-6 汽车连同所载的货物总质量为 $m=10\ 000$ kg，其质心距前、后轮的距离分别为 $l_1=4$ m 和 $l_2=3$ m，质心距地面的高度为 $h=2$ m，如图 11-11 所示。当汽车在行驶过程中因意外而紧急制动时，前、后轮均停止转动而沿地面滑行。设轮胎与地面的摩擦因数为 $f=0.6$，求汽车的加速度 a，以及地面对车轮的支持力 F_{NA} 和 F_{NB}。

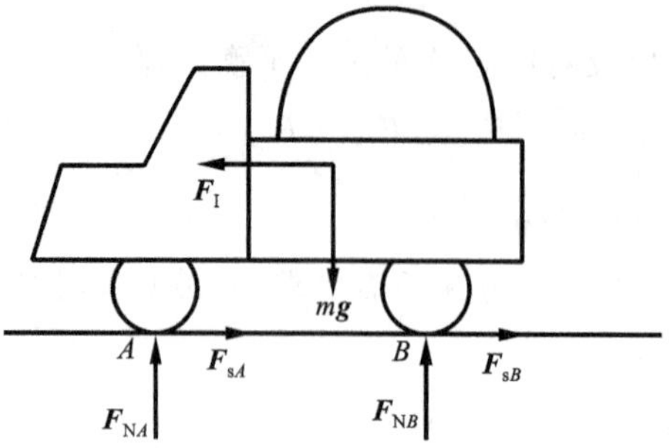

图 11-11

解 以汽车连同货物组成的系统为分析对象。汽车紧急制动时，汽车所受到的力有：重力 mg（作用在系统的质心）、地面对车轮的支持力 $\boldsymbol{F}_{NA}$ 和 $\boldsymbol{F}_{NB}$（作用在车轮上）、地面对车轮的摩擦力 $\boldsymbol{F}_{sA}$ 和 $\boldsymbol{F}_{sB}$（作用在车轮上）、汽车整体的惯性力（作用在系统的质心）。因为汽车做平移，其惯性力简化结果只有主矢，没有主矩。根据达朗贝尔原理，列出方程：

$$\begin{cases}\sum F_x=0, & F_{sA}+F_{sB}-F_I=0 \quad ①\\ \sum F_y=0, & F_{NA}+F_{NB}-mg=0 \quad ②\\ \sum M_B=0, & mgl_2+F_Ih-F_{NA}(l_1+l_2)=0 \quad ③\end{cases}$$

其中，由于车轮处于打滑状态，因此，车轮的摩擦力为

$$\begin{cases}F_{sA}=fF_{NA} \quad ④\\ F_{sB}=fF_{NB} \quad ⑤\end{cases}$$

将式④和式⑤代入式①，并与式②比较，可得

$$mg=\frac{F_I}{f}=\frac{ma}{f}\Rightarrow a=fg=5.88\ \text{m/s}^2$$

将 F_I 的值代入式②、式③可得

$$F_{NA}=\frac{mgl_2+F_Ih}{l_1+l_2}=\frac{l_2+fh}{l_1+l_2}mg=58.8\ \text{kN}$$

$$F_{NB}=mg-F_{NA}=39.2\ \text{kN}$$

由计算结果发现，前、后轮的受力情况与汽车匀速运动的正常行驶工况有很大的区别。在匀速行驶时，地面对前、后轮的支持力分别为 $\frac{l_2}{l_1+l_2}mg=42$ kN 和 $\frac{l_1}{l_1+l_2}mg=56$ kN。可见，在紧急制动情况下，前轮受到的支持力有所增加，则后轮受到的支持力减少，汽车车头有下沉的趋势，而车尾则上翘，这是行车中的危险现象。

若 $$F_{NB}-mg-F_{NA}=mg-\frac{l_2+fh}{l_1+l_2}mg=\frac{l_1-fh}{l_1+l_2}mg=0$$

即 $h=\frac{l_1}{f}=6.67\ \mathrm{m}$，紧急制动时，后轮将失去支持力，汽车将绕前轮翻转，导致重大事故的发生。因此，在载运货物时，不仅要对装载的质量进行限制，而且也要对货物装载的高度进行必要的限制。

例 11-7　如图 11-12 所示，电动机定子与外壳的总质量为 m_1，质心位于定子圆轮廓的中心 O 点。转子的质量为 m_2，由于制造及安装等各种误差，其质心位于 C 点，偏心距 $OC=e$。电动机用四个地脚螺栓固定于水平地基上。转轴 O 与水平地基的距离为 h。运动开始时，转子质心 C 位于最低位置。转子以角速度 ω 匀速转动。求基础与地脚螺栓给电动机的约束力。

解　系统由定子和转子两部分组成，其中定子为静止刚体，受到重力和基础通过地脚螺栓给予的约束力的作用。重力 $m_1\boldsymbol{g}$ 作用于中心 O 点，基础的约束力向电动机的中心线简化。因为基础的约束力为一分布力系，故平面任意力系简化后存在主矢与主矩，其中的水平部分为 F_x，垂直部分为 F_y，主矩为 M。转子做定轴转动，其转轴与质心不重合，因此，转子受力为：重力 m_2g，作用于质心 C 点；惯性力 $\boldsymbol{F}_I$，其主矢为 $m_2\boldsymbol{a}_C$，作用于转轴 O，并沿着 OC 方向，由于转动是匀速的，角加速度为零，因此，惯性力的主矩为零。

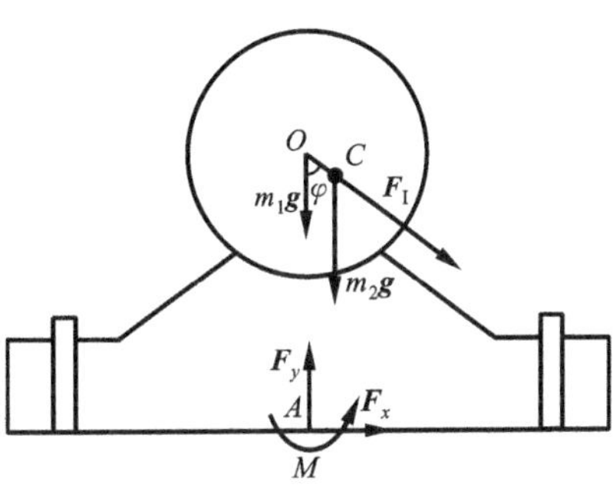

图 11-12

设在某一任意时刻 t，转子转动到直线 OC 与竖直线成 φ 角，有 $\varphi=\omega t$。系统受力如图11-12所示。根据达朗贝尔原理，建立方程：

$$\begin{cases}\sum F_x=0, & F_x+F_I\sin\varphi=0\\ \sum F_y=0, & F_y-(m_1+m_2)g-F_I\cos\varphi=0\\ \sum M_A=0, & M-m_2ge\sin\varphi-F_I\sin\varphi\cdot h=0\end{cases}$$

其中，惯性力 $F_I=m_2a_C=m_2e\omega^2$。

求解方程组，可以得到

$$\begin{cases}F_x=-m_2e\omega^2\sin\omega t\\ F_y=(m_1+m_2)g+m_2e\omega^2\cos\omega t\\ M=m_2ge\sin\omega t+m_2e\omega^2h\sin\omega t\end{cases}$$

电动机受到的水平力为周期波动的简谐力，其作用是与同样周期波动的惯性力的水平分量平衡。该力由基础地面通过地脚螺栓提供。

在例 11-7 中如果没有地脚螺栓，则电动机在惯性力的作用下就要发生水平摆动，使得电动机不能正常地安全工作。如果用地脚螺栓固定电动机，则该水平力就对

地脚螺栓形成了剪切作用。假设用四个螺栓进行固定,则每个螺栓受到的剪力大小为

$$F_S = \frac{1}{4}F_x = \frac{1}{4}m_2 e\omega^2 \sin\omega t$$

最大剪力为

$$F_{Smax} = \frac{1}{4}m_2 e\omega^2$$

根据剪切强度条件,有

$$\tau = \frac{F_{Smax}}{A} = \frac{m_2 e\omega^2}{\pi d^2} \leqslant [\tau]$$

故

$$d \geqslant \sqrt{\frac{m_2 e\omega^2}{\pi[\tau]}}$$

考虑竖直分力,即

$$F_y = (m_1 + m_2)g + m_2 e\omega^2 \cos\omega t$$

式中 $(m_1+m_2)g$ 部分是电动机的总质量(包括定子和转子),称为静约束力,也称为静反力;$m_2 e\omega^2\cos\omega t$ 部分为电动机偏心转动时所特有的,称为动约束力,也称为动反力或动压力。

$\cos\omega t$ 的取值范围为 ± 1,当电动机转速较高时,竖直分力 $F_y=(m_1+m_2)g-m_2 e\omega^2<0$。因此,如果没有地脚螺栓的话,电动机将从地面跳起。这时有

$$(m_1 + m_2)g - m_2 e\omega^2 \geqslant 0$$

角速度

$$\omega \leqslant \sqrt{\frac{(m_1+m_2)g}{m_2 e}} = \sqrt{\left(1+\frac{m_1}{m_2}\right)\frac{g}{e}} = \omega_0$$

如果实际角速度小于临界角速度 ω_0,则电动机不会从地面跳起。但目前的高速电动机的角速度大都会超出临界角速度,因此,需要地脚螺栓来固定电动机。

11.4 定轴转动刚体轴承动约束力

由 11.3 节的例 11-7 可知,当偏心电动机转动时,电动机基础及地脚螺栓将受到一种额外的约束力,即动约束力。动约束力与重力等引起的静约束力不同,该力完全依赖于电动机的转动,当转动得较快时,约束力也就越大(与转动的角速度的平方成正比),一旦电动机停止转动,力也就为零了。动约束力是一种附加的约束力,叠加在原有的静约束力之上,与静约束力组合在一起构成系统的全部约束力。不单是基础上的偏心电动机,其实,很多轴类结构,由于各种原因而存在一定的质心偏移或转轴偏转时,都存在动约束力。与电动机一样,其动约束力也与转动角速度的平方成正比,当轴高速旋转时,角速度比较大,所引起的动约束力也将达到一个非常大的数值。动约束力作用在轴上,将引起轴的弯曲变形,导致轴的强度和刚度问题;作用在轴上的齿轮上,将引起齿轮的偏转,导致接触不良和过度磨损;作用在轴承上,也将导致轴

承的磨损和损坏。对定轴转动刚体的动约束力的计算与分析，工程力学一般不进行深入的介绍。本章主要建立动约束力的一些初步概念，动约束力对轴的强度、刚度的影响将在第 12 章分析。

分析轴承动约束力的工具还是达朗贝尔原理。当转动刚体的质心发生偏移而不在转轴时，质心存在一定的加速度（法向加速度和切向加速度），根据达朗贝尔原理，在质心上作用有惯性力；当转动为变速运动时，存在角加速度，由达朗贝尔原理，惯性力系简化结果包含有惯性力偶。讨论定轴转动刚体的动约束力，实际只要讨论刚体系统在惯性力系作用下的轴承约束力，这时不需要再考虑重力等力系的作用，因为重力等力系作用的效果只能引起静约束力，而静约束力与动约束力是不相关的。

例 11-8　均质直杆 OA，长度为 l，质量为 m，在点 O 悬挂，如图 11-13 所示。开始时杆 OA 位于水平方向并被无初速地释放，不计轴承的摩擦。求当直杆运动到竖直位置时轴承 O 的动约束力。

解　由于所要求解的是轴承的动约束力，因此，在分析过程中可以不考虑杆的重力。动约束力完全是由于刚体运动产生的惯性力而导致的。

由于不计轴承的摩擦，因此，直杆从水平位置运动到竖直位置的过程中机械能守恒，可以用动能定理计算得到杆转动的角速度和角加速度，然后，计算质心的加速度，得到惯性力系的主矢和主矩，最后由达朗贝尔原理得到轴承的动约束力。

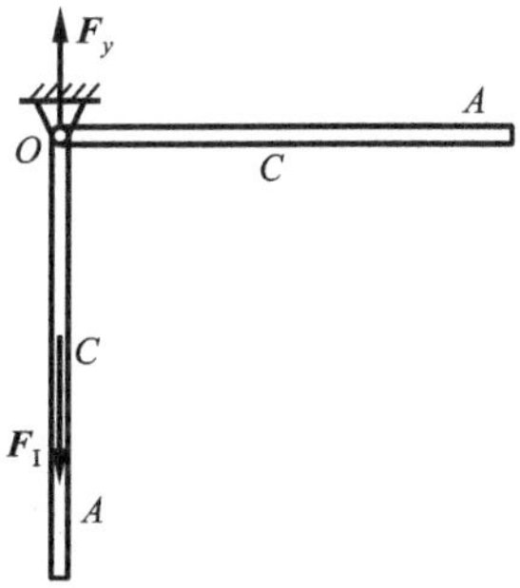

图 11-13

由动能定理：

$$T_2 - T_1 = W_1$$

其中，初始时刻动能 $T_1=0$，竖直位置动能 $T_2=\frac{1}{2}J_O\omega^2=\frac{1}{6}ml^2\omega^2$。

由于不计轴承摩擦，只有重力做功，有

$$W_1 = mg\,\frac{1}{2}l = \frac{1}{2}mgl$$

故

$$\frac{1}{6}ml^2\omega^2 = \frac{1}{2}mgl$$

$$\omega = \sqrt{\frac{3g}{l}}$$

计算杆的角加速度需要考虑在任意位置时的动能定理。当杆从水平位置下落到与竖直方向夹 φ 角位置时，重力做功为

$$W_1 = mg\,\frac{1}{2}l\sin\varphi = \frac{1}{2}mgl\sin\varphi$$

则有

$$\frac{1}{6}ml^2\omega^2 = \frac{1}{2}mgl\sin\varphi$$

对上式两边求导，则得

$$\frac{1}{6}ml^2 2\omega\frac{\mathrm{d}\omega}{\mathrm{d}t} = \frac{1}{2}mgl\cos\varphi\frac{\mathrm{d}\varphi}{\mathrm{d}t}$$

故有

$$\alpha = \frac{\mathrm{d}\omega}{\mathrm{d}t} = \frac{3}{2}\frac{g}{l}\cos\varphi$$

当杆运动到竖直位置时，$\varphi=90°$，因此，角加速度 $\alpha=0$，则质心 C 的加速度只有法向加速度，且

$$a_{\mathrm{n}} = \omega^2\frac{1}{2}l = \frac{3g}{2}$$

因此杆的惯性力也只有法向分量，且

$$F_{\mathrm{In}} = ma_{\mathrm{n}} = \frac{3}{2}mg$$

由达朗贝尔原理，动约束力

$$F_y = F_{\mathrm{n}} = \frac{3}{2}mg$$

例 11-9　如图 11-14 所示，转轴上固连着不计质量的细杆 AB，杆 AB 与转轴的连接点为 O，与转轴的夹角为 θ，$OA=l_1$，$OB=l_2$。杆 AB 的端点 A、B 分别有质量为 m_1 和 m_2 的质点。现转轴由轴承 C、D 支承，其中，$CD=l$，O 是 CD 的中点，转轴以角速度 ω 匀速转动。求轴承 C、D 的动约束力。

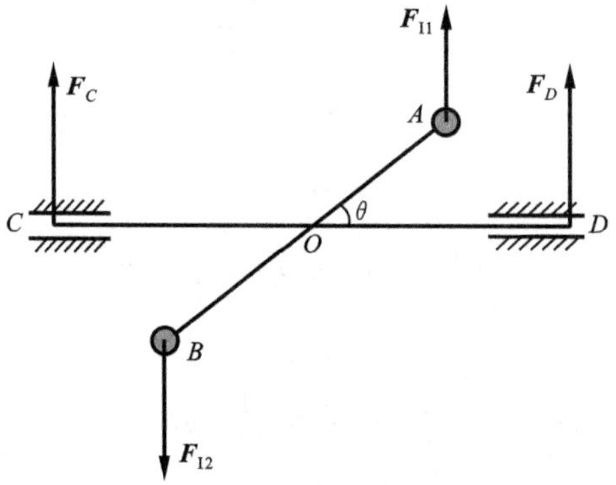

图 11-14

解　随着转轴的转动，质点也绕转轴做圆周运动，将产生惯性力。由于两质点不对称而产生偏心，从而有不平衡的惯性力，在轴承处将导致动约束力。

注意到两质点距离转轴的距离分别为 $l_1\sin\theta$ 和 $l_2\sin\theta$，则加速度为 $\omega^2 l_1\sin\theta$ 和 $\omega^2 l_2\sin\theta$。由于两质点的惯性力方向平行，因而轴承的约束力也平行于该方向，整个转轴系统受到平行力系的作用。作系统的受力分析图，并根据达朗贝尔原理列出平

衡方程：

$$\begin{cases} \sum F_y = 0, & F_C + F_D + F_{I1} - F_{I2} = 0 \\ \sum M_C = 0, & F_D l + F_{I1}\left(\frac{1}{2}l + l_1\cos\theta\right) - F_{I2}\left(\frac{1}{2}l - l_2\cos\theta\right) = 0 \end{cases}$$

从中可以解得

$$\begin{cases} F_D = -\frac{1}{2}(m_1 l_1 - m_2 l_2)\omega^2\sin\theta - \frac{m_1 l_1^2 + m_2 l_2^2}{l}\omega^2\sin\theta\cos\theta \\ F_C = -\frac{1}{2}(m_1 l_1 - m_2 l_2)\omega^2\sin\theta + \frac{m_1 l_1^2 + m_2 l_2^2}{l}\omega^2\sin\theta\cos\theta \end{cases}$$

从计算结果知，动约束力可分成两个部分。第一部分$\frac{1}{2}(m_1 l_1 - m_2 l_2)\omega^2\sin\theta$主要是由于两个质点的质心位置偏离转轴而引起的，如果能够做到其质心位于转轴$m_1 l_1 = m_2 l_2$处，则该部分的动约束力将等于零。这样的平衡称为静平衡。在实际工程中，可以通过加减质量块的方法实现静平衡，也就是使转动系统的质心位于转轴。第二部分$\frac{m_1 l_1^2 + m_2 l_2^2}{l}\omega^2\sin\theta\cos\theta$主要是由于两质点的连线与转轴不垂直而引起的，如果该连线与转轴垂直，即$\theta = 90°$，则显然该部分的动约束力为零。与齿轮等刚体比较，本例的两质点连线AB实际反映的就是齿轮的转动平面的位置，或者说，是齿轮的惯性主轴的方向。只要转动刚体的某一惯性主轴与转轴保持平行(另两主轴方向与转轴垂直)，则动约束力的第二部分也将等于零。这样的平衡在工程中称为动平衡。

实际中的高速转动系统，不仅要保持静平衡(质心位于转轴)，而且还需要保持动平衡(惯性主轴方向平行于转轴)。实现了静平衡和动平衡的转动系统，其轴承的动约束力为零。

习　题

11-1　如图所示，输送矿石用的传送带与水平线成倾角θ，启动时带的加速度为$\boldsymbol{a}$。为保证矿石在传送带上不打滑，矿石与带的静摩擦因数至少为多少？

11-2　离心调速器如图所示。两个相同的重球A、B与四根各长为L的无重刚杆相铰接，其中下面的两杆与可沿竖直转轴OD滑动的套筒C铰接。点O、A、B、C在同一平面内，四杆随着转轴OD一起以匀角速度ω转动。已知重球A、B的质量各为m，套筒C的质量为m_1，求刚杆张角φ与角速度ω之间关系。

11-3　质量为 2.5 kg 的物块，其尺寸可以不计。如图所示，物块放置于水平圆盘上，离圆盘的竖直转轴距离$r = 1$ m。圆盘从静止开始以匀角加速度$\alpha = 1\ \text{rad/s}^2$绕转轴转动，物块与圆盘的静摩擦因数$f_s = 0.5$。求当物块在圆盘上开始滑动时圆盘转动的角速度。

11-4　如图所示，均质的机车平行连杆AB的质量为 200 kg，曲柄长$O_1A = O_2B = 300$ mm，车轮半径$R = 1$ m。当机车以$v = 72$ km/h 的速度匀速前进时，求连杆AB的惯性力所引起的轨道的最大动约束力。

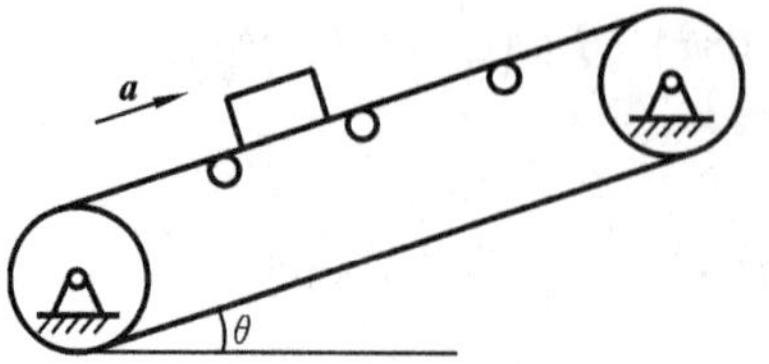

题 11-1 图

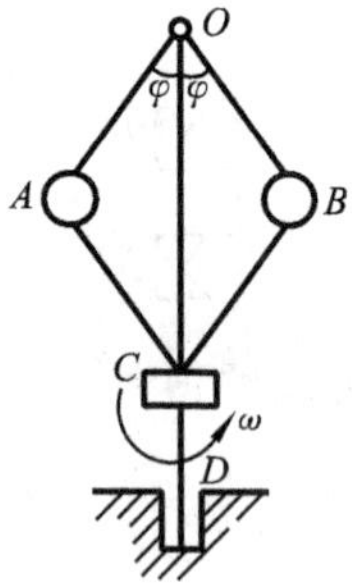

题 11-2 图

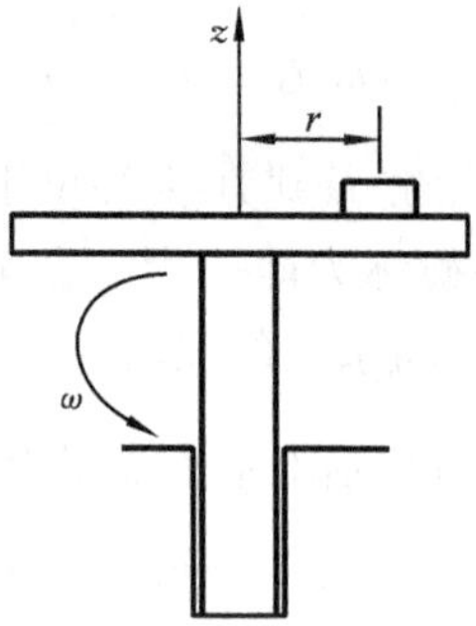

题 11-3 图

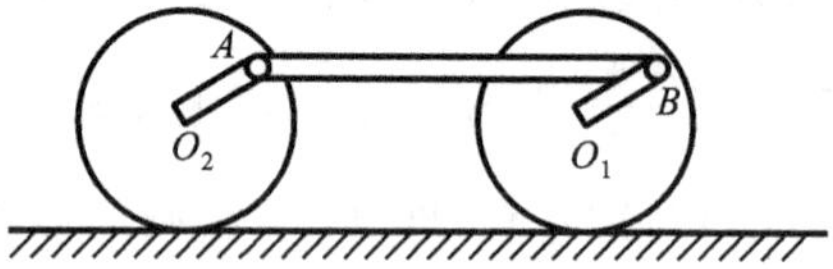

题 11-4 图

11-5　均质长方形木块质量为 15 kg，悬挂在长度均为 2 m 的柔性绳上，如图所示。设木块从绳子倾角 $\theta=60°$ 位置无初速地开始摆下，求木块到达最低点时绳子的张力。

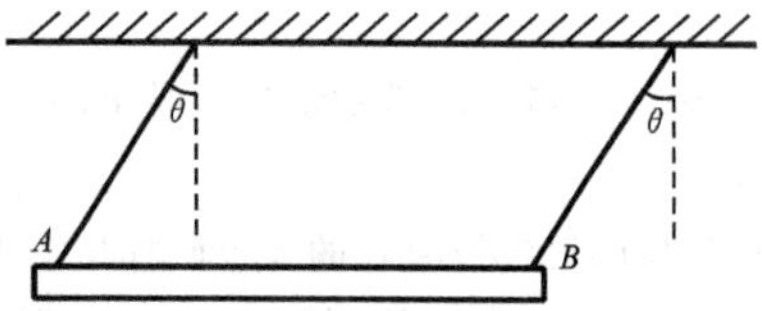

题 11-5 图

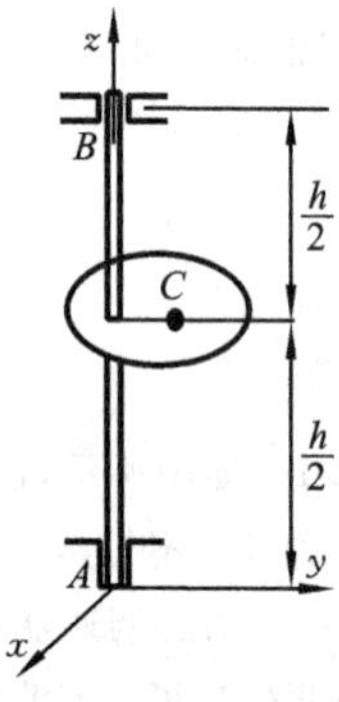

题 11-6 图

11-6　如图所示，涡轮机的转盘质量为 $m=2$ kN，重心 C 到转轴 z 的距离(偏心距)$e=0.5$ mm(图中为表达清晰而放大了)。转轴垂直于转盘的对称面，转盘匀速转动，转速为 $n=6\ 000$ r/min，转轴两轴承间距 $AB=h=1\ 000$ mm。求当重心转到 Ayz 平面的瞬时，止推轴承 A 和向心轴承 B 的静约束力和动约束力。

11-7　如图所示，水平横梁上装有绞车，绞车的鼓轮半径 $r=100$ mm，对转轴的转动惯量为 $J=3\ \text{kg}\cdot\text{m}^2$，质心在转轴上。当绞车以加速度 $a=1\ \text{m/s}^2$ 向上匀加速提升质量为 $m=200$ kg 的重物时，求支座 A、B 的动约束力。

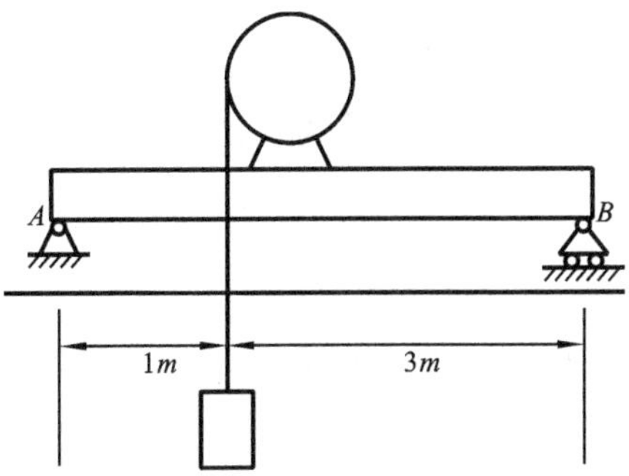

题 11-7 图

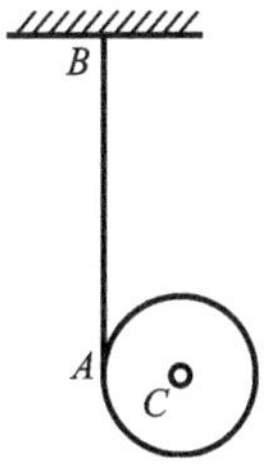

题 11-8 图

11-8　均质圆柱的质量为 m，在圆柱中部缠绕细绳，绳子的一端 B 固定，如图所示。圆柱体因绳子的解开而自行下降。假设在此过程中绳子已解开部分仍然保持竖直，求圆柱体中心 C 的加速度以及绳子受到的张力。

11-9　用达朗贝尔原理解题 10-5。

11-10　用达朗贝尔原理解题 10-9。

11-11　用达朗贝尔原理解题 10-14。

11-12　如图所示，滑块 A 质量为 m，放在一个不计质量的 30°楔形块上，楔形块则放置于水平面上。不考虑滑块 A 与楔形块之间的摩擦，将此系统从静止释放，问：楔形块和地面之间的摩擦系数需要满足什么条件，楔形块在释放后才能保持静止？

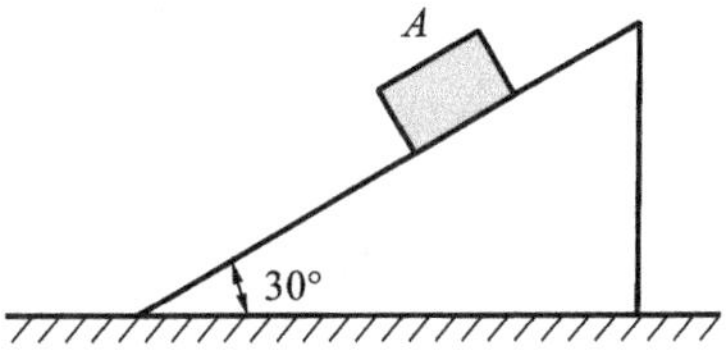

题 11-12 图

第12章　动载荷与疲劳强度

12.1　动载荷的工程实例

前述各章所介绍的应力(或变形)的计算，是先根据静力学平衡关系求解内力，然后再根据变形协调、物性关系求解应力，该应力属于静载荷作用下的应力，称为静载应力。这类问题的特点是载荷从零开始缓慢增加到最终值，在加载过程中，承载物体的加速度可忽略不计，而到达最终值之后，载荷恒定，不随时间发生变化。

在工程实际中，有的问题中载荷的施加过程很短促，例如汽车的急刹车、起重机的起吊以及各种冲击问题等，这类问题不能忽略加速度的影响。还有一类问题，其中外载荷本身随时间变化，如内燃机的燃气压力对各零、部件的作用，路面对汽车车轮的激励以及各种振动问题等。这两类载荷强度的计算，与静载荷有明显的不同，称为动载荷。本章前半部分将讨论针对动载荷应力计算的动静法和能量法，其中前者用于物体加速度可以经计算得到时的应力计算，后者用于冲击问题的应力计算。

在工程中，有大量构件的应力的大小或方向随时间而发生变化，这种应力称为交变应力。承受交变应力的构件，即便其应力的最大值远远小于材料的强度极限或屈服极限，当循环次数足够多时，构件也将发生破坏失效，这种失效称为疲劳失效。疲劳失效广泛存在于汽车、工程机械、船舶、舰艇、航空航天等应用领域。由于疲劳失效在早期难以察觉，其失效往往表现为在应用过程中突然发生，很容易造成灾难性的后果，所以对于承受交变应力的构件，在设计过程中应着重进行疲劳分析。本章也讨论疲劳失效的主要特征以及影响疲劳强度的内、外因，并简要介绍对称循环疲劳强度的分析方法。

12.2　达朗贝尔原理的应用

达朗贝尔原理(动静法)是适用于求解动力学问题的普遍方法，其基本思想是在处于不平衡状态的质点上虚加一个惯性力，这个惯性力的大小为质点的质量与加速度的乘积，而方向与加速度的方向相反。在等同牛顿第二定律的原则上，使作用在质点上的主动力、约束力和惯性力组成平衡力系。这样就可以把动力学问题在形式上转化为静力学问题。前面各章节中关于应力和变形的计算方法也可以比较方便地应用到这类问题当中来。另外，从实验结果来看，在比例极限内，弹性体的胡克定律仍适用于动载荷下应力的计算，而弹性模量也与静载条件下的数值相同。

以图 12-1 所示的吊车为例。吊车以匀加速度 $\boldsymbol{a}$ 向上提升重为 $\boldsymbol{G}$ 的物体，若忽略电动机和吊钩的重力，则根据达朗贝尔原理，横梁中央位置所受的力 $\boldsymbol{F}$ 由重物的重力和惯性力两部分组成，二者方向均向下，所以有

$$F = G + \frac{G}{g}a = G\frac{g+a}{g}$$

横梁中央横截面上的弯矩为

$$M = \frac{F}{2} \cdot \frac{l}{2} = \frac{Gl(g+a)}{4g}$$

相应的应力为

$$\sigma_{\mathrm{d}} = \frac{M}{W} = \frac{Gl(g+a)}{4Wg} \tag{12-1}$$

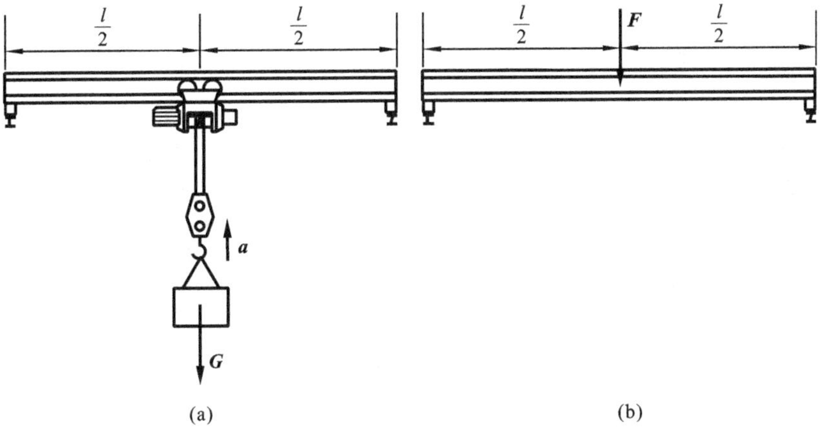

图 12-1

此时所求的应力考虑到了重物加速上升而带来的动态效应，因此称为动应力。若加速度为零，则直接以 $a=0$ 代入，可得到静载下的应力为

$$\sigma_{\mathrm{st}} = \frac{Gl}{4W} \tag{12-2}$$

比较式(12-1)和式(12-2)，可得

$$\sigma_{\mathrm{d}} = \sigma_{\mathrm{st}}\frac{g+a}{g}$$

定义动载荷因数 K_{d} 为动应力与相应的静应力之比，有

$$K_{\mathrm{d}} = \frac{g+a}{g} = \frac{\sigma_{\mathrm{d}}}{\sigma_{\mathrm{st}}} = \frac{\Delta_{\mathrm{d}}}{\Delta_{\mathrm{st}}}$$

则动应力为

$$\sigma_{\mathrm{d}} = K_{\mathrm{d}}\sigma_{\mathrm{st}} \tag{12-3}$$

在吊车起吊过程中，动载荷系数 K_{d} 是大于 1 的。这表明在动载荷条件下，构件的强度条件应写成

$$\sigma_d = K_d\sigma_{st} \leqslant [\sigma] \tag{12-4}$$

在该式中，动载荷的影响已经考虑在动载荷因数 K_d 中，故许用应力与静载下的数值相同。

另一个常见例子是旋转构件，如飞轮、汽轮机叶片等的动载荷问题。以图 12-2(a)所示的圆环为例。假设该圆环以匀角速度 ω 绕通过其圆心且垂直于纸面的轴旋转，圆环的厚度 δ 远小于直径 D，可近似认为圆环内各点的向心加速度大小相等，其数值为

$$a_n = \frac{D\omega^2}{2}$$

以 A 表示圆环的横截面面积，ρ 表示圆环的密度，则沿着圆环的周向，惯性力的分布集度为

$$q_d = A\rho a_n = \frac{A\rho D}{2}\omega^2$$

其方向背离圆心，如图 12-2(b)所示。

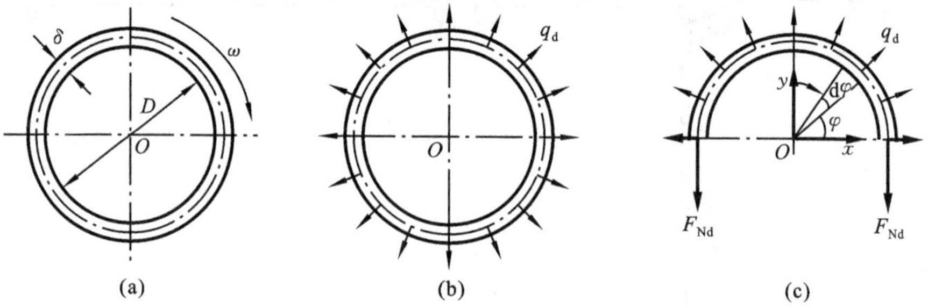

图 12-2

为求解圆环横截面上的内力，应用截面法取半个圆环，如图 12-2(c)所示。由平衡方程

$$\sum F_y = 0$$

可得

$$2F_{Nd} = \int_0^{\pi} q_d \sin\varphi \cdot \frac{D}{2}\mathrm{d}\varphi = q_d D$$

$$F_{Nd} = \frac{q_d D}{2} = \frac{A\rho D^2\omega^2}{4} = A\rho v^2$$

式中　$v=\frac{D^2\omega^2}{4}$为圆环上点的线速度。

圆环横截面上的正应力为

$$\sigma_d = \frac{F_{Nd}}{A} = \rho v^2$$

对该圆环，强度条件为

$$\sigma_d = \rho v^2 \leqslant [\sigma]$$

上述计算表明，圆环横截面上的动应力与横截面的面积无关。为确保圆环强度，应根据最大的角速度确定合适的材料，而增加横截面面积于事无补。

例 12-1　如图 12-3 所示，轴的直径为 $d=100$ mm，B 端装有一个质量很大的飞轮，A 端装有刹车离合器。设飞轮的转速为 $n=100$ r/min，转动惯量为 $I_x=0.5$ kN · m · s^2。若刹车时均匀减速，并在 20 r 之内停止转动，轴和刹车片的质量忽略不计，求轴内的最大动应力。

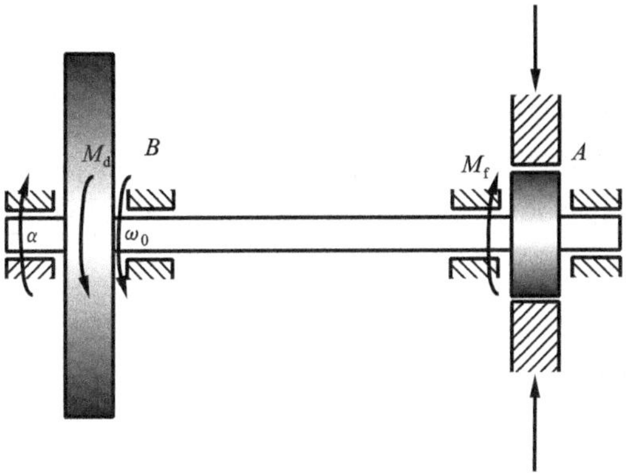

图 12-3

解　飞轮的初始角速度为

$$\omega_0=\frac{n\pi}{30}=\frac{10\pi}{3}\ \text{rad/s}$$

若飞轮均匀减速，则在 20 r 内，其角加速度为

$$\alpha=-\frac{\left(\frac{10\pi}{3}\right)^2}{2\times 20\times 2\pi}\ \text{rad/s}^2=-\frac{5\pi}{36}\ \text{rad/s}^2$$

则根据达朗贝尔原理，惯性力偶矩为

$$M_d=-I_x\alpha=-0.5\times\left(-\frac{5\pi}{36}\right)\ \text{kN}\cdot\text{m}=\frac{2.5\pi}{36}\ \text{kN}\cdot\text{m}$$

则由平衡方程

$$\sum M_x=0$$

可求得离合器作用于轴上的摩擦力矩

$$M_f=M_d=\frac{2.5\pi}{36}\ \text{kN}\cdot\text{m}$$

摩擦力矩 M_f 和惯性力偶矩 M_d 引起轴的扭转变形，利用截面法可求得轴横截面上的扭矩为

$$T=M_d=\frac{2.5\pi}{36}\ \text{kN}\cdot\text{m}$$

则横截面上的最大切应力为

$$\tau_{\max} = \frac{T}{W_t} = \frac{\frac{2.5\pi}{36} \times 10^3}{\frac{\pi}{16} \times (100 \times 10^{-3})^3} \text{ Pa} = 1.11 \times 10^6 \text{ Pa} = 1.11 \text{ MPa}$$

12.3 冲击动载荷的近似计算

冲击现象广泛存在于工程实际当中，如冲压、锻造、打桩、射钉枪以及紧急制动等。冲击的基本特征是：具有一定速度的冲击物与另一物体（被冲击物，通常静止）接触，冲击物的速度在短时间内发生了很大的变化。在冲击过程中，冲击物与被冲击物的接触区域的应力状态极为复杂，加之冲击的时间很短，精确地计算冲击载荷以及由冲击载荷引起的应力和变形非常困难。工程中一般采用能量法进行近似计算，计算基于以下假设。

（1）冲击物的变形可以忽略不计。从开始接触到产生最大变形的过程中，冲击物和被冲击物相互附着一起运动而不脱离。

（2）忽略被冲击物的质量，冲击载荷引起被冲击物的应力和变形同步遍布整个物体。

（3）冲击过程中，被冲击物体仍处在弹性范围内。

（4）冲击过程中，机械能守恒定律成立。

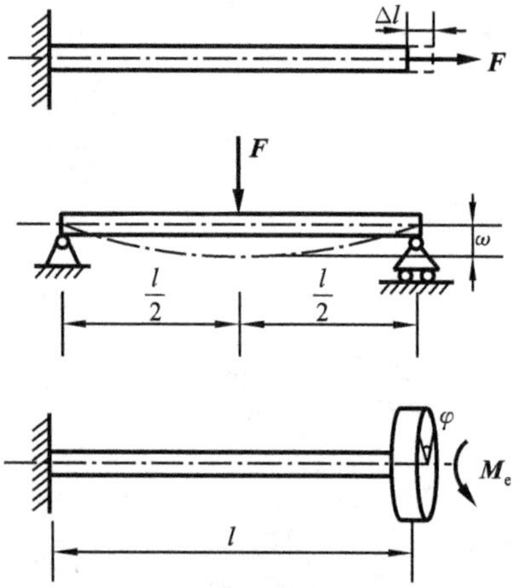

图 12-4

以图 12-4 所示的三种工程结构为例。在弹性范围内，其载荷与变形的关系分别为

$$\Delta l = \frac{Fl}{EA} = \frac{F}{\frac{EA}{l}}$$

$$\omega = \frac{Fl^3}{48EI} = \frac{F}{\frac{48EI}{l^3}}$$

$$\varphi = \frac{M_e l}{GI_P} = \frac{M_e}{\frac{GI_P}{l}}$$

为了讨论方便起见，可以把这三种情况下的系统在形式上均看做弹簧，其相应的弹簧刚度分别为 EA/l、$48EI/l^3$ 和 GI_P/l，则冲击问题的一般形式可以简化为一个单自由度动力学系统，如图 12-5 所示。

在图 12-5 所示的系统中，设冲击物重量为 $\boldsymbol{G}$，在与弹簧接触之前，冲击物的速度为 $\boldsymbol{v}$。与弹簧接触之后，二者互相附着一起向下运动，当系统速度为零时，弹簧的变形量为 Δ_d。则冲击物与弹簧接触之前系统的动能为

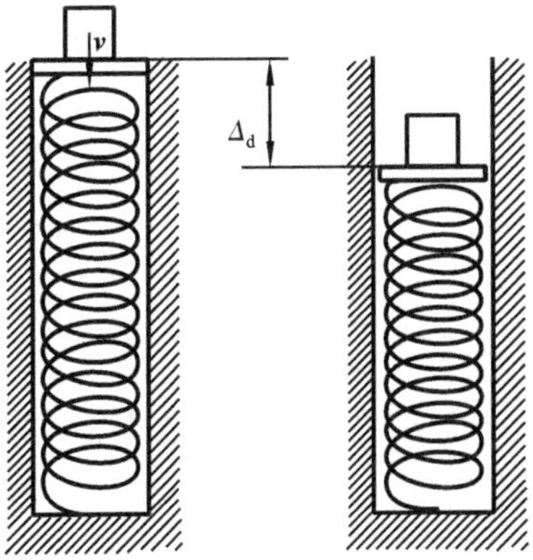

图 12-5

$$T = \frac{G}{2g}v^2$$

在此过程中，弹簧的应变能增加为

$$V_{\varepsilon d} = \frac{1}{2}F_d\Delta_d \tag{12-5}$$

同时，冲击物的势能变化为

$$V = G\Delta_d \tag{12-6}$$

根据机械能守恒定律，有

$$T + V = V_{\varepsilon d} \tag{12-7}$$

考虑冲击条件下，材料仍符合静载条件下的胡克定律，则有

$$F_d = \frac{\Delta_d}{\Delta_{st}}G \tag{12-8}$$

$$\sigma_d = \frac{\Delta_d}{\Delta_{st}}\sigma_{st}$$

式中　Δ_{st}为结构在重量 **G** 作用下的静载变形。

整理式(12-5)至式(12-8)，得

$$\frac{G}{2\Delta_{st}} \cdot \Delta_d^2 - G\Delta_d - T = 0$$

由此方程解得

$$\Delta_d = \Delta_{st}\left(1 + \sqrt{1 + \frac{2T}{G\Delta_{st}}}\right) \tag{12-9}$$

引入冲击条件下的动载荷因数，有

$$K_d = \frac{\Delta_d}{\Delta_{st}} = 1 + \sqrt{1 + \frac{2T}{G\Delta_{st}}} \tag{12-10}$$

这样，冲击条件下受冲击物所能达到的最大载荷、最大变形和最大应力可以分别写成

$$F_d = K_dG,\quad \Delta_d = K_d\Delta_{st},\quad \sigma_d = K_d\sigma_{st} \tag{12-11}$$

以上公式计算的是冲击物速度等于零时刻的结果，在这之后，受冲击物将回弹，并引起系统的振动。由于系统阻尼的存在，系统的总机械能将逐渐转化为热能消散，整个系统回到静载状态。

在多数应用中，冲击对机械系统或工程结构都是十分有害的，应尽量避免或降低冲击的影响。由式(12-10)可见，在冲击动能不变时，增大静载变形 Δ_{st}可以减小冲击动载荷因数，从而起到降低冲击载荷和冲击应力的效果。如在汽车底盘上安装叠板弹簧式或空气弹簧式减震器，在火车车厢与轮轴之间安装压缩弹簧，使用长螺栓替代短螺栓以及在机械系统中大量应用的橡皮垫，都是应用上述原理来降低冲击的危害。但需要注意，增大 Δ_{st}时应避免静应力 σ_{st}增大，否则由式(12-11)知，动应力未必会降低。

若冲击物由静止状态从高为 h 处自由下落至冲击点，如图 12-6 所示，则冲击时，冲击物的动能为

$$T=\frac{G}{2g}v^2=Gh$$

则冲击动载荷因数为

$$K_{\rm d}=\frac{\Delta_{\rm d}}{\Delta_{\rm st}}=1+\sqrt{1+\frac{2T}{G\Delta_{\rm st}}}=1+\sqrt{1+\frac{2h}{\Delta_{\rm st}}}$$

若 h 为零，则相当于将重物突然放到加载点上，此时由上式知动载荷因数 $K_{\rm d}$ 为 2，所以在突然加载时，构件的应力和变形为静载情况下的 2 倍。

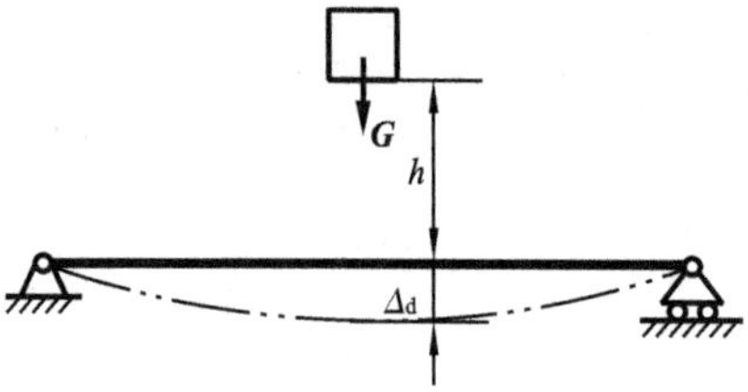

图 12-6

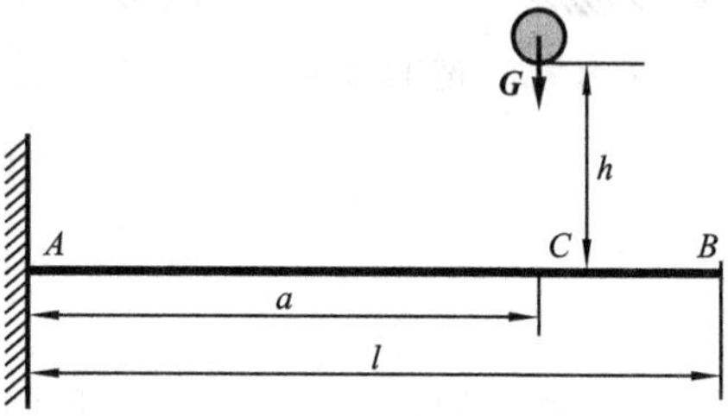

图 12-7

例 12-2　如图 12-7 所示，杆 AB 左端固定，长度为 l。重为 $\boldsymbol{G}$ 的重物从高 h 处自由落下，在点 C 处对杆件产生冲击。杆件的弹性模量为 E，惯性矩为 I，抗弯截面模数为 W。试求杆 AB 的最大冲击应力。

解　在静载条件下，点 C 的挠度及点 A 的最大静应力分别为

$$\Delta_{\rm st}=\omega_C=\frac{Ga^3}{3EI}$$

$$\sigma_{\rm st}=\sigma_A=\frac{Fa}{W}$$

由题意知，冲击动载荷因数为

$$K_{\rm d}=1+\sqrt{1+\frac{2h}{\Delta_{\rm st}}}=1+\sqrt{1+\frac{6EIh}{Ga^3}}$$

则杆 AB 的最大冲击应力为

$$\sigma_{\rm d}=K_{\rm d}\sigma_{\rm st}=\frac{Fa}{W}\left(1+\sqrt{1+\frac{6EIh}{Ga^3}}\right)$$

例 12-3　如图 12-8 所示，材料长度均相同的两杆，其中一根是等截面直圆杆，另一根圆杆在中点处截面不等，形成阶梯。现有一重物重 $\boldsymbol{G}$，从高 H 处以初速 v 下落，其具体数值为：$G=100$ N，$H=0.2$ m，$v=1$ m/s，$L=0.5$ m，$D=0.05$ m，$E=10$ MPa，试求两杆的最大动应力。

解　对等截面杆计算其静变形，有

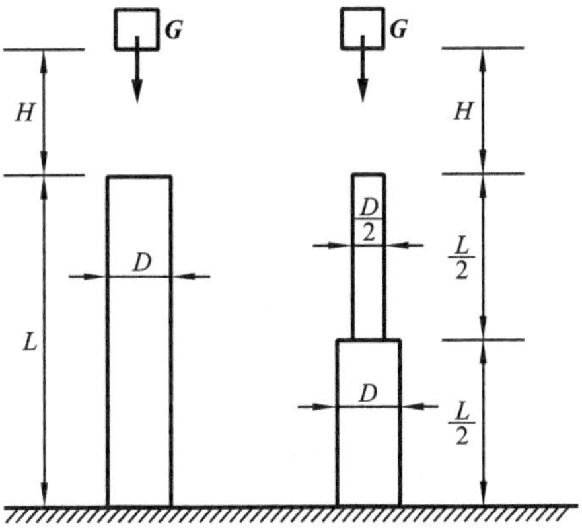

图 12-8

$$\Delta_{st} = \frac{GL}{EA} = \frac{GL}{E\dfrac{\pi D^2}{4}} = 2.55 \times 10^{-3}\ \text{m}$$

杆在静态下的正应力

$$\sigma_{st} = \frac{G}{A} = \frac{G}{\dfrac{\pi D^2}{4}} = 0.05\ \text{MPa}$$

由于重物在高处以一定速度下落，因此，根据能量守恒定律，可以得到相当高度为

$$H' = H + \frac{v^2}{2g} = 0.251\ \text{m}$$

从而有动载荷因数

$$K_d = 1 + \sqrt{1 + \frac{2H'}{\Delta_{st}}} = 15.07$$

因此，得到最大动应力

$$\sigma_d = K_d \sigma_{st} = 0.75\ \text{MPa}$$

对变截面杆做同样计算。

杆的静变形

$$\Delta_{st} = \frac{G\dfrac{L}{2}}{EA_1} + \frac{G\dfrac{L}{2}}{EA_2} = \frac{G\dfrac{L}{2}}{E\dfrac{\pi D^2}{4}} + \frac{G\dfrac{L}{2}}{E\dfrac{\pi D^2}{16}} = 6.37 \times 10^{-3}\ \text{m}$$

杆在上半部分达到最大静应力

$$\sigma_{st} = \frac{G}{A} = \frac{G}{\dfrac{\pi D^2}{16}} = 0.2\ \text{MPa}$$

对重物，由于下落的高度和初速度相等，因此，其相当高度 H'' 也相同，有动载荷

因数

$$K_{\mathrm{d}} = 1 + \sqrt{1 + \frac{2H''}{\Delta_{\mathrm{st}}}} = 9.93$$

因此，其最大动应力为

$$\sigma_{\mathrm{d}} = K_{\mathrm{d}}\sigma_{\mathrm{st}} = 1.99\ \mathrm{MPa}$$

12.4 疲劳的概念

疲劳失效是工程中最常见的失效形式之一。与静载荷条件下的失效相比，疲劳失效主要表现为如下几个特征。

（1）在构件的名义应力远低于材料在静载荷条件下的强度极限和屈服极限的情况下，疲劳破坏仍然可能发生。

（2）疲劳破坏往往表现为构件的突然断裂，在断裂之前，通常会经历一个较长的裂纹萌生和裂纹扩展的过程。

（3）构件在破坏前没有表观塑性变形，即使塑性很好的材料，也发生脆性断裂。

（4）疲劳断裂的断口包含两个不同的区域，其中：较早出现的为疲劳裂纹扩展区，断口形貌光滑且多有疲劳辉纹；另外一个区域是在失效断裂时出现的静态裂纹扩展区，断口较粗糙，常呈现颗粒状、鱼尾状等形貌特征，如图 12-9 所示。

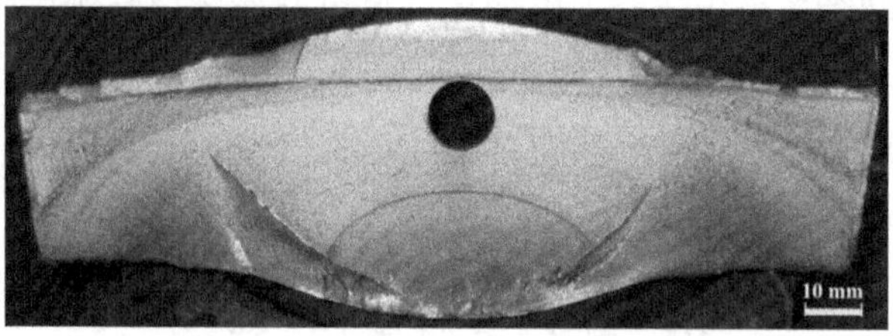

图 12-9

材料的疲劳破坏是一种较为复杂的物理现象，疲劳破坏产生的机理一直是热点研究领域。根据经典理论，金属材料的疲劳过程可解释如下：在交变应力的作用下，材料表面的晶粒发生剪切和滑移。随着应力循环次数的增加，滑移带发展为肉眼不可见的微小裂纹，进而发展为可见裂纹以及大裂纹，最后裂纹进入快速扩展阶段并发生断裂。

另一理论认为，疲劳裂纹的产生起源于金属原子晶格的位错运动。受限于冶炼工艺水平，工程中实际采用的材料不可避免有各种空穴、缺陷，并存在其他微观尺度的不连续性。这样，尽管理论上应力水平远低于极限强度或屈服强度，但在微观尺度上仍可能形成塑性变形，这是原子晶格间产生位错运动的根源。交变应力会令这种位错运动范围逐渐扩大并不断聚集，慢慢形成 $10^{-7} \sim 10^{-4}$ m 量级的初始疲劳裂纹，通常称这时候的裂纹为微裂纹。微裂纹产生之后，在裂纹前沿处尖锐的几何结构会导致应力集中现象，在交变应力的驱动下，微裂纹进一步扩展，形成大于 10^{-4} m 的宏观裂纹。宏观裂纹继续扩展，且扩展速度不断加快，最终导致断裂。

尽管对疲劳破坏的机理有各种不同的解释，但通过大量的试验，疲劳现象的主要内因仍可归结为材料本身的化学构成、表面状况、构件几何形状和大小等。而从外因上看，则可以归结为交变应力的大小和特征。

工程中大多数的构件都工作于交变载荷的作用之下，如齿轮的轮齿、内燃机的曲轴以及起重机的大梁，等等。

以图 12-10 为例，电动机运行过程中，由于动不平衡，梁内应力将按正弦曲线随时间变化。正弦曲线的一个周期对应一个应力循环，以 σ_{max} 和 σ_{min} 表示循环中的最大和最小应力，定义

$$r = \frac{\sigma_{min}}{\sigma_{max}} \tag{12-12}$$

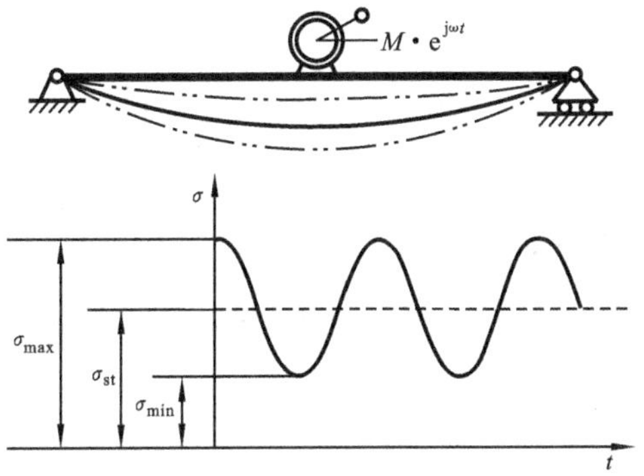

图 12-10

r 称为交变应力的循环特征或应力比。定义

$$\sigma_m = \frac{\sigma_{max} + \sigma_{min}}{2} \tag{12-13}$$

σ_m 称为平均应力。定义

$$\sigma_a = \frac{\sigma_{max} - \sigma_{min}}{2} \tag{12-14}$$

σ_a 称为应力幅值。

若交变应力的 σ_{max} 和 σ_{min} 大小相等，符号相反，称其为对称循环，这时有

$$r = -1, \quad \sigma_m = 0, \quad \sigma_a = \sigma_{max}$$

对称循环以外的情况统称为非对称循环，由式(12-12)、式(12-13)知

$$\sigma_{max} = \sigma_m + \sigma_a, \quad \sigma_{min} = \sigma_m - \sigma_a$$

交变应力还有一类较常见的特殊情况，即 σ_{min} 为零，此时

$$r = 0, \quad \sigma_m = \sigma_a = \frac{\sigma_{max}}{2}$$

这种情况称为脉动循环。在齿轮传动中，当齿轮绕固定方向旋转时，齿根的应力就属于这种类型。

有时候为了讨论的方便，也常把静载荷应力作为交变应力的特例，此时

$$r=1,\quad \sigma_{m}=\sigma_{max}=\sigma_{min},\quad \sigma_{a}=0$$

12.5 材料的持久极限

为了校核构件的疲劳强度，需要了解影响构件疲劳破坏的各种因素、权重并将其定量化。其中首要的问题是确定材料本身的持久极限，这一问题通常通过试验解决。

在试验中，需要给试件施加一个交变载荷。由于在技术上比较容易实现，也有足够好的代表性，对称循环最为常见，其中又以弯曲循环最为典型。试验一般采用直径为 10 mm 左右的光滑小试样，放在试验机上，使其承受纯弯曲，图 12-11 所示为一种旋转弯曲疲劳试验机构。

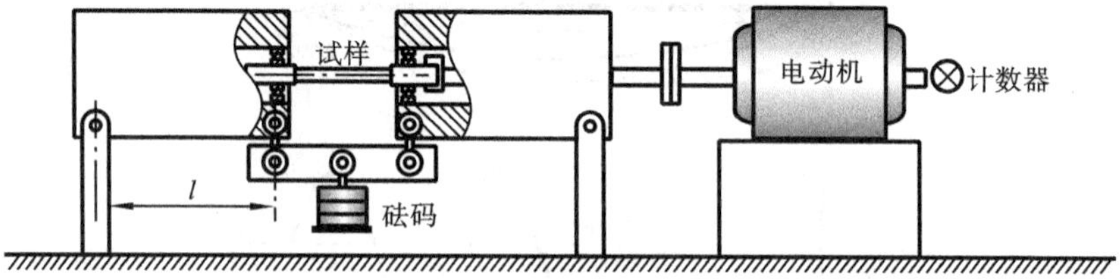

图 12-11

在试验过程中，若砝码的重为 $\boldsymbol{G}$，则试件有效长度上受到的弯矩和最大正应力分别为

$$M=\frac{Gl}{2},\quad \sigma=\frac{M}{W}=\frac{Ga}{2W}$$

式中 W 为试件有效长度上的抗弯截面模数。

电动机带着试件每旋转一周，试件经历一次对称应力循环。在发生断裂之前所经历的循环次数 N 越多，则表明材料越不容易疲劳，因此将循环次数称为材料的疲劳寿命。这种试验方法最早是由被称为“疲劳之父”的德国人 Whöler 设计的，其最初目的是模拟火车轮轴的受载状况。

Whöler 的另一重要贡献是最早绘制了 S-N 曲线并提出了疲劳持久极限的概念。试验采用 8～12 根试件并将其分为若干组，对每一组试件通过改变砝码重量使试件承受不同水平的应力 S_i，记录下当试件发生疲劳破坏时所经历的循环次数 N_i，最后将所有(S_i，N_i)数据点标在 S-N 图中，并拟合出一条光滑曲线，如图 12-12(a)所示。大量试验证明，金属材料的 S-N 曲线在双对数坐标系中可近似为直线形式，如图12-12(b)所示，其中 $N_1=1\,000$。由图 12-12 可见，S-N 曲线存在一条水平渐近线，即当疲劳寿命大于 N_0 时，所对应的应力水平稳定于一个定值 S_{-1}。或者理解为：当

材料在某应力水平下疲劳寿命超过 N_0 时，即使再增加循环次数，材料也不会疲劳。对钢铁金属，N_0 一般取 10^7 次。通常将 10^7 次循环下仍未疲劳的最大应力 S_{-1} 称为材料的疲劳持久极限，简称为持久极限、疲劳极限或耐久极限。$N_0=10^7$ 称为循环基数。非铁金属的渐近线一般不如钢铁金属明显，这时候通常取循环基数 $N_0=10^8$，把它对应的最大应力作为这类材料的条件疲劳持久极限。

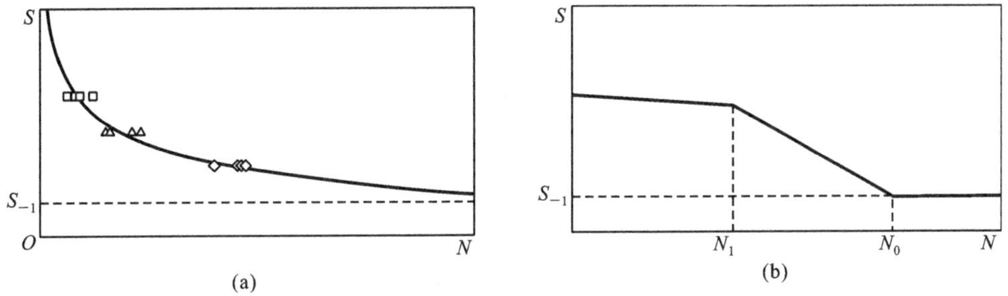

图 12-12

12.6　影响构件持久极限的因素

对称循环下的持久极限，一般是在常温条件下采用光滑小试样测定的。通过统一条件下的试验数据，可以分析不同材料的抗疲劳性能。如前所述，还有一些因素会影响到材料的抗疲劳性能：当构件的几何形状、尺寸大小、表面质量、载荷特性、工作环境不同时，材料的持久极限会发生变化。这时候需要对其进行修正，然后再用于疲劳设计。下面将主要就构件外形、尺寸、表面加工质量等构件的内在因素进行简要的介绍，至于载荷特征等重要外因的考虑，本书不作介绍，读者可以参考相关论著。

1. 应力集中的影响

在构件截面形状或尺寸的突变处，如阶梯轴轴肩、孔、切槽等位置，局部应力远远大于名义应力，这种现象称为应力集中。在应用静载荷强度条件计算时，需要用一个应力集中系数进行修正才能保证强度在安全范围内。材料对应力集中非常敏感(应力集中处材料易发生疲劳与断裂破坏)，且对不同的材料，其敏感程度有所不同。

在弹性范围内，一般将应力集中处的最大应力与名义应力的比值

$$K_t=\frac{\sigma_{\max}}{\sigma_n} \tag{12-15}$$

称为理论应力集中因数。在对称循环下，以 σ_{-1} 表示无应力集中的光滑小试样的持久极限；以 $(\sigma_{-1})_k$ 表示尺寸与光滑小试样相同，但存在应力集中的试样的持久极限，则比值

$$K_f=\frac{\sigma_{-1}}{(\sigma_{-1})_k} \tag{12-16}$$

称为有效应力集中因数，它是一个大于 1 的数。

一般来说，K_t和 K_f是不一样的。对不同的材料，其差别情况又有所不同，这表明有效应力集中因数和材料本身是有关系的。通常有

$$K_f = 1 + q(K_t - 1) \tag{12-17}$$

式中 q 称为缺口敏感系数，它是一个与材料有关的参数。K_f和 q 的值可以在相关设计手册中查到。

2. 构件尺寸的影响

随着构件尺寸的增大，构件的表面积增加，其表面出现因缺陷导致的微裂纹的可能性会增加，因此其疲劳极限会降低。

以$(\sigma_{-1})_z$ 表示光滑大试样的持久极限，它与 10 mm 光滑小试样的疲劳极限的比值

$$\varepsilon = \frac{(\sigma_{-1})_z}{\sigma_{-1}} \tag{12-18}$$

称为尺寸因数。表 12-1 给出了一些常用钢材在正应力条件下的尺寸因数。

表 12-1 尺寸因数

直径 d/mm		20～30	30～40	40～50	50～60	60～70	70～80	80～100	100～120	120～150	150～500
ε	碳钢	0.91	0.88	0.84	0.81	0.78	0.75	0.73	0.70	0.68	0.60
	合金钢	0.83	0.77	0.73	0.70	0.68	0.66	0.64	0.62	0.60	0.54

3. 构件表面质量的影响

一般情况下，构件的最大应力出现在构件的表层，疲劳裂纹也多发生于构件的表层，因此材料的表面加工质量对疲劳持久极限有着极为显著的影响。通过精细加工、精磨抛光、喷丸、渗氮、表面滚压等工艺措施可以有效地改善构件的抗疲劳能力。

以$(\sigma_{-1})_\beta$ 表示各种表面工艺条件下小试样的持久极限，其与光滑小试样持久极限的比值

$$\beta = \frac{(\sigma_{-1})_\beta}{\sigma_{-1}} \tag{12-19}$$

称为表面质量因数，可在相关疲劳设计手册中查到。

除了应力集中、尺寸和表面质量等三种因素之外，构件的工作环境，如温度、水浸和腐蚀等也会对持久极限产生影响，限于篇幅，本书不赘述。

12.7 对称循环疲劳强度分析

综合应力集中、尺寸和表面质量三种因素，构件的持久极限为

$$\sigma_{-1}^{0} = \frac{\varepsilon\beta}{K_f}\sigma_{-1} \tag{12-20}$$

考虑一定的安全裕量，将其除以一个大于 1 的安全因数 n，得许用应力

$$[\sigma_{-1}]=\frac{\sigma_{-1}^{0}}{n} \tag{12-21}$$

则在对称循环条件下，构件的疲劳强度条件为

$$\sigma_{\max}\leqslant[\sigma_{-1}] \quad 或 \quad \sigma_{\max}\leqslant\frac{\sigma_{-1}^{0}}{n} \tag{12-22}$$

式中　$\sigma_{\max}$为构件危险点的最大工作应力。

也可把疲劳强度条件写成安全因数的表达式，如

$$\frac{\sigma_{-1}^{0}}{\sigma_{\max}}\geqslant n \tag{12-23}$$

例 12-4　如图 12-13 所示，某一火车轮轴受到来自车厢的作用力 $F=50$ kN，$a=500$ mm，$L=1\ 435$ mm，轮轴中段直径 $d=15$ cm。

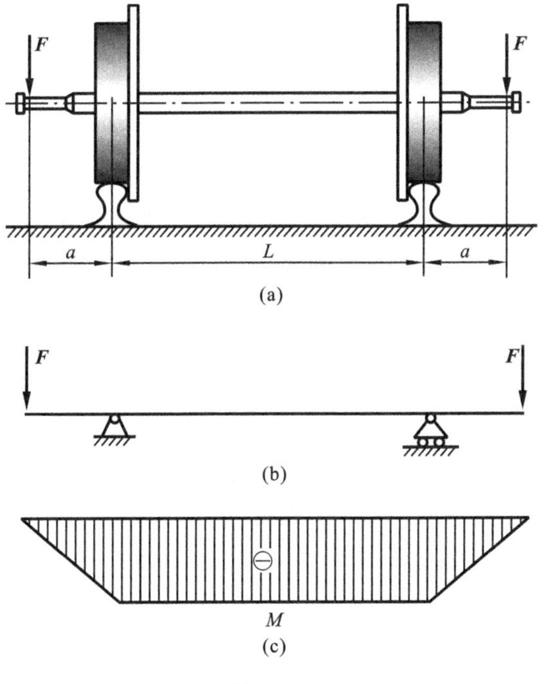

图 12-13

(1) 求轮轴中段截面上的最大应力、最小应力和循环特征；

(2) 若轴的强度极限 $\sigma_{-1}=400$ MPa，规定安全因数 $n=1.4$，考虑车轮安装键槽处存在应力集中，并取 $K_f=1.65$，尺寸系数 $\varepsilon=0.6$，表面质量系数 $\beta=0.8$，试校核该轮轴的疲劳强度。

解　(1) 轮轴的受力简图及弯矩图分别如图 12-13(b)、(c)所示。轴最大的弯矩

$$M=Fa=50\times500\ \text{N}\cdot\text{m}=2.5\times10^{4}\ \text{N}\cdot\text{m}$$

则最大、最小应力分别为

$$\sigma_{\max}=\frac{M}{W}=\frac{M}{\frac{\pi d^3}{32}}=\frac{2.5\times 10^4}{\frac{\pi\times(15\times 10^{-2})^3}{32}}\ \text{MPa}=75.49\ \text{MPa}$$

$$\sigma_{\min}=-\frac{M}{W}=-75.49\ \text{MPa}$$

载荷特征

$$r=\frac{\sigma_{\min}}{\sigma_{\max}}=-1$$

(2) 在给定条件下，许用应力为

$$[\sigma_{-1}]=\frac{\sigma_{-1}^0}{n}=\frac{\frac{\varepsilon\beta}{K_f}\sigma_{-1}}{n}=\frac{\frac{0.6\times 0.8}{1.65}\times 400}{1.4}\ \text{MPa}=83.12\ \text{MPa}$$

有

$$\sigma_{\max}<[\sigma_{-1}]$$

所以，轮轴的疲劳强度是安全的。

习　　题

12-1　如图所示的起吊结构，大梁由 20a 普通热轧槽钢构成，若该梁在 0.2 s 时间内速度由 2 m/s 降为 0.6 m/s，已知 $L=6$ m，$a=1$ m。试求槽钢中最大的弯曲正应力。

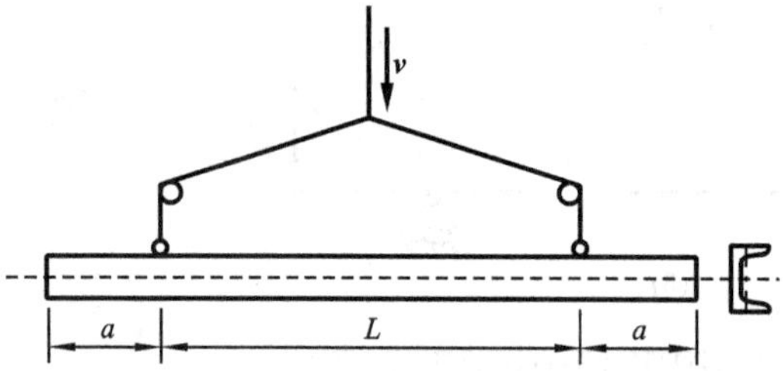

题 12-1 图

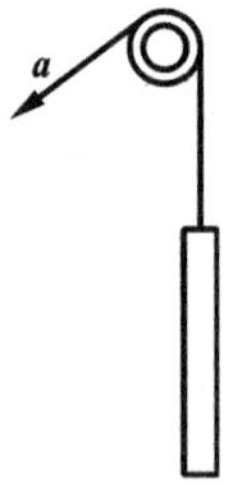

题 12-2 图

12-2　长为 L、横截面面积为 A 的杆以加速度 a 向上升。若材料单位体积的质量为 ρ，试求杆内的最大应力。

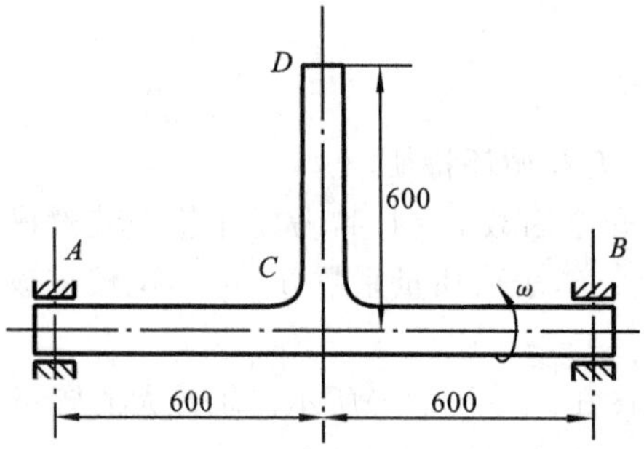

题 12-3 图

12-3　图示轴 AB 的直径为 80 mm，轴上有一直径为 80 mm 的圆杆 CD，CD 垂直于 AB，若 AB 以匀角速度 $\omega=40$ rad/s 转动。材料的许用应力 $[\sigma]=70$ MPa，密度为 7.8 g/cm^3。试校核轴 AB 和杆 CD 的强度。

12-4　图示结构中，重量为 $\boldsymbol{G}$ 的重物 C 绕轴 A 转动，重物在竖直位置时，具有水平速度 v，之后冲击到梁 AB 的中点。梁的长度为 L，材料的弹性模量为 E，梁横截面的惯性矩为 I，抗弯截面模数为

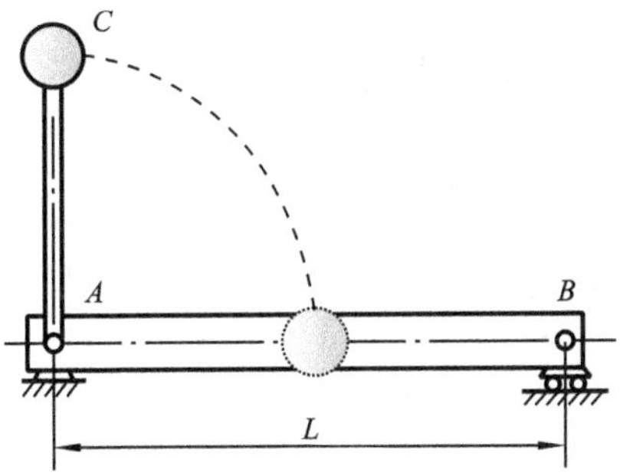

题 12-4 图

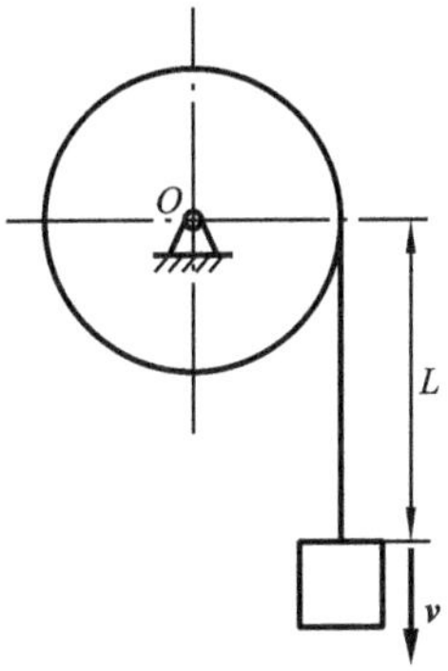

题 12-5 图

W。求梁内的最大弯曲正应力。

12-5　如图所示的绞车，以等速度 $v=1.6$ m/s 降下重物，设在重物和绞车之间的钢索长度 $L=240$ m 时，需要突然刹住绞车，试计算该绞车允许挂吊的最大重量。已知钢索横截面面积 $A=1\ 000\ \text{mm}^2$，弹性模量 $E=210$ GPa，许用应力 $[\sigma]=160$ MPa，不计钢索和挂钩的自重。

12-6　柴油发动机连杆大头螺栓在工作中受到的最大拉力 $F_{\max}=59$ kN，最小应力为 $F_{\min}=55.1$ kN，螺纹处内径 $d=11.5$ mm，试求平均应力、应力幅值、循环特征。

附录A 型钢规格表

附表 A-1 热轧工字钢(GB/T 706—2008)

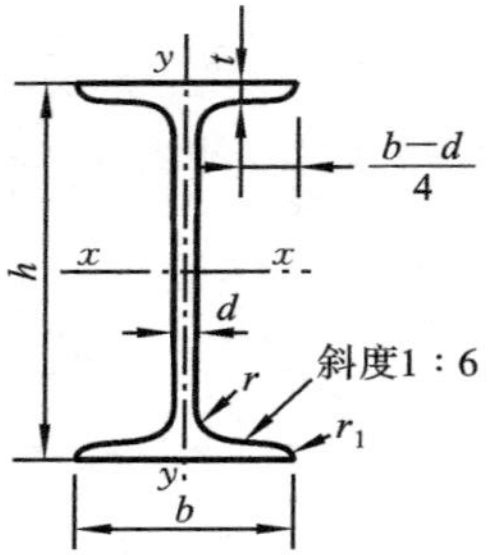

符号意义：

h——高度；

b——腿宽度；

t——平均腿厚度；

r_1——腿端圆弧半径；

d——腰厚度；

r——内圆弧半径。

型号	截面尺寸/mm						截面面积/cm^2	理论重量/(kg/m)	惯性矩/cm^4		惯性半径/cm		截面模数/cm^3	
	h	b	d	t	r	r_1			I_x	I_y	i_x	i_y	W_x	W_y
10	100	68	4.5	7.6	6.5	3.3	14.345	11.261	245	33.0	4.14	1.52	49.0	9.72
12	120	74	5.0	8.4	7.0	3.5	17.818	13.987	436	46.9	4.95	1.62	72.7	12.7
12.6	126	74	5.0	8.4	7.0	3.5	18.118	14.223	488	46.9	5.20	1.61	77.5	12.7
14	140	80	5.5	9.1	7.5	3.8	21.516	16.890	712	64.4	5.76	1.73	102	16.1
16	160	88	6.0	9.9	8.0	4.0	26.131	20.513	1130	93.1	6.58	1.89	141	21.2
18	180	94	6.5	10.7	8.5	4.3	30.756	24.143	1660	122	7.36	2.00	185	26.0

续表

型号	截面尺寸/mm						截面面积/cm^2	理论重量/(kg/m)	惯性矩/cm^4		惯性半径/cm		截面模数/cm^3	
	h	b	d	t	r	r_1			I_x	I_y	i_x	i_y	W_x	W_y
20a	200	100	7.0	11.4	9.0	4.5	35.578	27.929	2370	158	8.15	2.12	237	31.5
20b		102	9.0				39.578	31.069	2500	169	7.96	2.06	250	33.1
22a	220	110	7.5	12.3	9.5	4.8	42.128	33.070	3400	225	8.99	2.31	309	40.9
22b		112	9.5				46.528	36.524	3570	239	8.78	2.27	325	42.7
24a	240	116	8.0	13.0	10.0	5.0	47.741	37.477	4570	280	9.77	2.42	381	48.4
24b		118	10.0				52.541	41.245	4800	297	9.57	2.38	400	50.4
25a	250	116	8.0				48.541	38.105	5020	280	10.2	2.40	402	48.3
25b		118	10.0				53.541	42.030	5280	309	9.94	2.40	423	52.4
27a	270	122	8.5	13.7	10.5	5.3	54.554	42.825	6550	345	10.9	2.51	485	56.6
27b		124	10.5				59.954	47.064	6870	366	10.7	2.47	509	58.9
28a	280	122	8.5				55.404	43.492	7110	345	11.3	2.50	508	56.6
28b		124	10.5				61.004	47.888	7480	379	11.1	2.49	534	61.2
30a	300	126	9.0	14.4	11.0	5.5	61.254	48.084	8950	400	12.1	2.55	597	63.5
30b		128	11.0				67.254	52.794	9400	422	11.8	2.50	627	65.9
30c		130	13.0				73.254	57.504	9850	445	11.6	2.46	657	68.5
32a	320	130	9.5	15.0	11.5	5.8	67.156	52.717	11100	460	12.8	2.62	692	70.8
32b		132	11.5				73.556	57.741	11600	502	12.6	2.61	726	76.0
32c		134	13.5				79.956	62.765	12200	544	12.3	2.61	760	81.2
36a	360	136	10.0	15.8	12.0	6.0	76.480	60.037	15800	552	14.4	2.69	875	81.2
36b		138	12.0				83.680	65.689	16500	582	14.1	2.64	919	84.3
36c		140	14.0				90.880	71.341	17300	612	13.8	2.60	962	87.4

续表

型号	截面尺寸/mm						截面面积/cm^2	理论重量/(kg/m)	惯性矩/cm^4		惯性半径/cm		截面模数/cm^3	
	h	b	d	t	r	r_1			I_x	I_y	i_x	i_y	W_x	W_y
40a	400	142	10.5	16.5	12.5	6.3	86.112	67.598	21700	660	15.9	2.77	1090	93.2
40b		144	12.5				94.112	73.878	22800	692	15.6	2.71	1140	96.2
40c		146	14.5				102.112	80.158	23900	727	15.2	2.65	1190	99.6
45a	450	150	11.5	18.0	13.5	6.8	102.446	80.420	32200	855	17.7	2.89	1430	114
45b		152	13.5				111.446	87.485	33800	894	17.4	2.84	1500	118
45c		154	15.5				120.446	94.550	35300	938	17.1	2.79	1570	122
50a	500	158	12.0	20.0	14.0	7.0	119.304	93.654	46500	1120	19.7	3.07	1860	142
50b		160	14.0				129.304	101.504	48600	1170	19.4	3.01	1940	146
50c		162	16.0				139.304	109.354	50600	1220	19.0	2.96	2080	151
55a	550	166	12.5	21.0	14.5	7.3	134.185	105.335	62900	1370	21.6	3.19	2290	164
55b		168	14.5				145.185	113.970	65600	1420	21.2	3.14	2390	170
55c		170	16.5				156.185	122.605	68400	1480	20.9	3.08	2490	175
56a	560	166	12.5				135.435	106.316	65600	1370	22.0	3.18	2340	165
56b		168	14.5				146.635	115.108	68500	1490	21.6	3.16	2450	174
56c		170	16.5				157.835	123.900	71400	1560	21.3	3.16	2550	183
63a	630	176	13.0	22.0	15.0	7.5	154.658	121.407	93900	1700	24.5	3.31	2980	193
63b		178	15.0				167.258	131.298	98100	1810	24.2	3.29	3160	204
63c		180	17.0				179.858	141.189	102000	1920	23.8	3.27	3300	214

注：表中 r、r_1 的数据用于孔型设计，不做交货条件。

附表 A-2　热轧槽钢(GB/T 706—2008)

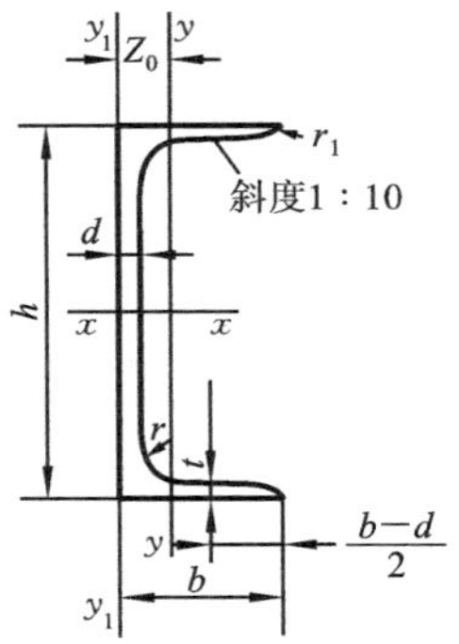

符号意义：

h——高度；　　r_1——腿端圆弧半径；

b——腿宽度；　　d——腰厚度；

t——平均腿厚度；　　r——内圆弧半径；

Z_0——yy 轴与 y_1y_1 轴间距。

型号	截面尺寸/mm						截面面积/cm²	理论重量/(kg/m)	惯性矩/cm⁴			惯性半径/cm		截面模数/cm³		重心距离/cm
	h	b	d	t	r	r_1			I_x	I_y	I_{y1}	i_x	i_y	W_x	W_y	Z_0
5	50	37	4.5	7.0	7.0	3.5	6.928	5.438	26.0	8.30	20.9	1.94	1.10	10.4	3.55	1.35
6.3	63	40	4.8	7.5	7.5	3.8	8.451	6.634	50.8	11.9	28.4	2.45	1.19	16.1	4.50	1.36
6.5	65	40	4.3	7.5	7.5	3.8	8.547	6.709	55.2	12.0	28.3	2.54	1.19	17.0	4.59	1.38
8	80	43	5.0	8.0	8.0	4.0	10.248	8.045	101	16.6	37.4	3.15	1.27	25.3	5.79	1.43
10	100	48	5.3	8.5	8.5	4.2	12.748	10.007	198	25.6	54.9	3.95	1.41	39.7	7.80	1.52
12	120	53	5.5	9.0	9.0	4.5	15.362	12.059	346	37.4	77.7	4.75	1.56	57.7	10.2	1.62
12.6	126	53	5.5	9.0	9.0	4.5	15.692	12.318	391	38.0	77.1	4.95	1.57	62.1	10.2	1.59
14a	140	58	6.0	9.5	9.5	4.8	18.516	14.535	564	53.2	107	5.52	1.70	80.5	13.0	1.71
14b		60	8.0				21.316	16.733	609	61.1	121	5.35	1.69	87.1	14.1	1.67

续表

型号	截面尺寸/mm						截面面积	理论重量	惯性矩/cm^4			惯性半径/cm		截面模数/cm^3		重心距离/cm
	h	b	d	t	r	r_1	/cm^2	/(kg/m)	I_x	I_y	I_{y1}	i_x	i_y	W_x	W_y	Z_0
16a	160	63	6.5	10.0	10.0	5.0	21.962	17.24	866	73.3	144	6.28	1.83	108	16.3	1.80
16b		65	8.5				25.162	19.752	935	83.4	161	6.10	1.82	117	17.6	1.75
18a	180	68	7.0	10.5	10.5	5.2	25.699	20.174	1270	98.6	190	7.04	1.96	141	20.0	1.88
18b		70	9.0				29.299	23.000	1370	111	210	6.84	1.95	152	21.5	1.84
20a	200	73	7.0	11.0	11.0	5.5	28.837	22.637	1780	128	244	7.86	2.11	178	24.2	2.01
20b		75	9.0				32.837	25.777	1910	144	268	7.64	2.09	191	25.9	1.95
22a	220	77	7.0	11.5	11.5	5.8	31.846	24.999	2390	158	298	8.67	2.23	218	28.2	2.10
22b		79	9.0				36.246	28.453	2570	176	326	8.42	2.21	234	30.1	2.03
24a	240	78	7.0	12.0	12.0	6.0	34.217	26.860	3050	174	325	9.45	2.25	254	30.5	2.10
24b		80	9.0				39.017	30.628	3280	194	355	9.17	2.23	274	32.5	2.03
24c		82	11.0				43.817	34.396	3510	213	388	8.96	2.21	293	34.4	2.00
25a	250	78	7.0				34.917	27.410	3370	176	322	9.82	2.24	270	30.6	2.07
25b		80	9.0				39.917	31.335	3530	196	353	9.41	2.22	282	32.7	1.98
25c		82	11.0				44.917	35.260	3690	218	384	9.07	2.21	295	35.9	1.92
27a	270	82	7.5	12.5	12.5	6.2	39.284	30.838	4360	216	393	10.5	2.34	323	35.5	2.13
27b		84	9.5				44.684	35.077	4690	239	428	10.3	2.31	347	37.7	2.06
27c		86	11.5				50.084	39.316	5020	261	467	10.1	2.28	372	39.8	2.03
28a	280	82	7.5				40.034	31.427	4760	218	388	10.9	2.33	340	35.7	2.10
28b		84	9.5				45.634	35.823	5130	242	428	10.6	2.30	366	37.9	2.02
28c		86	11.5				51.234	40.219	5500	268	463	10.4	2.29	393	40.3	1.95

续表

型号	截面尺寸/mm						截面面积/cm^2	理论重量/(kg/m)	惯性矩/cm^4			惯性半径/cm		截面模数/cm^3		重心距离/cm
	h	b	d	t	r	r_1			I_x	I_y	I_{y1}	i_x	i_y	W_x	W_y	Z_0
30a		85	7.5				43.902	34.463	6050	260	467	11.7	2.43	403	41.1	2.17
30b	300	87	9.5	13.5	13.5	6.8	49.902	39.173	6500	289	515	11.4	2.41	433	44.0	2.13
30c		89	11.5				55.902	43.883	6950	316	560	11.2	2.38	463	46.4	2.09
32a		88	8.0				48.513	38.083	7600	305	552	12.5	2.50	475	46.5	2.24
32b	320	90	10.0	14.0	14.0	7.0	54.913	43.107	8140	336	593	12.2	2.47	509	49.2	2.16
32c		92	12.0				61.313	48.131	8690	374	643	11.9	2.47	543	52.6	2.09
36a		96	9.0				60.910	47.814	11900	455	818	14.0	2.73	660	63.5	2.44
36b	360	98	11.0	16.0	16.0	8.0	68.110	53.466	12700	497	880	13.6	2.70	703	66.9	2.37
36c		100	13.0				75.310	59.118	13400	536	948	13.4	2.67	746	70.0	2.34
40a		100	10.5				75.068	58.928	17600	592	1070	15.3	2.81	879	78.8	2.49
40b	400	102	12.5	18.0	18.0	9.0	83.068	65.208	18600	640	114	15.0	2.78	932	82.5	2.44
40c		104	14.5				91.068	71.488	19700	688	1220	14.7	2.75	986	86.2	2.42

注：表中 r、r_1 的数据用于孔型设计，不做交货条件。

附表 A-3 热轧等边角钢(GB/T 706—2008)

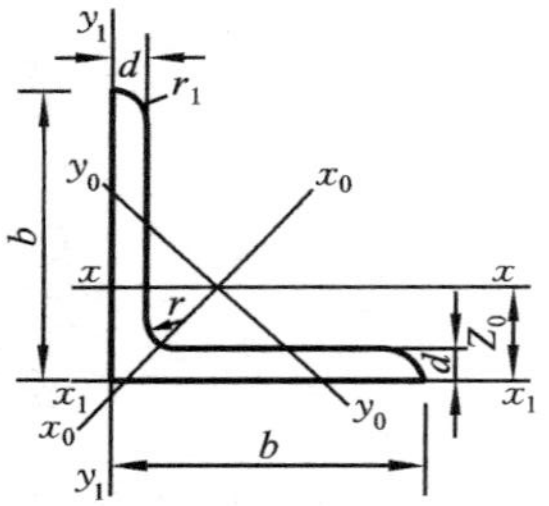

符号意义：

b——边宽度；　　d——边厚度；

r——内圆弧半径；　　r_1——边端内圆弧半径；

Z_0——重心距离。

型号	截面尺寸/mm			截面面积 /cm²	理论重量 /(kg/m)	外表面积 /(m²/m)	惯性矩 /cm⁴				惯性半径 /cm			截面模数 /cm³			重心距离 /cm
	b	d	r				I_x	I_{x1}	I_{x0}	I_{y0}	i_x	i_{x0}	i_{y0}	W_x	W_{x0}	W_{y0}	Z_0
2	20	3	3.5	1.132	0.889	0.078	0.40	0.81	0.63	0.17	0.59	0.75	0.39	0.29	0.45	0.20	0.60
		4		1.459	1.145	0.077	0.50	1.09	0.78	0.22	0.58	0.73	0.38	0.36	0.55	0.24	0.64
2.5	25	3		1.432	1.124	0.098	0.82	1.57	1.29	0.34	0.76	0.95	0.49	0.46	0.73	0.33	0.73
		4		1.859	1.459	0.097	1.03	2.11	1.62	0.43	0.74	0.93	0.48	0.59	0.92	0.40	0.76
3.0	30	3	4.5	1.749	1.373	0.117	1.46	2.71	2.31	0.61	0.91	1.15	0.59	0.68	1.09	0.51	0.85
		4		2.276	1.786	0.117	1.84	3.63	2.92	0.77	0.90	1.13	0.58	0.87	1.37	0.62	0.89
3.6	36	3		2.109	1.656	0.141	2.58	4.68	4.09	1.07	1.11	1.39	0.71	0.99	1.61	0.76	1.00
		4		2.756	2.163	0.141	3.29	6.25	5.22	1.37	1.09	1.38	0.70	1.28	2.05	0.93	1.04
		5		3.382	2.654	0.141	3.95	7.84	6.24	1.65	1.08	1.36	0.70	1.56	2.45	1.00	1.07
4.0	40	3	5.0	2.359	1.852	0.157	3.59	6.41	5.69	1.49	1.23	1.55	0.79	1.23	2.01	0.96	1.09
		4		3.086	2.422	0.157	4.60	8.56	7.29	1.91	1.22	1.54	0.79	1.60	2.58	1.19	1.13
		5		3.791	2.976	0.156	5.53	10.74	8.76	2.30	1.21	1.52	0.78	1.96	3.10	1.39	1.17

续表

型号	截面尺寸/mm			截面面积 /cm²	理论重量 /(kg/m)	外表面积 /(m²/m)	惯性矩 /cm⁴				惯性半径 /cm			截面模数 /cm³			重心距离 /cm
	b	d	r				I_x	I_{x1}	I_{x0}	I_{y0}	i_x	i_{x0}	i_{y0}	W_x	W_{x0}	W_{y0}	Z_0
4.5	45	3	5.0	2.659	2.088	0.177	5.17	9.12	8.20	2.14	1.40	1.76	0.89	1.58	2.58	1.24	1.22
		4		3.486	2.736	0.177	6.65	12.18	10.56	2.75	1.38	1.74	0.89	2.05	3.32	1.54	1.26
		5		4.292	3.369	0.176	8.04	15.2	12.74	3.33	1.37	1.72	0.88	2.51	4.00	1.81	1.30
		6		5.076	3.985	0.176	9.33	18.36	14.76	3.89	1.36	1.70	0.8	2.95	4.64	2.06	1.33
5.0	50	3	5.5	2.971	2.332	0.197	7.18	12.5	11.37	2.98	1.55	1.96	1.00	1.96	3.22	1.57	1.34
		4		3.897	3.059	0.197	9.26	16.69	14.70	3.82	1.54	1.94	0.99	2.56	4.16	1.96	1.38
		5		4.803	3.770	0.196	11.21	20.90	17.79	4.64	1.53	1.92	0.98	3.13	5.03	2.31	1.42
		6		5.688	4.465	0.196	13.05	25.14	20.68	5.42	1.52	1.91	0.98	3.68	5.85	2.63	1.46
5.6	56	3	6.0	3.343	2.624	0.221	10.19	17.56	16.14	4.24	1.75	2.20	1.13	2.48	4.08	2.02	1.48
		4		4.390	3.446	0.220	13.18	23.43	20.92	5.46	1.73	2.18	1.11	3.24	5.28	2.52	1.53
		5		5.415	4.251	0.220	16.02	29.33	25.42	6.61	1.72	2.17	1.10	3.97	6.42	2.98	1.57
		6		6.420	5.040	0.220	18.69	35.26	29.66	7.73	1.71	2.15	1.10	4.68	7.49	3.40	1.61
		7		7.404	5.812	0.219	21.23	41.23	33.63	8.82	1.69	2.13	1.09	5.36	8.49	3.80	1.64
		8		8.367	6.568	0.219	23.63	47.24	37.37	9.89	1.68	2.11	1.09	6.03	9.44	4.16	1.68
6	60	5	6.5	5.829	4.576	0.236	19.89	36.05	31.57	8.21	1.85	2.33	1.19	4.59	7.44	3.48	1.67
		6		6.914	5.427	0.235	23.25	43.33	36.89	9.60	1.83	2.31	1.18	5.41	8.70	3.98	1.70
		7		7.977	6.262	0.235	26.44	50.65	41.92	10.96	1.82	2.29	1.17	6.21	9.88	4.45	1.74
		8		9.020	7.081	0.235	29.47	58.02	46.66	12.28	1.81	2.27	1.17	6.98	11.00	4.88	1.78
6.3	63	4	7	4.978	3.907	0.248	19.03	33.35	30.17	7.89	1.96	2.46	1.26	4.13	6.78	3.29	1.70
		5		6.143	4.822	0.248	23.17	41.73	36.77	9.57	1.94	2.45	1.25	5.08	8.25	3.90	1.74
		6		7.288	5.721	0.247	27.12	50.14	43.03	11.20	1.93	2.43	1.24	6.00	9.66	4.46	1.78
		7		8.412	6.603	0.247	30.87	58.60	48.96	12.79	1.92	2.41	1.23	6.88	10.99	4.98	1.82
		8		9.515	7.469	0.247	34.46	67.11	54.56	14.33	1.90	2.40	1.23	7.75	12.25	5.47	1.85
		10		11.657	9.151	0.246	41.09	84.31	64.85	17.33	1.88	2.36	1.22	9.39	14.56	6.36	1.93

续表

型号	截面尺寸/mm			截面面积/cm^2	理论重量/(kg/m)	外表面积/(m^2/m)	惯性矩/cm^4				惯性半径/cm			截面模数/cm^3			重心距离/cm
	b	d	r				I_x	I_{x1}	I_{x0}	I_{y0}	i_x	i_{x0}	i_{y0}	W_x	W_{x0}	W_{y0}	Z_0
7.0	70	4	8	5.570	4.372	0.275	26.39	45.74	41.80	10.99	2.18	2.74	1.40	5.14	8.44	4.17	1.86
		5		6.875	5.397	0.275	32.21	57.21	51.08	13.31	2.16	2.73	1.39	6.32	10.32	4.95	1.91
		6		8.160	6.406	0.275	37.77	68.73	59.93	15.61	2.15	2.71	1.38	7.48	12.11	5.67	1.95
		7		9.424	7.398	0.275	43.09	80.29	68.35	17.82	2.14	2.69	1.38	8.59	13.81	6.34	1.99
		8		10.667	8.373	0.274	48.17	91.92	76.37	19.98	2.12	2.68	1.37	9.68	15.43	6.98	2.03
7.5	75	5	9	7.412	5.818	0.295	39.97	70.56	63.30	16.63	2.33	2.92	1.50	7.32	11.94	5.77	2.04
		6		8.797	6.905	0.294	46.95	84.55	74.38	19.51	2.31	2.90	1.49	8.64	14.02	6.67	2.07
		7		10.160	7.976	0.294	53.57	98.71	84.96	22.18	2.30	2.89	1.48	9.93	16.02	7.44	2.11
		8		11.503	9.030	0.294	59.96	112.97	95.07	24.86	2.28	2.88	1.47	11.20	17.93	8.19	2.15
		9		12.825	10.068	0.294	66.10	127.30	104.71	27.48	2.27	2.86	1.46	12.43	19.75	8.89	2.18
		10		14.126	11.089	0.293	71.98	141.71	113.92	30.05	2.26	2.84	1.46	13.64	21.48	9.56	2.22
8	80	5		7.912	6.211	0.315	48.79	85.36	77.33	20.25	2.48	3.13	1.60	8.34	13.67	6.66	2.15
		6		9.397	7.376	0.314	57.35	102.50	90.98	23.72	2.47	3.11	1.59	9.87	16.08	7.65	2.19
		7		10.860	8.525	0.314	65.58	119.70	104.07	27.09	2.46	3.10	1.58	11.37	18.40	8.58	2.23
		8		12.303	9.658	0.314	73.49	136.97	116.60	30.39	2.44	3.08	1.57	12.83	20.61	9.46	2.27
		9		13.725	10.774	0.314	81.11	154.31	128.60	33.61	2.43	3.06	1.56	14.25	22.73	10.29	2.31
		10		15.126	11.874	0.313	88.43	171.74	140.09	36.77	2.42	3.04	1.56	15.64	24.76	11.08	2.35
9	90	6	10	10.637	8.350	0.354	82.77	145.87	131.26	34.28	2.79	3.51	1.80	12.61	20.63	9.95	2.44
		7		12.301	9.656	0.354	94.83	170.30	150.47	39.18	2.78	3.50	1.78	14.54	23.64	11.19	2.48
		8		13.944	10.946	0.353	106.47	194.80	168.97	43.97	2.76	3.48	1.78	16.42	26.55	12.35	2.52
		9		15.566	12.219	0.353	117.72	219.39	186.77	48.66	2.75	3.46	1.77	18.27	29.35	13.46	2.56
		10		17.167	13.476	0.353	128.58	244.07	203.90	53.26	2.74	3.45	1.76	20.07	32.04	14.52	2.59
		12		20.306	15.940	0.352	149.22	293.76	236.21	62.22	2.71	3.41	1.75	23.57	37.12	16.49	2.67

续表

型号	截面尺寸/mm			截面面积/cm^2	理论重量/(kg/m)	外表面积/(m^2/m)	惯性矩/cm^4				惯性半径/cm			截面模数/cm^3			重心距离/cm
	b	d	r				I_x	I_{x1}	I_{x0}	I_{y0}	i_x	i_{x0}	i_{y0}	W_x	W_{x0}	W_{y0}	Z_0
10	100	6	12	11.932	9.366	0.393	114.95	200.07	181.98	47.92	3.10	3.90	2.00	15.68	25.74	12.69	2.67
		7		13.796	10.830	0.393	131.86	233.54	208.97	54.74	3.09	3.89	1.99	18.10	29.55	14.26	2.71
		8		15.638	12.276	0.393	148.24	267.09	235.07	61.41	3.08	3.88	1.98	20.47	33.24	15.75	2.76
		9		17.462	13.708	0.392	164.12	300.73	260.30	67.95	3.07	3.86	1.97	22.79	36.81	17.18	2.80
		10		19.261	15.120	0.392	179.51	334.48	284.68	74.35	3.05	3.84	1.96	25.06	40.26	18.54	2.84
		12		22.800	17.898	0.391	208.90	402.34	330.95	86.84	3.03	3.81	1.95	29.48	46.80	21.08	2.91
		14		26.256	20.611	0.391	236.53	470.75	374.06	99.00	3.00	3.77	1.94	33.73	52.90	23.44	2.99
		16		29.627	23.257	0.390	262.53	539.80	414.16	110.89	2.98	3.74	1.94	37.82	58.57	25.63	3.06
11	110	7		15.196	11.928	0.433	177.16	310.64	280.94	73.38	3.41	4.30	2.20	22.05	36.12	17.51	2.96
		8		17.238	13.535	0.433	199.46	355.20	316.49	82.42	3.40	4.28	2.19	24.95	40.69	19.39	3.01
		10		21.261	16.690	0.432	242.19	444.65	384.39	99.98	3.38	4.25	2.17	30.60	49.42	22.91	3.09
		12		25.200	19.782	0.431	282.55	534.60	448.17	116.93	3.35	4.22	2.15	36.05	57.62	26.15	3.16
		14		29.056	22.809	0.431	320.71	625.16	508.01	133.40	3.32	4.18	2.14	41.31	65.31	29.14	3.24
12.5	125	8	14	19.750	15.504	0.492	297.03	521.01	470.89	123.16	3.88	4.88	2.50	32.52	53.28	25.86	3.37
		10		24.373	19.133	0.491	361.67	651.93	573.89	149.46	3.85	4.85	2.48	39.97	64.93	30.62	3.45
		12		28.912	22.696	0.491	423.16	783.42	671.44	174.88	3.83	4.82	2.46	41.17	75.96	35.03	3.53
		14		33.367	26.193	0.490	481.65	915.61	763.73	199.57	3.80	4.78	2.45	54.16	86.41	39.13	3.61
		16		37.739	29.625	0.489	537.31	1048.62	850.98	223.65	3.77	4.75	2.43	60.93	96.28	42.96	3.68
14	140	10		27.373	21.488	0.551	514.65	915.11	817.27	212.04	4.34	5.46	2.78	50.58	82.56	39.20	3.82
		12		32.512	25.522	0.551	603.68	1099.28	958.79	248.57	4.31	5.43	2.76	59.80	96.85	45.02	3.90
		14		37.567	29.490	0.550	688.81	1284.22	1093.56	284.06	4.28	5.40	2.75	68.75	110.47	50.45	3.98
		16		42.539	33.393	0.549	770.24	1470.07	1221.81	318.67	4.26	5.36	2.74	77.46	123.42	55.55	4.06

续表

型号	截面尺寸/mm			截面面积/cm^2	理论重量/(kg/m)	外表面积/(m^2/m)	惯性矩/cm^4				惯性半径/cm			截面模数/cm^3			重心距离/cm
	b	d	r				I_x	I_{x1}	I_{x0}	I_{y0}	i_x	i_{x0}	i_{y0}	W_x	W_{x0}	W_{y0}	Z_0
15	150	8	14	23.750	18.644	0.592	521.37	899.55	827.49	215.25	4.69	5.90	3.01	47.36	78.02	38.14	3.99
		10		29.373	23.058	0.591	637.50	1125.09	1012.79	262.21	4.66	5.87	2.99	58.35	95.49	45.51	4.08
		12		34.912	27.406	0.591	748.85	1351.26	1189.97	307.73	4.63	5.84	2.97	69.04	112.19	52.38	4.15
		14		40.367	31.688	0.590	855.64	1578.25	1359.30	351.98	4.60	5.80	2.95	79.45	128.16	58.83	4.23
		15		43.063	33.804	0.590	907.39	1692.10	1441.09	373.69	4.59	5.78	2.95	84.56	135.87	61.90	4.27
		16		45.739	35.905	0.589	958.08	1806.21	1521.02	395.14	4.58	5.77	2.94	89.59	143.40	64.89	4.31
16	160	10	16	31.502	24.729	0.630	779.53	1365.33	1237.30	321.76	4.98	6.27	3.20	66.70	109.36	52.76	4.31
		12		37.441	29.391	0.630	916.58	1639.57	1455.68	377.49	4.95	6.24	3.18	78.98	128.67	60.74	4.39
		14		43.296	33.987	0.629	1048.36	1914.68	1665.02	431.70	4.92	6.20	3.16	90.95	147.17	68.24	4.47
		16		49.067	38.518	0.629	1175.08	2190.82	1865.57	484.59	4.89	6.17	3.14	102.63	164.89	75.31	4.55
18	180	12		42.241	33.159	0.710	1321.35	2332.80	2100.10	542.61	5.59	7.05	3.58	100.82	165.00	78.41	4.89
		14		48.896	38.383	0.709	1514.48	2723.48	2407.42	621.53	5.56	7.02	3.56	116.25	189.14	88.38	4.97
		16		55.467	43.542	0.709	1700.99	3115.29	2703.37	698.60	5.54	6.98	3.55	131.13	212.40	97.83	5.05
		18		61.055	48.634	0.708	1875.12	3502.43	2988.24	762.01	5.50	6.94	3.51	145.64	234.78	105.14	5.13
20	200	14	18	54.642	42.894	0.788	2103.55	3734.10	3343.26	863.83	6.20	7.82	3.98	144.70	236.40	111.82	5.46
		16		62.013	48.680	0.788	2366.15	4270.39	3760.89	971.41	6.18	7.79	3.96	163.65	265.93	123.96	5.54
		18		69.301	54.401	0.787	2620.64	4808.13	4164.54	1076.74	6.15	7.75	3.94	182.22	294.48	135.52	5.62
		20		76.505	60.056	0.787	2867.30	5347.51	4554.55	1180.04	6.12	7.72	3.93	200.42	322.06	146.55	5.69
		24		90.661	71.168	0.785	3338.25	6457.16	5294.97	1381.53	6.07	7.64	3.90	236.17	374.41	166.55	5.87

注：截面图中的 $r_1=\frac{1}{3}d$ 及表中 r 的数据用于孔型设计，不做交货条件。

附表 A-4 热轧不等边角钢(GB/T 706—2008)

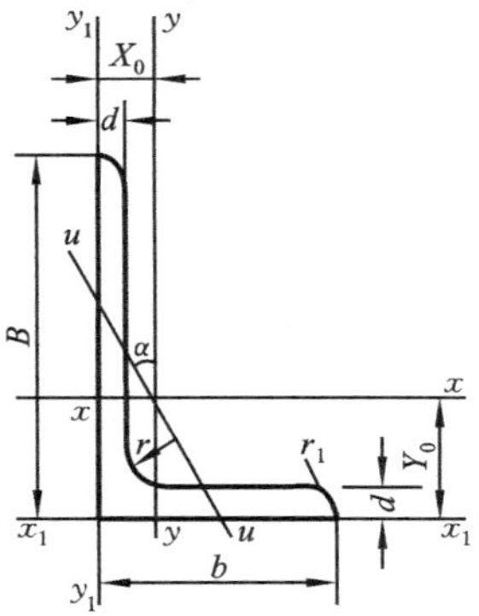

符号意义：

B——长边宽度；　b——短边宽度；

d——边厚度；　r——内圆弧半径；

r_1——边端内圆弧半径；　X_0——重心距离；

Y_0——重心距离。

角钢号数	尺寸/mm				截面面积/cm²	理论重量/(kg/m)	外表面积/(m²/m)	惯性矩/cm⁴					惯性半径/cm			截面模数/cm³			tanα	重心距离/cm	
	B	b	d	r				I_x	I_{x1}	I_y	I_{y1}	I_u	i_x	i_y	i_u	W_x	W_y	W_u		X_0	Y_0
2.5/1.6	25	16	3	3.5	1.162	0.912	0.080	0.70	1.56	0.22	0.43	0.14	0.78	0.44	0.34	0.43	0.19	0.16	0.392	0.42	0.86
			4		1.499	1.176	0.079	0.88	2.09	0.27	0.59	0.17	0.77	0.43	0.34	0.55	0.24	0.20	0.381	0.46	0.90
3.2/2.0	32	20	3		1.492	1.171	0.102	1.53	3.27	0.46	0.82	0.28	1.01	0.55	0.43	0.72	0.30	0.25	0.382	0.49	1.08
			4		1.939	1.522	0.101	1.93	4.37	0.57	1.12	0.35	1.00	0.54	0.42	0.93	0.39	0.32	0.374	0.53	1.12
4.0/2.5	40	25	3	4	1.890	1.484	0.127	3.08	6.39	0.93	1.59	0.56	1.28	0.70	0.54	1.15	0.49	0.40	0.386	0.59	1.32
			4		2.467	1.936	0.127	3.93	8.53	1.18	2.14	0.71	1.26	0.69	0.54	1.49	0.63	0.52	0.381	0.63	1.37
4.5/2.8	45	28	3	5	2.149	1.687	0.143	4.45	9.10	1.34	2.23	0.80	1.44	0.79	0.61	1.47	0.62	0.51	0.383	0.64	1.47
			4		2.806	2.203	0.143	5.69	12.13	1.70	3.00	1.02	1.42	0.78	0.60	1.91	0.80	0.66	0.380	0.68	1.51

续表

角钢号数	尺寸/mm				截面面积 /cm²	理论重量 /(kg/m)	外表面积 /(m²/m)	惯性矩 /cm⁴					惯性半径 /cm			截面模数 /cm³			tanα	重心距离 /cm	
	B	b	d	r				I_x	I_{x1}	I_y	I_{y1}	I_u	i_x	i_y	i_u	W_x	W_y	W_u		X_0	Y_0
5/3.2	50	32	3	5.5	2.431	1.908	0.161	6.24	12.49	2.02	3.31	1.20	1.60	0.91	0.70	1.84	0.82	0.68	0.404	0.73	1.60
			4		3.177	2.494	0.160	8.02	16.65	2.58	4.45	1.53	1.59	0.90	0.69	2.39	1.06	0.87	0.402	0.77	1.65
5.6/3.6	56	36	3	6	2.743	2.153	0.181	8.88	17.54	2.92	4.70	1.73	1.80	1.03	0.79	2.32	1.05	0.87	0.408	0.80	1.78
			4		3.590	2.818	0.180	11.45	23.39	3.76	6.33	2.23	1.79	1.02	0.79	3.03	1.37	1.13	0.408	0.85	1.82
			5		4.415	3.466	0.180	13.86	29.25	4.49	7.94	2.67	1.77	1.01	0.78	3.71	1.65	1.36	0.404	0.88	1.87
6.3/4.0	63	40	4	7	4.058	3.185	0.202	16.49	33.30	5.23	8.63	3.12	2.02	1.14	0.88	3.87	1.70	1.40	0.398	0.92	2.04
			5		4.933	3.920	0.202	20.02	41.63	6.31	10.86	3.76	2.00	1.12	0.87	4.74	2.71	1.71	0.396	0.95	2.08
			6		5.908	4.638	0.201	23.36	49.98	7.29	13.12	4.34	1.96	1.11	0.86	5.59	2.43	1.99	0.393	0.99	2.12
			7		6.802	5.339	0.201	26.53	58.07	8.24	15.47	4.97	1.98	1.10	0.86	6.40	2.78	2.29	0.389	1.03	2.15
7.0/4.5	70	45	4	7.5	4.547	3.570	0.226	23.17	45.92	7.55	12.26	4.40	2.26	1.29	0.98	4.86	2.17	1.77	0.410	1.02	2.24
			5		5.609	4.403	0.225	27.95	57.10	9.13	15.39	5.40	2.23	1.28	0.98	5.92	2.65	2.19	0.407	1.06	2.28
			6		6.647	5.218	0.225	32.54	68.35	10.62	18.58	6.35	2.21	1.26	0.98	6.95	3.12	2.59	0.404	1.09	2.32
			7		7.657	6.011	0.225	37.22	79.99	12.01	21.84	7.16	2.20	1.25	0.97	8.03	3.57	2.94	0.402	1.13	2.36
7.5/5.0	75	50	5	8	6.125	4.808	0.245	34.86	70.00	12.61	21.04	7.41	2.39	1.44	1.10	6.83	3.30	2.74	0.435	1.17	2.40
			6		7.260	5.699	0.245	41.12	84.30	14.70	25.37	8.54	2.38	1.42	1.08	8.12	3.88	3.19	0.435	1.21	2.44
			8		9.467	7.431	0.244	52.39	112.50	18.53	34.23	10.87	2.35	1.40	1.07	10.52	4.99	4.10	0.429	1.29	2.52
			10		11.590	9.098	0.244	62.71	140.80	21.96	43.43	13.10	2.33	1.38	1.06	12.79	6.04	4.99	0.423	1.36	2.60
8/5	80	50	5		6.375	5.005	0.255	41.96	85.21	12.82	21.06	7.66	2.56	1.42	1.10	7.78	3.32	2.74	0.388	1.14	2.60
			6		7.560	5.935	0.255	49.49	102.53	14.95	25.41	8.85	2.56	1.41	1.08	9.25	3.91	3.20	0.387	1.18	2.65
			7		8.724	6.848	0.255	56.16	119.33	16.96	29.82	10.18	2.54	1.39	1.08	10.58	4.48	3.70	0.384	1.21	2.69
			8		9.867	7.745	0.254	62.83	136.41	18.85	34.32	11.38	2.52	1.38	1.07	11.92	5.03	4.16	0.381	1.25	2.73

续表

角钢号数	尺寸/mm				截面面积/cm²	理论重量/(kg/m)	外表面积/(m²/m)	惯性矩/cm⁴					惯性半径/cm			截面模数/cm³			tanα	重心距离/cm	
	B	b	d	r				I_x	I_{x1}	I_y	I_{y1}	I_u	i_x	i_y	i_u	W_x	W_y	W_u		X_0	Y_0
9/5.6	90	56	5	9	7.212	5.661	0.287	60.45	121.32	18.32	29.53	10.98	2.90	1.59	1.23	9.92	4.21	3.49	0.385	1.25	2.91
			6		8.557	6.717	0.286	71.03	145.59	21.42	35.58	12.90	2.88	1.58	1.23	11.74	4.96	4.18	0.384	1.29	2.95
			7		9.880	7.756	0.286	81.01	169.66	24.36	41.71	14.67	2.86	1.57	1.22	13.49	5.70	4.72	0.382	1.33	3.00
			8		11.183	8.799	0.286	91.03	194.17	27.15	47.93	16.34	2.85	1.56	1.21	15.27	6.41	5.29	0.380	1.36	3.04
10/6.3	100	63	6	10	9.617	7.550	0.320	99.06	199.71	30.94	50.50	18.42	3.21	1.79	1.38	14.64	6.35	5.25	0.394	1.43	3.24
			7		11.111	8.722	0.320	113.45	233.00	35.26	59.14	21.00	3.29	1.78	1.38	16.88	7.29	6.02	0.393	1.47	3.28
			8		12.584	9.878	0.319	127.37	266.32	39.39	67.88	23.50	3.18	1.77	1.37	19.08	8.21	6.78	0.391	1.50	3.32
			10		15.467	12.142	0.319	153.81	333.06	47.12	85.73	28.33	3.15	1.74	1.35	23.32	9.98	8.24	0.387	1.58	3.40
10/8	100	80	6		10.637	8.350	0.354	107.04	199.83	61.24	102.68	31.65	3.17	2.40	1.72	15.19	10.16	8.37	0.627	1.97	2.95
			7		12.301	9.656	0.354	122.73	233.20	70.08	119.98	36.17	3.16	2.39	1.72	17.52	11.71	9.60	0.626	2.01	3.00
			8		13.944	10.946	0.353	137.92	266.61	78.58	137.37	40.58	3.14	2.37	1.71	19.81	13.21	10.80	0.625	2.05	3.04
			10		17.167	13.476	0.353	166.87	333.63	94.65	172.48	49.10	3.12	2.35	1.69	24.24	16.12	13.12	0.622	2.13	3.12
11/7	110	70	6		10.637	8.350	0.354	133.37	265.78	42.92	69.08	25.36	3.54	2.01	1.54	17.85	7.90	6.53	0.403	1.57	3.53
			7		12.301	9.656	0.354	153.00	310.07	49.01	80.82	28.95	3.53	2.00	1.53	20.60	9.09	7.50	0.402	1.61	3.57
			8		13.944	10.946	0.353	172.04	354.39	54.87	92.70	32.45	3.51	1.98	1.53	23.30	10.25	8.45	0.401	1.65	3.62
			10		17.167	13.476	0.353	208.39	443.13	65.88	116.83	39.20	3.48	1.96	1.51	28.54	12.48	10.29	0.397	1.72	3.70
12.5/8	125	80	7	11	14.096	11.066	0.403	277.98	454.99	74.42	120.32	43.81	4.02	2.30	1.76	26.86	12.01	9.92	0.408	1.80	4.01
			8		15.989	12.551	0.403	256.77	519.99	83.49	137.85	49.15	4.01	2.28	1.75	30.41	13.56	11.18	0.407	1.84	4.06
			10		19.712	15.474	0.402	312.04	650.09	100.67	173.40	59.45	3.98	2.26	1.74	37.33	16.56	13.64	0.404	1.92	4.14
			12		23.351	18.330	0.402	364.41	780.39	116.67	209.67	69.35	3.95	2.24	1.72	44.01	19.43	16.01	0.400	2.00	4.22

续表

角钢号数	尺寸/mm				截面面积/cm²	理论重量/(kg/m)	外表面积/(m²/m)	惯性矩/cm⁴					惯性半径/cm			截面模数/cm³			tanα	重心距离/cm	
	B	b	d	r				I_x	I_{x1}	I_y	I_{y1}	I_u	i_x	i_y	i_u	W_x	W_y	W_u		X_0	Y_0
14/9	140	90	8	12	18.038	14.160	0.453	365.64	730.53	120.69	195.79	70.83	4.50	2.59	1.98	38.48	17.34	14.31	0.411	2.04	4.50
			10		22.261	17.475	0.452	445.50	913.20	146.03	245.92	85.82	4.47	2.56	1.96	47.31	21.22	17.48	0.409	2.12	4.58
			12		26.400	20.724	0.451	521.59	1096.09	169.79	296.89	100.21	4.44	2.54	1.95	55.87	24.95	20.54	0.406	2.19	4.66
			14		30.456	23.908	0.451	594.10	1279.26	192.10	348.82	114.13	4.42	2.51	1.94	64.18	28.54	23.52	0.403	2.27	4.74
15/9	150	90	8		18.839	14.788	0.473	442.05	898.35	122.80	195.96	74.14	4.84	2.55	1.98	43.86	17.47	14.48	0.364	1.97	4.92
			10		23.261	18.260	0.472	539.24	1122.85	148.62	246.26	89.86	4.81	2.53	1.97	53.97	21.38	17.69	0.362	2.05	5.01
			12		27.600	21.666	0.471	632.08	1347.50	172.85	297.46	104.95	4.79	2.50	1.95	63.79	25.14	20.80	0.359	2.12	5.09
			14		31.856	25.007	0.471	720.77	1572.38	195.62	349.74	119.53	4.76	2.48	1.94	73.33	28.77	23.84	0.356	2.20	5.17
			15		33.952	26.652	0.471	763.62	1684.93	206.50	376.33	126.67	4.74	2.47	1.93	77.99	30.53	25.33	0.354	2.24	5.21
			16		36.027	28.281	0.470	805.51	1797.55	217.07	403.24	133.72	4.73	2.45	1.93	82.60	32.27	26.82	0.352	2.27	5.25
16/10	160	100	10	13	25.315	19.872	0.512	668.69	1362.89	205.03	336.59	121.74	5.14	2.85	2.19	62.13	26.56	21.92	0.390	2.28	5.24
			12		30.054	23.592	0.511	784.91	1635.56	239.06	405.94	142.33	5.11	2.82	2.17	73.49	31.28	25.79	0.388	2.36	5.32
			14		34.709	27.247	0.510	896.30	1908.50	271.20	476.42	162.23	5.08	2.80	2.16	84.56	35.83	29.56	0.385	2.43	5.40
			16		39.281	30.835	0.510	1003.04	2181.79	301.60	548.22	182.57	5.05	2.77	2.16	95.33	40.24	33.44	0.382	2.51	5.48
18/11	180	110	10	14	28.373	22.273	0.571	956.25	1940.40	278.11	447.22	166.50	5.80	3.13	2.42	78.96	32.49	26.88	0.376	2.44	5.89
			12		33.712	26.464	0.571	1124.72	2328.38	3235.03	538.94	194.87	5.78	3.10	2.40	93.53	38.32	31.66	0.374	2.52	5.98
			14		38.967	30.589	0.570	1286.91	2716.60	369.55	631.95	222.30	5.75	3.08	2.39	107.76	43.97	36.32	0.372	2.59	6.06
			16		44.139	34.649	0.569	1443.06	3105.15	411.85	726.46	248.94	5.72	3.06	2.38	121.64	49.44	40.87	0.369	2.67	6.14
20/12.5	200	125	12		37.912	29.761	0.641	1570.90	3193.85	483.16	787.74	285.79	6.44	3.57	2.74	116.73	49.99	41.23	0.392	2.83	6.54
			14		43.867	34.436	0.640	1800.97	3726.17	550.83	922.47	326.58	6.41	3.54	2.73	134.65	57.44	47.34	0.390	2.91	6.02
			16		49.739	39.045	0.639	2023.35	4258.86	615.44	1058.86	366.21	6.38	3.52	2.71	152.18	64.69	53.32	0.388	2.99	6.70
			18		55.526	43.588	0.639	2238.30	4792.00	677.19	1197.13	404.83	6.35	3.49	2.70	169.33	71.74	59.10	0.385	3.06	6.78

注：截面图中的 $r_1=\frac{1}{3}d$ 及表中 r 的数据用于孔型设计，不做交货条件。

附录B　部分习题参考答案

第1章

1-1　$F_R=161.2\ \text{N},\alpha=60.3°$

1-2　$F_R=290.3\ \text{N},\alpha=127.9°,\beta=42.1°,\gamma=105.7°$

1-6　$M=-12.4\ \text{kN}\cdot\text{m}$

1-7　$M=1.9\ \text{kN}\cdot\text{m},\alpha=147.4°,\beta=108.4°,\gamma=114.9°$

1-8　$M=78.3\ \text{N}\cdot\text{m},\alpha=73.3°,\beta=163.3°$

1-9　$M_A=-\frac{1}{2}\boldsymbol{i}+\frac{\sqrt{3}}{2}\boldsymbol{j}-\frac{1}{2}\boldsymbol{k},M_x=-0.5,M_y=0.866,M_z=-0.5$

第2章

2-6　$F_R'=1076.3\ \text{N},\alpha=139.78°,\beta=121.4°,\gamma=67.6°$

$M=994.8\ \text{N},\alpha=55.7°,\beta=145.7°,\gamma=90°$

2-7　$F_{Ax}=-F_{Bx}=120\ \text{kN},F_{Ay}=F_{By}=300\ \text{kN}$

2-8　$F_{AB}=-7.32\ \text{kN},F_{BC}=27.32\ \text{kN}$

2-9　$F=\frac{M}{a}\cot 2\theta$

2-10　$G_{\min}=333.3\ \text{kN},a=6.75\ \text{m}$

2-11　$F_A=-15\ \text{kN},F_B=40\ \text{kN}$

2-12　$M_2=0.33\ \text{N}\cdot\text{m}$

2-13　$F_A=\frac{1}{4}G+\frac{3}{2}qa;F_B=\frac{3}{4}G+\frac{1}{2}qa$

2-14　$F_{Ax}=1\,200\ \text{N},F_{Ay}=150\ \text{N},F_B=1\,050\ \text{N},F_{BC}=-1\,500\ \text{N}$

2-15　$F_{Ax}=-qa,F_{Ay}=F+qa,M_A=(F+qa)a$

$F_{BCx}=\frac{1}{2}qa,F_{BCy}=qa,F_{ABx}=-\frac{1}{2}qa,F_{ABy}=-(F+qa)$

2-16　$F_{Ax}=24.5\ \text{kN},F_{Ay}=105.83\ \text{kN},F_{Bx}=24.5\ \text{kN},F_{By}=94.17\ \text{kN}$

2-17　$F_{AB}=F_{AC}=3\ \text{kN},F_T=6\ \text{kN}$

2-18　$F_1=F_5=-F$(压)$,F_3=F$(拉)$,F_2=F_4=F_6=0$

2-19　(1)$M=22.5\ \text{N}\cdot\text{m}$;(2)$F_{Ax}=75\ \text{N},F_{Ay}=0,F_{Az}=50\ \text{N}$;(3) $F_x=75\ \text{N},F_y=0$

2-20　$G_2=360\ \text{N},F_{Ax}=-69.28\ \text{N},F_{Az}=160\ \text{N},F_{Bx}=17.32\ \text{N},F_{Bz}=230\ \text{N}$

2-22　$a<\frac{b}{2f_s}$

2-23　$M_{\max}=40.6\ \text{N}\cdot\text{m}$

2-24　$\varphi_A=16°6',\varphi_B=\varphi_C=30°$

第 3 章

3-3 $\sigma_t=60$ MPa，$\sigma_c=40$ MPa

3-4 $d=26$ mm，$a=95$ mm

3-5 (1)$\varepsilon=5\times10^{-4}$，$\sigma=100$ MPa，$F=7.85$ kN；(2)$\varepsilon>\varepsilon_p$，不能求出应力

3-6 $\sigma=72.8$ MPa

3-7 4.04 kN

3-8 $\sigma=165.7$ MPa$<[\sigma]$，安全

3-9 $[F]=80$ kN，$\delta_B=1.6$ mm

3-10 (2)$\sigma_1=-25$ MPa，$\sigma_2=-133$ MPa，$\sigma_3=50$ MPa；(3)$\Delta l=-0.2$ mm

3-11 $\sigma_{CE}=61.5$ MPa，$\sigma_{BD}=102.5$ MPa

3-12 $\Delta l=0.27$ mm

3-13 $\Delta l=0.17$ mm

3-14 $h=\frac{[\sigma]}{\gamma}$，$\Delta l=\frac{[\sigma]^2}{2E\gamma}$

3-15 $F\leqslant420$ kN

3-16 $\tau=105.7$ MPa$>[\tau]$，不安全

3-17 $F=176.7$ N，$\tau=17.6$ MPa

3-18 $\tau=59.7$ MPa，$\sigma_{bs}=93.8$ MPa，安全

3-19 $\tau=66.3$ MPa，$\sigma_{bs}=102$ MPa，安全

3-20 $\tau=52.6$ MPa，$\sigma_{bs}=90.9$ MPa，$\sigma=166.7$ MPa，安全

3-21 $t\geqslant0.17$ m

第 4 章

4-3 $T=191$ N·m

4-4 $\tau=141$ MPa

4-5 $d=58.8$ mm

4-6 $T=146.4$ MPa

4-8 $\tau_{max}=40.7$ MPa，$\tau_A=32.6$ MPa

4-9 $\tau=34.5$ MPa

4-10 实心：$d=39.3$ mm，空心：$d_1=24.7$ mm，$d_2=41.2$ mm

4-11 $\tau=87.4$ MPa$>[\tau]$，不安全

4-12 $G=84.2$ GPa

4-13 $d\geqslant67.6$ mm

4-14 $d\geqslant57.7$ mm

4-15 $d_1\geqslant84.6$ mm，$d_2\geqslant74.5$ mm

4-16 $\tau=80$ MPa，$\gamma=1\times10^{-3}$

第 5 章

5-1 (153.3 mm，0)

5-2　1 184 cm^4,121 cm^4

5-3　111.8 mm,6 816 cm^4,4 303 cm^4

5-4　15.5 cm,6 304.7 cm^4,1 173.5 cm^4

5-5　(a)ql,$\frac{1}{2}ql^2$;(b)$\frac{M_e}{l}$,M_c;(c)F,Fl;(d)$\frac{5}{4}ql$,$\frac{3}{4}ql^2$;(e)ql,$\frac{1}{8}ql^2$;(f)F,$3Fl$

5-6　(a)$2F$,$3Fa$;(b)$\frac{3}{8}ql$,$\frac{9}{128}ql^2$;(c)$2qa$,qa^2;(d)$\frac{1}{2}qa$,$\frac{5}{8}qa^2$;(e)$\frac{5}{4}qa$,$\frac{1}{2}qa^2$

(f)$3F$,$3Fa$;(g)$\frac{7}{2}qa$,$-3qa^2$;(h)$\frac{5}{4}qa$,$\frac{9}{32}qa^2$

5-8　(2)$h=60$ mm,$b=30$ mm

5-9　(2)$[M]=405.3$ kN·m

5-10　(1)$\sigma_t=120$ MPa,$\sigma_c=136.2$ MPa

5-11　$\sigma=9.75$ MPa,$\tau=0.375$ MPa

5-12　选 20a 钢,也可以选 18 钢

5-13　$d_{max}=38.8$ mm

5-14　B截面$\sigma_t=40.89$ MPa$>[\sigma_t]$,不安全

5-15　$\frac{5ql^4}{192EI}$

第6章

6-1　(a)40 MPa,10 MPa;(b)-38.3 MPa,0;(c)0.5 MPa,-20.5 MPa

(d)35 MPa,-8.66 MPa

6-2　(a)52.36 MPa,7.64 MPa,$-31.7°$,$58.3°$;(b)11.23 MPa,-71.23 MPa,$-38°$,$52°$

(c)37 MPa,-27 MPa,$19.3°$,$-70.7°$

6-5　(a)-27.32 MPa,-27.32 MPa;(b)34.82 MPa,11.65 MPa

6-6　(a)$\sigma_1=57$ MPa,$\sigma_2=-7$ MPa,$-19.3°$,$70.7°$;$\tau=32$ MPa

(b)$\sigma_1=44.14$ MPa,$\sigma_2=15.86$ MPa,$\sigma_3=0$,$-22.5°$,$67.5°$;$\tau=22.07$ MPa

(c)$\sigma_1=37$ MPa,$\sigma_2=0$,$\sigma_3=-27$ MPa,$19.3°$,$-70.7°$;$\tau=32$ MPa

6-7　(a)$\sigma_1=50$ MPa,$\sigma_2=50$ MPa,$\sigma_3=-50$ MPa,$\tau=50$ MPa

(b)$\sigma_1=50$ MPa,$\sigma_2=4.7$ MPa,$\sigma_3=-84.7$ MPa,$\tau=67.4$ MPa

6-8　$\sigma_{r3}=100$ MPa

6-9　$\sigma_{r4}=95.4$ MPa

6-10　$\sigma_{r1}=29$ MPa

6-11　$\sigma_{r1}=30$ MPa

6-12　$\sigma_{r3}=127.8$ MPa,$\sigma_{r4}=110.6$ MPa

第7章

7-5　$\sigma_{max}=160.3$ MPa,安全

7-6　$\sigma_{tmax}=6.75$ MPa,$\sigma_{cmax}=6.99$ MPa

7-7　选 16 钢

7-8　$a=10\ \text{mm}$

7-9　$F=22.2\ \text{kN}$

7-10　$\sigma_{max}=6\ \text{MPa}$

7-11　BC 段：$\sigma_{max}=25.46\ \text{MPa}<[\sigma]=140\ \text{MPa}$

AB 段：$\sigma_{r3}=25.48\ \text{MPa}<[\sigma]=140\ \text{MPa}$

折杆满足强度要求。

7-12　$\sigma_{r3}=86.1\ \text{MPa}<[\sigma]=100\ \text{MPa}$，安全

7-13　$\sigma_{r4}=110\ \text{MPa}=[\sigma]=110\ \text{MPa}$，安全

7-14　$d=111.7\ \text{mm}$

7-15　$\sigma_{r3}=58.3\ \text{MPa}<[\sigma]=60\ \text{MPa}$，安全

7-16　$d\geqslant 23.6\ \text{mm}$

7-17　$d\geqslant 51.9\ \text{mm}$

7-18　$\sigma_{r3}=89.2\ \text{MPa}<[\sigma]=100\ \text{MPa}$，安全

7-19　$\sigma_{r3}=145.8\ \text{MPa}$

7-20　按第四强度理论计算 $\sigma_{r4}=151.2\ \text{MPa}>[\sigma]=120\ \text{MPa}$，所以 AB 段不安全

第 8 章

8-1　杆 1：$F_{cr}=2\,540\ \text{kN}$

杆 2：$F_{cr}=4\,710\ \text{kN}$

杆 3：$F_{cr}=4\,720\ \text{kN}$

8-2　$F_{cr}=400\ \text{kN}$，$\sigma_{cr}=665\ \text{MPa}$

8-3　(1) 图(a)所示杆的临界压力大；(2) 图(a)所示杆的临界压力为 2 060 kN，图(b)所示杆的临界压力为 3 200 kN

8-4　$\theta=\arctan(\cot^2\beta)$

8-5　$\sigma_{cr}=7.41\ \text{MPa}$

8-6　$n_{st}=8.25>[n_{st}]=8$，安全

8-7　(1) $F_{cr}=118.8\ \text{kN}$；(2) $n_{st}=1.7<[n_{st}]=2$，不安全

8-8　15.5 kN

8-9　横梁满足强度条件，支柱满足稳定性条件，安全

8-10　(1) $F_{cr}=303\ \text{kN}$；(2) $F_{cr}=471\ \text{kN}$

8-11　(1) $F_{cr}=258\ \text{kN}$；(2) $\dfrac{b}{h}=\dfrac{1}{2}$

8-12　加强后压杆的欧拉公式 $F_{cr}\approx\dfrac{\pi^2 EI}{(1.26l)^2}$

8-13　$[F]=7.5\ \text{kN}$

8-14　$b=44\ \text{mm}$，$F_{cr}=444\ \text{kN}$

8-15　$n_{st}=3.08$

8-16　$[F_{N1}]=377.8\ \text{kN}$，$[F_{N2}]=511.0\ \text{kN}$，增大约 1.35 倍

8-17　$[F]=7.5\ \text{kN}$

8-19　$[F]=159.7\ \text{kN}$

第9章

9-1　$\frac{(x-a)^2}{(b+l)^2}+\frac{y^2}{l^2}=1$

9-2　$y=R+e\sin\varphi, v=e\omega\cos\varphi, a=-e\omega^2\sin\varphi$

9-3　(1) $\frac{\sqrt{2}}{2}v, \frac{v^2}{2\sqrt{2}h}$；(2) $-\frac{v^2}{2h^2}$

9-4　自然法：$s=2R\omega t, v=2R\omega, a_t=0, a_n=4R\omega^2$

直角坐标法：$x=R+R\cos2\omega t, y=R\sin2\omega t$

$v_x=-2R\omega\sin2\omega t, v_y=2R\omega\cos2\omega t$

$a_x=-4R\omega^2\cos2\omega t, a_y=-4R\omega^2\sin2\omega t$

9-5　$\frac{5\,000\pi}{d^2}$ rad/s，59 220 cm/s^2

9-6　−400 mm/s，−2 771 mm/s^2

9-7　$\theta=\arctan\left(\frac{\sin\omega_0 t}{h/r-\cos\omega_0 t}\right)$

9-8　$0, -\frac{lb\omega^2}{r^2}$

9-9　0.173 m/s，0.05 m/s^2

9-10　$\frac{2\sqrt{3}}{3}v_0, \frac{8\sqrt{3}v^2}{9R}$

9-11　0.173 m/s，0.35 m/s^2

9-12　$\omega^2 r$

9-13　$\omega_{AB}=3$ rad/s，$\omega_{BC}=3\sqrt{3}$ rad/s

9-14　$a_A=40$ m/s^2，$\alpha_{AB}=25\sqrt{3}$ rad/s^2，$\alpha_A=200$ rad/s^2

9-15　$\frac{2}{3}\sqrt{3}\,\omega r$

第10章

10-1　(a) $\frac{3}{4}mR^2\omega^2$；(b) $\frac{1}{4}mR^2\omega^2$；(c) $\frac{3}{4}mR^2\omega^2$

10-2　(1) $\frac{3R^2+8l^2}{12}m\omega^2$；(2) $\frac{2}{3}ml^2\omega^2$；(3) $\frac{2l^2+3R^2}{3}m\omega^2$

10-3　(1) $\omega_B=0, \omega_{AB}=4.95$ rad/s；(2) $\delta_{max}=87.1$ mm

10-4　$v=\sqrt{\frac{2}{3m}(mgh-2kh^2)}, a=\frac{mg-4kh}{3m}, F_s=\frac{mg+8kh}{6}$

10-5　$a=\frac{(Mi-mgR)R}{J_1 i^2+J_2+mR^2}$

10-6　(1) $a=\frac{m_1\sin\theta-m}{2m_1+m}g$；(2) $F=\frac{3m_1 m+(2m_1 m+m_1^2)\sin\theta}{2(2m_1+m)}g$

10-7　$J=\frac{1}{2}m(R_1^2+R_2^2)$

10-8　(1)$\delta=r\omega\sqrt{\frac{3m}{2R}}$;(2)$\alpha=2\omega\sqrt{\frac{k}{6m}}$

10-9　$\alpha=\frac{2g(MR_1\sin\theta-mR_2)}{2m(R_2^2+\rho^2)+3MR_1^2}$

10-10　由 $B\to A$,$W=-20.3$ J;由 $A\to D$,$W=20.3$ J

10-11　$\omega=\sqrt{\frac{12}{5}(1-\cos 45^\circ)\frac{g}{l}}=0.84\sqrt{\frac{g}{l}}$

10-12　$\sqrt{3gh}$

10-13　$w=2\sqrt{\frac{3rg(m_1+m_2)}{m_1r^2+3J_0}}$

10-14　$v_1=2.66$ m/s,$a_1=3.53$ m/s^2

$v_2=2.15$ m/s,$a_2=2.31$ m/s^2

第 11 章

11-1　$\tan\theta+\frac{a}{g\cos\theta}$

11-2　$\varphi=\arccos\left(\frac{m+m_1}{ml\omega^2}g\right)$

11-3　2.19 rad/s

11-4　24 kN

11-5　110.25 N

11-6　静约束力:$F_{Ax}=0$,$F_{Ay}=1$ N,$F_{Az}=2\ 000$ N,$F_{Bx}=0$,$F_{By}=-1$ N,$F_{Bz}=0$

动约束力:$F_{Ax}=0$,$F_{Ay}=-20.13$ kN,$F_{Bx}=0$,$F_{By}=-20.13$ kN

11-7　157.5 N,42.5 N

11-8　$\frac{2}{3}g$,$\frac{mg}{3}$

第 12 章

12-1　8.65 MPa

12-2　$\rho gl\left(1+\frac{a}{g}\right)$

12-3　轴 AB:$\sigma_d=68.2$ MPa;杆 CD:$\sigma_d=2.27$ MPa

12-4　$\sigma_d=\frac{l}{4}\left(1+\sqrt{1+\frac{48EI(v^2+gl)}{Wgl^3}}\right)$

12-5　49 kN

12-6　$\sigma_m=549$ MPa,$\sigma_a=19$ MPa,$r=0.93$

参考文献

[1] 哈尔滨工业大学理论力学教研室. 理论力学(Ⅰ)(Ⅱ)[M]. 7 版. 北京:高等教育出版社,2009.

[2] 刘鸿文. 材料力学(Ⅰ)(Ⅱ)[M]. 4 版. 北京:高等教育出版社,2004.

[3] 范钦珊. 工程力学[M]. 北京:清华大学出版社,2005.

[4] 浙江大学理论力学教研室. 理论力学[M]. 4 版. 北京:高等教育出版社,2009.

[5] 李俊峰. 理论力学[M]. 北京:清华大学出版社,2001.

[6] 单辉祖,谢传锋. 工程力学[M]. 北京:高等教育出版社,2004.

[7] 范钦珊. 材料力学[M]. 北京:高等教育出版社,2000.